普通高等教育“十一五”国家级规划教材
普通高等教育精品教材

农业农村部“

高等学校“十四五”农林规划新形态教材

●国家

Animal Histology and Embryology

动物组织学及胚胎学

（第3版）

主编　彭克美

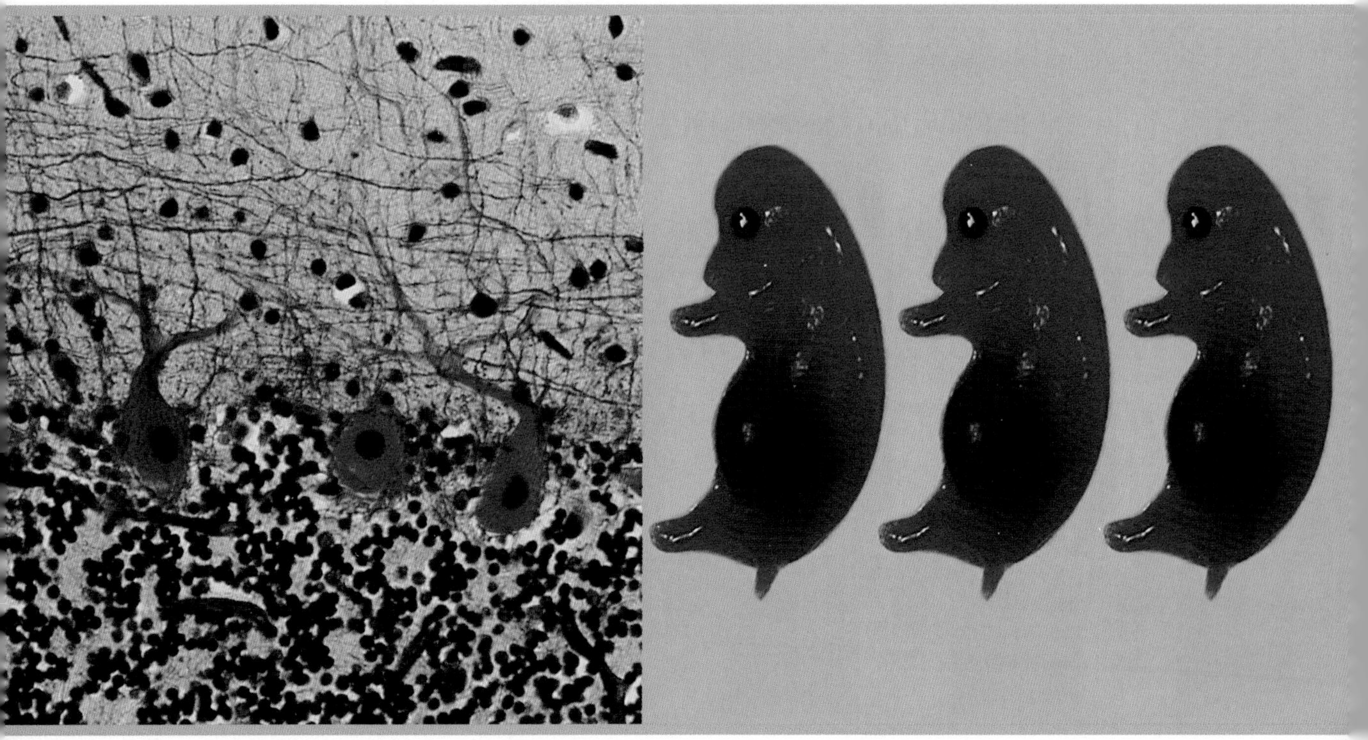

中国教育出版传媒集团
高等教育出版社·北京

内容简介

本书为国内第一部彩色版的《动物组织学及胚胎学》教材。全书共分 22 章，配有 276 幅彩色插图。本书以家畜和家禽为主要研究对象，从显微结构和超微结构循序渐进地论述动物机体的细胞、基本组织和器官系统。内容繁简适度、重点突出、文字精练、插图清晰。每一章的开始列有本章重点，结尾配有复习思考题。为配合“双语教学”，除了在专业名词第一次出现时均注有相应的英文词汇外，每一章都配有英文概述。

全书力求突出本学科教学的特点、重点和难点，注意与其他相关学科的衔接，强调理论密切结合兽医临床和畜牧业生产实际。本书主要面向高等农业院校的动物医学、动物科学类（包括畜牧、经济动物养殖）、野生动物资源保护、草业科学和生物学等专业的本科、专科学生，也可作为综合性大学和师范院校生物科学等专业的本科、专科和研究生教学用书以及畜牧兽医科技人员的参考书。

图书在版编目（CIP）数据

动物组织学及胚胎学 / 彭克美主编 . --3 版 . -- 北京：高等教育出版社，2023.5（2024.11重印）
ISBN 978-7-04-060811-3

Ⅰ. ①动… Ⅱ. ①彭… Ⅲ. ①动物组织学 - 教材 ②动物胚胎学 - 教材 Ⅳ. ① Q95

中国国家版本馆 CIP 数据核字（2023）第 119051 号

Dongwu Zuzhixue ji Peitaixue

策划编辑 张磊　　责任编辑 张磊　　封面设计 姜磊　　责任印制 刘思涵

出版发行	高等教育出版社	网　址	http://www.hep.edu.cn
社　址	北京市西城区德外大街4号		http://www.hep.com.cn
邮政编码	100120	网上订购	http://www.hepmall.com.cn
印　刷	天津画中画印刷有限公司		http://www.hepmall.com
开　本	850mm×1168mm 1/16		http://www.hepmall.cn
印　张	18.75	版　次	2009 年 8 月第 1 版
字　数	480 千字		2023 年 5 月第 3 版
购书热线	010-58581118	印　次	2024 年 11 月第 4 次印刷
咨询电话	400-810-0598	定　价	73.00元

物 料 号　60811-A0

本书编审组成员

主　编　彭克美

主　审　陈焕春

副主编　宋　卉　刘华珍　李升和　曹贵方　李玉谷　赫晓燕　岳占碰
黄丽波　刘忠虎

编　委（以姓氏拼音排序）

拜占春（西藏大学）
曹贵方（内蒙古农业大学）
陈　芳（佛山科学技术学院）
陈　敏（信阳农林学院）
崔亚利（河北农业大学）
方富贵（安徽农业大学）
赫晓燕（山西农业大学）
郇延军（青岛农业大学）
黄丽波（山东农业大学）
李升和（安徽科技学院）
李玉谷（华南农业大学）
刘华珍（华中农业大学）
刘建钗（河北工程大学）
刘忠虎（河南农业大学）
彭克美（华中农业大学）
宋　卉（华中农业大学）
王家乡（长江大学）
王金花（海南大学）
王水莲（湖南农业大学）
王　岩（临沂大学）
肖　珂（华中农业大学）
杨　隽（黑龙江八一农垦大学）
杨　平（南京农业大学）
殷　俊（扬州大学）
岳占碰（吉林大学）
周佳勃（东北农业大学）

数字课程（基础版）

动物组织学及胚胎学

（第3版）

主编　彭克美

登录方法：

1. 电脑访问 http://abooks.hep.com.cn/60811，或手机微信扫描下方二维码以打开新形态教材小程序。
2. 注册并登录，进入“个人中心”。
3. 刮开封底数字课程账号涂层，手动输入 20 位密码或通过小程序扫描二维码，完成防伪码绑定。
4. 绑定成功后，即可开始本数字课程的学习。

绑定后一年为数字课程使用有效期。如有使用问题，请点击页面下方的“答疑”按钮。

新形态教材网 Abooks

关于我们 | 联系我们　登录/注册

动物组织学及胚胎学（第3版）

彭克美

开始学习　收藏

本数字课程与纸质教材紧密配合，一体化设计，包括教学课件、自测题、复习思考题参考答案及拓展阅读等内容，充分运用多种形式的媒体资源，为师生提供教学参考。

http://abooks.hep.com.cn/60811

扫描二维码，打开小程序

序

习近平总书记强调，要紧紧围绕立德树人根本任务，坚持正确政治方向，弘扬优良传统，推进改革创新，用心打造培根铸魂、启智增慧的精品教材，为培养德智体美劳全面发展的社会主义建设者和接班人、建设教育强国作出新的更大贡献。

当前，我国的畜牧兽医事业正在迅猛地发展，已经成为农业支柱产业和整个国民经济的重要组成部分。基础研究是科技发展的内在动力，深刻影响着国家基础性的创新能力。随着“健康动物—健康食品—健康人类”新观念的提出和生命科学研究领域的拓宽和研究技术的发展，畜牧兽医事业正在不断地扩大和延伸，在国民经济和社会稳定中发挥着越来越重要的作用。

教材是学校教育教学的基本依据，是解决培养什么样的人、如何培养人以及为谁培养人这一根本问题的重要载体，直接关系到党的教育方针的有效落实和教育目标的全面实现。教材建设是事关未来的战略工程、基础工程，教材体现着国家意志。要培养高素质的畜牧兽医专业优秀人才，必须出版高质量、高水平的精品教材。组织学是生理学、生物化学和病理学等学科的基础，只有认识细胞、组织的正常结构，才能更好地掌握其生理功能、代谢规律和识别病理情况下的异常形态表现。实践证明，组织学与胚胎学教材及课程在动物医学、动物科学及人类医学等领域发挥了重要作用。一直以来，教育部和各高等学校都高度重视教材的编写工作，要求以教材建设为抓手，大力推动专业课程和教学方法改革。

彭克美教授等专家学者以严谨治学的科学态度和无私奉献的敬业精神，紧密结合动物科学、动物医学等相关专业的培养目标，高等教育教学改革的需要和畜牧兽医专业人才的需求，借鉴国内外的经验和成果，不断创新编写思路和编写模式，完善呈现形式和内容，提升编写水平和教材质量，构建国家精品教材，使其更加成熟、更加完善和更加科学。其主编的“十一五”国家级规划教材《畜禽解剖学》和《动物组织学及胚胎学》，分别出版了3版和2版，同时主编了相关配套教材《动物组织学及胚胎学实验》，这些教材被全国诸多院校采用，并被一些国际同行专家作为参考书。在荣获了首批国家精品课程、国家精品资源共享课程和2项国家级精品教材奖之后，又进行本次修订。该系列教材在编写宗旨上，不忘畜牧兽医教育人才培养的初心，坚持质量第一，立德树人；在编写内容上，牢牢把握畜牧兽医教育改革发展新形势和新要求，配合全国执业兽医师考试和国际接轨，坚持与时俱进、力求创新；在编写形式上，聚力“互联网+”畜牧兽医教育的数字化创新发展，在纸质教材的基础上，融合实操性更强的数字资源，构建立体化教材和新形态教材，推动传统课堂教学进入线上教学与移动学习的新时代。整套教材内容丰富，图文并茂，影像清晰，结构典型，色彩明快，具有很好的科学价值和实践指导意义。

我坚信，该系列教材的修订，必将促进全国各高校不断深化畜牧兽医教育改革，进一步推动教学－企业－科研协同，为培养高质量畜牧兽医优秀人才，服务广大群众对肉、蛋、奶的物质生活需求乃至推动健康中国建设发挥重大作用。

中国工程院院士
华中农业大学教授 陈焕春

前　言

教材是教师教书育人的载体，是学生获取知识的桥梁，是构建教育大厦的基石。党和国家历来高度重视教材建设，特别是党的十八大以来，党中央对教材建设作出了重大决策部署，明确提出教材建设是国家事权，要进一步健全国家教材管理制度。好教材是好教育的开端，没有好教材，一切都无从谈起。因此，必须牢固树立精品意识，坚持质量优先，多出经得起实践检验和时代考验的精品教材。

由高等教育出版社出版发行的我国首部彩色版《动物组织学及胚胎学》于2009年问世以来，已经被50多所院校采用，赢得了国内外同行专家和广大使用者的赞誉，已经成为动物医学、动物科学、动植物检疫等专业学生、行业读者的品牌教材，并荣获2011年度普通高等教育精品教材奖。本书第2版于2016年修订再版，已经使用了6年，受到了广泛的好评，并荣膺2018年湖北省优秀教学成果奖。

本着“精品战略，重在质量”的教材编写原则，为了配合教学改革的需要，减轻学生负担，凝练文字压缩篇幅，提高插图质量，保持本教材的准确性、严谨性、科学性、先进性、权威性和生命力，经与高等教育出版社和各参编院校同行专家商议，决定修订再版。2020年8月召开了《动物组织学及胚胎学》教材第3版修订的线上研讨会。综合修订研讨会全体同仁的意见和建议，本次修订具有以下特点：

1. 新版编写团队加入了一批奋战在教学科研第一线的年富力强的专家、教授，为本教材的传承增加了新生力量。

2. 将介绍禽类组织结构特点的内容从各个章节中分离出来，单设一章，整体内容更加协调，使全书的框架结构更加分明合理、科学实用。

3. 更加突出形态学特点，增加了器官、组织的实物显微彩色图片，图片中加入了标尺，从而更真实、科学、规范、美观，这为后续其他课程学习打下牢固的形态学基础。

4. 由不同专家多重交叉审阅各个章节的文字和插图，提升核心概念表述的精准性，根据学科最新进展补充了新理论，力争做到内容新颖、逻辑清晰、重点突出、概念准确、论述严谨、语言精练、插图明快，便于学生自学。

5. 补充了与动物组织胚胎学有关的教材、参考书目和国家精品课程、国家精品资源共享课程和MOOC课程的网站。

6. 每章末都以二维码的形式插入了一些临床知识和科普资料，以激发学生的学习兴趣，拓宽知识面。

7. 每章都配有教学课件、自测题、复习题答案等电子资源，极大丰富了教材内容，实现了真正的立体化新形态教材，方便了读者的学习。

由衷地感谢中国工程院院士、华中农业大学陈焕春教授在百忙之中担任本教材的主审专家，从而保证了本书的高质量和权威性。衷心地感谢高等教育出版社、华中农业大学教务处、华中农业大学动物科技学院－动物医学院对本书出版的支持！

展望未来，生命科学正在飞速发展，动物组织胚胎学科在高等教育教学改革的大潮中不断地成长壮大。因此，衷心地希望各位同行和广大读者对本书中的不当之处给予批评指正，以使本书更加完善。

2022 年 10 月

目　录

第1章 绪论

Introduction

- 动物组织学及胚胎学的概念和研究内容
- 动物组织学及胚胎学的发展简史
- 动物组织学及胚胎学的研究技术
- 动物组织学及胚胎学的学习方法

Outline

Animal histo-embryology contains two subjects: animal histology and animal embryology. What is histology? Histology, the knowledge of tissue, is a branch of anatomy, in which the fine structure, function of the normal animal organism and their relations are studied. So, exactly, histology is a science which study the microstructure and the relationship between the structure and function of living creature. What is embryology? Embryology is a kind of science which study the processes and the regulations of the development of the creature fetus. All the structure and function of organism generally develop and constantly complete after a certain generating and developing process. Understanding the regulation of organism developing can help to better understand its structure and function. Therefore, animal histology and animal embryology are closely linked with each other, and conventionally classified as one subject in the education of animal medicine, animal science and grassland science in our country. The research contents of animal histology contain some different parts: cytology, basic histology and organic and systematic histology. The research contents of animal embryology contain two periods: embryo inchoate development and organ phylogenetic development. The main study subjects of animal histoembryology are domestic animals and fowls. House pets and some experimental animals are also involved.

The evolution of this science into modern histoembryology is an exciting and complex story that encompasses more than three hundred years of human being's recorded history since the cell discovery and cell theory establishment. It includes numerous and diverse applications of physical science, as well as the insights and impetus of many biologists.

Research technologies of animal histoembryology include light microscope, electron microscope, histochemistry and cytochemistry, autoradiography, tissue culture, morphometry, *in situ* hybridization, and embryo transfer. Within only 30 years, the microscopy of animal histoembryology has developed rapidly with the continuous progress, such as increased greatly the resolving power of transmitter electron microscope, and depth of field of scanning electron microscope, immuno-cytochemistry, after optical instruments applicable to histologic studies. Today, technology still advances and histoembryologists are still the beneficiaries. X-ray spectroscopy, long the exclusive purview of the physical sciences, is available to the biologist. Both wave dispersive (electron probe) and energy dispersive X-ray analytic electron microscopes, flow cytometry and laser capture microdissection are being applied to quantitative and qualitative elemental analyses of biologic specimens. Modern histology will continue to grow and flourish as human being's technologic insights are expanded and applied to animal histoembryology.

How to study animal histoembryology? The correct studying methods are very important. Histoembryology is a science which study the microstructure and ultrastructure of animals. So, we should have the aid of microscope and electron microscope to study, and deal with the following relationships correctly.

1. Plane and three-dimensional object. Tissue slices or pictures are the partial two-dimensional plane image. However, cells, tissues and organs are all three-dimensional solid structures. Different cross sections in the same organ can appear different morphous. Tridimensional and holistic conception is needed in study. Use the imagination to aggregately analyze the image seen, and master the relationship of plane and three-dimensional, part and integrity.

2. Structure and function. Some cells, tissues or organs have definite morphology and structure. The specific structure is the foundation to exercise function and activity. For example, there is abundant rough endoplasmic reticulum and developed Golgi complex in cytoplasm of plasmocyte which have the function of synthesis and secretion. There is muscle fiber in intestinal villi which can stretch or shorten the intestinal villi and promote the nutritive material conveying. Therefore, structural morphology and physiological functions are closely and intensely related.

3. Static and dynamic state. Living cells are under dynamic change. The structure is changing with the cell differentiation, metabolism and function. Cells propagate, decease, renovate unceasingly and the change in the process of embryonic development is more predominant and complicated. However, the structure expressed by slice or picture is only the resting image at a moment. Therefore, we cannot learn this subject well unless we understand the static state in dynamic changing.

4. Theory and experiment. While learning theories of this subject, great importance must be attached to the training of practical manipulation skill. Various light microscopic samples, electron microscopic images, paraffin sections, embryo models etc. should be observed seriously. Try to aggregately analyze what you have learned and combine the sensible recognition and theoretical knowledge together to deepen comprehension, so as to build a solid foundation for further studies.

1.1 动物组织学及胚胎学的概念和研究内容

动物组织学及胚胎学包括动物组织学和动物胚胎学两门学科，所研究的对象以家畜和家禽为主，兼顾宠物和部分实验动物。动物组织学（animal histology）是研究正常动物机体的微细结构及其相关功能的科学；动物胚胎学（animal embryology）是研究动物机体发生、发育规律及其机制的科学。机体的各种结构和功能都需要经过一定的发生发展过程逐渐形成和不断完善。在了解机体发展规律的基础上，可更好地理解其结构和功能。所以，动物组织学和动物胚胎学两门学科间有着密切的内在联系。在我国动物医学、动物科学与草业科学等专业教育中习惯地将它们列为一门课程。

动物组织学的研究内容包括细胞学、基本组织学和器官系统组织学三部分。

细胞（cell）是动物机体形态结构和功能的基本单位，是新陈代谢、生长发育和增殖分化的结构基础。

组织（tissue）是由许多在结构和功能上密切相关的细胞，借细胞间质结合在一起所构成的细胞群体。组织有多种类型，在机体中有一定的分布规律。根据其来源、功能和结构特点，将机体所有的组织分为四大类，即上皮组织、结缔组织、肌组织和神经组织，称为基本组织（elementary tissue）。但随着近代组织学研究的不断深入，越来越多的发现表明：一种组织内细胞的结构和功能是多种多样的，其起源也常有不同。因此，上述组织的分类只是一种相对的归纳。

器官（organ）是由几种不同的组织按一定的规律结合而成，如心、肝、脾、肺和肾等。每一器官各有一定的形态结构和特定的生理机能。

系统（system）是由许多功能相关的器官联合在一起构成。每个系统在体内执行特定的相对独立的功能。如泌尿系统由肾、输尿管、膀胱和尿道组成，主要完成机体的泌尿和排尿功能。畜禽机体由神经、循环、免疫、内分泌、被皮、感官、消化、呼吸、泌尿和生殖等系统组成。各个系统既有相对的独立性，又有严密而完整的统一性，在神经体液的调节下进行着各种生命活动。

动物胚胎学的研究内容包括胚胎早期发育和各器官系统发育两个时期。前者包括受精、卵裂、囊胚与附植、三胚层形成与分化以及胎膜与胎盘等；后者包括各器官系统的发育及胎儿的生长。本书重点介绍畜禽胚胎早期发育。

动物组织学及胚胎学是动物医学、动物科学和草原学等专业的基础学科之一，旨在揭示动物机体的微细结构、生理机能及发生规律的相互关系，为进一步研究机体的生命活动、物质代谢和病理机制奠定必备的专业基础知识。本学科既是动物解剖学的延续，又与后续课程生理学和生物化学有着密切的联系，并为今后学习动物医学专业的病理学、免疫学、临床诊断学、产科学及动物科学专业的遗传学、繁殖学、饲养学和养禽学等课程奠定基础。

1.2 动物组织学及胚胎学的发展简史

随着科学技术的进步，组织学及胚胎学的研究迅猛发展。从发现细胞到细胞学说的建立，再到如今，组织学的发展经历了350多年的历史。1665年，Robert Hooke用自制的放大镜观察软木薄片，发现了许多小格，把它命名为“cell”，即细胞。随后，Leeuwenhoek用高倍放大镜发现了精子、红细胞、肌细胞和神经细胞等。19世纪初，Bichat提出了“组织”这一名词，并将机体的组织分为21种。到19世纪30年代，Schleiden和Schwann分别提出植物和动物都是由细胞构成的，创立了细胞学说。19世纪中期以后，随着光学显微镜、切片技术及染色方法的不断改进与充实，推进了组织学的飞速发展。20世纪40年代，电子显微镜问世，经过不断的改进，如今可放大几十万倍到上百万倍。1981年，Gerd Bining和Heinrich Rohrer两位科学家发明的扫描隧道显微镜可直接从原子水平观察物质的超微结构。这些先进的设备为人类揭示丰富多彩的微观世界之奥秘提供了强有力的手段。

随着科学的进步，新的技术和方法不断涌现并应用于组织学，如组织培养术、细胞融合术、免疫组织化学和免疫细胞化学术、放射自显影术、荧光和激光术、原位杂交术、图像分析和立体计量术等。这些技术的运用，使研究内容不断充实，研究领域不断扩大，因而出现了各学科间基本理论互相渗透，基本技术互相引用、促进的现象，关系日益密切，形成了一些新兴的边缘学科，如功能组织学、分子生物学、细胞遗传学、神经内分泌学等，其中都包含有丰富的组织学内容。

研究出生前和出生后生命全过程的生长发育和衰老演变过程的学科，称为发育生物学（developmental biology）。人们对胚胎发生和发育的认识经历了长期的过程。古希腊学者亚里士多德最早对胚胎发育进行了观察；17世纪50年代，Harvey提出“一切生命皆来自卵”的假设；Leeuwenhoek和Graaf分别发现精子与卵泡，提出“预成论”学说，认为在精子或卵子内已有微小的机体，并逐渐长大成为胎儿；18世纪中叶，Wolff提出了“渐成论”学说，认为胚胎是经历了由简单到复杂的渐变过程而形成的；19世纪以后，胚胎的发生经显微镜观察，否定了先成论，提出在受精卵细胞核内的脱氧核糖核酸（DNA）中，存在有决定胎儿全身形态结构的各种基因，胚胎发育是各个基因活动的逐步展开；到20世纪70年代，试管婴儿诞生，90年代克隆动物问世。随着科学的不断发展，人类对胚胎发育的认识也日趋清楚和深刻。

1.3 动物组织学及胚胎学的研究技术

动物组织学及胚胎学是以微细结构的形态描述为基本内容，主要利用显微镜进行观察研究。光学显微镜（light microscope，LM，简称光镜）下所见的结构称光镜结构，其分辨率约为0.2 μm，可将物体放大约1 500倍。电子显微镜（electron microscope，EM，简称电镜）下所见的结构称超微结构（ultrastructure），其分辨率可达0.2 nm，可将物体放大100万倍。在光镜和电镜下常用的计量单位和换算关系是：

1 μm（微米，micrometre）$=10^{-3}$ mm（毫米，millimetre）

1 nm（纳米，nanometre）$=10^{-3}$ μm$=10^{-6}$ mm

随着生物技术的飞速发展，现代动物组织学及胚胎学的研究手段不断更新，涉及面很宽。现就几种常用的研究技术简要介绍如下。

1.3.1 光学显微镜术

一般光学显微镜（图1-1）是观察组织切片的基本技术。取新鲜组织，先用固定剂固定，使组织中的蛋白质迅速凝固。然后经脱水、透明，采用石蜡、火棉胶或树胶等包埋，用切片机切成3 ~ 8 μm的组织薄片。若想保存细胞内酶的活性或快速制片，可选用冷冻切片法，即将组织在低温条件下快速冷冻，直接制成切片。血液、骨髓等液体组织可直接涂于玻片上制成涂片，疏松结缔组织和肠系膜等软组织可制成铺片，骨等坚硬组织可制成磨片。在上述各种制片过程中，应根据不同的研究目的，采用相应的染色方法处理，将切片置于光镜下进行观察。

最常用的染色法是用苏木精（hematoxylin）-伊红（eosin）染色，简称HE染色。苏木精可将细胞核内的染色质和细胞质内的核糖体等染成蓝紫色，伊红可将多数细胞的胞质染成粉红色。苏木精是碱性染料，能被其染色的结构为嗜碱性（basophilia）；伊红是酸性染料，能被其染色的结构为嗜酸性（acidophilia）。对碱性和酸性染料的亲和力均不强者，为中性（neutrophilia）。

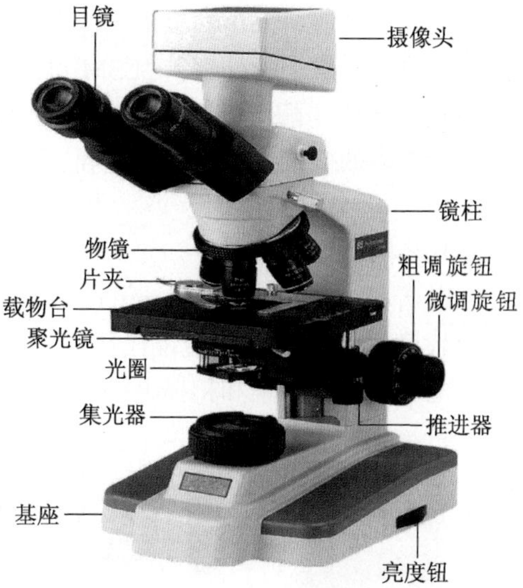

图1-1 光学显微镜

动物体内有些结构经硝酸银染色后，可使硝酸银还原，形成棕黑色的银微粒附着在组织结构上，这种特性称亲银性（argentaffin）；有的结构本身不能使硝酸银还原，需加还原剂才能使其还原，这种特性称嗜银性（argyrophilia）。有的细胞或组织，用某些碱性染料染色时，其染色结果与染料的原有颜色不同，这种颜色的变异性称异染性（metachromasia）。如：用甲苯胺蓝染肥大细胞时，胞质内的颗粒被染成紫红色而不是蓝色。

几种特殊显微镜术：

1.3.1.1 **荧光显微镜术** 荧光显微镜（fluorescence microscope，FM）是用来观察标本中的自发荧光物质或以荧光素染色或标记的细胞和结构。组织中的自发性荧光物质，如神经细胞和心肌细胞内的脂褐素是棕黄色荧光，肝贮脂细胞和视网膜色素上皮细胞内的维生素A呈绿色荧光，某些神经内分泌细胞和神经纤维内的单胺类物质（儿茶酚胺、5-羟色胺、组胺等）在甲醛作用下呈不同颜色的荧光，组织内含有的奎宁、四环素等药物也呈现一定的荧光。细胞内的某些成分可与荧光素结合而显荧光，如溴乙锭与吖啶橙可与DNA结合，进行细胞内DNA含量测定。荧光显微镜更广泛用于免疫细胞化学研究，即以荧光素标记抗体（一抗或二抗），以检测相应抗原的存在与分布。

1.3.1.2 **相差显微镜术** 相差显微镜（phase contrast microscope，PCM）用于观察组织培养中活细胞的形态结构。活细胞无色透明，一般光镜下不易分辨细胞轮廓及其结构。相差显微镜能将活细胞不同厚度及细胞内各种结构对光产生的不同折射作用，转换为光密度差异即明暗差而得到辨认。组织培养研究常用倒置相差显微镜，它的光源和聚光器在载物台的上方，物镜在载物台的下方，便于观察贴附在培养皿底壁上的活细胞。

1.3.1.3 **共聚焦激光扫描显微镜术** 共聚焦激光扫描显微镜（confocal laser scanning microscope, CLSM）（图1-2）是近来研制成的一种高光敏度、高分辨率的新型生物学仪器。

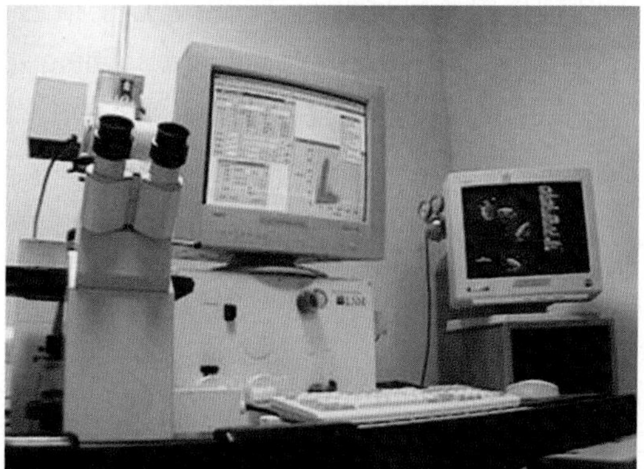

图1-2 共聚焦激光扫描显微镜

它以激光为光源，采用共聚焦成像系统和电子光学系统，经过微机图像分析系统对组织或细胞进行二维和三维分析处理。CLSM 可用于细胞内各种荧光标记物的微量分析、细胞的受体移动和膜电位变化、酶活性和物质转运的测定、DNA 精确分析等，因此，CLSM 可更准确、快速地对细胞内的微细结构进行定性和定量测定。

1.3.2 电子显微术

电子显微镜（electron microscope，EM）是以电子发射器（电子枪）代替光源，以电子束代替光线，以电磁透镜代替光学透镜，最后将放大的物像投射到荧光屏上以便观察。常用的电镜有透射电镜和扫描电镜（图 1-3，图 1-4）。

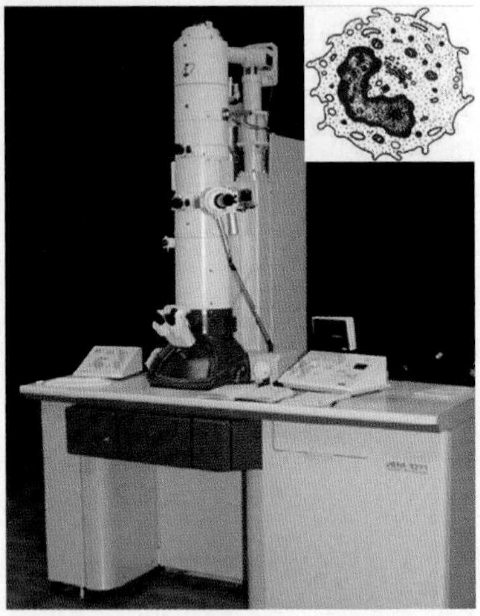

图 1-3 透射电子显微镜

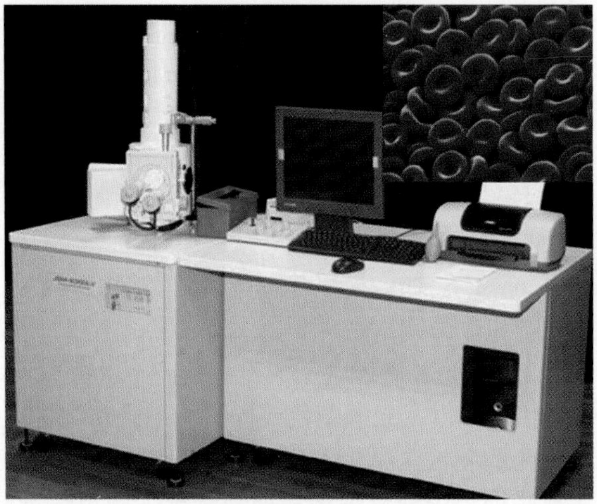

图 1-4 扫描电子显微镜

1.3.2.1 **透射电镜术** 即应用透射电镜（transmission electron microscope，TEM）观察细胞内部的超微结构（图 1-3 右上）。一般采用戊二醛或锇酸作固定剂，合成树脂包埋，在超薄切片机上制成超薄切片（厚度为 50 ~ 80 nm），经铅或铀等重金属盐电子染色，然后置电镜下观察。标本在荧光屏上呈黑白反差的结构图像。被重金属盐深染的结构称电子密度高；被浅染的结构称电子密度低，这种染色称正染色（positive staining）；若被染结构着色浅，其周围部分着色深，则称负染色（negative staining）。

1.3.2.2 **扫描电镜术** 即采用扫描电镜（scanning electron microscope，SEM）观察组织、细胞表面的超微立体结构（图 1-4 右上）。扫描电镜标本不需制成超薄切片，组织经固定、脱水、干燥后，在其表面喷涂金属膜即可上镜观察。扫描电镜的视场大、景深长、图像的立体感强，但分辨率较低。常用于观察细胞表面的突起、微绒毛、纤毛等。

1.3.3 组织化学和细胞化学术

组织化学（histochemistry）和细胞化学（cytochemistry）是应用化学、物理和免疫学原理，对组织和细胞所含的化学物质进行定位、定性、定量和功能关系的研究。这是组织学与生物化学、免疫学等相结合发展起来的一项技术。

1.3.3.1 **一般组织化学与细胞化学** 是利用某些化学试剂与组织、细胞中的某些物质发生化学反应，并在原位形成有色沉淀产物，然后在显微镜下观察其沉淀物颜色的深浅及颗粒的大小，由此来判定该物质的数量及位置。此种方法可显示组织、细胞中的蛋白质、酶、糖类、脂质及核酸等物质。如用过碘酸希夫反应（periodic acid Schiff reaction，PAS 反应），可显示组织、细胞中的多糖。过碘酸可将多糖氧化形成醛基，醛基与无色的 Schiff 试剂结合形成紫红色沉淀产物，以此来判定多糖的含量。

1.3.3.2 **免疫组织化学**（immunohistochemistry） 是利用抗原抗体特异性结合的免疫学原理，以检测组织、细胞中某种肽类、蛋白质等大分子物质的分布。其方法是先分离纯化动物组织中的某种蛋白质，作为抗原注入不含有该物质的另一种动物体内，使其产生相应的特异性抗体，然后从被免疫动物的血清中提取出该抗体，再以荧光素、酶、铁蛋白或胶体金等标记。用被标记的抗体处理欲测的组织切片或细胞，组织或细胞中的抗原即与被标记的抗体发生特异结合。切片中标记物出现的部位，即被检物质（抗原）的分布部位。如用铁蛋白标记的可在电镜下观察，用荧光标记的可在荧光显微镜下观察，用酶或胶体金标记的可在光镜和电镜下观察。免疫组织化学方法具有特异性强、灵敏度高、定位准确等特点，现已成为组织学及胚胎学中重要的研究手段。

1.3.4 放射自显影术

放射自显影术（autoradiography）又称同位素示踪术，是将某种放射性核素或其标记物注入动物体内或细胞培养液内，让组织、细胞摄取该物质，然后取某部位组织制成切片或取细胞培养液制成涂片，在暗室中将切片涂以薄层感光乳胶，使存在于细胞内的放射性核素产生的射线作用于乳胶中的溴化银，使其还原为银粒，经显影和定影后，便可在光镜或电镜下观察标记物的数量及分布情况。所用的放射性核素主要是 β 射线，常用的有 ^{3}H、^{14}C、^{35}S、^{125}I、^{131}I 等。如将 ^{3}H 标记的亮氨酸注入动物体内，3 ~ 5 min 后，标记物首先在粗面内质网合成蛋白质，再转移到高尔基复合体浓缩加工，然后储存于酶原颗粒，最后释放于细胞外。因此，放射自显影术可用来检测放射性物质在细胞内的吸收、分布、合成、转移和排泄等动态变化过程。

1.3.5 组织培养术

组织培养（tissue culture）又称体外（*in vitro*）实验，是在无菌条件下取机体的活组织或活细胞，在体外适宜的环境中培养成活，进行实验研究。细胞在体外培养需要与体内基本相同的条件，如充足的营养，合理的 O_2 和 CO_2 比例，适宜的渗透压、pH、温度和湿度等。此法广泛应用于医学和生物学中，研究各种理化因子对活细胞的直接影响，并可观察记录细胞的增殖、分化、运动、吞噬、致病和癌变等动态变化，以及动物早期胚胎发育过程。

1.3.6 形态计量术

形态计量术（morphometry）是利用图像分析仪（image analyser）[又称图像分析系统（image analysis system，IAS）]，运用数学和统计学原理对组织和细胞进行二维和三维的形态测量研究，可使组织、细胞中各种成分的数量、形态、分布、体积和表面积等以精确的数据显示出来。从而促进形态学研究由定性走向定量，把形态计量技术由平面测量而推论出立体结构。该技术是介于生物形态学与数学之间的一门新兴边缘科学，是体视学的一个分支，又称生物体视学（biological stereology）。图像分析仪是集光学技术、电子技术和计算机于一体的高科技产品，可对组织切片、照片及实验进行测试，也可与电镜、光镜、投影仪、电视机和摄像机等联合使用。信号输入后，由主机进行处理、测量和统计，微机自动控制操作，可快速而准确地分析出组织、细胞中各种微细结构的数据。

1.3.7　原位杂交术

原位杂交（*in situ* hybridization）是一种核酸分子杂交技术，用标记的DNA或RNA探针，检测细胞内mRNA和DNA序列片段，原位研究细胞合成某种多肽或蛋白质的基因表达，从分子水平探讨细胞功能的表达及其调节的机制。

1.3.8　流式细胞术

流式细胞术（flow cytometry，FCM）是用流式细胞仪（图1-5）进行细胞分析。它集电子技术、计算机技术、激光技术和流体理论于一体，是一种非常先进的检测手段。该技术可以快速、准确、客观，并且同时检测单个微粒（通常是细胞）的多项特性，同时可以对特定群体加以分选。研究对象为生物颗粒，如各种细胞、染色体、微生物及人工合成微球等。研究的微粒特性包括多种物理和生物学特征，并能对其定量分析。

图1–5　流式细胞仪

该技术可用于细胞表型分析、胞内细胞因子的检测、染色体分类研究、细胞周期和DNA倍体分析、流式标准小球定量与分选和细胞内钙离子测量等。

1.3.9　胚胎移植

胚胎移植（embryo transfer）是指将哺乳动物供体内或体外的胚胎，移植到同步发情的受体动物内，并继续生长发育成熟，最后产下正常后代。其技术包括胚胎的取出、体外培养、保存及移植等。近年来，该技术已成为一种常用的生物学手段，并应用于动物生产。它对提高动物繁殖能力、扩大良种畜群数量、缩短世代间隔、保存遗传资源及诱发多胎等均有重要意义。

1.4　动物组织学及胚胎学的学习方法

1.4.1　平面与立体的关系

组织切片或图片是局部的二维平面图像，而细胞、组织和器官都是三维的立体结构。同一器官的不同切面可呈现出不同的形态。在学习时应具备立体和整体概念，发挥想象力，把所看到的图像进行综合分析，掌握平面与立体、局部与整体的关系。

1.4.2 结构与功能的关系

某种细胞、组织或器官都具有一定的形态结构，特定的结构是行使其功能活动的基础，如浆细胞的胞质内含有丰富的粗面内质网和发达的高尔基复合体，具有合成与分泌功能；肠绒毛内含有肌纤维可使其舒缩，促进营养物质的转运。因此，形态结构与生理功能是紧密相关的。

1.4.3 静态与动态的关系

活细胞处于动态变化中，在细胞分化、新陈代谢和行使功能的过程中，其结构也随之而发生变化，细胞还不断进行增殖、死亡和更新，在胚胎发育过程中其变化更为显著和复杂；而切片或图片所表现的结构只是某个瞬间的静息图像。因此，应善于从动态变化角度来理解静态时相，这样才能学好本课程。

1.4.4 理论与实验

在学习本课程理论的同时，应高度重视实际操作技能的训练，即要认真观察各种光镜标本、电镜图像、幻灯片、模型和挂图等。进行综合分析，把感性认识与理论知识有机结合起来，加深理解，为学习后续课程打好坚实的基础。

复习思考题

1. 简述组织学和胚胎学的研究内容。
2. 常用的组织学和胚胎学研究方法有哪些？
3. 透射电镜和扫描电镜有何异同？
4. 名词解释：嗜酸性　异染性

拓展阅读

电子显微镜的发明

第2章　细胞

Cell

- 细胞的基本概念
- 细胞的构造与功能
- 原核细胞与真核细胞
- 细胞周期与细胞分裂
- 细胞分化
- 细胞衰老与死亡

Outline

The cell, as the basic unit of a living organism, is composed of 3 basic parts: cell membrane, cytoplasm and nucleus. All the study on lives is derived from the investigation of cells. Cells are bounded by a cell membrane, which is not resolved in thin section viewed with a light microscope, but in electron micrographs at high magnification, the membrane appears as two electron-dense layers separated by an electron-lucent intermediate zone. They consist of a bimolecular layer of mixed phospholipid with their hydrophilic portions at the outer and inner surface of the membrane and their hydrophobic chains projecting toward the middle of the bilayer. Cholesterol and varying amounts of proteins, glycoproteins and glycolipids are intercalated in the phospholipid bilayer. The above described "mosaic" is called the fluid mosaic model.

The cytoplasm is composed of several kinds of cell organelles, which perform different functions that are essential to cell metabolism. The rough endoplasmic reticulum has ribosomes attached to the outer surface of its membrane; and the smooth endoplasmic reticulum lacks adherent ribosomes. The rough endoplasmic reticulum is most abundant in glandular cells that secrete proteins. In the liver, smooth endoplasmic reticulum plays an important role in the synthesis of the lipid component of very-low-density lipoproteins. It is also the principal site of detoxification and metabolism of lipid-soluble exogenous drugs. Striated muscle contains a specialized form of smooth endoplasmic reticulum which forms networks around all of the myofibrils of the myocytes. Its principal function is the sequestration of calcium ions that control muscle contraction. Proteins synthesized in the endoplasmic reticulum are transported to the Golgi complex for further processing, concentrating, and packaging in secretory granules for discharge from the cell. Mitochondria are present in all eukaryotic cells. These organelles transform, with high efficiency, the chemical energy of the metabolites present in cytoplasm into available energy.

The nucleus is the most important organelle of the cell, which is centrally situated and usually round or ellipsoidal in shape. Nucleus contains nuclear envelope, nucleolus, chromatin and nuclear matrix. Chromatin is composed mainly of coiled strands of DNA bound to histone proteins; which composed of nucleosomes. Researches have identified the thin filament connecting the nucleosomes as a double-stranded DNA molecule and have shown that the core of the nucleosomes is an octamer of two tetramers. DNA, the genetic material of the nucleus, resides in the chromosomes.

2.1 细胞的基本概念

细胞（cell）是由膜包围着的含有细胞核（或拟核）的原生质所组成，是生物体结构和功能的基本单位，也是生命活动的基本单位。这一概念概括性强，内涵较深，可以从以下几方面理解：首先，一切有机体都是由细胞构成，细胞是有机体结构的基本单位；其次，细胞具有独立有序的自控代谢体系，它是代谢与功能的基本单位；再次，有机体的生长与发育是以细胞的增殖与分化为基础，细胞是有机体生长发育的基本单位；最后，细胞具有遗传的全能性，它是遗传的基本单位。

细胞具有极其复杂的化学成分，但组成细胞的基本元素是C、H、O、N、P、S、Ca、K、Fe、Na、Cl、Mg等，它们构成细胞结构与功能所需的许多无机化合物与有机化合物。组成细胞最基础的生物小分子是核苷酸、氨基酸、脂肪酸与单糖，由这些小分子物质进一步构成核酸、蛋白质、脂质与多糖等重要的生物大分子。生物大分子一般以复合分子的形式——如核蛋白、脂蛋白、糖蛋白与糖脂等——组成细胞的基本结构体系。

生物有机体内细胞种类繁多，各种细胞的大小相差悬殊，形态各异（图2-1）。高等动物体内，细胞的直径多为10 ~ 20 μm，但较大细胞的直径达数厘米，如鸵鸟卵细胞5 cm，鸡卵细胞2 ~ 3 cm；较小细胞的直径仅数微米，如小淋巴细胞5 ~ 8 μm，小脑颗粒细胞4 μm。有些神经细胞的长度可达1 m以上。但不论同类动物的个体差异多大，同一器官或组织的细胞大小都在一个恒定的范围之内。哺乳类中，大象与小鼠的体格大小虽差异悬殊，但大象与小鼠的同一器官或组织的细胞的大小却无明显差异。又如牛、马、象、狗和猫等哺乳动物的肾细胞、肝细胞或其他细胞的大小几乎相同。所以，器官组织的大小主要取决于细胞的数量，而与细胞的大小无关，这种关系可称之为“细胞体积的守恒定律”。

细胞的形态千差万别，有圆球形、星形、立方形、长柱形和梭形等，各种各样。形态的多样性与细胞的功能特点和分布位置有关，如起支撑作用的网状细胞呈星形，在血液中活动的白细胞多呈圆球形，能伸缩的肌细胞呈长梭形或长圆柱状，具有接受刺激和传导冲动的神经细胞则是多突起的细胞。一般规律是，细胞的分化程度越高，其形态与功能的相关性越强。

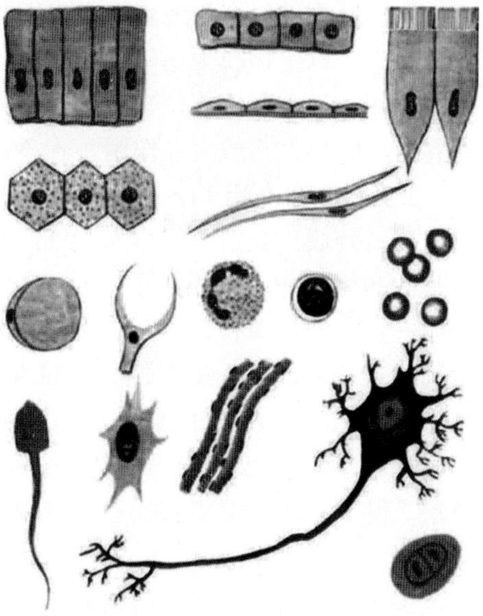

图2-1 细胞的形态

2.2 细胞的构造与功能

真核细胞以生物膜的进一步分化为基础，将细胞内部构建成许多精细的具有专门功能的结构单位（图 2-2）。光镜下，动物细胞由细胞膜、细胞质和细胞核三部分构成。电镜下细胞可划分为三大基本结构体系：生物膜系统、遗传信息表达结构系统以及细胞骨架系统。

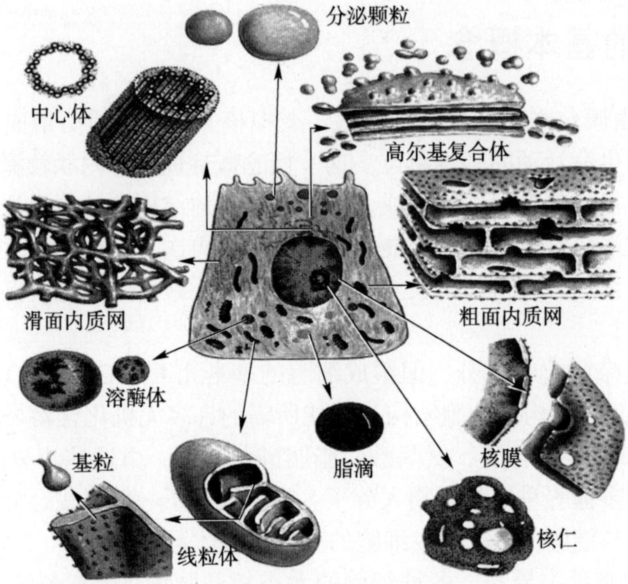

图 2-2　细胞结构模式图

2.2.1　生物膜系统

生物膜不仅包在细胞表面形成细胞膜，而且将细胞内部分隔成细胞核与细胞质两部分。在细胞质中，以生物膜为基础又形成了各种膜相细胞器。生物膜的这些结构为细胞提供了一个广大的表面，其主要功能是进行选择性的物质交换，并有能量转换、识别、运动、附着，以及对外界信号的接收与放大等作用。

2.2.1.1　**细胞膜**（cell membrane）　又称细胞质膜，指围绕在细胞最外层，由脂质与蛋白质组成的薄膜。光镜下很难看到细胞膜的详细结构。20 世纪 50 年代科学家在电镜下观察到细胞膜的超微结构，提出了单位膜模型（unit membrane model），认为所有生物膜都由蛋白质—脂质—蛋白质的单位膜构成，电镜下显示出暗—明—暗三条带，内外两层暗带的电子密度高，中间一层明带的电子密度低。1972 年，S. J. Singer 和 G. Nicolson 提出了生物膜的流动镶嵌模型（fluid-mosaic model）（图 2-3），这一模型主要强调两点：① 膜的流动性：膜蛋白和膜脂均可侧向运动。② 膜蛋白分布的不对称性：有的膜蛋白镶在膜表面，有的嵌入或横跨脂质双分子层。随后，还有学者提出“板块镶嵌模型”，强调生物膜是由具有流动性程度不同的板块镶嵌而成。

关于生物膜的结构可归纳为三点：

（1）组成生物膜的基本结构成分是脂质双分子层（膜脂）。每一脂质分子具有一个极性头部和两个非极性尾部，以疏水性的尾部相对，极性头部朝向水相，形成脂质双分子层。膜脂主要包括磷脂、糖脂和胆固醇三种类型。其中磷脂构成了膜脂的基本成分，占整个膜脂的 50% 以上，其脂肪酸碳链为偶数，且常常有不饱和脂肪酸。糖脂占膜脂总量的 5% 以上，决定红细胞的 ABO 血型物质均为糖脂。胆固醇存在于真核细胞膜上，其含量一般不超过膜脂的 1/3，它在调节膜的流动性、增加膜的稳定性以及降低水溶性物质的通透性等方面起重要作用。

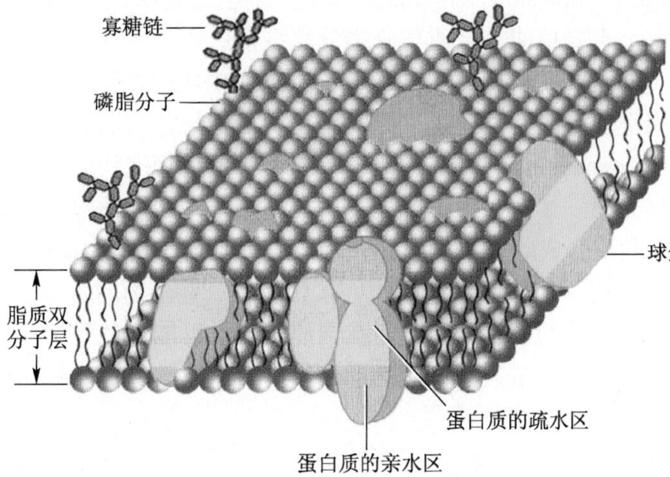

图 2–3 细胞膜超微结构模式图

（2）蛋白质分子以不同的方式镶嵌在脂质双分子层中或结合在其表面，它赋予细胞膜非常重要的生物学功能。根据膜蛋白与脂质分子的结合方式及分离的难易程度不同，可将膜蛋白分为两类：膜周边蛋白（peripheral protein）（又称膜外在蛋白）和膜内在蛋白（integral protein）（又称整合膜蛋白）。前者为水溶性蛋白，靠离子键或其他较弱的键与膜表面的蛋白质或脂质分子结合，容易分离下来；后者与膜结合非常紧密，只有用去垢剂使膜崩解后才能分离出来。膜蛋白种类繁多，功能多样。

（3）生物膜可看成是蛋白质在脂质双分子层中的二维溶液。但膜蛋白与膜脂、膜蛋白与膜蛋白之间及膜蛋白与膜两侧其他生物大分子复杂的相互作用，在不同程度上限制了膜蛋白和膜脂的流动性。

细胞膜具有不同的面和部分，分别有相应的名称。与细胞外环境接触的膜面称为细胞外表面（extrocytoplasmic surface，ES），与细胞质接触的膜面称原生质表面（protoplasmic surface，PS）。冷冻蚀刻技术制样过程中，膜结构常常从双层脂分子疏水端断裂，这样又产生了质膜的细胞外小叶断裂面（extrocytoplasmic face，EF）和原生质小叶断裂面（protoplasmic face，PF）。

细胞膜的主要功能有：作为界膜，为细胞的生命活动提供相对稳定的内环境；选择性的物质运输和能量的传递；提供细胞识别位点，完成细胞内外信息跨膜传递；为多种酶提供结合位点，使酶促反应高效而有序地进行；介导细胞与细胞、细胞与基质之间的连接；参与形成具有不同功能的细胞表面特化结构。

2.2.1.2 **内膜系统及相关细胞器** 细胞内膜系统是指在结构、功能或发生上相关的膜围绕的细胞器或细胞结构，主要指内质网、高尔基复合体及其形成的溶酶体和分泌泡等。线粒体和过氧化物酶体属膜相细胞器，将在此一并讨论。在蛋白质的合成与分泌过程中，核糖体与内膜系统关系密切，也在此叙述。

（1）内质网（endoplasmic reticulum，ER） 是由封闭的膜系统及其围成的腔形成相互沟通的网状结构，通常占膜系统的一半左右。不同类型的细胞，内质网的数量、类型与形态差异很大，即使同一细胞的不同发育阶段或不同生理状况下，内质网的结构与功能也有明显的变化。根据结构和功能的差异，内质网包括两种基本类型：粗面内质网和滑面内质网。

粗面内质网（rough endoplasmic reticulum，rER）多呈扁囊状，排列较为整齐，表面分布大量的核糖体而显粗糙。主要功能是合成与修饰分泌型蛋白质和多种膜蛋白，被喻为细胞内的合成器。在分泌细胞（如胰腺泡细胞、浆细胞等）中粗面内质网非常发达，光镜下观察 HE 染色切片，可见这些细胞呈强嗜碱性；而在一些未分化的细胞与肿瘤细胞中 rER 较为稀少。

滑面内质网（smooth endoplasmic reticulum，sER）一般呈管泡状分支的立体网状结构，膜表面无核糖体附着而显光滑。其功能因细胞而异，如：在睾丸间质细胞、卵巢黄体细胞和肾上腺皮质细胞中，sER 是脂质合成的重要场所；在横纹肌细胞中，滑面内质网（即肌质网）与肌质内 Ca^{2+} 的调节有关；在肝细胞中，sER 与胆红素代谢和一些药物的解毒作用有关。

内质网实际上是一个连续的整体结构，但在内质网膜上可能有某些特殊的装置，将滑面内质网与粗面内质网的区域间隔开来，并维持其形态。内质网还常与核外膜连接，内质网腔与核周隙相沟通。

（2）核糖体（ribosome） 几乎存在于一切细胞内，在一些细胞器（如线粒体和叶绿体）内也含有核糖体。但哺乳动物成熟红细胞高度分化，不含核糖体。核糖体是由核糖体核糖核酸（rRNA）与蛋白质构成（图 2-4）。真核细胞的核糖体为 80 *S*，由大（60 *S*）、小（40 *S*）不同的两个亚基构成。很多核糖体附着在内质网的膜表面，称为附着核糖体；另一些核糖体游离于细胞质基质中，称游离核糖体。

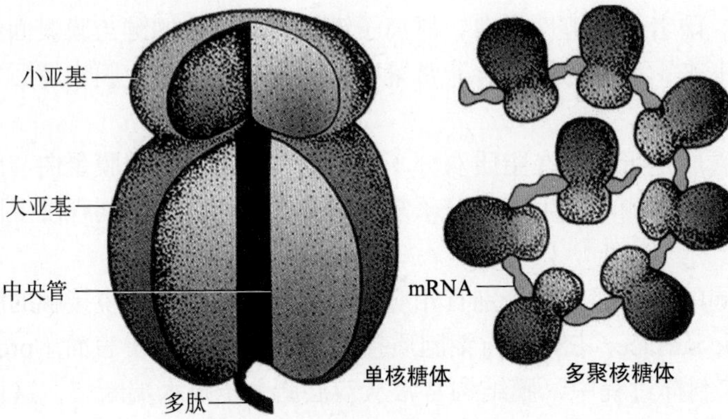

图 2-4 核糖体结构模式图

核糖体是合成蛋白质的细胞器，其唯一的功能是按照 mRNA 的指令将氨基酸合成多肽链。核糖体执行功能时，一般是由多个甚至几十个核糖体串联在一条 mRNA 分子上高效进行肽链的合成。这种具有特殊功能与形态结构的核糖体与 mRNA 的聚合体称为多核糖体（polyribosome），一般呈簇状、环状、串珠状或雪花状。核糖体大小亚基在细胞内常游离于细胞质中，只有当小亚基与 mRNA 结合后，大亚基才与小亚基结合形成完整的核糖体。肽链合成终止后，大、小亚基解离，又游离于细胞质基质中。

（3）高尔基复合体（Golgi complex） 光镜 HE 染色切片上，高尔基复合体不着色，只有用银染或锇酸浸染，才呈黑色网状结构。高尔基复合体的结构与大小在不同类型的细胞中差异很大，即使在同一细胞的不同分泌状态也有差别。在以分泌蛋白质和吸收功能为主的细胞中，高尔基复合体比较发达，且常位于细胞核与细胞游离面之间；在神经细胞中，高尔基复合体分布于细胞核周围；在肝细胞中则位于核与胆小管之间。

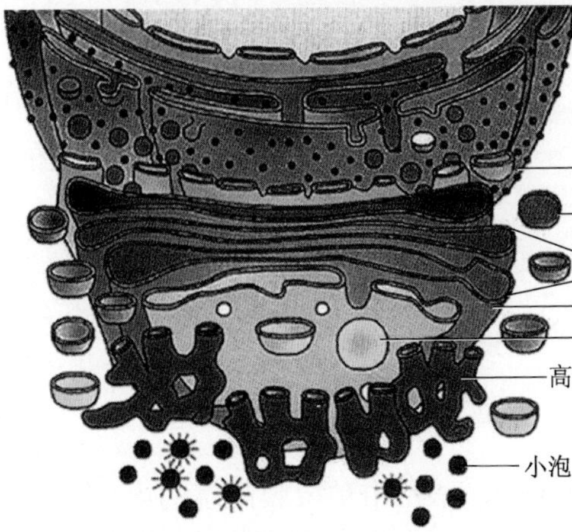

图 2–5 高尔基复合体模式图

电镜下，高尔基复合体是由一些平行排列的扁膜囊及其周围大小不等的囊泡组成的（图 2–5）。3 ~ 8 层相互通连的扁膜囊构成其主体结构，多呈弓形，表面无核糖体附着而显光滑。扁膜囊的凸面朝向细胞核，称为形成面（forming face）或未成熟面（immature face）或正面（*cis* face）。凹面朝向细胞游离面，称为分泌面（secreting face）或成熟面（mature face）或反面（*trans* face）。形成面有大量来自粗面内质网的小囊泡，称为运输小泡（transport vesicle）；分泌面有大量新形成的大囊泡，称为分泌泡（secretory vacuole）或浓缩泡（condensing vacuole）。大泡脱离扁膜囊后，逐渐移向质膜并与质膜融合，然后以胞吐方式排出分泌物。也有些大泡存留于细胞质内，形成溶酶体。由此可见，粗面内质网、高尔基复合体的小泡、扁膜囊、大泡和质膜的膜成分不断依次迁移、更新和补充，它们之间保持动态平衡。

高尔基复合体的功能是参与细胞的分泌活动，进行蛋白质加工、修饰、浓缩和运输，被喻为细胞内加工器。

（4）溶酶体（lysosome） 是由单层膜包裹的内含多种酸性水解酶的囊泡状细胞器，近似圆球形，广泛分布于各种细胞内，大小差异甚大，小的仅 25 ~ 50 nm，大的可达数微米。根据溶酶体的不同功能状态，可将其分为初级溶酶体（primary lysosome）、次级溶酶体（secondary lysosome）和残余体（residual body）。初级溶酶体的内容物均一，内含多种水解酶，其共同的特征是都属酸性水解酶，酶的最适 pH 约为 5。酸性磷酸酶是溶酶体的标志酶。次级溶酶体是初级溶酶体与内吞（饮）物或细胞内的自噬物融合所形成的复合体，为执行消化功能的溶酶体，内部结构多样化。经过一段时间的消化后，小分子物质可通过膜载体蛋白转运到细胞质基质中，供细胞代谢使用。未被消化的物质残存在溶酶体中形成残余体或称后溶酶体，它们通过类似胞吐方式将内容物排出细胞（图 2–6）。溶酶体的主要功能是清除细胞内的外源性异物及内源性残余物，以保护细胞的正常结构和功能，被喻为细胞内消化器。

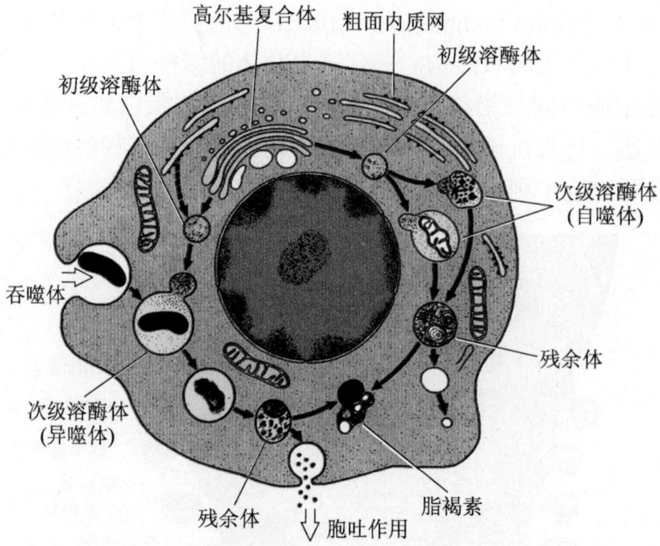

图 2–6　溶酶体的形成和转化

（5）过氧化物酶体（peroxisome）　是由单层膜围绕的内含一种或几种氧化酶类的细胞器，虽然它也是一种异质性细胞器，且在形态大小及降解生物大分子等功能上与溶酶体类似，但过氧化物酶体是一种与溶酶体完全不同的细胞器。过氧化物酶体中的尿酸氧化酶等常形成晶格状结构，可作为电镜下识别的主要特征。与线粒体类似，过氧化物酶体的发生是由已有的过氧化物酶体经分裂后形成子代的细胞器，子代过氧化物酶体需进一步装配才形成成熟的细胞器，但过氧化物酶体中不含 DNA。也有人认为过氧化物酶体的来源与内质网和高尔基复合体有关。过氧化物酶体的功能不甚明确。其所含的过氧化物酶可分解代谢产物 H_2O_2，以防止过量的 H_2O_2 对细胞的毒害作用。

（6）线粒体（mitochondrion）　光镜下，用铁苏木素染色才能较好地显示线粒体的形态，一般呈线状或粒状而得名。线粒体的形态、大小、数量和分布情况因细胞种类和生理状况而有差异和变化。线粒体的横径一般为 0.1 ~ 1 μm，长短不一，一般为 1 ~ 2 μm，但骨骼肌中的可长达 10 μm。一般分化程度低、代谢迟缓、功能静止及衰退细胞的线粒体少；分化程度高、代谢旺盛、功能活跃细胞的线粒体多，如横纹肌细胞、肝细胞、肾近曲小管上皮细胞、胃底腺壁细胞和脊髓前角神经元等。线粒体大多均匀分布于细胞内，但某些细胞线粒体的分布与细胞的能量需求有一定关系，如：精子的线粒体位于尾部中段；肌细胞的线粒体沿肌原纤维周围分布，尤其多位于 Z 线处。有时可见线粒体伸展收缩，或扭曲蠕动，或分裂，或局部出芽增生，或融合增大，具有明显的可变性和可塑性。

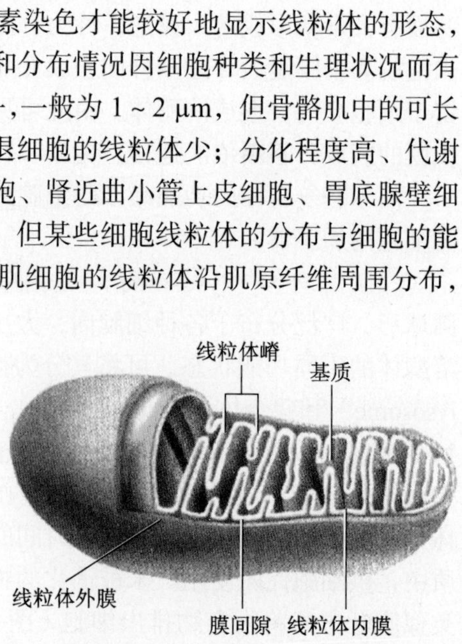

图 2–7　线粒体结构模式图

电镜下，线粒体为双层膜形成的囊状细胞器，其结构包括外膜、内膜、膜间隙和内室四部分（图 2–7）。外膜（outer membrane）位于线粒体的最外层，表面光滑。内膜（inner membrane）位于外膜内侧，向线粒体内室折叠形成嵴（cristae），扩大了内膜表面积。在高等动物中，绝大多数细胞内线粒体的嵴为板层状，其方向与线粒体长轴垂直，但有些细胞的线粒体嵴呈管状或分支状。嵴的数目与细胞的氧化代谢率成正比。在内膜和线粒体嵴的内室面上有许多排列规则的球状小体，称为基粒（elementary particle），它由头部、柄和基部组成。头部为 ATP 合酶，基部嵌入内膜中。内膜对物质的通透性远比外膜的低。膜间隙（intermembrane space）为夹于内、外膜之间的封闭腔隙，宽 6 ~ 8 nm，其中充满无定形液体，内含许多可溶性酶、底物和辅助因子。嵴的两层膜之间的空隙称为嵴内隙，与膜间隙相通。内室（inner chamber）为内膜和嵴包围的空间，内含蛋白质性质的胶状物质，称为基质。基质中有许多酶（包括柠檬酸循环酶系）、一些环状 DNA、RNA、核糖体及较大的致密颗粒。

线粒体的主要功能是进行氧化磷酸化，合成 ATP，为细胞生命活动提供直接能量。线粒体为半自主性细胞器，其生长和增殖是受核基因组及其自身的基因组两套遗传系统的控制。新线粒体的形成，既可由原线粒体分隔、分裂或芽生产生，也可由其他的细胞内膜衍化而来，也可能在细胞质内重新合成。

2.2.2 遗传信息表达结构系统

细胞核是细胞遗传信息储存场所，在这里进行基因复制、转录和转录初产物的加工过程，从而控制细胞的遗传与代谢活动。细胞核也可以认为是真核细胞内最大、最重要的细胞器。细胞通常只有一个细胞核，但一些高度分化的细胞可有多个核，如肝细胞和心肌细胞可有双核，破骨细胞有 6 ~ 50 个或更多的核，骨骼肌细胞则有数百个核。间期细胞核由核被膜、染色质、核仁和核骨架组成（图 2-8 左）。

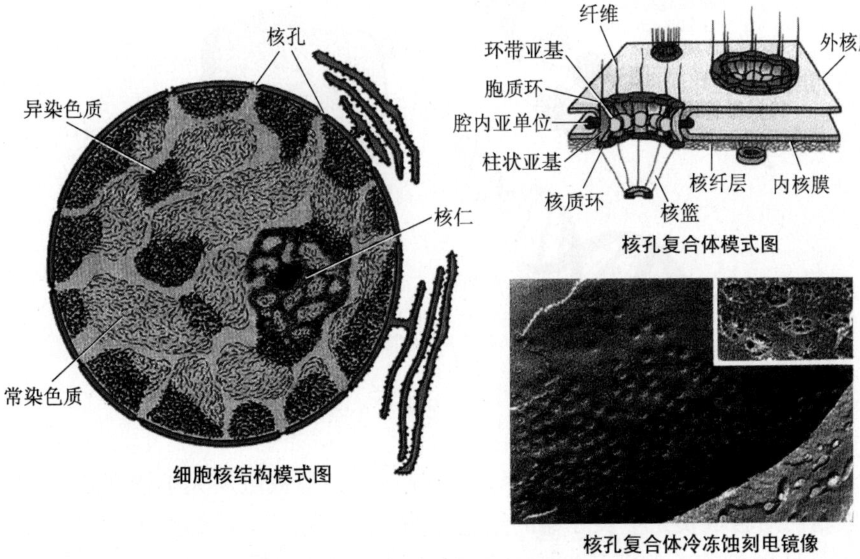

图 2-8 细胞核结构模式图和电镜图

2.2.2.1 **核被膜**（nuclear envelope） 是细胞核的界膜，由内、外两层膜围成，其结构包括外核膜（outer nuclear membrane）、内核膜（inner nuclear membrane）及两层之间的核周隙（perinuclear space）。核被膜上有核孔，内、外核膜在此处相互转折连续（图 2-8 右）。核孔的大小、数量和分布随细胞的种类及细胞的不同功能状态而不同，一般分化程度低或合成代谢旺盛的细胞，其核孔较多；分化程度高或低代谢的细胞，其核孔较少，有些几乎无核孔。核孔为核内 RNA 出核的唯一通道。外核膜的胞质面有核糖体附着，结构类似粗面内质网。在某些部位可见外核膜与内质网膜相连接，借核周隙就与内质网腔相连通。内核膜的核内面紧密附着一层核纤层。内、外核膜的化学成分也不相同。核被膜有屏障、物质交换、支架和阀门等作用。

2.2.2.2　**染色质（chromatin）与染色体（chromosome）**　染色质是由 DNA 和相关蛋白质（组蛋白与非组蛋白）组成。其基本结构单位是 DNA 和组蛋白组成的核小体（nucleosome）。许多核小体连接成链状，核小体链以螺旋和折叠方式有序而非均一地集缩，形成染色质。若高度集缩则形成光镜下可见的异染色质（heterochromatin），转录功能不活跃；若低度集缩甚至完全伸展的核小体链，则超越光镜的分辨率，只能在电镜下看到，称为常染色质（euchromatin），转录功能相对活跃。在细胞分裂期整条核小体链浓缩成染色单体，与另外一条完全一致的姊妹染色单体（在 S 期复制的 DNA）在着丝点处相连，形成一条中期染色体的标准形状。可见，常染色质、异染色质和染色体都是同一种物质在细胞不同时期、不同功能状态的存在形式（图 2–9）。

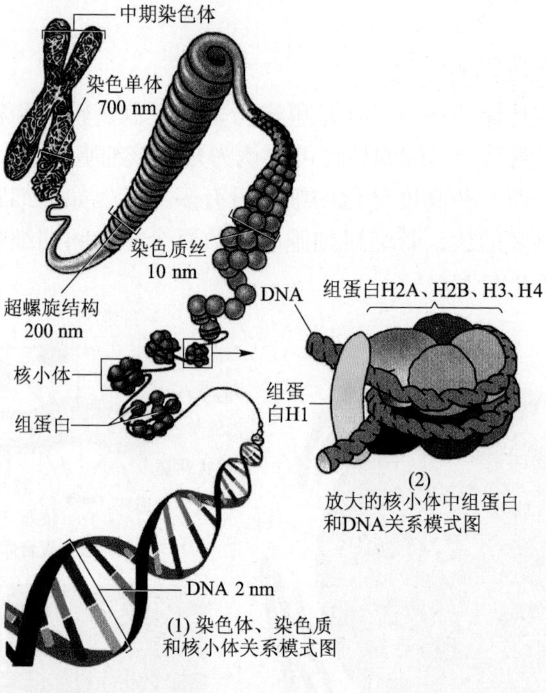

图 2–9　染色体、染色质和核小体结构模式图

2.2.2.3　**核仁（nucleolus）**　呈球形，多为 1 ~ 2 个，但数量及大小依细胞种类及机能状态而不同，一般蛋白质合成快、生长旺盛的细胞（如胰腺细胞、神经细胞等）核仁较多且大，而蛋白质合成不活跃的细胞（如精子细胞、G_0 期细胞、肌细胞等）核仁少甚至无。核仁在细胞核中的位置也不固定，在蛋白质合成旺盛的肝细胞中，核仁常靠近核膜，在肿瘤细胞中甚至常见核仁边集，有利于合成的 RNA 从胞核输至胞质。核仁的化学组成包括 11% 的 RNA、80% 的蛋白质和少量 DNA。电镜下核仁外形不规则、无膜，由颗粒部和纤维部组成，两者埋于无定形基质中。纤维部和颗粒部都是由核糖核蛋白组成的，它们代表 rRNA 分子产生和成熟的不同阶段，两者的比例亦随细胞的功能状态而不同。核仁基质是由蛋白质构成的。核仁周围有深染的异染色质包绕，称核仁周染色质，功能不活跃。蜿蜒伸入核仁内的染色质称核仁内染色

质，它是编码核糖体 RNA（rRNA）的 DNA，称 rDNA。rRNA 在中期染色体上有固定的位置，称核仁组织者（nucleolar organizer region，NOR）。核仁的功能是合成核糖体 RNA。

2.2.2.4 **核基质**（nuclear matrix） 将细胞核内的 DNA、组蛋白和 RNA 抽提后，核内仍残留有纤维蛋白的网架结构，称其为核基质或核骨架（nuclear skeleton）。

2.2.3 细胞骨架系统

细胞骨架（cytoskeleton）是指真核细胞中的蛋白纤维网架体系。细胞骨架的概念正在不断发展之中，早期的细胞骨架仅指微丝和微管，目前，狭义的细胞骨架指细胞质骨架，包括微丝、微管、中间纤维和微梁，广义的细胞骨架包括细胞核骨架、细胞质骨架、细胞膜骨架和细胞外基质。

2.2.3.1 细胞质骨架

（1）微丝（microfilament，MF） 是指真核细胞中由肌动蛋白组成的直径为 7 nm 的骨架纤维，具有收缩功能。在体内，有些微丝是永久性的结构，如肌微丝及肠上皮细胞微绒毛中的轴心微丝等；有些微丝是暂时性的结构，如胞质分裂环中的微丝，只有在需要时方进行装配。实际上大多数非肌肉细胞中，微丝是一种动态结构，持续进行装配和解聚，并与细胞形态维持和运动有关。微丝系统的主要组成是肌动蛋白纤维，即微丝。此外，微丝系统中还包括许多微丝结合蛋白，如肌球蛋白、原肌球蛋白、肌钙蛋白和 α- 辅肌动蛋白。

（2）微管（microtubule）与中心体（centrosome） 存在于所有真核细胞中，由微管蛋白装配成的长管状细胞器结构，对低温、高压和秋水仙素敏感。α- 微管蛋白和 β- 微管蛋白形成微管蛋白异二聚体，是微管装配的基本单位。在横切面上，微管呈中空状，微管壁由 13 根原纤维排列构成（图 2-2）。微管可装配成单管、二联管（见于纤毛和鞭毛中）、三联管（见于中心粒和基体中）。微管的主要功能有：维持细胞形态，参与细胞内运输，与纤毛和鞭毛运动、染色体运动以及纺锤体的形成密切相关。

中心体由一对相互垂直的中心粒（centriole）构成，为微管性结构，呈圆柱状，其管壁由 9 组微管三联体组成。中心体具有自我复制性质，它也是动物细胞中主要的微管组织中心，纺锤体微管和胞质微管由中心体放射出来。中心体与细胞有丝分裂密切相关。

（3）中间丝（intermediate filament, IF） 又称中间纤维，其直径介于肌粗丝和细丝之间。中间纤维的成分可分为 5 类：存在于上皮细胞中的角蛋白纤维，存在于间质细胞和中胚层来源的细胞中的波形纤维，存在于肌细胞中的结蛋白纤维，存在于神经元中的神经原纤维以及存在于神经胶质细胞中的神经胶质纤维。中间纤维的分布具有严格的组织特异性，可用于鉴别肿瘤细胞的组织来源。与微丝和微管不同，中间纤维蛋白合成后，基本上均装配为中间纤维，游离的单体很少。一般认为，中间纤维在细胞质中起支架作用，并与细胞核定位有关。同时，中间纤维在细胞间或组织中起支架作用。中间纤维在胞质中形成精细发达的纤维网络，外与细胞膜及细胞外基质相连，内与核纤层直接联系，可能参与传递细胞内机械的或分子的信息。

（4）微梁网（microtrabecular network） 高压电镜下，可见细胞内存在一种直径为 2 ~ 3 nm 的微梁网络，在细胞内形成细密的立体网架，称为微梁网。微梁网不仅将微管、微丝、中间纤维连接起来，并且与线粒体、核糖体等各种细胞器相联系。

2.2.3.2 **细胞核骨架** 狭义的核骨架仅指核内基质，即细胞核内除核膜、核纤层、染色质、核仁和核孔复合体以外的，以纤维蛋白成分为主的纤维网架体系；广义的核骨架包括核基质、核纤层和核孔复合体。核骨架的成分比较复杂，主要是纤维蛋白，并有少量 RNA。核骨架不像胞质骨架（如微丝、微管和中间纤维等）那样，由非常专一的蛋白质成分组成，不同类型细胞核骨架成分可能有较大差别，目前已测定的核骨架蛋白有数十种。一般认为，核骨架为细胞核内组分提供了一个结构支架，细胞核内许多重要的生命活动与核骨架有关，如 DNA 复制、基因表达、病毒复制和染色体构建等均与核骨架有关。

2.2.3.3　**细胞膜骨架**　细胞膜骨架是指质膜下与膜蛋白相连的，由纤维蛋白组成的网架结构，内含微丝、微管等。它参与维持细胞膜的形状，并协助质膜完成多种生理功能。目前研究比较多的是红细胞膜骨架。

2.2.3.4　**细胞外基质**（extracellular matrix）　指分布于细胞外空间，由细胞分泌蛋白和多糖所构成的网络结构。包括胶原、氨基聚糖、蛋白聚糖、层粘连蛋白、纤粘连蛋白、弹性蛋白和细胞的粘连分子等。动物组织中的细胞不仅与相邻细胞接触和作用，同时也与细胞外基质接触和作用。细胞外基质将细胞粘连在一起构成组织，同时提供一个细胞外网架，在组织中或组织之间起支持作用。如胶原赋予组织抗张能力，弹性蛋白及蛋白多糖为组织的弹性和耐压性所必需。大多数情况下，细胞外基质对于细胞执行特定的功能是必需的，如肾小球细胞外基质起过滤作用；细胞外基质能结合许多生长因子和激素，因而为与之接触的细胞提供特别丰富的信号。

2.2.4　细胞质基质

在细胞质中，除去可分辨的细胞器和内含物之外的胶状物质，称为细胞质基质（cytoplasmic matrix, cytomatrix），它是细胞的重要结构成分，约占细胞质体积的一半。在细胞质基质中主要含有与中间代谢有关的数千种酶类，以及与维持细胞形态和细胞内物质运输有关的细胞质骨架结构。细胞质基质担负着一系列重要的功能，糖酵解、磷酸戊糖途径、糖醛酸途径、糖原的合成与部分分解、蛋白质合成和脂肪酸合成等许多代谢过程都在细胞质基质中进行；细胞质骨架作为细胞质基质的主要结构成分，不仅与维持细胞的形态、运动、细胞内物质运输及能量传递有关，而且也作为细胞质基质结构体系的组织者，为细胞质基质中其他成分和细胞器提供锚定位点；细胞质基质在蛋白质修饰、蛋白质选择性降解等方面也起重要作用。

2.3 原核细胞与真核细胞

根据进化地位、结构的复杂程度、遗传装置的类型与重要生命活动的方式，细胞可分为原核细胞（prokaryotic cell）与真核细胞（eukaryotic cell）。由此延伸，把整个生物界划分为原核生物与真核生物。由原核细胞构成的有机体称为原核生物，几乎所有的原核生物都由单个原核细胞构成。如支原体、细菌和蓝细菌等，其中支原体是最小最简单的细胞；细菌和蓝细菌是原核细胞的两个代表。真核生物可分为多细胞真核生物与单细胞真核生物。顾名思义，原核细胞没有典型的核结构，它与真核细胞的基本差异表现在两方面：① 结构与功能的差别：原核细胞无核膜，染色体是由一个环状 DNA 分子构成的单个染色体，无核仁。故无典型细胞核。缺乏线粒体、内质网、高尔基复合体和溶酶体等内膜系统细胞器。无细胞骨架。细胞分裂方式为无丝分裂。② 遗传装置与基因表达方式的区别：DNA 含量少，只有一个环状 DNA 分子，无“多余”的或“重复”的 DNA 序列。主要以操纵子方式调控基因表达（真核细胞基因表达的调控具有复杂性和多层次性）。转录与翻译可以同时进行（真核细胞是核内转录、细胞质内翻译，且具有严格的阶段性与区域性）。

2.4 细胞周期与细胞分裂

细胞通过细胞周期完成分裂，进行增殖。

2.4.1 细胞周期

在细胞的生命活动中，细胞由上一次分裂结束到下一次分裂结束的历程称为一个细胞周期（cell cycle）。正常情况下，细胞沿着 DNA 合成前期（G_1 期）→ DNA 合成期（S 期）→ DNA 合成后期（G_2 期）→有丝分裂期（M 期）的路线运转，通过 M 期细胞一分为二，成为两个子细胞。细胞周期时间长短不一（图 2-10），有的只有数十分钟（如胚胎细胞），有的可长达数月甚至更长（如淋巴细胞）。同一周期中 G_1 期时间变化最大，往往由它决定细胞周期的长短，而 S 期、G_2 期和 M 期的时间相对稳定。处于细胞周期不同阶段的细胞，其形态和生化特性有所不同，对辐射、药物、病毒的感染以及酶诱导的敏感性也均有不同。人们依此可人为进行细胞同步化。

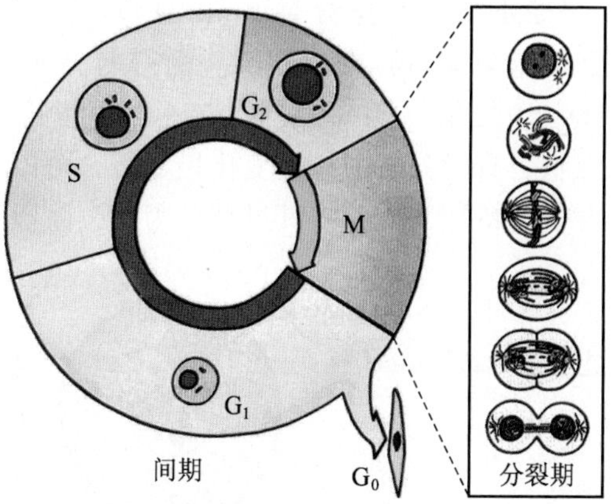

图 2-10 细胞周期示意图

G_1 期：为 DNA 合成前期，又称第一间隙期（gap 1 phase）。此期，细胞一方面合成细胞所需的结构蛋白和酶蛋白，同时为 DNA 复制准备必要的条件。当上述活动基本完成，在细胞质内某种调节因子作用下，细胞越过 G_1 期末端“R 点”（restriction point，限制点），进入 S 期。R 点是细胞周期运转的一个阈值点。

S 期：为 DNA 合成期（synthetic phase），同时继续进行蛋白质合成，特别是 M 期所需要的微管蛋白。S 期持续时间比较恒定，为 7 ~ 8 h。

G_2 期：为 DNA 合成后期，又称第二间隙期（gap 2 phase），此时期为细胞分裂准备条件。G_2 期持续的时间较短，平均一至数小时。

M 期：为有丝分裂期。不同种类的细胞，其细胞周期的运行情况不相同。从增殖的角度来看，细胞可分为三类：

连续分裂细胞——这种细胞在细胞周期中连续运转，故又称为周期中细胞（cycling cell）。如表皮基底层细胞、小肠绒毛上皮腺窝细胞、部分骨髓造血细胞等。

休眠细胞——有些细胞暂时脱离（或逸出）细胞周期，不进行增殖，但在适当刺激下可重新进入细胞周期。如某些淋巴细胞、肝细胞、肾细胞和大部分骨髓干细胞等。这类细胞也称为 G_0 期细胞。

终端分化细胞——指那些不可逆地脱离细胞周期，丧失分裂能力，但保持生理机能活动的细胞，又称不分裂细胞。如神经元、肌纤维、多形核白细胞等。随着动物体细胞克隆的成功，这些概念又有变化。“多莉”羊的问世，表明体内的终端分化细胞仍可以去分化，重新进入分裂周期中。

2.4.2 细胞分裂（cell division）

细胞分裂有三种形式：无丝分裂（直接分裂）、有丝分裂（间接分裂）、减数分裂（成熟分裂）。其中减数分裂为一种特殊的有丝分裂，将在生殖系统中叙述。

2.4.2.1 **无丝分裂**（amitosis） 一般原核细胞中常见，但真核生物的间质组织、肌肉组织和乳腺组织中也常见。无丝分裂是细胞最简单的分裂方式。细胞体积增大，核及核仁形成哑铃状，中部断裂，胞质缢缩，最后形成两个子细胞。此过程无纺锤体形成。

2.4.2.2 **有丝分裂**（mitosis） 是真核生物中最常见的细胞分裂方式，由于光镜下观察到细胞分裂过程中出现细丝而得名。细胞周期通过 G_1、S、G_2 各期后，各种大分子（特别是DNA）加倍，到M期时，在一个短暂的时间内，染色质凝缩成染色体，细胞分裂形成两个子细胞。有丝分裂中核的变化最显著，可以看作是一个核改组的连续过程。根据有丝分裂中的形态变化特征，人为将其过程分为六个阶段（图2-11）：

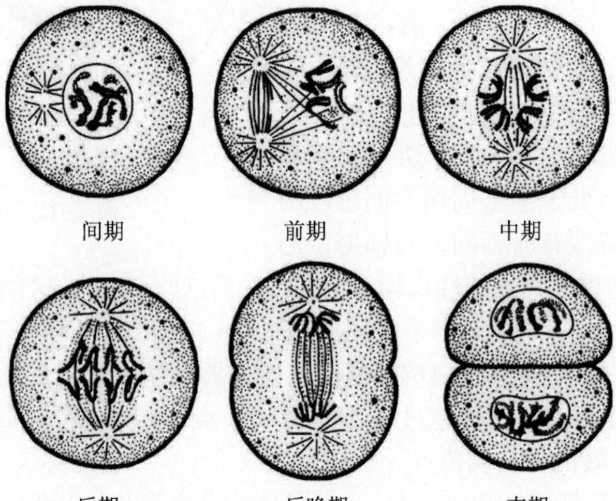

图2-11 有丝分裂模式图

（1）前期（prophase） 由于细胞骨架微管解聚，细胞外形变圆。细胞核内染色质螺旋化、折叠和包装，并不断浓集而呈纤维状。胞质中出现由微管形成的纺锤体状纤维。染色质纤维进一步缩短、变粗，成为染色体。每条染色体上有两条染色单体，两者在着丝粒（主缢痕）处相连，每条染色单体含有一条DNA分子。在间期，复制的中心体彼此分离，分别向细胞的两极方向移动，与此同时，在每个中心体周围出现许多放射的微管束，形成星体。两对中心粒连同其装配的星体沿核膜彼此分离，行至相对位置时，两极之间在靠近核膜处形成初步的纺锤体。纺锤体和星体是由胞质内的微管组成的，它们的形成与遗传物质平均分配到两个子细胞中密切相关。前期末，核纤层瓦解，核膜崩解，核仁消失，分散于胞质中。

（2）早中期（prometaphase） 核膜崩解后，纺锤体侵入细胞中心区。染色体在两极之间剧烈活动（旋转、震荡等），一侧纺锤体微管自由端随机捕捉到一条染色体的一侧动粒（着丝粒外表面结构），接着另一侧的纺锤体的自由端也随机捕捉到该染色体另一侧的动粒。染色体两侧微管的牵拉使染色体向赤道板方向移动排列。

（3）中期（metaphase） 纺锤体微管牵拉的结果，使染色体整齐地排列在赤道板上。此时，染色体两侧的微管牵拉力量保持平衡。

（4）后期（anaphase） 所有姊妹染色单体进行纵裂。分裂后原来的每条染色单体就成为染色体。由于着丝粒的分离和两侧微管的牵拉，使两条染色单体发生速度很慢的向极运动。运动时，一般是染色体的动粒在前，两臂拖后。

（5）末期（telophase） 纺锤体微管牵拉的结果，使染色体平均地分到两极，此时，原来崩解的核膜小囊泡在染色体表面上又相互结合，并融合形成核膜，核纤层和核孔复合体重组。染色体去凝集、去螺旋化，变成染色质并高度分散在间期核中。核仁重新出现。

（6）胞质分裂（cytokinesis） 动物细胞的核分裂和胞质分裂是两个分离过程。中、后期开始，赤道面处细胞质向下凹陷，形成环状缢缩，此处微管增多形成中体。中体处质膜下有肌动蛋白和肌球蛋白形成的收缩环。在 ATP 参与下收缩环收缩，引起缢缩断裂，使细胞一分为二。

2.5 细胞分化

多细胞生物体是由各器官系统组成的，而器官是由四大基本组织构成，每种组织又是由大量的细胞组合而成。所有这些细胞都是由一个受精卵分裂而来的，但它们在形成器官组织时，各自的结构和功能已发生变化，差异巨大，即这些细胞后代发生了分化。分化（differentiation）是指胚胎细胞或体内幼稚细胞，通过分裂与变化演变成为成熟细胞的过程。在此过程中，细胞发生了本质的变化，在形态结构、化学成分和功能活动上都与原来的母细胞不同。在细胞分化过程中，有的细胞变化很大，在一般情况下丧失了分化为其他细胞的能力，这种细胞为终端分化细胞，分化程度高，执行功能复杂而专一，如神经元等；有的细胞还保持有分化为其他细胞的能力，即分化程度低，如间充质细胞等。

过去认为动物体内终端分化细胞在其分化过程中，丢失了部分基因，其分化过程不可逆转。“多莉”羊的诞生改变了以前的观点，现在认为即使高度分化的动物体细胞，其细胞核仍然含有保持物种遗传性所需的全套基因，基因并没有因细胞分化而丢失，细胞核仍具有全能性，在一定条件下，可以去分化。去分化（dedifferentiation）是指分化细胞失去原来特有的结构和功能，变为具有未分化细胞特性的过程。去分化是机体再生过程的前奏。

2.6 细胞衰老与死亡

细胞的新生、衰老和死亡是有机体发育过程的必然规律，细胞的种类不同，寿命长短不一。如神经细胞的寿命与个体同样长久，而表皮细胞、血细胞生活时间很短。一般来说，寿命长的细胞衰老较慢，寿命短的细胞衰老较快。细胞衰老的过程是细胞生理与生化发生复杂变化的过程，如呼吸速率减慢、酶活性降低等，最终反映在细胞形态结构的变化上。衰老过程中，细胞膜体系、骨架体系、线粒体和细胞核等都发生相应变化。细胞衰老（cellular aging）与细胞程序死亡密切相关。

动物的大多数细胞在发育的一定阶段出现正常的自然死亡，称为程序性细胞死亡

(programmed cell death)，又称为细胞凋亡（apoptosis），它是一种主动的细胞代谢过程。程序性细胞死亡的现象是普遍存在的，它发生在依赖激素的组织中，以及淋巴细胞、胸腺细胞、肝细胞、皮肤和胚胎发生期间的细胞中，如在乳腺的退化过程中，大多数产奶的分泌型上皮细胞在几天内就要通过程序性细胞死亡而消失，同时乳腺脂肪细胞重新被激活并储存脂质，这些过程导致上皮型乳腺向脂肪细胞占优势的静止组织的转变，而这种组织在下次怀孕后进行新的泌乳活动。这一系列转变由几个基因控制。

1972 年，Kerr 提出细胞凋亡概念，认为细胞凋亡（apoptosis）是一种主动的、程序性的、细胞固有的生物学过程，是由基因控制的细胞自主性死亡的一种方式。实际上，细胞凋亡与程序性细胞死亡的概念并不完全等同，前者可以看作是后者的形式之一，前者是形态学概念，而后者强调的是功能性概念。凋亡与组织器官的发育、机体正常生理活动的维持、某些疾病的发生以及细胞恶变等过程均有密切关系。细胞凋亡的生化改变主要表现在：① 细胞内 Ca^{2+} 浓度增高；② 内源性内切核酸酶激活；③ 生物大分子的合成改变。当细胞受到剧烈伤害后出现强烈的、不可逆的伤害反应，细胞就会坏死。

细胞凋亡与细胞坏死的形态学比较见表 2–1。

表 2–1　细胞凋亡与细胞坏死的比较

	凋　亡	坏　死
胞体	变小	变大
胞膜	皱缩，形成空泡	肿胀，通透性改变
胞核	浓缩，DNA 断裂成 180 ~ 200 bp 或其倍数的片段	不规则碎裂，溶解
结局	形成凋亡小体并被邻近细胞吞噬	细胞崩解，引起炎症反应
与其他细胞关系	通常只影响散在单个细胞，组织结构不被破坏	涉及多个细胞，细胞结构被破坏

凋亡细胞的形态学变化过程大致可分为三个阶段：① 胞体缩小，与周围细胞失去联系，细胞器变致密，核体积变小，核仁消失，染色质浓集于核膜内表面下形成新月形致密小斑块。② 染色体断裂，核膜与细胞膜均内陷，包裹胞内成分（细胞质基质、细胞器、破碎的染色质及核膜）形成“泡”样结构，此为“凋亡小体”。最后，整个细胞均裂解成这种“小体”。③ 凋亡小体被邻近的巨噬细胞或其他相关细胞识别、吞噬、消化。上述三个阶段维持时间很短，通常在几分钟、十几分钟内即可完成。

复习思考题

1. 简述细胞结构与功能的关系。
2. 试述细胞膜的基本结构和主要功能。
3. 简述细胞各种膜性结构的关系。
4. 简述各种细胞器的结构和功能。
5. 简述细胞核的基本结构。
6. 名词解释：生物膜　细胞骨架　细胞周期

拓展阅读

细胞膜的水通道

第3章　上皮组织

Epithelial Tissue

- 被覆上皮
- 腺上皮和腺
- 感觉上皮
- 上皮组织的更新与再生

Outline

Epithelial tissues are mainly composed of the closely aggregated polyhedral cells and very little extracellular substance. Polarity is an important feature of epithelia: they have a free surface and a basal surface that rest on the basal membrane. Blood vessels do not normally penetrate into the epithelium, so all nutrients have to pass out of the capillaries in the underlying lamina propria. According to their structure and function, epithelia are divided into two main groups, namely, covering epithelia and glandular epithelia. Covering epithelia are tissues in which the cells are organized in layers that cover the external surface or line the cavities of the body. They can be further classified into six groups in terms of the number of cell layers and the morphologic features of the cells in the surface layer. The six groups include simple squamous epithelium, simple cuboidal epithelium, simple columnar epithelium, pseudostratified columnar ciliated epithelium, stratified squamous epithelium and transitional epithelium. Epithelial tissues perform the principle functions of the covering and lining of the surface, absorption, and secretion. Glands are usually divided into exocrine gland and endocrine gland. A gland of the exocrine type releases its secretion to a duct system and then to a body surface. An endocrine gland releases its secretion directly or indirectly into the blood or into the lymph. The epithelium contains specialized structures on the cell surface, lateral surface and basal surface in order to make a perfect adaptation to various roles.

上皮组织（epithelial tissue）由密集排列的细胞和少量细胞间质共同组成。根据上皮组织的所在部位、形态结构和生理功能，可分为被覆上皮（covering epithelium）、腺上皮（glandular epithelium）、感觉上皮（sensory epithelium）、肌上皮（myoepithelium）和生殖上皮（germinal epithelium）等。被覆上皮即被覆于动物体的外表面或衬于体内各种管、腔及囊的内表面。腺上皮是以分泌功能为主的上皮。感觉上皮是一种特殊分化的上皮，具有特殊感觉机能。肌上皮是某些器官的上皮特化为具有收缩能力的上皮。生殖上皮是位于睾丸生精小管和卵巢表面的上皮。

上皮组织的共同特点是：① 细胞成分多、排列紧密、间质成分少。② 大多数细胞有明显的极性，朝向管、腔、囊的内表面或体表的一面称为游离面；向着深层结缔组织的另一面，称为基底面，基底面借薄层的基膜与结缔组织相连。③ 上皮组织中一般无血管和淋巴管，细胞所需营养物质依靠深层结缔组织中的血管通过渗透而供给。④ 上皮组织内神经末梢较为丰富，能感受各种刺激。⑤ 上皮组织具有保护、吸收、分泌、感觉和排泄等功能，但由于其结构和分布部位不同，生理功能各有侧重，如被覆于体表的上皮以保护功能为主，腺上皮以分泌功能为主。

3.1 被覆上皮

3.1.1 被覆上皮的类型和结构

根据上皮细胞的排列层数、细胞形态和分布位置，被覆上皮可分为下列几种类型：

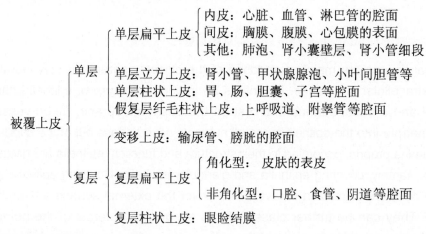

- 被覆上皮
  - 单层
    - 单层扁平上皮
      - 内皮：心脏、血管、淋巴管的腔面
      - 间皮：胸膜、腹膜、心包膜的表面
      - 其他：肺泡、肾小囊壁层、肾小管细段
    - 单层立方上皮：肾小管、甲状腺腺泡、小叶间胆管等
    - 单层柱状上皮：胃、肠、胆囊、子宫等腔面
    - 假复层纤毛柱状上皮：上呼吸道、附睾管等腔面
  - 复层
    - 变移上皮：输尿管、膀胱的腔面
    - 复层扁平上皮
      - 角化型：皮肤的表皮
      - 非角化型：口腔、食管、阴道等腔面
    - 复层柱状上皮：眼睑结膜

3.1.1.1 **单层上皮**（simple epithelium） 仅由一层细胞构成，根据细胞形态的不同可分为以下几种类型：

（1）*单层扁平上皮*（simple squamous epithelium） 这类上皮由一层很薄的扁平细胞构成。细胞的边缘呈锯齿状，相邻细胞借少量黏附分子彼此嵌合在一起。从表面看，细胞呈多边形，细胞核扁圆形位于细胞的中央。从垂直或纵切面看，细胞呈梭形，有核处较厚，向两面凸出，无核处较薄，有利于物质交换（图 3-1，图 3-2）。因分布位置的不同，单层扁平上皮又有

图 3-1 单层扁平上皮（银染）

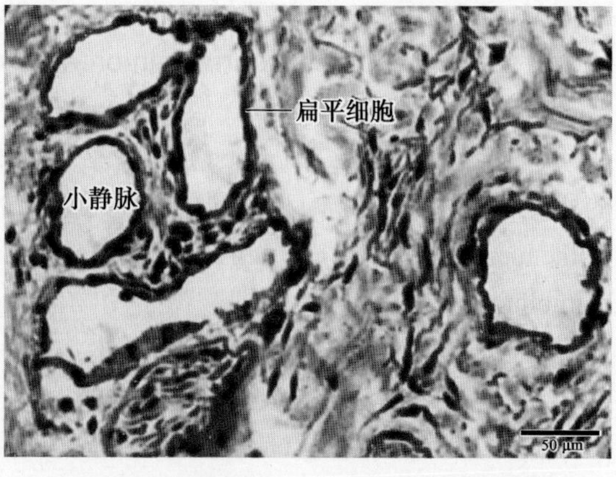

图 3-2 单层扁平上皮（侧面，HE 染色）

不同的名称，衬于心脏、血管、淋巴管腔面的单层扁平上皮称为内皮（endothelium）。内皮很薄，表面光滑，有利于血液和淋巴的流动。衬于胸膜、腹膜和心包膜以及某些脏器表面的称为间皮（mesothelium），它和结缔组织一起构成浆膜。此外，单层扁平上皮还分布于肺泡壁、肾小囊壁层和肾小管细段等部位。单层扁平上皮具有润滑、减少摩擦和利于器官运动的作用。

（2）单层立方上皮（simple cuboidal epithelium） 这类上皮由一层立方形细胞构成。细胞的高度和宽度差别不大，从垂直切面看近似正方形。核圆形位于细胞中央。从表面看细胞呈多边形（图 3-3）。这种上皮位于肾远曲小管、腺体导管、卵巢表面等处，具有吸收和分泌功能。

（3）单层柱状上皮（simple columnar epithelium） 这类上皮由一层柱状细胞组成。从表面看细胞为多边形，从垂直切面看，细胞为长方形，核呈椭圆形，靠近细胞的基底部（图 3-4）。细胞游离面有密集排列的微绒毛（microvilli）。这种上皮分布于胃、肠、子宫的腔面和胆囊的内壁，主要具有吸收和分泌功能。

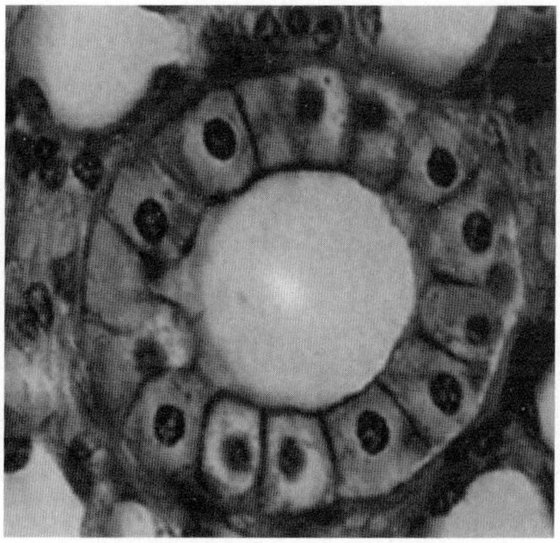

图 3-3 单层立方上皮（HE 染色）

图 3-4 单层柱状上皮（HE 染色）

（4）假复层纤毛柱状上皮（pseudostratified ciliated columnar epithelium） 由形态不同、高度不等的柱状细胞、梭形细胞和锥形细胞组成。柱状细胞排列较整齐，游离缘有纤毛，细胞核的位置较高。锥形细胞紧靠基膜，细胞核位置较低，可分化为其他类型的细胞。梭形细胞夹于柱状细胞和锥形细胞之间。这些细胞的核排列高低不等，形似复层，但每种细胞均附着于基膜上，实际上是单层上皮，故称为假复层纤毛柱状上皮（图 3-5）。这种上皮主要分布于呼吸道、附睾、输精管等处。分布于呼吸道的假复层纤毛柱状上皮细胞之间夹有杯状细胞，它的核呈扁圆形

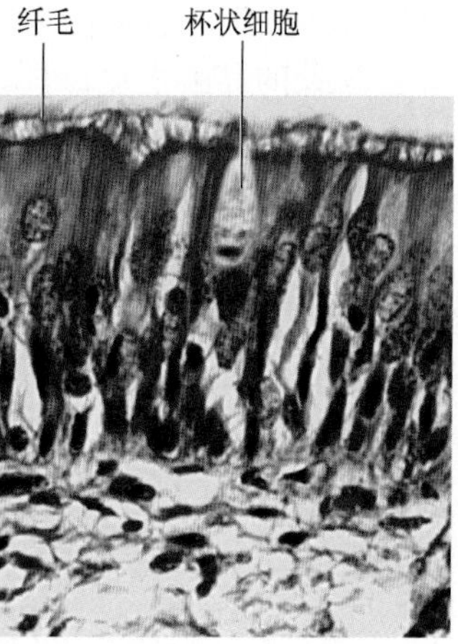

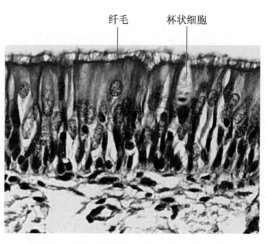

图 3-5 假复层纤毛柱状上皮（HE 染色）

或三角形，着色深，位于细胞基底部。杯状细胞能分泌黏液，借助纤毛的定向摆动，清除细胞分泌物及吸附的细菌、灰尘等异物。

3.1.1.2 复层上皮（stratified epithelium） 由两层以上的细胞组成，只有深层细胞附着于基膜上。

（1）复层扁平上皮（stratified squamous epithelium） 亦称复层鳞状上皮，由多层细胞组成。表层细胞呈扁平状，位于中间层的细胞呈多边形，位于最深层的基底细胞为矮柱状或立方形，核圆形或椭圆形，细胞排列紧密，着色深。基底层细胞可通过有丝分裂增生为新的细胞，以补充表层衰老和脱落的细胞（图 3-6，图 3-7）。

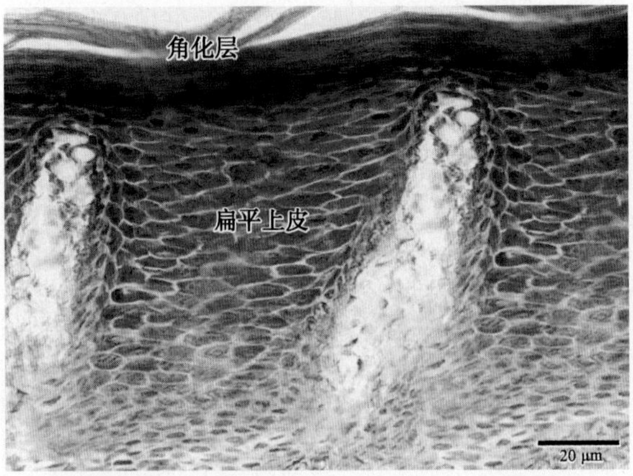

图 3–6 角化的复层扁平上皮（银染）

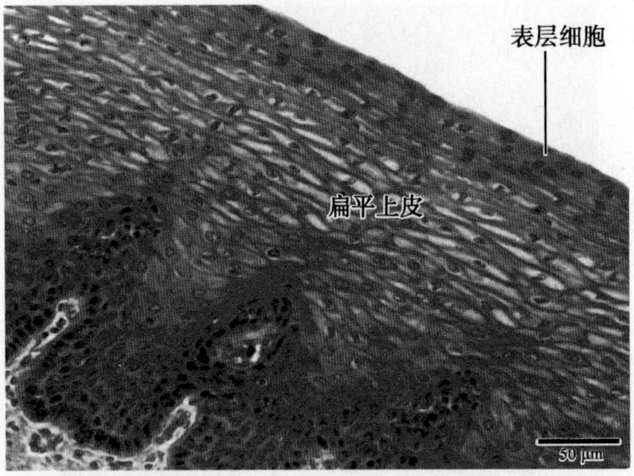

图 3–7 未角化的复层扁平上皮（HE 染色）

复层扁平上皮与深层结缔组织连接面凹凸不平，突向上皮部分的结缔组织称为乳头，内含丰富的血管，有利于上皮的营养和代谢。此种上皮具有很强的机械性保护作用。主要分布于皮肤、口腔、咽、食管、肛门和阴道等部位。在经常接受摩擦部位的复层扁平上皮，表层细胞角化、无核，称为角化的复层扁平上皮，如皮肤的表皮。食管上皮表层细胞仍有核，角蛋白含量相对较少，表层细胞不角化，又叫非角化复层扁平上皮。

（2）复层柱状上皮（stratified columnar epithelium） 此种上皮的表层细胞呈柱状，中间层的为多边形，深层的为矮柱状。复层柱状上皮分布范围较小，仅见于眼睑结膜和尿道海绵体等处的黏膜上皮，具有保护作用。

（3）变移上皮（transitional epithelium） 这种上皮主要分布于肾盏、肾盂、输尿管、膀胱等处。其细胞形状和层次随所在器官的不同生理状态而发生变化，所以称为变移上皮。如膀胱处于充盈状态时，表层细胞扁平，上皮细胞层数减少；反之，膀胱上皮变厚，细胞层数增多。表层细胞较大，呈梨形，细胞游离面胞质浓缩形成壳层，可防止尿液侵蚀，部分细胞含双核，这种细胞称为盖细胞。中间层细胞为多角形，深层细胞呈不规则形，体积较小（图 3-8，图 3-9）。

3.1.2 上皮组织的特殊结构

上皮组织的细胞为了适应其机能的需要，在上皮细胞的游离面、侧面及基底面均分化出一些特殊结构（图 3-10）。但并非所有上皮细胞都具有这些结构，而是取决于所处的内外环

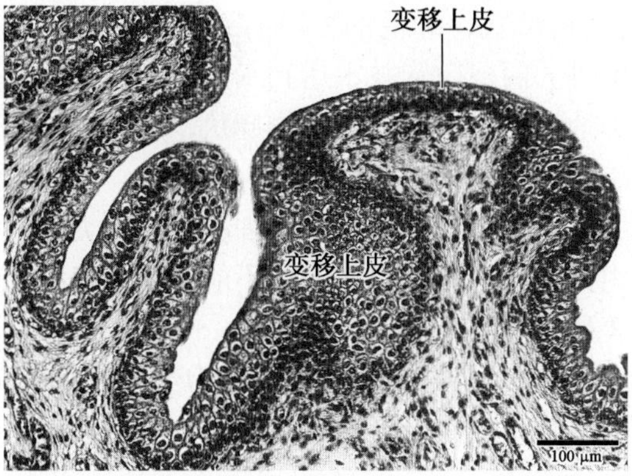

图 3–8　变移上皮（排空后，HE 染色）

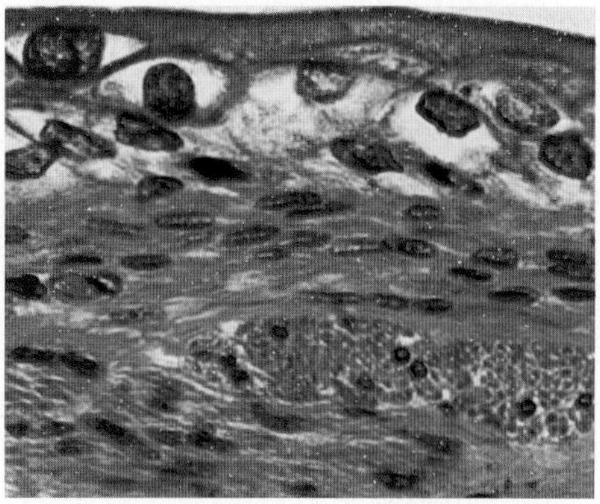

图 3–9　变移上皮（充盈时，HE 染色）

境及功能活动的特点。

3.1.2.1　上皮细胞的游离面

（1）微绒毛（microvillus）　是细胞膜和细胞质共同突向腔面形成的细小指状突起，在电镜下才能观察到（图 3–10）。在有吸收功能的细胞，如小肠柱状上皮细胞游离面微绒毛排列整齐，密集而且较长，在光镜下形成纵纹状结构，称为纹状缘（striated border）。微绒毛在肾的近端小管上皮细胞游离面紧密排列，形成光镜下所见的刷状缘（brush border）。每根微绒毛长约 1.4 μm，宽约 0.1 μm，其表面是细胞膜，中轴是细胞质的突出部分，在微绒毛内可见许多纵行的微丝，其上端可达微绒毛的顶端，甚至穿出，参与形成细胞外基质；微丝下行与细胞内终末网横行微丝相连。微丝是肌动蛋白，其收缩能使微绒毛弯曲或变短。微绒毛的主要作用是扩大细胞的表面积，有利于吸收和分泌。

（2）纤毛（cilium）　是上皮细胞游离面的细胞膜和细胞质伸向腔面的、能摆动的小突起。纤毛比微绒毛粗而且长，长 5 ~ 10 μm，粗约 0.3 μm，结构复杂，光镜下即可见到。电镜下观察纤毛中部的横断面，表面为细胞膜，内为细胞质，中央有两条单独的微管，周围有 9 组成

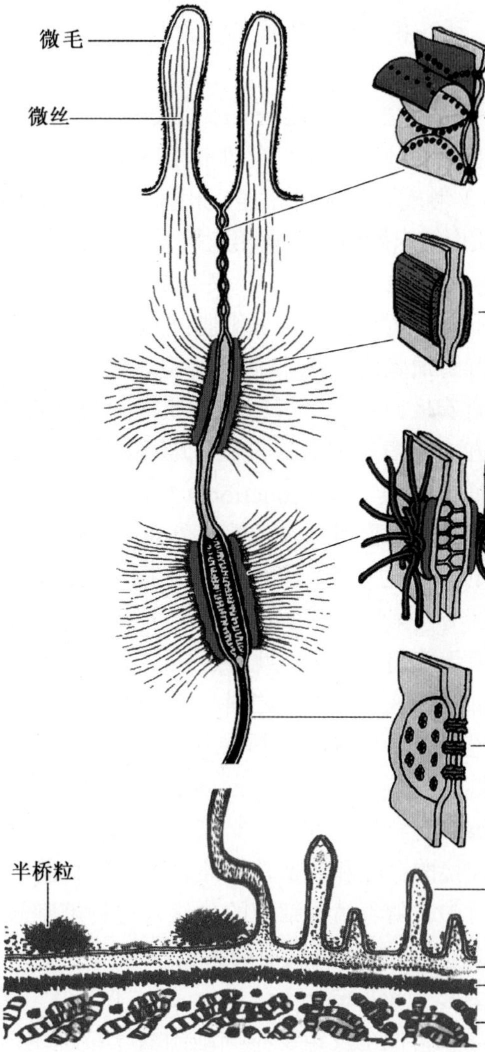

图 3–10　上皮细胞特殊结构模式图

对的纵行排列的二联微管，形成了“9 × 2+2”的结构形式，纤毛的根部有致密的颗粒，称为基体，周围的微管起始于基体，止于纤毛顶端。中央的两根微管并不达到基体。

纤毛可摆动，许多纤毛同步地向一个方向有力地摆动，形成如麦浪样起伏，从而把黏着在上皮表面的尘埃颗粒或细菌推向咽部咳出。

（3）静纤毛（stereocilium） 某些上皮细胞的游离面有类似于纤毛的细长突起，突起的长度与纤毛相近，但不能运动，称静纤毛。静纤毛内无微管，仅含微丝，故不能摆动。静纤毛见于附睾管上皮、内耳位觉和听觉感受器的毛细胞等处。

3.1.2.2 **上皮细胞的侧面** 在相邻上皮细胞的侧面形成的特殊结构，称为细胞连接（cell junction），以加强细胞间的相互结合，保证上皮组织的完整性。以柱状上皮细胞为例，可见下列几种特化结构。

（1）紧密连接（tight junction） 又称闭锁小带（zonula occludens），位于柱状上皮细胞侧面近游离面处。电镜下观察，相邻细胞的细胞膜外层膜蛋白颗粒相互对接，呈网格状融合，融合处无细胞间隙，未融合处有一定间隙，外观呈带状环绕细胞的顶端。紧密连接除有机械性连接作用外，还在相邻细胞侧面的顶部形成了一道闭锁屏障，阻止大分子物质通过，也可防止组织液的流失（图 3-10）。

（2）中间连接（intermediate junction） 又称黏着小带（zonula adherens），位于紧密连接下方，呈连续的环腰带状。此处相邻细胞之间有 15 ~ 20 nm 间隙，间隙处由跨膜黏着蛋白质（钙黏蛋白）形成胞间横桥相连。相邻细胞膜的胞质侧有致密物质凝集，附着有横行排列的微丝，与胞质内终末网横行微丝相连接，具有加强细胞间连接和维持细胞形状的作用（图 3-10）。

（3）桥粒（desmosome） 又称黏着斑（macula adherens），位于中间连接的下方，在上皮细胞间呈不连续斑点状。相邻细胞间有 25 nm 左右的间隙，间隙由跨膜黏着蛋白（钙黏蛋白）连接着两侧的细胞膜。在细胞膜的胞质侧有椭圆形盘状的致密板，称为附着板。胞质中的张力丝伸入附着板，然后又折回细胞质内，起固定和支持作用。桥粒是上皮细胞间一种较为牢固的连接方式，多见于易受机械性摩擦的部位，如皮肤的表皮和食管黏膜上皮（图 3-10）。

（4）缝隙连接（gap junction） 位于桥粒深部。连接处呈圆斑状，细胞间有 2 nm 左右的间隙。相邻两细胞膜间有许多规律分布的连接小体，连接小体是细胞膜内由 6 个亚基蛋白颗粒围成直径 1.5 nm 的小管，两侧小管互相对接，成为细胞间的交通管道（图 3-10）。缝隙连接可供细胞相互交换某些小分子物质和离子，以传递化学信息。连接处电阻较低，在肌细胞和神经细胞之间便于传递电冲动。此种连接常位于吸收性上皮细胞或分泌性上皮细胞之间，也存在于肌细胞、神经细胞及骨细胞之间（图 3-10）。

紧密连接、中间连接、桥粒和缝隙连接四种细胞连接中，凡有两种或两种以上的同时存在时，则称为连接复合体（junctional complex）。连接复合体相当于光镜下所观察到的闭锁堤（terminal bar）。

细胞连接的存在和数量常随器官不同发育阶段和功能状态及病理变化而改变。例如，在睾丸曲细精管中，随着精原细胞的分化，支持细胞间的紧密连接可开放和重建。

3.1.2.3 **上皮细胞基底面的特化结构**

（1）基膜（basement membrane） 位于上皮细胞基底面与结缔组织之间，是一薄层均质半透明的薄膜，使上皮组织牢固地附着于结缔组织上。电镜下基膜由基板和网板两部分构成。基板（basal lamina）靠近上皮，由上皮细胞分泌产生，可分为两层，电子密度低的一薄层为透明层（lamina lucida），紧贴上皮细胞基底面，其下方电子密度高、较厚的为致密层（lamina densa）。构成基板的主要成分有层粘连蛋白、Ⅳ型胶原蛋白和硫酸肝素蛋白多糖等。网板（reticular lamina）位于基板深面，与结缔组织相连。主要由网状纤维和糖蛋白基质构成，由结缔组织中的成纤维细胞分泌。不同部位的基膜厚薄不一，有些上皮细胞基膜较薄，仅有一层基板。基膜有支持、连接、固着细胞，影响细胞移动、增殖和分化作用外，还是一种半透膜，有利于组织液与上皮细胞之间选择性地进行物质交换（图 3-10）。

（2）质膜内褶（plasma membrane infolding） 是上皮细胞基底面的细胞膜向胞质内折入形成的内褶，光镜下称基纹。唾液腺分泌管和肾的近端小管等处的质膜内褶较明显。内褶周围有许多纵向的线粒体，供物质转运时所需能量。质膜内褶的主要作用是扩大细胞基底面的表面积，以利于水和电解质的物质交换（图 3-10）。

（3）半桥粒（hemidesmosome） 位于上皮细胞基底面与基膜接触处，只在上皮细胞的细胞膜内侧形成一增厚的附着板，张力丝附着其上，并成袢状折返回胞质，其微细结构正好是桥粒结构的一半，故称为半桥粒。其作用是加强上皮细胞与基膜的连接（图 3-10）。

3.2 腺上皮和腺

以分泌为主要功能的上皮称腺上皮（glandular epithelium）。构成腺上皮的细胞多排列成束状或团块状，也可形成腺管或腺泡。以腺上皮为主要成分构成的器官称为腺（gland）。腺细胞的分泌物中含酶、糖蛋白或激素，各具特定的功能。

在胚胎期，腺上皮起源于内胚层、中胚层或外胚层衍生的原始上皮。这些上皮细胞分裂增殖形成细胞索，迁入深部的结缔组织内分化为腺（图 3-11）。如果所形成的腺有导管通向器官腔面或体表，分泌物经导管排出，称外分泌腺（exocrine gland），如胃腺和汗腺等；如果所形成的腺没有导管，分泌物须经血液和淋巴输送，则称内分泌腺（endocrine gland），如甲状腺和肾上腺等。

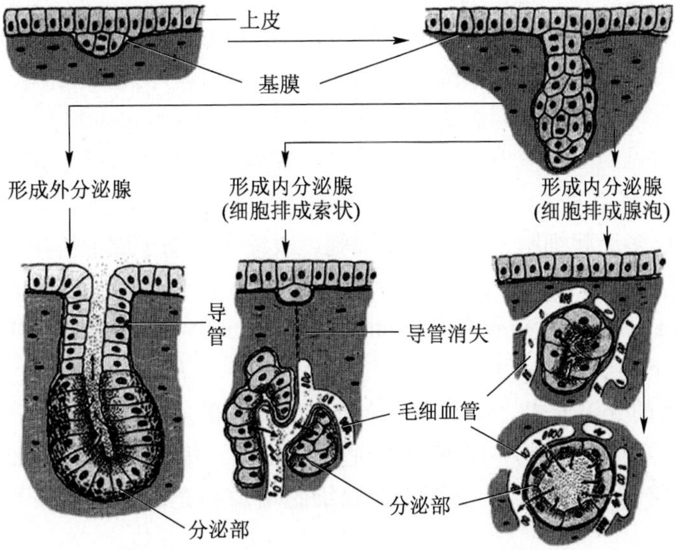

图 3-11 腺发生模式图

3.2.1 外分泌腺

3.2.1.1 外分泌腺的分类与结构

（1）外分泌腺的分类 根据组成外分泌腺的细胞数目，可分为单细胞腺和多细胞腺。单细胞腺是腺细胞单个散在分布，如杯状细胞（goblet cell），多细胞腺一般由分泌部和导管部两部分组成。根据分泌部的形状和导管分支情况可分为管状腺、泡状腺和管泡状腺。管状腺可再分为单管状腺（如肠腺）、分支管状腺（如胃腺）和复管状腺（如肝）。泡状腺可分为单泡状腺（小皮脂腺）、分支泡状腺（如大皮脂腺）和复泡状腺（如胰腺）。管泡状腺亦可分为单管泡状腺（如嗅腺）、单分支管泡状腺（如小唾液腺）和复管泡状腺（如乳腺）（图 3-12）。

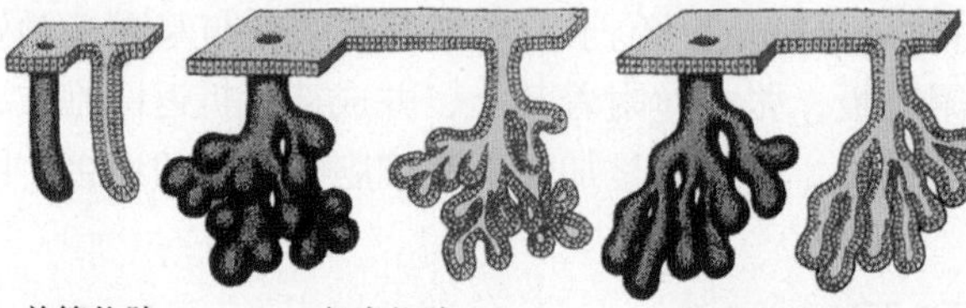

图 3-12 外分泌腺的形态和分类

（2）外分泌腺的结构 外分泌腺包括分泌部和导管部两部分。

① 分泌部 由腺上皮细胞构成，又称腺泡（acinus），腺上皮细胞通常单层地排列在基膜上，形成一管状或泡状结构，中央有一空腔，称为腺腔，腺细胞的分泌物排入腺腔内。腺上皮细胞主要有两种，即浆液性腺细胞和黏液性腺细胞。在 HE 染色的切片上，浆液性细胞呈锥状，细胞质着色深，细胞核呈圆形，位于中央或靠近基部。细胞顶部的胞质常含有嗜酸性的分泌颗粒，显红色；基部胞质呈现嗜碱性，电镜下观察含有大量的粗面内质网和线粒体。腺泡由浆液性细胞构成的腺称为浆液腺（serous gland），其分泌物稀薄清亮，内含多种酶和少量黏液。黏液性细胞呈锥体形，细胞着色较浅，核呈扁圆形，位于细胞基底部。电镜下可见细胞质内有许多粗大的黏原颗粒，分布在上皮细胞的游离面，主要成分为糖蛋白，具有润滑和保护作用。腺泡由黏液性细胞构成的腺称为黏液腺（mucous gland），其分泌物较黏稠，主要含有黏液。腺泡由浆液性细胞和黏液性细胞共同组成的腺称为混合腺（mixed gland）。

在唾液腺中，常见到由黏液性细胞构成腺泡，在腺泡末端附有几个浆液性腺细胞，切片中呈半月形排列，故称浆半月（demilune）。有些腺体（如汗腺、乳腺、唾液腺）的基膜与腺细胞之间，有一种星形多突起细胞，称肌上皮细胞，收缩时有助于腺泡排出分泌物。

② 导管部 是分支的上皮性管道，由单层或复层上皮围成，与腺泡直接相通，可分为闰管（intercalated duct）、分泌管或纹状管（striated duct）、小叶内导管、小叶间导管和总导管，其主要作用是运送分泌物。

3.2.1.2 腺细胞的分泌方式

根据腺细胞分泌物排出的方式通常分为三种。

（1）全浆分泌（holocrine） 细胞质内充满分泌物，细胞核萎缩，细胞退化死亡，整个细胞崩解，连同分泌物一起排出，由邻近的腺细胞增殖补充，如皮脂腺与禽类尾脂腺的分泌方式。

（2）顶浆分泌（apocrine） 分泌物排出时，腺细胞游离端受损伤，部分细胞膜和细胞质随分泌物一起排出，损伤部分的细胞膜很快被修复，如大汗腺、乳腺的分泌方式。

（3）局浆分泌（merocrine） 分泌物聚积于细胞的游离端，排出时不引起细胞的损伤，而以胞吐方式进行，如唾液腺、肝、胰腺的分泌方式。

（4）透出分泌（diacrine） 分泌物以分子的形式从细胞膜渗出的方式称透出分泌，如肾上腺皮质细胞、胃腺壁细胞、性腺内分泌细胞等。

3.2.2 内分泌腺

因无导管，故称无管腺。腺细胞的分泌物称激素（hormone），直接进入细胞周围的毛细血管或毛细淋巴管，经血液或淋巴输送到各组织、器官内，调节组织和器官的生长和活动。有些散在的内分泌细胞中，可释放其激素，直接调节周围细胞或组织的活动（详见第 12 章）。

3.3 感觉上皮

感觉上皮（sensory epithelium）又称神经上皮，是上皮细胞在分化过程中，形成的具有特殊感觉机能的上皮组织，如舌黏膜的味觉上皮、嗅黏膜的嗅觉上皮、视网膜的视觉上皮和耳内的听觉上皮等。感觉上皮被覆在感觉器官的表面，它的细胞都是特化的，能感受某种特殊的刺激。

3.4 上皮组织的更新与再生

放射自显影研究表明，上皮组织中存在少量未分化的干细胞。在正常情况下，它可以反复分裂增生，产生新细胞。皮肤的表皮、胃肠上皮及其他一些上皮细胞不断死亡脱落，并迅速由干细胞增殖分化而来的新生细胞补充，此为生理性更新。不同上皮的更新速度因机体的种类、年龄、营养状况和损伤程度而异。胃肠上皮更新一次只需 4 天，表皮更新一次则需 1 ~ 2 个月。当病理性因素所致上皮组织损伤时，其边缘未受损伤的上皮细胞增殖、分化进行修复，这些新生细胞一般是来自上皮的基底层，迁移到损伤表面，形成新的上皮，此为病理性再生。

复习思考题

1. 上皮组织的共同特征是什么？
2. 试述被覆上皮的分类、结构及分布。
3. 常见的细胞连接有哪几种，各有何功能？
4. 腺的分类方法常用的有哪些？
5. 名词解释：微绒毛　纤毛　基膜　腺上皮和腺　连接复合体

拓展阅读

上皮癌

第4章　固有结缔组织

Connective Tissue Proper

- 疏松结缔组织
- 致密结缔组织
- 网状组织
- 脂肪组织

Outline

The connective tissues include connective tissue proper, cartilage tissue, bone tissue and blood. The connective tissue that is usually referred to is actually connective tissue proper which can be classified into loose connective tissue, dense connective tissue, adipose tissue and reticular tissue. The connective tissue provides and maintains structural form in the body. It contains small number of cells and large amount of extracellular fibers and amorphous ground substance. So, the major constituent of connective tissue is extracellular matrix that is composed of fibers, ground substance, and tissue fluid. All of the connective tissues originate from embryonal mesenchyme, and have functions of connecting, supporting, protecting, defending and transporting, etc.

Loose connective tissue, also called areolar tissue, is characterized by a relatively large number of different cell types, loosely arranged thin fibers and abundance of ground substances. There are seven types of cells in the loose connective tissue: fibroblast, macrophage, mast cell, plasma cell, adipocyte, undifferentiated mesenchymal cell and leukocyte. Meanwhile, there are three kinds of fibers in the loose connective tissue: collagenous fiber, elastic fiber and reticular fiber. The dense connective tissue can be subdivided into regular and irregular types according to whether the fibers have an ordered or disordered arrangement. Adipose tissue is a specialized form of connective tissue consisting of adipocytes. There are two types of adipose tissue: white one and brown one. Reticular tissue consists of reticular cells and reticular fibers. It provides a special architectural framework for the hematopietic and lymphoid organs.

结缔组织（connective tissue）又称支持组织（supporting tissue），是机体内分布最广泛的一类组织，由细胞和细胞间质构成，具有支持、连接、填充、营养、保护、储水、修复和防御等功能。细胞的类型和数量随结缔组织的类型不同而有差异，细胞间质由细胞产生，包括纤维、基质以及基质中的组织液，基质有液态、固态和凝胶态三种状态。根据细胞和细胞间质的不同，广义的结缔组织包括：固有结缔组织、软骨组织、骨组织、血液和淋巴。结缔组织的特点是：细胞成分较少，间质多；细胞无极性，分散在大量的细胞间质中；分布广泛，结构和功能多样；含有丰富的血管，细胞通过组织液与血液之间进行物质交换。

结缔组织来源于胚胎时期的间充质（mesenchyme）。间充质是胚胎时期填充在内、外胚层之间的中胚层组织，由间充质细胞和基质构成，无纤维成分。间充质细胞呈星形，有许多胞质突起，相邻细胞的突起彼此连接成网；胞质呈弱嗜碱性；细胞核较大，卵圆形，核仁明显。间充质细胞分化程度低，在胚胎发生过程中，可分化为各种结缔组织、血管内皮细胞和平滑肌细胞等（图 4-1）。

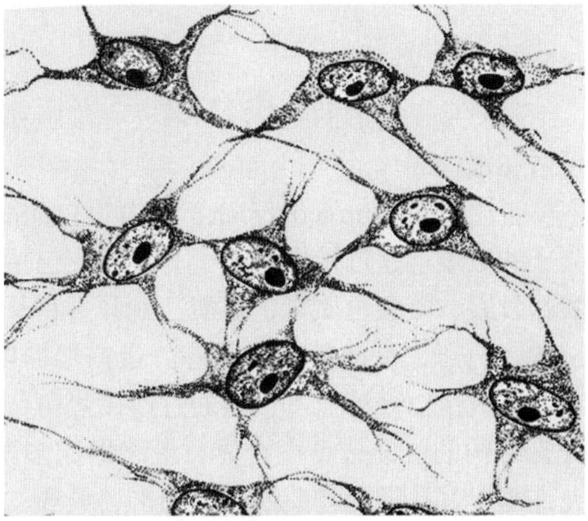

图 4-1　间充质结构模式图

固有结缔组织（connective tissue proper）是构成器官的基本成分之一，根据纤维的排列方式和功能，可分为疏松结缔组织、致密结缔组织、脂肪组织和网状组织。另外，机体内还存在介于疏松结缔组织和致密结缔组织之间的过渡类型，如消化管固有层的细密结缔组织、卵巢皮质和子宫内膜基底层的细胞性结缔组织、脐带及胎盘绒毛内的黏液组织等。

4.1 疏松结缔组织

疏松结缔组织（loose connective tissue）又称蜂窝组织（areolar tissue），结构疏松，呈蜂窝状，柔软而富有弹性和韧性，广泛分布在器官、组织和细胞之间，起支持、连接、营养和保护等作用。疏松结缔组织的细胞种类多，纤维较少，相互交织在一起，细胞和纤维分散在大量的基质内（图 4-2）。

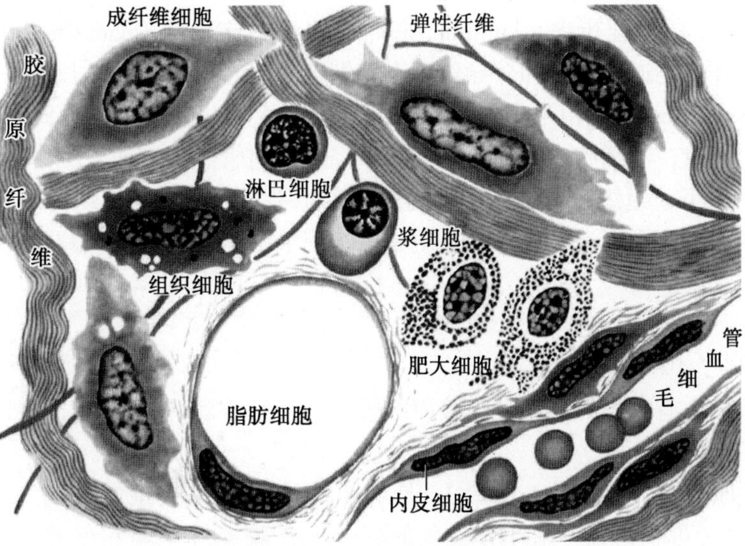

图 4-2　疏松结缔组织模式图

4.1.1 基质

基质呈无定形的凝胶状，填充在细胞和纤维之间，主要由生物大分子蛋白聚糖、结构性糖蛋白和水构成。

蛋白聚糖（proteoglycan）是由蛋白质和糖胺多糖结合成的大分子复合物，其中糖胺多糖分子的数量远超过蛋白质分子。蛋白质包括连接蛋白和核心蛋白，糖胺多糖包括透明质酸、硫酸软骨素、硫酸角质素、硫酸乙酰肝素和肝素等，其中以透明质酸含量最多。透明质酸是一长链的大分子，呈曲折盘绕状态。蛋白聚糖以透明质酸为骨架，其他糖胺聚糖则与核心蛋白相连，构成蛋白聚糖亚基，再通过连接蛋白与透明质酸结合在一起，构成曲折盘绕的、具有羽状分支结构的蛋白聚糖聚合体，最终形成多微孔的立体构型，称为分子筛（图 4–3）。分子筛只允许小于其孔径的物质通过，如水、氧和二氧化碳、无机盐和某些营养物质等；而大于其孔径的物质（如细菌、异物等）则不能通过，起到局部屏障作用。癌细胞和溶血性链球菌分泌的透明质酸酶能分解透明质酸，破坏分子筛结构，基质的屏障作用丧失，致使癌细胞和细菌扩散。

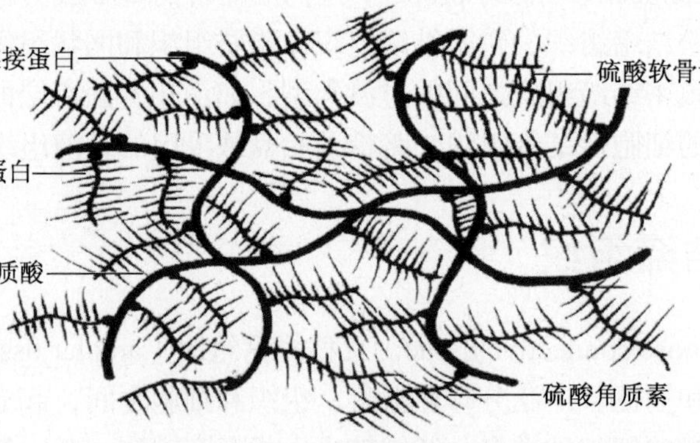

图 4–3　基质分子筛结构示意图

结构性糖蛋白是基质中一些十分重要的生物大分子，目前公认的有：纤连蛋白（fibronectin，FN）、层粘连蛋白（laminin，LN）、软骨粘连蛋白（chondronectin）等。它们除参与构成分子筛外，还通过连接和介导作用影响细胞的附着、运动、生长和分化等。

组织液（tissue fluid）是由毛细血管动脉端渗出的水和一些小分子物质（如氨基酸、葡萄糖和电解质等）组成，与细胞进行物质交换后，经毛细血管静脉端或毛细淋巴管吸收入血液或淋巴内。正常情况下，组织液在基质中始终保持动态平衡，形成了组织和细胞生存的内环境。一旦组织液形成的动态平衡遭到破坏，基质中的组织液含量就会增多或减少，导致组织水肿或组织脱水。

4.1.2 纤维（fiber）

疏松结缔组织中有三种纤维成分：胶原纤维、弹性纤维和网状纤维，三种纤维有机地结合在一起，包埋在基质中。

4.1.2.1　**胶原纤维**（collagen fiber）　是疏松结缔组织中数量最多的一种纤维，新鲜状态下呈白色，故又称白纤维。在 HE 染色的标本上，胶原纤维呈粉红色，粗细不等，直径 1 ~ 20 μm，波浪形成束分布，并交织成网。电镜下，胶原纤维由更细的胶原原纤维组成。胶原原纤维具有 64 nm 的明暗相间的周期性横纹，其化学成分是胶原蛋白。胶原蛋白主要由成纤维细胞产生。此外，脂肪细胞、软骨细胞、成骨细胞、网状细胞和平滑肌细胞也能产生胶原蛋白。胶原纤维在沸水、弱碱和较强的酸性溶液中易于溶解变为明胶，胃蛋白酶可将其消化。胶原纤维具有韧性，抗拉力强，弹性较差。

4.1.2.2 **弹性纤维**（elastic fiber） 在新鲜状态下呈黄色，故又称黄纤维。在 HE 染色的标本上呈红色，但折光性比胶原纤维强，两者不易鉴别，可被地衣红、醛复红等选择性着色。弹性纤维较细，直径 0.2 ~ 1.0 μm，交织排列成网。电镜下，弹性纤维由均质状的弹性蛋白和微原纤维构成，弹性蛋白位于中央，周围是微原纤维。弹性蛋白分子能任意卷曲，分子间借共价键连接成网。弹性纤维富有弹性，在外力的作用下弹性蛋白分子能被拉长 2.5 倍，外力消除后又能恢复原状。

弹性纤维和胶原纤维交织在一起，使疏松结缔组织既有弹性又有韧性，有利于组织和器官保持形态和位置的相对固定，又具有一定的可塑性。

4.1.2.3 **网状纤维**（reticular fiber） 在 HE 染色的标本上，网状纤维不易被鉴别。用银染法显示，可见网状纤维呈棕黑色，有分支，相互交织成网，故又称为嗜银纤维。网状纤维表面有较多酸性糖蛋白，PAS 反应阳性。网状纤维较细，直径 0.2 ~ 1.6 μm，电镜下，也具有 64 nm 周期性横纹。网状纤维主要分布在网状组织以及结缔组织与其他组织交界处，疏松结缔组织内的网状纤维一般沿小血管分布，另外，在一些实质性器官内，如肝、肾、内分泌腺及毛细血管周围，也有网状纤维分布，形成微细的柔软支架。

4.1.3 细胞成分

疏松结缔组织内的细胞种类较多，主要分为两类：一类为相对固定的细胞，包括成纤维细胞、巨噬细胞、肥大细胞、脂肪细胞和未分化的间充质细胞；另一类为可游走的细胞，包括浆细胞和由血液中迁移来的白细胞。

4.1.3.1 **成纤维细胞**（fibroblast） 是疏松结缔组织内数量最多的细胞，胞体较大，扁平，伸出许多长的突起（图 4-4）；胞质较多，核周胞质染色较深，外周及突起着色浅，胞质弱嗜碱性；细胞核较大，卵圆形，可见 1 ~ 2 个核仁。电镜下，成纤维细胞表面有许多微绒毛，细胞质内有丰富的粗面内质网和游离核糖体，高尔基复合体发达。成纤维细胞能合成和分泌胶原蛋白、弹性蛋白和蛋白聚糖，并进一步形成疏松结缔组织的三种纤维和基质。在机体遭受创伤时，成纤维细胞产生纤维和基质的功能增强，加速伤口的愈合，但是也容易形成瘢痕。

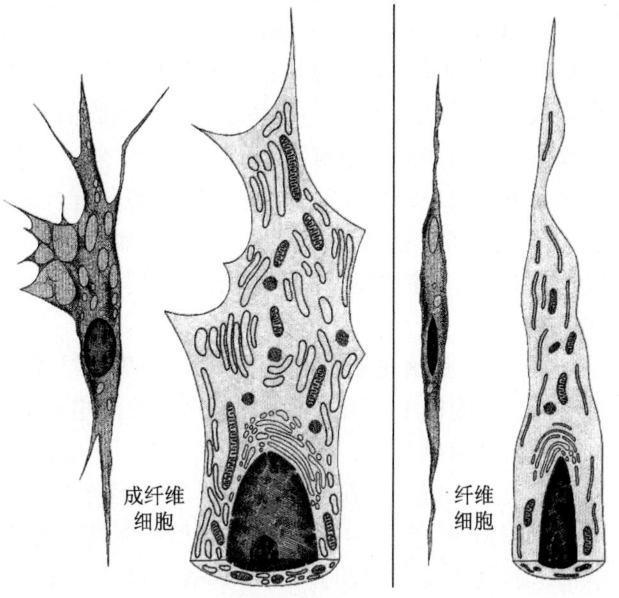

图 4–4 成纤维细胞和纤维细胞光镜、电镜结构模式图

处于功能静止状态时的成纤维细胞

称为纤维细胞（fibrocyte），细胞较小，呈梭形，胞质少，胞质内细胞器不发达，核着色深，核仁不明显。在一定条件下，如创伤修复时，静止状态的纤维细胞可转化为活跃的成纤维细胞。

4.1.3.2　**巨噬细胞**（macrophage）　又称为组织细胞（histiocyte），细胞形态不规则，有一些短而钝的突起；胞质嗜酸性，内含空泡或颗粒状物质；细胞核较小，染色深。在光镜下，巨噬细胞与成纤维细胞不易区别，而且其形态随功能状态发生改变。电镜下，细胞表面有许多皱褶和伪足，胞质内有大量的溶酶体和发达的高尔基复合体（图 4-5）。巨噬细胞来源于血液中的单核细胞，当其进入结缔组织后分化成巨噬细胞，能沿着淋巴细胞分泌的一些细胞因子或细菌产生的某些化学物质浓度梯度进行定向运动，巨噬细胞的这种特性称为趋化性，这类化学物质称为趋化因子。其主要功能有：

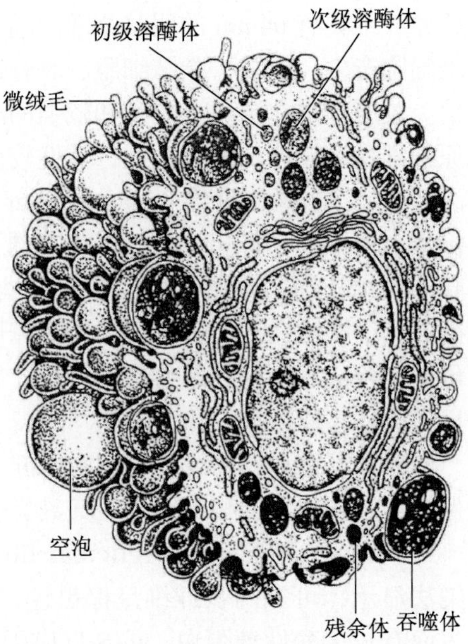

图 4-5　巨噬细胞电镜结构立体模式图

（1）*吞噬作用*　巨噬细胞具有很强的吞噬功能，通过趋化性到达病变部位，能将细菌、异物、衰老或死亡的细胞碎片等摄入细胞内，形成吞噬体或吞饮小泡，然后与初级溶酶体融合，形成次级溶酶体，异物被消化或降解，不能降解的物质则形成残余体。

（2）*抗原呈递作用*　巨噬细胞通过捕捉、吞噬、加工处理抗原，能将抗原信息传递给淋巴细胞，激活 B、T 淋巴细胞的免疫反应，最终清除抗原物质。

（3）*分泌生物活性物质*　巨噬细胞能分泌多种生物活性物质，如多种酶类、补体、干扰素、肿瘤坏死因子和红细胞生成素等。

4.1.3.3　**浆细胞**（plasma cell）　呈圆形或卵圆形，细胞质丰富，强嗜碱性，核旁一侧胞质染色浅，形成一淡染区域；细胞核偏于细胞一侧，染色质沿核膜内侧呈辐射状分布，整个细胞核呈车轮状（图 4-2）。电镜下，浆细胞的胞质内充满大量平行排列的粗面内质网和游离核糖体，核旁淡染区内有发达的高尔基复合体（图 4-6）。浆细胞是 B 淋巴细胞受抗原刺激后转化而来，其寿命只有三天左右。浆细胞具有合成、储存和分泌抗体的功能，参与体液免疫反应，抗体增加时胞质呈嗜酸性。疏松结缔组织内浆细胞很少，而在病原菌或异性蛋白质易于侵入的部位，如消化道和呼吸道的固有层内，以及淋巴组织内则较多。在炎症部位，浆细胞较常见。

4.1.3.4　**肥大细胞**（mast cell）　是疏松结缔组织内较常见的细胞，体积较大，呈圆形或椭圆形，细胞核小而圆，胞质内充满粗大的嗜碱性、异染性颗粒，颗粒易溶于水。电镜下，肥大细胞表面有微绒毛，胞质内充满大小不一、圆形或卵圆形的颗粒（图 4-7）。肥大细胞的胞质内含有白三烯，颗粒内含有组胺、5- 羟色胺、肝素和嗜酸性粒细胞趋化因子等物质。白三烯、组胺和 5- 羟色胺可引起毛细血管扩张和通透性增强，小支气管黏膜水肿和平滑肌收缩等，从而引起过敏反应，如哮喘、荨麻疹、过敏性休克等；肝素具有抗凝血作用；嗜酸性粒细胞趋化因子可吸引血液中的嗜酸性粒细胞向过敏反应部位集结，减轻过敏反应。肥大细胞具有明显

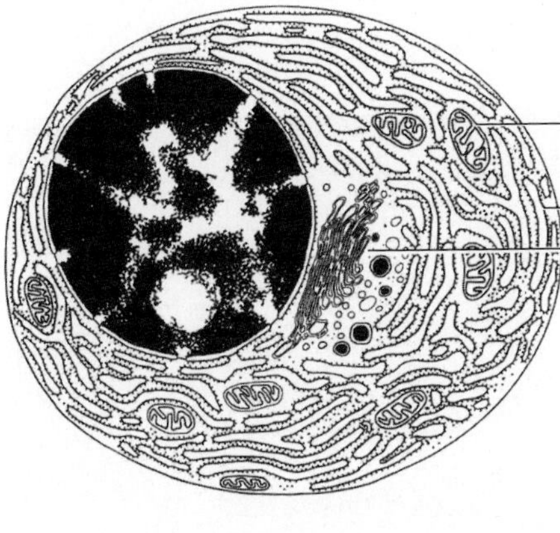

图 4–6 浆细胞电镜结构模式图

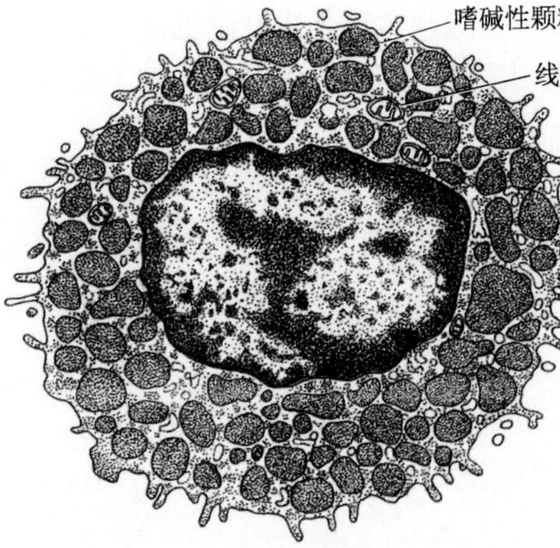

图 4–7 肥大细胞电镜结构模式图

的异质性，不同种属、不同部位的肥大细胞存在差异。

肥大细胞是体内一种重要的免疫细胞，在人类及动物某些速发变态反应性疾病、寄生虫感染、生殖、免疫、某些非特异性炎症和肿瘤性疾病中发挥重要的作用。肥大细胞被激活后通过脱颗粒或转颗粒作用，可释放大量活性物质，这是机体的一种防御性反应，也是速发型变态反应和炎症等病理反应的基础。另外，肥大细胞与成纤维细胞相互影响，参与组织器官纤维化的形成与多种纤维化疾病的发病过程。

肥大细胞来源于造血干细胞，随血液循环迁移到特定的组织并在其微环境因素的影响下，在周围组织中发育成熟。肥大细胞几乎存在于机体所有主要组织和器官中，主要分布于机体直接地或通过天然孔与外界环境接触的器官，如皮肤、胃肠道、呼吸道、泌尿生殖道黏膜等处，多分布于小血管的周围。

4.1.3.5 **脂肪细胞**（adipocyte） 体积较大，呈圆形或卵圆形，细胞质内含有大量脂滴，胞核和少量细胞质被挤向细胞的一侧。在 HE 染色的标本上，脂滴被溶解而成空泡状（图 4–2），锇酸染色脂滴呈黑色，冷冻切片苏丹Ⅲ染色呈红色。电镜下，脂肪细胞胞质内含有大量线粒体、少量游离核糖体和粗面内质网，脂滴无膜包裹。脂肪细胞具有合成和储存脂肪、参与脂类代谢的功能。

4.1.3.6 **未分化的间充质细胞**（undifferentiated mesenchymal cell） 在成体的结缔组织内还保留有一些未分化的间充质细胞，形态与成纤维细胞相似，常分布在小血管周围。它们具有分化潜能，在炎症和创伤修复时可增殖分化为成纤维细胞、脂肪细胞、血管平滑肌细胞和内皮细胞等。

4.1.3.7 **白细胞**（leukocyte, white blood cell, WBC） 在疏松结缔组织内还有来自血液的各种白细胞，常见的有淋巴细胞、嗜酸性粒细胞和中性粒细胞。在趋化因子的作用下，白细胞穿过血管壁，游走到结缔组织内行使其功能。

4.2 致密结缔组织

致密结缔组织（dense connective tissue）是一种以纤维成分为主的固有结缔组织，细胞和基质少，细胞主要是成纤维细胞。根据纤维的性质和排列方式，可分为规则的致密结缔组织和不规则的致密结缔组织两种类型（图 4-8，图 4-9）。

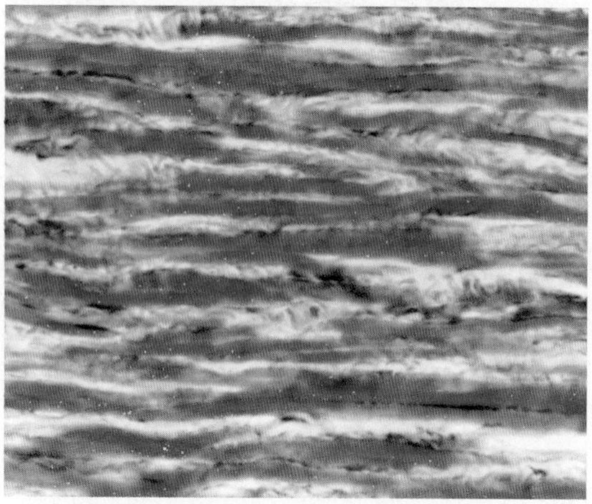

图 4-8　规则致密结缔组织（HE 染色）

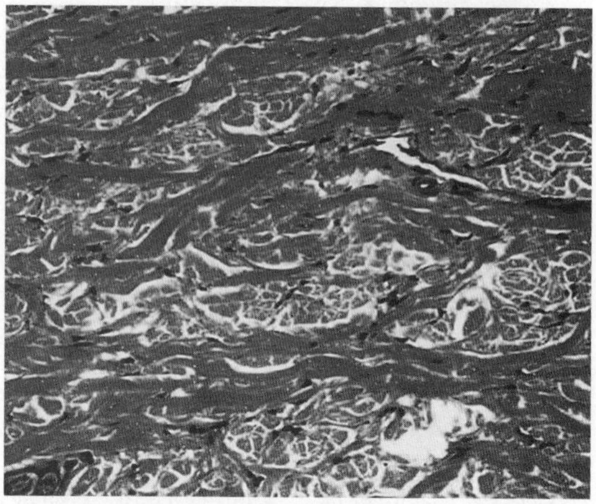

图 4-9　不规则致密结缔组织（HE 染色）

4.2.1　规则致密结缔组织（dense regular connective tissue）

根据纤维的性质，规则致密结缔组织可分为两种：一种是以胶原纤维为主，如肌腱和腱膜，其结构特点是胶原纤维紧密平行排列，纤维束之间成行排列着成纤维细胞，这种细胞胞体伸出多个翼状突起伸入纤维束间，又称为腱细胞；另一种是以弹性纤维为主，如项韧带和草食动物的腹黄膜，其结构特点是粗大的弹性纤维平行排列，其间夹有少量的成纤维细胞。

4.2.2　不规则致密结缔组织（dense irregular connective tissue）

其特点是粗大的胶原纤维纵横交织紧密排列在一起，纤维之间有少量的成纤维细胞和基质。主要分布在皮肤的真皮、器官的被膜、筋膜、硬脑膜、巩膜等处，抗拉力强。

4.3 网状组织

网状组织（reticular connective tissue）由网状细胞、网状纤维和基质构成（图 4-10）。网状细胞呈星状多突起，突起彼此连接成网；胞核较大，圆形或椭圆形，染色质细而疏，着色浅，核仁明显。网状纤维由网状细胞产生，其分支连接成网，构成网状细胞的支架；其基质为组织液或淋巴液。机体内没有单独存在的网状组织，而是作为造血器官和淋巴器官的基本成分，为血细胞的发生和淋巴细胞的发育提供适宜的微环境。

4.4 脂肪组织

脂肪组织（adipose tissue）是主要由大量脂肪细胞聚集而成的结缔组织（图 4-11）。光镜下，许多脂肪细胞聚集在一起，疏松结缔组织将其分隔成小叶。根据其形态结构和功能，脂肪组织可划分为白（黄）色脂肪和棕色脂肪两种类型。有的学者认为：脂肪组织除作为

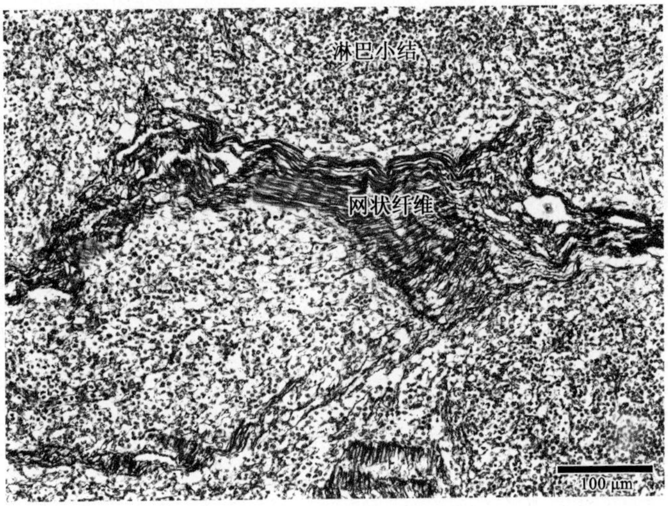

图 4-10 网状组织（银染）

惰性的能量储存器官外，还是一个具有多种内分泌、自分泌和旁分泌功能的内分泌器官。脂肪组织内以脂肪细胞为主，还包含前脂肪细胞、巨噬细胞、成纤维细胞、内皮细胞和平滑肌细胞等，它们能分泌 50 余种生物活性分子，统称为脂肪因子（adipokine）。但至今，对许多因子的生理功能尚不十分清楚。

4.4.1 白色脂肪组织

白色脂肪组织（white adipose tissue）又称黄色脂肪组织（yellow adipose tissue）新鲜时为白色或微黄色，遍布全身。脂肪细胞呈圆形、椭圆形或多边形，其胞质内大多只含一个大脂滴，故又称单泡脂肪细胞（unilocular adipose cell）。在 HE 染色的石蜡切片上，脂肪细胞由于脂滴被溶解而成空泡状，胞核和少量胞质被挤到细胞的一侧，整个细胞外观呈指环状（图 4-11）。白色脂肪组织几乎遍布全身，在皮下、网膜、系膜、肾和肾上腺周围、子宫周围等处最多，是机体的“能量储存库”，具有产生热量、维持体温、保护和支持脏器等作用，并能调节和影响机体的许多生理和病理过程。白色脂肪组织代谢失衡，将导致肥胖或脂肪萎缩，与机体的某些疾病相关。

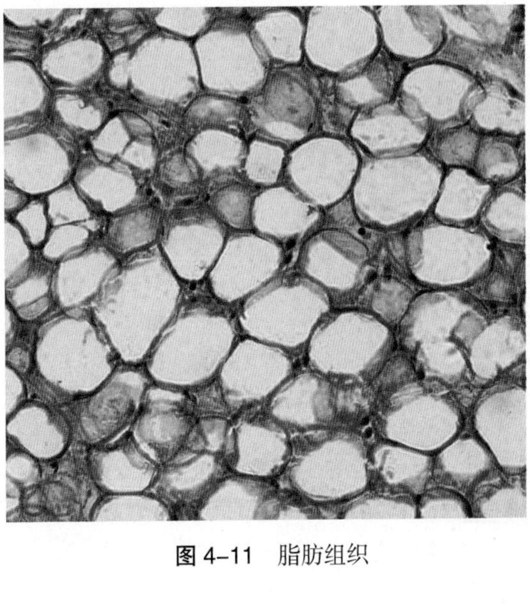

图 4-11 脂肪组织

4.4.2 棕色脂肪组织

棕色脂肪组织（brown adipose tissue）新鲜时为棕色。脂肪细胞多呈圆形或多边形，胞核呈圆形或椭圆形，多在中央或偏中央位置，胞质内含有多个分散的小脂滴，故又称多泡脂肪细胞（multilocular adipose cell）。此外，胞质内还含有大量的线粒体和丰富的糖原颗粒。棕色脂肪组织主要分布在啮齿动物的腋、颈部，大多数家畜幼年时亦有棕色脂肪组织，猪没有棕色脂肪组织。其主要功能是为机体提供热量。

复习思考题

1. 疏松结缔组织有哪些特点？
2. 致密结缔组织有哪些特点？
3. 疏松结缔组织的组成成分包括哪些，其结构和功能如何？
4. 名词解释：间充质　分子筛

拓展阅读

组织工程

第5章 软骨组织和骨组织

Cartilage Tissue and Osseous Tissue

- 软骨组织
- 骨组织
- 骨的发生

Outline

The cartilage is composed of cartilage tissue and perichondrium. It is one kind of specialized connective tissues. It contains chondrocytes and an extensive extracellular matrix composed of fibers and ground substance. Chondrocytes synthesize and secrete the matrix, which contains proteoglycans. There are 3 types of cartilage (hyaline cartilage, elastic cartilage and fibrous cartilage) that differ from one another mainly because of the type of fiber embedded in the matrix. Cartilage is devoid of blood vessels, nourished by diffusion from the blood vessels in the perichondrium. Perichondrium is capable of forming new cartilage.

The bone consists of osseous tissue, bone marrow, endosteum and periosteum. Osseous tissue is a kind of specialized connective tissue which is composed of intercellular material, the bone matrix, and 4 different cell types (osteogenic cells, osteoblasts, steocytes and osteoclasts). The osteogenic cells act as stem cells of bone tissue, and may divide and differentiate into osteoblasts. Osteoblasts are associated with bone formation. Osteocytes are found in cavities within the matrix. And osteoclasts are involved in the resorption and remodeling of bone tissue. Inorganic matter that forms hydroxyapatite crystals represents about 65% of the dry weight of the bone. The organic matter contains collagen fibers and amorphous matrix.

During the embryo stage, developments of the bones were formed by two ways: one is the intramembranous ossification, such as the skull, which occurs within a membrane of condensed mesenchymal tissue. This process begins in the areas occupied by mesenchymal (the packing tissue of the embryo). Another is the endochondral ossification, such as the limb bones, which happens within a cartilaginous model. The model is gently destroyed and replaced by bone formed by incoming cells from surrounding periosteal connective tissues. In this way, the reconstruction and repairment of the bone continue the lifetime.

5.1 软骨组织

软骨组织（cartilage tissue）由软骨细胞和细胞间质（基质和纤维）构成，软骨基质富含纤维成分。软骨组织内没有血管、淋巴管和神经，所需营养物质通过软骨膜的血管渗出供应。

软骨组织的细胞间质由基质和纤维构成。软骨基质呈凝胶状或半固体状，有一定的硬度和弹性。基质的化学成分与疏松结缔组织的基质相似，主要成分是软骨黏蛋白和水。软骨黏蛋白由蛋白质和多糖结合而成。多糖包括硫酸软骨素 A、硫酸软骨素 C 和硫酸角质素等，HE 染色呈嗜碱性。基质富含水分，渗透性好，使软骨膜血管中的营养物质易通过渗透作用进入软骨组织。基质内有许多椭圆形小腔，称为软骨陷窝（cartilage lacuna），软骨细胞位于软骨陷窝内。软骨陷窝周围的基质内硫酸软骨素含量高，嗜碱性强，称为软骨囊（cartilage capsule）。软骨基质中的纤维埋入基质中，不同类型的软骨所含纤维成分不同。

软骨细胞（chondrocyte）（图 5-1）位于软骨陷窝内。幼稚的软骨细胞位于软骨组织的表层，单个分布，体积较小，呈椭圆形，长轴与软骨表面平行，越向深层的软骨细胞体积逐渐增大呈圆形，细胞核圆形或卵圆形，染色浅，可见 1 个或多个核仁，细胞质弱嗜碱性，常见数量不一的脂滴，在 HE 染色的切片上呈空泡状。成熟的软骨细胞多 2 ~ 8 个成群分布于软骨陷窝内，这些软骨细胞由同一个母细胞分裂增殖而成，称为同源细胞群（isogenous group）。新鲜软骨细胞几乎充满软骨陷窝，在组织切片中，软骨细胞收缩为不规则形，故在软骨囊和细胞之间出现较大的腔隙。电镜下，软骨细胞表面有突起和皱褶，细胞质内有大量的粗面内质网、发达的高尔基复合体、较多的糖原和脂滴及少量的线粒体。软骨细胞合成和分泌软骨组织的基质和纤维。由于远离血流，软骨细胞主要以糖酵解的方式获得能量。

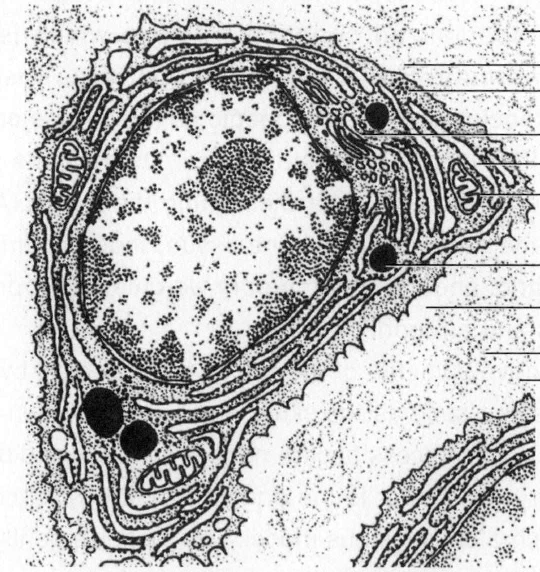

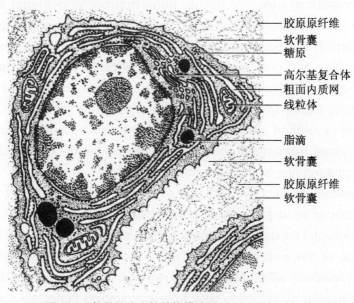

图 5-1　软骨细胞电镜结构模式图

软骨由软骨组织和周围的软骨膜（perichondrium）构成。除关节软骨和骺软骨外，软骨表面均有软骨膜。软骨膜是薄层致密结缔组织，可分为内、外两层，外层富含胶原纤维，主要起保护作用；内层细胞较多，其中有梭形的骨原细胞，有分化成为软骨细胞的潜能。软骨膜中含有血管、淋巴管和神经，为软骨提供营养。根据软骨基质内所含纤维的不同，软骨分为三种类型：透明软骨、弹性软骨和纤维软骨。

5.1.1 透明软骨（hyaline cartilage）

透明软骨分布较广，如关节软骨、肋软骨、气管和支气管的软骨等。这种软骨在新鲜时用肉眼观察呈半透明状，其结构特点是基质中含有胶原原纤维，直径为 10 ~ 20 nm，无明显的周期性横纹，其折光率与基质相近，因而在光镜下不可见（图 5-2）。透明软骨具有较强的抗压性，一定的弹性和韧性。

5.1.2 弹性软骨（elastic cartilage）

弹性软骨主要分布在耳郭、会厌、喉软骨等处，其结构特点是基质中含有大量的弹性纤维，相互交织成网，使软骨具有很强的弹性（图 5-3）。

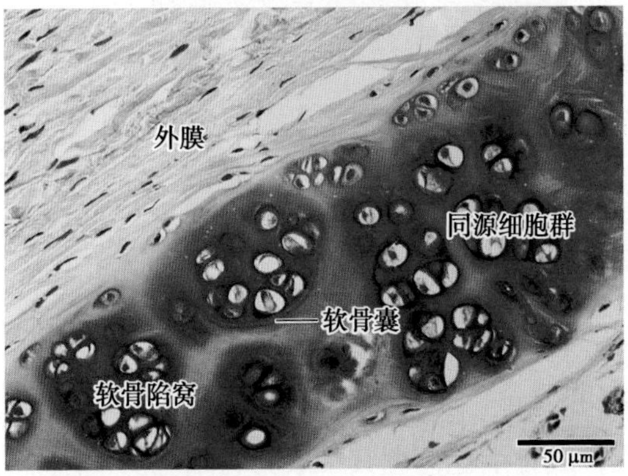

图 5-2 透明软骨光镜结构图（HE 染色）

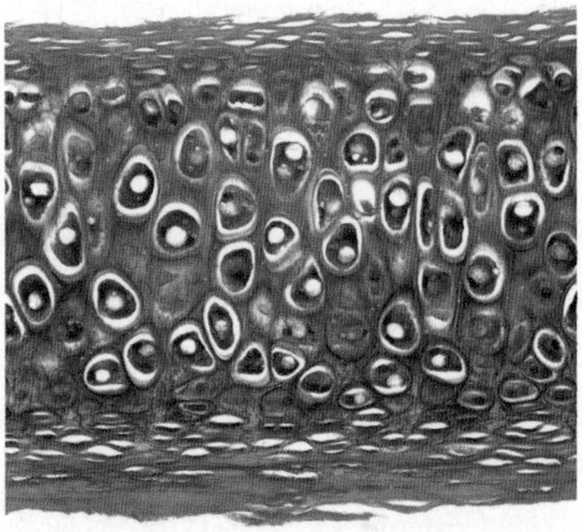

图 5-3 弹性软骨光镜结构图（弹性纤维染色）

5.1.3 纤维软骨（fibrocartilage）

纤维软骨分布于关节盘、椎间盘、半月板以及腱和韧带附着于骨面的部分。其结构特点是：基质中含有大量平行或交叉排列的胶原纤维束，故韧性强大，软骨细胞较小，常成行分布于纤维束之间，基质较少，呈弱嗜碱性（图 5-4）。

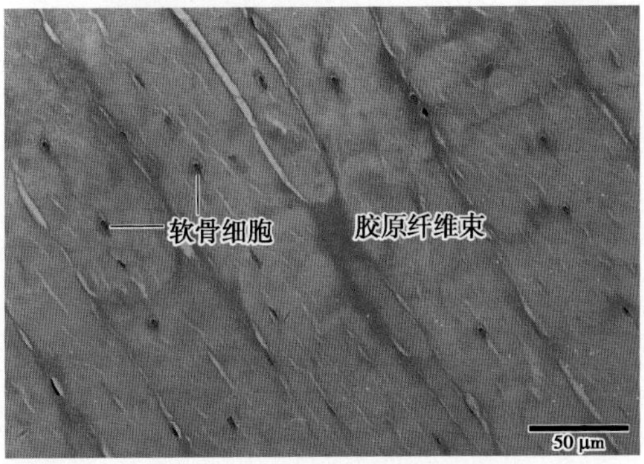

图 5-4 纤维软骨光镜结构图（Mallory 三色染色）

5.2 骨组织

5.2.1 骨组织的结构

骨组织（osseous tissue）由细胞和细胞间质构成。细胞间质中含有大量钙盐，称为骨基质（bone matrix）；细胞成分有多种，包括骨原细胞、成骨细胞、骨细胞和破骨细胞。其中骨细胞数量最多，分散在骨基质中，其他三种细胞位于骨组织的边缘（图 5-5）。

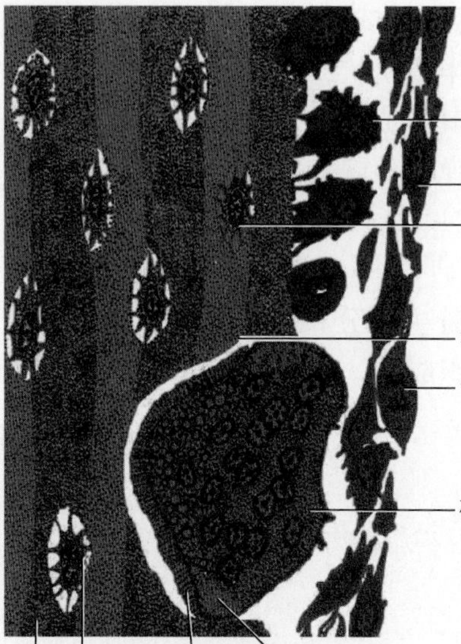

图 5-5　骨组织结构模式图

5.2.1.1 骨组织的细胞

（1）*骨原细胞*（osteoprogenitor cell）位于骨膜与骨组织表面交界处，细胞体积较小，呈梭形，细胞核椭圆形，胞质少，呈弱嗜碱性，含有少量的核糖体和线粒体。骨原细胞是骨组织的干细胞，能分裂分化为成骨细胞。

（2）*成骨细胞*（osteoblast）多单层排列在骨组织的表面，细胞体积较大，为多突起矮柱状，细胞核较大，呈圆形，核仁明显，胞质嗜碱性。电镜下，胞质内含有丰富的粗面内质网和发达的高尔基复合体。成骨细胞有活跃的分泌功能，合成和分泌胶原纤维和有机基质，形成类骨质（osteoid），当钙盐沉积后成为骨基质，成骨细胞包埋其中成为骨细胞。

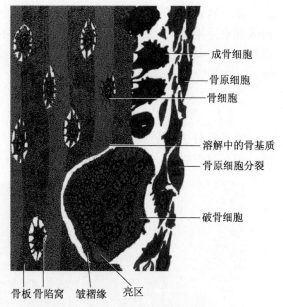

（3）*骨细胞*（osteocyte）数量最多，单个分散分布于骨板内或骨板间（图 5-5，图 5-6）。胞体较小，呈扁椭圆形，胞体向四周伸出许多细长的突起，胞核圆形或椭圆形。胞体所占据的腔隙称为骨陷窝（bone lacuna），突起所在的腔隙称为骨小管（bone canaliculus）。相邻骨细胞

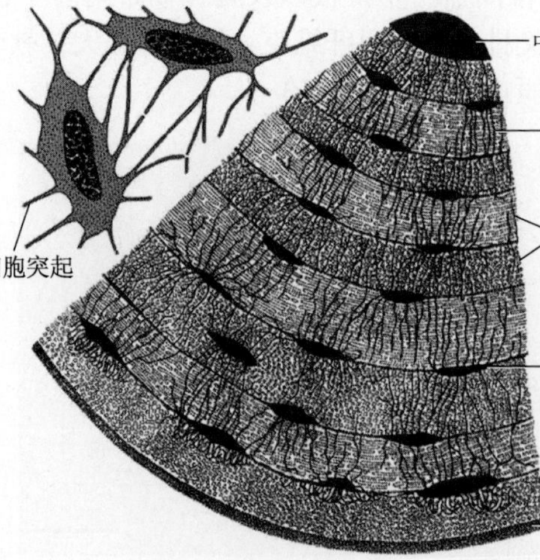

图 5-6　骨细胞与骨板结构模式图

的突起形成缝隙连接，以传递细胞间的信息和沟通细胞间的代谢活动。相邻骨陷窝通过骨小管彼此连通，骨陷窝和骨小管内含有组织液，能够营养骨细胞和运输代谢产物（图 5-7）。骨细胞有一定的成骨和溶骨作用，对骨基质的更新和维持具有重要作用。在甲状旁腺素的调节下，骨细胞可溶解骨陷窝周围钙化程度低的薄层骨基质，使钙释放，参与调节血钙浓度。如果甲状旁腺功能亢进，溶骨作用加强，则易发生病理性骨折。

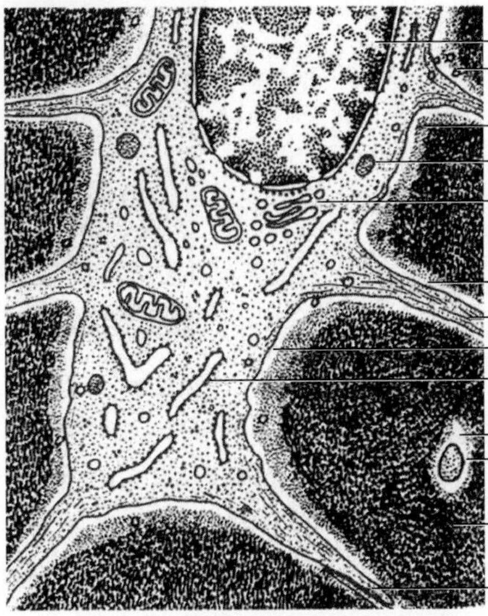

图 5–7 骨细胞电镜结构模式图

（4）*破骨细胞*（osteoclast） 数量较少，位于需要改建的骨组织表面的凹陷内。破骨细胞由多个单核细胞融合而成，是一种多核大细胞，无分裂能力。胞体大，细胞核 2 ~ 50 个，胞质嗜酸性，在贴近骨组织的一侧有皱褶缘。电镜下可见皱褶缘由许多长短不一的微绒毛组成，胞质内含有大量线粒体、溶酶体等。破骨细胞的主要功能是溶解和吸收骨质，参与骨组织的重建和维持血钙浓度。

5.2.1.2 **骨基质**（bone matrix） 即钙化的细胞间质，简称为骨质，由有机质和无机质构成。

有机质约占成年骨重的 35%，由大量骨胶纤维和少量无定形基质组成，使骨具有一定的韧性。骨胶纤维，即胶原纤维，约占有机质的 90%，直径粗大；无定形基质呈凝胶状，主要成分是糖胺聚糖和多种糖蛋白，位于纤维之间，起黏合作用。无机质又称为骨盐，约占成年骨重的 65%，其化学成分主要是羟基磷灰石结晶 [$Ca_{10}(PO_4)_6(OH)_2$]，不溶于水，呈细针状，是骨基质坚硬的基础。骨盐含量随着年龄而增加，故老龄时骨基质脆性大，易骨折。如果骨基质中钙盐成分不足，可导致缺钙症。

骨基质中的骨胶纤维成层排列，并与骨盐紧密结合，构成板层状结构，称为骨板（bone lamella）。同层骨板内的胶原纤维平行排列，相邻骨板内的胶原纤维相互垂直或成一定角度，这种排列方式有效地增加了骨的结构强度，使骨具有很强的支持作用，可承受多方向的压力。

5.2.2 骨的结构

骨（bone）由骨膜、骨质、骨髓等构成，骨质又分为骨松质和骨密质两种类型。骨松质主要分布在长骨骨干内侧面、骨骺、长骨的骨髓部以及其他类型骨的内部，是由大量骨针或骨小梁相互交织形成的多孔隙网状结构，网孔为骨髓腔，其内充满骨髓。骨小梁由针状或片状的骨板及骨细胞构成。骨密质分布于长骨的骨干、骨骺和其他类型骨的外表面，骨板有规律地排列。骨板按其排列方式分为环骨板（内、外环骨板）、骨单位和间骨板三种（图 5-8）。

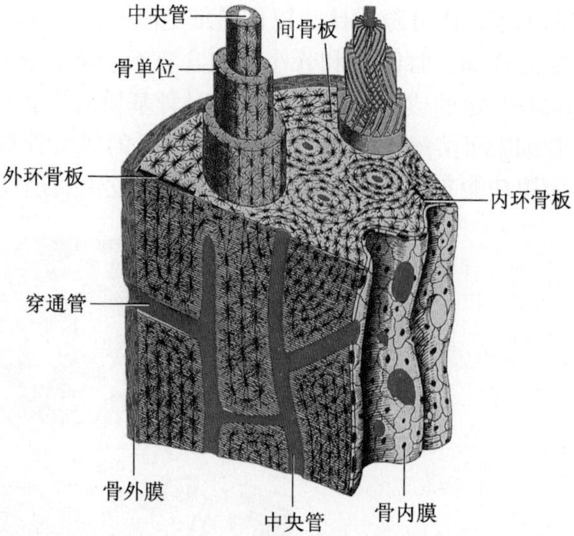

图 5-8 长骨骨干立体结构模式图

5.2.2.1 **环骨板**（circumferential lamella） 根据分布部位，环骨板又分为外环骨板和内环骨板。环绕骨干外表面的骨板称为外环骨板，有 10 ~ 40 层，整齐地环绕骨干排列。环绕骨干内表面排列的骨板为内环骨板，由数层排列不规则的骨板组成。横向穿越内、外环骨板的管道称为穿通管（perforating canal），又称福尔克曼管（Volkmann's canal），内含血管、神经和组织液，有营养骨组织的作用。

5.2.2.2 **骨单位**（osteon） 是指位于内、外环骨板之间的纵行圆筒状结构，又称哈弗斯系统（Haversian system），其中轴是一条纵行的管道，称为中央管（central canal）或哈弗斯管（Haversian canal），中央管的周围是 10 ~ 20 层同心圆排列的骨板，称为哈弗斯骨板，骨细胞位于骨板内或骨板间。骨单位数量较多，是构成长骨骨干的基本结构单位（图 5-8，图 5-9）。中央管内含血管、神经和组织液，与穿通管相连通。骨单位表面有一层含骨盐较多而胶原纤维很少的骨基质，在横断面的骨磨片上呈折光较强的轮廓线，称骨黏合线（bone cement line）。骨单位最外层骨板内的骨小管均在骨黏合线处反折，不与相邻骨单位的骨小管相通，同一骨单位的骨小管相通，最内层骨板的骨小管与中央管相通，从而形成血管系统与骨细胞之间物质交换的通路。

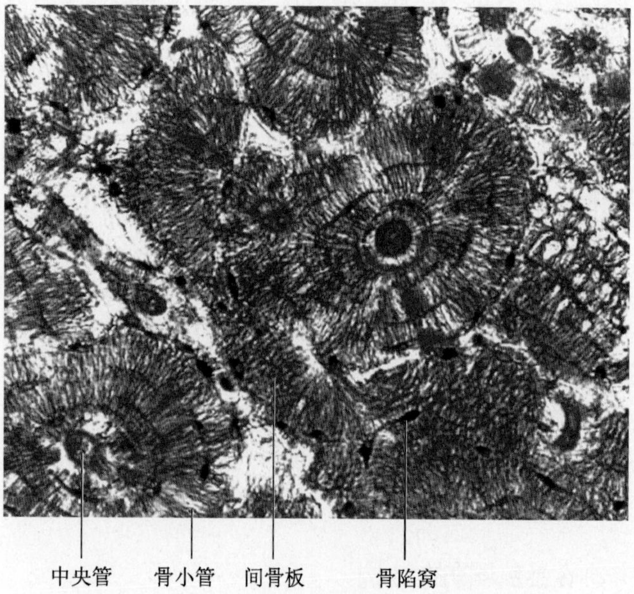

图 5-9 长骨磨片光镜结构图（硫堇染色）

5.2.2.3 **间骨板**（interstitial lamella） 指骨单位之间以及骨单位与环骨板之间的一些不规则的骨板（图 5-9）。在骨生长和改建过程中，由原有的骨单位被吸收后的残留部分形成。

5.2.2.4 **骨膜**（periosteum） 分布在骨的内、外表面，由致密结缔组织构成，分为骨外膜和骨内膜。骨外膜分布于除关节面以外的骨的外表面，较厚，可分为内、外两层：外层较厚，富含粗大密集的胶原纤维，有些纤维横向穿入外环骨板，称为穿通纤维（perforating fiber），将骨外膜固定于骨；内层较薄，纤维少，富含细胞、血管和神经等，具有营养、保护和修复的功能。骨内膜分布于骨髓的腔面、骨小梁的表面、中央管和穿通管的内表面，由一层上皮样细胞和少量结缔组织构成，这种上皮样细胞是一种特殊的骨原细胞，称为骨被覆细胞（bone lining cell），参与成骨和破骨过程。

5.3 骨的发生

骨是由胚胎早期的间充质分化而来。

5.3.1 成骨的基本过程

先由间充质细胞分化为成骨细胞，成骨细胞生成纤维和基质，成骨细胞包埋在基质内成为骨细胞，其余部分称为类骨质。类骨质钙化后成为骨基质。

在成骨过程中，既有骨组织的形成，又有骨组织的吸收，参与骨组织吸收的细胞主要是破骨细胞。成骨细胞不断形成新的骨组织，使骨不断长大，破骨细胞又不断地使已形成的骨组织被吸收和改建，使骨的外形和内部结构不断发生变化，与个体的生长发育相适应。

5.3.2 成骨的基本方式

骨的发生有两种方式，即膜内成骨和软骨内成骨。

5.3.2.1 **膜内成骨**（intramembranous ossification） 是在间充质分化形成的胚胎性结缔组织内的成骨过程（图 5-10）。颅骨的扁骨、面骨和锁骨以膜内成骨的方式发生。

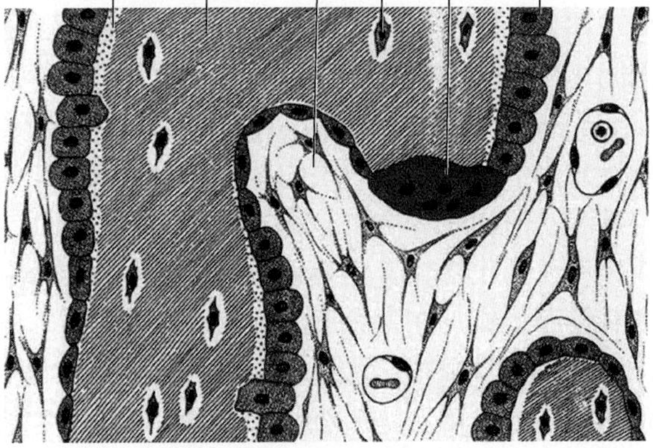

图 5-10 膜内成骨模式图

在即将形成骨的部位，首先由间充质细胞增殖、聚集，形成血管丰富的原始结缔组织薄膜，然后，膜内部分间充质细胞分化为骨原细胞，再分化为成骨细胞。成骨细胞分泌类骨质，并将自身包埋在类骨质中，成为骨细胞。在此基础上，类骨质钙化成骨基质，形成最初的骨组织，称为骨化中心（ossification center）。成骨过程从骨化中心向四周扩展，逐渐形成初级骨小

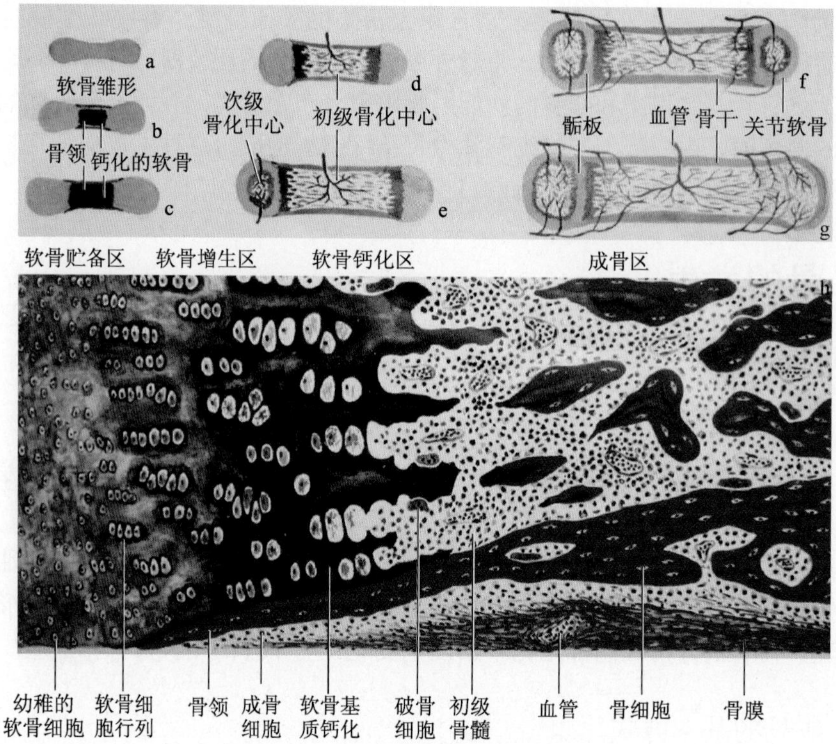

图 5–11 长骨发生与生长示意图

梁，构成初级骨松质。随后，初级骨松质周围的间充质分化为骨膜，骨膜内的成骨细胞在骨松质的表面形成骨密质（图 5-11）。

5.3.2.2 **软骨内成骨**（endochondral ossification） 是由间充质分化为软骨，然后软骨逐渐被骨组织取代。长骨、短骨和某些不规则骨以软骨内成骨的方式发生（图 5-11）。

（1）软骨雏形的形成：在骨将要发生的部位，间充质细胞密集，随后分化为骨原细胞，进而分化为软骨细胞，周围间充质分化为软骨膜，形成透明软骨。软骨的外形与将要形成的骨相似，故称为软骨维形（cartilage model）。在软骨的基础上再形成骨质。

（2）骨领的形成：软骨雏形中段软骨膜内层的骨原细胞增殖分化为成骨细胞，以膜内成骨的方式在软骨表面形成一领圈状的初级骨松质，称为骨领（bone collar）。骨领表面的软骨膜从此改称骨外膜。骨领不断增厚、钙化将软骨变为骨组织，并向骨的两端扩展，逐渐形成骨干。

（3）初级骨化中心和骨髓腔形成：在骨领形成的同时，软骨雏形中央的软骨细胞肥大并分泌碱性磷酸酶使软骨基质钙化，软骨细胞退化死亡，留下较大的软骨陷窝，此为初级骨化中心（primary ossification center）。在此基础上，骨外膜的血管、间充质、破骨细胞以及骨原细胞进入初级骨化中心。骨原细胞不断分化为成骨细胞和骨细胞，也不断地将形成的类骨质钙化形成骨组织。而破骨细胞不断溶解和吸收钙化的骨基质，使骨干中央出现骨小梁结构并有血管和骨髓样组织分布的大腔，称为骨髓腔。

（4）次级骨化中心出现与骺板形成：次级骨化中心（secondary ossification center）是新出现在骨干两端的骨化中心，大多在出生后形成。其形成骨组织的过程与初级骨化中心相似，但骨化从中央向四周呈辐射状进行，最后大部分软骨被初级骨松质取代，使骨干两端变成骨骺。

骨骺通过改建，内部变为骨松质，表面变为薄层骨密质，骨骺关节面终身保留薄层透明软骨，即关节软骨。早期骨骺与骨干之间也保留一定厚度的软骨层，即骺板（epiphyseal plate）。

（5）骨单位的形成和改建：构成原始骨干的初级骨松质通过骨小梁增厚而使小梁之间的网孔变小，逐渐成为初级骨密质。出生后不久，破骨细胞在原始骨密质外表面顺着骨的长轴进行分解吸收，骨外膜的血管及骨原细胞等随之进入，由骨原细胞分化为成骨细胞造骨。成骨细胞围绕血管自外向内不断形成呈同心圆排列的骨单位骨板，其中央的血管称中央管，管内尚存的骨原细胞贴附于最内层骨单位骨板内表面，成为骨内膜，形成第一代骨单位。以后不断出现数代骨单位。在前一代骨单位被分解吸收的基础上，新一代骨单位形成，残留的骨单位碎片便成为间骨板。后代骨单位替换前代的过程，称为骨单位改建。骨单位的出现和改建使初级骨密质成为次级骨密质。成年后出现内、外环骨板。

5.3.3 影响骨生长的因素

影响骨生长的因素很多，主要有遗传、激素、营养与维生素、应力作用和生物活性物质等的影响。

生长激素促进骺板软骨的生长和成熟，若生长发育期生长激素分泌过少，可引起侏儒症；幼年时生长激素分泌过多，可导致巨人症，成年期分泌过多可致肢端肥大症。雌激素和雄激素能增强成骨细胞的活动，参与骨的生长和成熟。甲状旁腺激素激活骨细胞和破骨细胞的溶骨作用，分解骨盐，释放钙离子入血；降钙素则抑制骨盐溶解，并刺激骨祖细胞分化为成骨细胞，增强成骨活动，使血钙入骨形成骨盐。此外，糖皮质素对骨的形成有抑制作用。

维生素 D 能促进小肠对钙、磷的吸收，提高血钙和血磷水平，有利于骨盐的沉积。幼年期缺乏维生素 D 或饮食中缺钙，可导致佝偻病，成年期缺乏则引起骨软症。维生素 A 能协调成骨细胞和破骨细胞的活动，维持骨的正常生长和改建。维生素 A 严重缺乏，可导致骨生长迟缓或畸形；若维生素 A 摄入过多则使骨化加速，骨生长过早停止，并易发生骨折。维生素 C 与成骨细胞合成胶原纤维和基质有关，严重缺乏时骨干的骨密质变薄变脆，易骨折且愈合慢。

应力为结构对外部加载负荷的反应，骨的发生和生长与骨的受力状态密切相关。实验表明，骨处于生理范围内的应力作用下，以骨形成为主，而在低应力下以骨吸收为主，周期性应力作用可同时刺激骨形成和骨吸收。例如运动员骨密度量与下肢运动量成正比。

近年发现骨内存在一些生物活性物质，包括细胞因子和生长因子等，这些物质多由成骨细胞分泌，也可来自骨外组织，它们可激活或抑制成骨细胞和破骨细胞，并表现出自分泌或旁分泌作用，与骨的发生、生长和改建密切相关。

复习思考题

1. 试述软骨组织的结构和软骨的种类。
2. 长骨的结构包括哪些？
3. 长骨的骨密质有怎样的结构与其功能相适应？
4. 用组织学理论知识，结合兽医临床，举例说明为什么家畜的妊娠期、哺乳期和家禽的产蛋期要补充足够的钙。
5. 名词解释：软骨陷窝　同源细胞群　骨单位　间骨板

拓展阅读

生物钙

第 6 章　血液和淋巴

Blood and lymph

- 血液
- 血细胞发生
- 淋巴

Outline

Blood and lymph are fluid connective tissues. They consist of cells and liquid intercellular substances. The blood is composed of blood cells and blood plasma. All of the blood cells are suspended in the fluids. Blood plasma, pH 7.3~7.4, contains plasma protein (albumin, globulin, fibrinogen), lipoprotein, enzyme, hormone, vitamin, inorganic salt and products of metabolism. When the fibrinogen has been removed from the blood plasma by clotting, the residual liquid is called as serum.

The blood cells are divided into erythrocytes or red blood cells, leukocytes or white blood cells, and platelets. The mature erythrocytes of mammalian are biconcave disks without nuclei. The functions of the erythrocyte are transporting oxygen and carbon dioxide. The leukocytes are classified into two groups according to the type of granules in their cytoplasm: granulocytes and agranulocytes. Granulocytes have nuclei with two or more lobes and include neutrophils, eosinophils and basophils. Agranulocytes contain no specific granules. This group includes lymphocytes and monocytes. Leukocytes are involved in the cellular and humoral defense of the body against foreign materials. The platelets are nonnucleated, disk-like cell fragments, which originate from the fragmentation of giant polyploidy megakaryocytes that reside in the bone marrow. The platelets promote blood clotting and help repair gaps in the walls of blood vessels, preventing loss of blood. The roles of platelets (another name for thrombocyte) include primary aggregation, secondary aggregation, blood coagulation, clot retraction and clot removal. Mature blood cells have a relatively short life span, and consequently the population must be continuously replaced with the progenies of stem cells produced in the hematopoietic organs. In the earliest stages of embryogenesis, blood cells arise from the yolk sac mesoderm. Sometime later, the liver and the spleen serve as temporary hematopoietic tissue. Erythrocytes, granular leukocytes, monocytes and platelets are derived from pluripotential hematopoietic stem cells located in bone marrow. The proliferating stem form daughter cells with reduced potentiality.

The lymph is made up of lymphocytes and tissue fluid. All of the lymphocytes are suspended in the tissue fluid. The lymphocytes are round in the microscope. They consist of small (6~8 μm), medium-sized(9~12 μm), and large (13~20 μm) in diameter. The lymphocyte has a round nucleus with indentation, chromatin appears as spot-liked. The cytoplasm is basophilic: bright blue in color. The lymphocytes can be classified into two groups: thymus dependent lymphocytes, TLC, which involve in cellular immune reaction and regulate immune response; bone marrow dependent lymphocytes, BLC, which become into plasma cell, involve in humoral immune response.

6.1 血液

血液（blood）是动物体内一种特殊的结缔组织，循环流动在心血管系统内，占哺乳动物成年体重的 7% ~ 8%，由血细胞（有形成分）和液态的血浆（细胞间质）构成，血细胞悬浮在血浆中。在采集的血液中加入抗凝剂（肝素或柠檬酸钠）后，血液可分为三层，上层淡黄色的液体是血浆，下层猩红色的是红细胞，中间的薄层为血小板和白细胞。血液的组成如下：

- 血液
  - 血浆(纤维蛋白原、凝血酶原和血清)
  - 血细胞
    - 红细胞
    - 白细胞
      - 有粒白细胞
        - 中性粒细胞
        - 嗜酸性粒细胞
        - 嗜碱性粒细胞
      - 无粒白细胞
        - 淋巴细胞
        - 单核细胞
    - 血小板

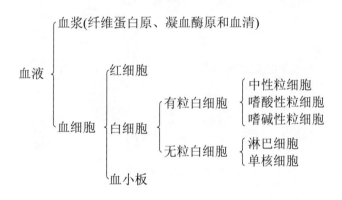

血细胞占血液体积的 35% ~ 55%，包括红细胞、白细胞和血小板（并非严格意义上的细胞）（图 6-1）。在正常生理状态下，血细胞具有一定的形态结构和相对稳定的数量。通常采用瑞氏染色（Wright staining）或吉姆萨染色（Giemsa staining）血液涂片，观察血液中血细胞的形态和比例。血细胞形态、数量、比例和血红蛋白含量的测定，称为血常规。患病时，血常规有显著变化，血液学检查对了解机体状况、疾病的诊断和鉴别、判断疾病预后和制订疾病治疗方案都具有重要的意义，是临床医学检验中最常用、最重要的基本内容之一。

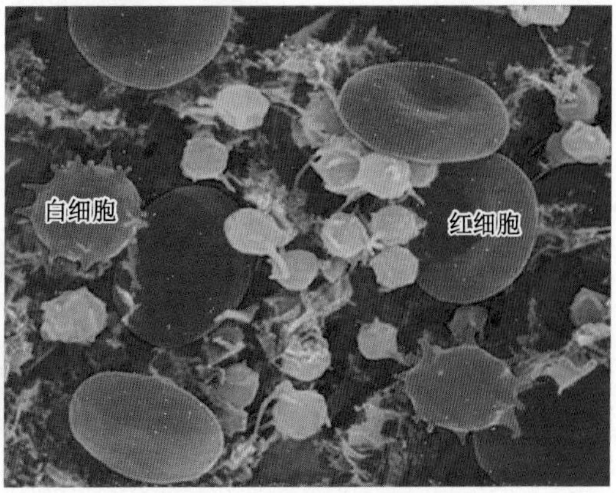

图 6–1 血细胞扫描电镜像

血液的功能是：① 运输：通过血液循环，把氧、营养物质等运输到相应的组织细胞，供各组织细胞利用，并把机体产生的代谢产物运输到肺、肾和皮肤等处排出体外；② 防御免疫：血液中的白细胞具有一定的防御功能；③ 参与调节机体体温和渗透压，维持组织细胞生理活动所需要的适宜环境。

6.1.1 有形成分

血涂片经过瑞氏或吉姆萨染色后，光镜下可见血液中的有形成分包括红细胞、白细胞和血小板（图 6-2，图 6-3，图 6-4）。根据光镜下细胞质中有无特殊颗粒，白细胞又分为有粒白细胞和无粒白细胞两种。根据颗粒对不同染料的亲和力，有粒白细胞又分为中性粒细胞、嗜酸性粒细胞和嗜碱性粒细胞。无粒白细胞可分为淋巴细胞和单核细胞。

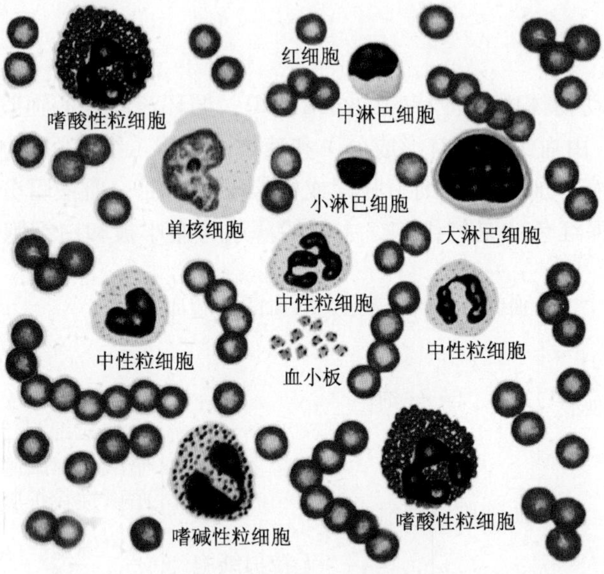

图 6-2　牛血液涂片模式图

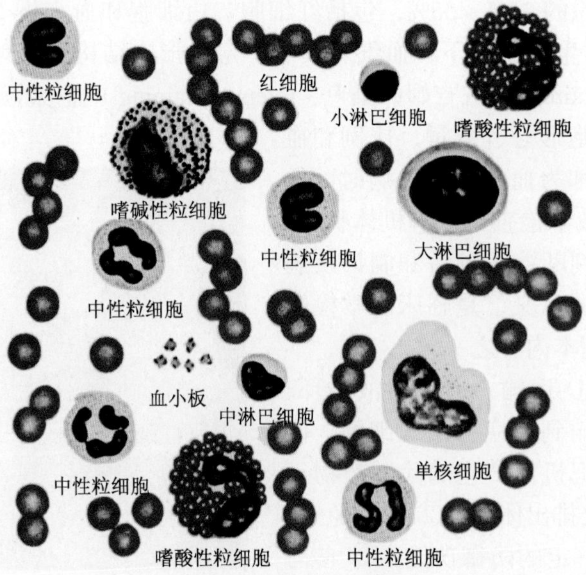

图 6-3　马血液涂片模式图

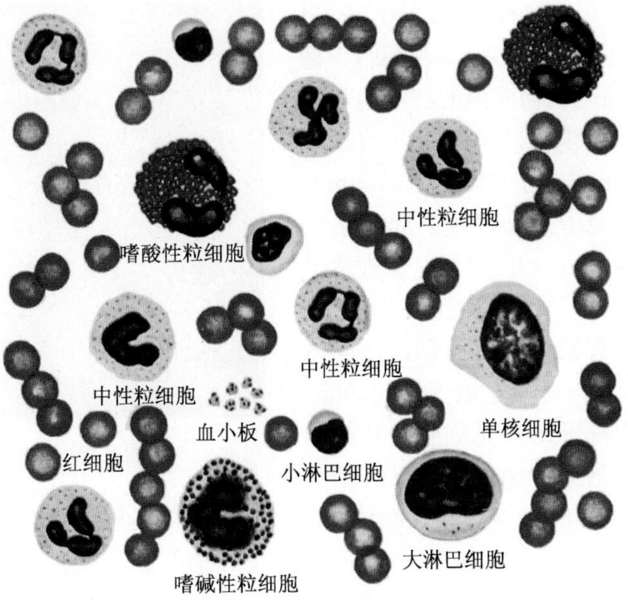

图 6–4　猪血液涂片模式图

各种畜禽血液有形成分及白细胞分类百分比见表 6-1。

表 6–1　畜禽血液中有形成分的含量

动物种类	红细胞数量 /（10^6 个 /mL）	白细胞数量 /（10^3 个 /mL）	各种白细胞的百分含量 /%					血小板或血栓细胞数量 /（10^3 个 /mL）
			中性粒细胞	嗜酸性粒细胞	嗜碱性粒细胞	淋巴细胞	单核细胞	
奶牛	4.0 ～ 11	6.0 ～ 12	16 ～ 42	3 ～ 18	0 ～ 11	40 ～ 70	2 ～ 15	150 ～ 650
水牛	4 ～ 8.9	6.5 ～ 9.6	16 ～ 60	0 ～ 26	0 ～ 5	30 ～ 80	7.0	—
山羊	14.4	9.6	26.1 ～ 55.3	2.0 ～ 6.0	0.7	42.0	6.0	20 ～ 70
绵羊	8 ～ 14	4 ～ 12	10 ～ 50	4.5	0.6	57.7	3.0	170 ～ 530
骆驼	8.8 ～ 12	9.9 ～ 12.9	54.5	8.0	0.5	38.5	2.8	100 ～ 800
猪	5 ～ 10	6 ～ 25	17 ～ 45	4.0	1.4	48.0	2.1	115 ～ 425
马	5 ～ 11	5 ～ 11	36 ～ 53	4.0	0.6	40.8	3.0	150 ～ 400
驴	5.4 ～ 6.5	8 ～ 10	28 ～ 38	8.3	0.5	59.4	4.0	160 ～ 580
兔	4 ～ 8.6	5.7 ～ 12.0	8 ～ 50	1 ～ 3	0.5 ～ 3.0	20 ～ 90	1 ～ 4	120 ～ 800
狗	6 ～ 9.4	3.0 ～ 11.4	42 ～ 77	0 ～ 14	0 ～ 1	9 ～ 50	1 ～ 6	218 ～ 230
猫	7 ～ 10	8.6 ～ 32.0	31 ～ 85	1 ～ 10	0 ～ 2	10 ～ 69	1 ～ 3	290 ～ 420
鸡	1.3 ～ 4.5	9 ～ 32	15 ～ 45	12.0	4.0	29 ～ 84	5 ～ 7	13 ～ 70
鸭	1.8 ～ 3.8	16 ～ 25	29 ～ 52	0 ～ 5	1 ～ 9	35 ～ 48	3 ～ 10	—
鸽	2.2 ～ 4.2	10 ～ 30	15 ～ 50	0 ～ 1.5	0 ～ 1	25 ～ 70	1 ～ 3	—

6.1.1.1 **红细胞**（erythrocyte, red blood cell1, RBC） 是血液中数量最多的一种细胞，直径 7 ~ 9 μm。大多数哺乳动物成熟的红细胞表面光滑，没有细胞核和细胞器，呈两面凹的圆盘状。中央较薄（1.0 μm），周边较厚（2.0 μm），故在血涂片标本中呈现中央染色浅，周缘染色深（图 6-2，图 6-3，图 6-4），扫描电镜观察可清楚地显示红细胞的这一特点（图 6-5）。红细胞的这种形态使之具有较大的表面积，比同体积球形结构增大 25%，以适应运输气体的功能。骆驼和鹿的红细胞为椭圆形，无细胞核和细胞器。新鲜单个的红细胞为黄绿色，大量红细胞聚集在一起使血液呈猩红色。在较厚的血涂片上，可见多个红细胞常叠在一起呈钱串状，称为红细胞叠连（erythrocyte rouleaux formation），在马和猫的血涂片上常见，反刍动物中很少见到。不同家畜红细胞的大小不同，狗的红细胞最大，直径约 7 μm，山羊的最小，约 4 μm，红细胞的数量因动物种类、品种、营养状况、性别和年龄不同也有差异（表 6-1）。

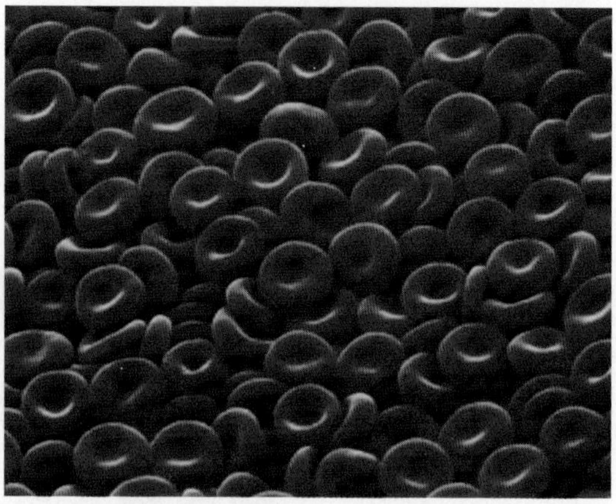

图 6-5 红细胞扫描电镜像

成熟红细胞的细胞质内充满含铁血红蛋白（hemoglobin，Hb），约占红细胞重量的 33%，它易与酸性染料结合染成橘红色，血红蛋白具有结合与运输 O_2 和 CO_2 的能力，但更易与 CO 结合并难以分离，故在 CO 的环境中容易中毒。红细胞的数量和血红蛋白的含量会有生理性的改变，如幼年的高于成年的，运动时多于安静时，高原地区的大都高于平原地区的。当红细胞数量或血红蛋白含量低于正常值时则发生贫血。

红细胞有一定的弹性和可塑性。红细胞穿过直径较小的毛细血管时可做变形运动，这是因为红细胞膜骨架能够变形，其主要成分是血影蛋白和肌动蛋白。红细胞正常形态的维持需要 ATP 供给能量，一旦缺乏 ATP 供给能量，则细胞膜结构发生改变，红细胞的形态也随之变为棘球状，这种形态的改变一般是可逆的。电镜下，可见红细胞的胞膜为典型单位膜。

红细胞的渗透压与血浆相等。当血浆渗透压降低或把红细胞置于低渗溶液中，过量水进入细胞，红细胞膨胀成球形，当进入的水分超过临界值时，红细胞破裂，血红蛋白逸出，称为溶血（hemolysis），另外脂溶剂、蛇毒、溶血性细菌等也可引起溶血，溶血后残留的红细胞膜囊称为血影（erythrocyte ghost）。反之，红细胞置于高渗溶液环境中，红细胞内的水分析出过多，使红细胞皱缩，也可导致红细胞破坏而溶血。

外周血中除大量成熟的红细胞外，还有少量未完全成熟的红细胞，称为网织红细胞（reticulocyte）。网织红细胞的直径略大于成熟红细胞，在一般瑞氏染色的血涂片上，不能区分网织红细胞。煌焦油蓝活体染色，可见其胞质内有蓝色细网或颗粒状结构，是细胞内残留的核糖体，具有合成血红蛋白的能力。网织红细胞进入外周血 1 ~ 3 天后，核糖体等细胞器消失。网织红细胞计数有一定的临床意义，是某些血液病的诊断、疗效判断和估计预后的指标之一。健康牛、马、羊的血液中，无网织红细胞，狗和猫有 0.5% ~ 1%，猪约有 2%。

红细胞的平均寿命为 120 天，衰老的红细胞在肝、脾和骨髓等处被巨噬细胞吞噬清除。

6.1.1.2 **白细胞**（leukocyte，white blood cell，WBC） 是具有细胞核和细胞器的球形细胞，在生活状态下是无色的，故称之为白细胞。白细胞的体积比红细胞大，但数量少。白细胞能做变形运动，穿过血管壁到达相应的组织中实现其机体防御和免疫的生理功能，在组织中存留的时间比在血液中长得多。血液中白细胞的数值受各种生理因素的影响，如运动、饮食等，在疾病状态下，白细胞的总数和各种白细胞的比值可发生改变。各种畜禽白细胞总数及分类百分比略有不同（表 6-1）。三种有粒白细胞的结构如图 6-6 所示。

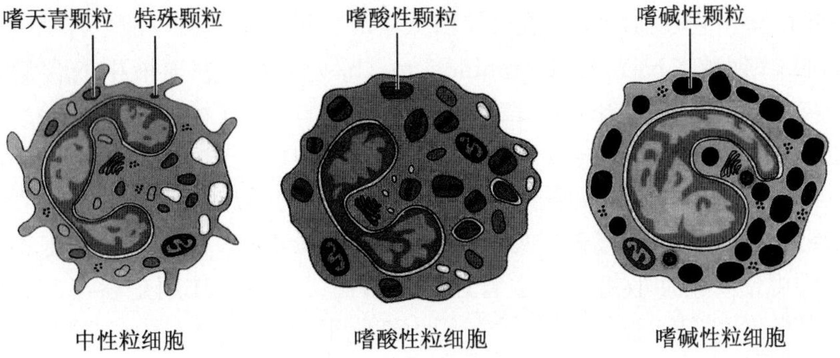

图 6-6 三种有粒白细胞电镜结构模式图

（1）中性粒细胞（neutrophilic granulocyte，neutrophil） 占白细胞总数的比例较高，约 50%，因动物不同有所区别（图 6-2，图 6-3，图 6-4）。细胞呈球形，直径 7 ~ 15 μm。胞核呈杆状或分叶状，叶间有核丝相连，一般 2 ~ 5 叶，以 3 叶核的细胞多见，核染色较深。核分叶数目与细胞年龄有关，幼稚的细胞胞核呈杆状，衰老的细胞胞核分叶数目较多。在某些疾病情况下，临床血涂片检查可见杆状核中性粒细胞增多，称为核左移，常出现在机体严重的细菌感染时；4 ~ 5 叶核的细胞较多，称为核右移，常出现在骨髓造血功能低下时。反刍动物中性粒细胞的核分叶清楚，核叶之间细丝清楚，猪、马、猫的核缢缩不完全，狗的细胞核不分叶。中性粒细胞胞质内，含有很多细小而分布均匀的颗粒，染成淡紫色或淡红色。电镜下，颗粒有膜包被，分为特殊颗粒和嗜天青颗粒两种（图 6-6）。特殊颗粒数量多，体积小，约占颗粒总数的 80%，内含碱性磷酸酶、吞噬素、溶菌酶等，吞噬素具有杀菌作用，溶菌酶能溶解细胞表面的糖蛋白；嗜天青颗粒数量较少，体积大，约占颗粒总数的 20%，它是一种溶酶体，含有酸性磷酸酶和过氧化物酶，能消化分解吞噬的异物。

中性粒细胞有很强的变形运动和吞噬能力。在外周血中停留时间很短，一般 6 ~ 7 h，能做变形运动穿过毛细血管壁进入结缔组织中，在组织中存活 1 ~ 3 天。当机体某些部位受病菌侵犯时，细菌产物、受损坏死组织可释放某些化学物质（趋化因子）吸引中性粒细胞穿出血管，聚集于病变部位，吞噬病菌和异物并进行消化、分解。因此，机体受某些细菌感染时，白细胞总数增加，中性粒细胞的比例显著增高，对机体的保护防御具有重要作用。中性粒细胞在执行防御活动中，先吞噬细菌形成吞噬体，再与特殊颗粒和溶酶体融合，颗粒中的氧化酶能将细菌迅速杀死，各种水解酶再将细菌分解消化，中性粒细胞本身也会变性坏死成为脓细胞。

（2）嗜酸性粒细胞（eosinophilic granulocyte，eosinophil） 数量较少，约占白细胞总数的 7%，呈球形，直径 10 ~ 20 μm，细胞核常分为 2 叶，染色浅（图 6-2，图 6-3，图 6-4）。胞质内充满粗大的略带折光性的颗粒，染成橘红色。电镜下颗粒多呈椭圆形，有膜包裹，内含颗粒状基质和方形结晶体（图 6-6）。颗粒内含酸性磷酸酶、组胺酶和过氧化物酶等，也是一种溶酶体。不同动物的嗜酸性颗粒差别较大：猪的呈球形，暗红色；马属动物的颗粒粗大密集；反刍动物的颗粒小，呈橘红色；猫的颗粒多，呈棒状；狗的颗粒很少，色泽与红细胞颜色相近。

嗜酸性粒细胞能做变形运动，具有趋化性。它能吞噬抗原－抗体复合物，释放组胺酶灭活组胺，从而减轻过敏反应。它还能借助抗体与某些寄生虫结合，释放颗粒内物质杀灭寄生虫。因此，嗜酸性粒细胞具有抗过敏和抗寄生虫的作用。在过敏性疾病或寄生虫感染时血液中的嗜酸性粒细胞数量增多。它在血液中一般仅停留数小时，进入组织后一般可存活 8 ~ 12 天。

（3）嗜碱性粒细胞（basophilic granulocyte，basophil） 在血液中的含量最少，约占白细胞总数的 0 ~ 1%，球形，直径 10 ~ 12 μm，细胞核分叶或 S 形或不规则形，着色较浅，轮廓不清晰（图 6-2，图 6-3，图 6-4）。胞质内含嗜碱性颗粒，大小不等，分布不均，染成蓝紫色，常覆盖在细胞核上。电镜下，嗜碱性颗粒中充满细小微粒，均匀分布，有些颗粒内可见板层状或指纹状结构（图 6-6）。嗜碱性颗粒中含有肝素、组胺、嗜酸性粒细胞趋化因子和白三烯等，这些物质可使平滑肌收缩，小血管通透性增高，其主要作用是参与变态反应和防止凝血。颗粒内容物释放可导致过敏反应，这与肥大细胞很相似。颗粒具有异染性，甲苯胺蓝染色呈紫红色。嗜碱性粒细胞在组织中可存活 12 ~ 15 天。

（4）单核细胞（monocyte） 占白细胞总数的 3% ~ 8%，是血液中体积最大的白细胞，直径为 10 ~ 20 μm，呈圆形或椭圆形。细胞核呈卵圆形、肾形、马蹄形或不规则形，染色质颗粒细而疏松，故染色淡。细胞质较多，呈弱嗜碱性，含有许多细小的嗜天青颗粒，故染成深浅不一的灰蓝色。颗粒内含有过氧化物酶、酸性磷酸酶、非特异性酯酶和溶菌酶，可作为与淋巴细胞的鉴别点。电镜下细胞表面有皱褶和微绒毛，胞质内含有许多吞噬泡、线粒体和粗面内质网（图 6-7）。

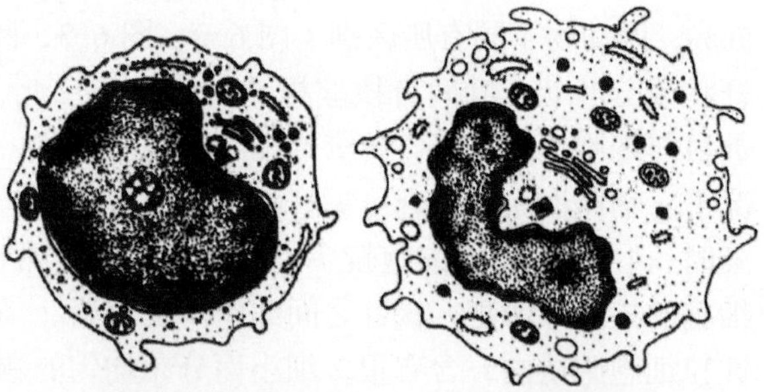

图 6-7　淋巴细胞与单核细胞电镜结构模式图

单核细胞有活跃的变形运动、趋化性和一定的吞噬能力，它是巨噬细胞的前身，在血液中停留 1 ~ 2 天后，离开血管进入组织中分化为巨噬细胞，不同组织中的巨噬细胞形态各异，功能也不完全相同，称为单核吞噬细胞系统。单核细胞参与机体的免疫反应，但功能不及巨噬细胞强。

（5）淋巴细胞（lymphocyte） 占白细胞总数略少于中性粒细胞，呈球形，大小不等。按其体积大小分为大、中、小三类。大淋巴细胞直径为 13 ~ 20 μm，中淋巴细胞的直径为 9 ~ 12 μm。大淋巴细胞和中淋巴细胞胞核椭圆形，染色质较疏松，染色浅，胞质较多，可见少量的嗜天青颗粒。大淋巴细胞分布在骨髓、脾和淋巴结等部位。小淋巴细胞的直径为 5 ~ 8 μm，血液中小淋巴细胞的数量最多，细胞核呈圆形，一侧常有凹陷，染色质致密呈块状，染色深，细胞质很少，在核周呈一窄带，染成蔚蓝色，含有少量嗜天青颗粒（图 6-7）。

用免疫细胞化学技术及原位杂交技术检测细胞表面标志、胞质中 mRNA 的差别和细胞发生部位，并结合电镜下的超微结构及免疫功能，至少可将淋巴细胞分为 4 类：B 淋巴细胞、T 淋巴细胞、K 淋巴细胞和 NK 淋巴细胞（详见第 11 章）。

6.1.1.3 **血小板**（blood platelet） 是骨髓巨核细胞（megakaryocyte）脱落下来的细胞质碎片，没有细胞核，有细胞器，呈双凸圆盘形。在血涂片上，血小板呈多角形，形态不规则，聚集成群（图 6–2，图 6–3，图 6–4）。光镜下，血小板中央有密集的紫色颗粒，称作颗粒区（granulomere）；周围部胞质透明，称作透明区（hyalomere），弱嗜碱性，染成淡蓝色。电镜下，血小板表面有较厚的糖衣。血小板有两套小管系统：一套是与血小板表面相连的开放小管系，血浆能够进入小管，增加血小板与血浆的接触面积，利于物质的摄取和颗粒内容物的释放；另一套是分布在周边的致密小管系，能够收集 Ca^{2+} 和合成前列腺素。

血小板在止血和凝血过程中起重要的作用。血小板的表面及颗粒内含有与凝血有关的物质。当血管破损时，血小板首先发生形态改变，许多血小板凝聚在血管破损处，形成血小板凝块，并释放其表面的多种凝血因子，激活凝血酶原形成凝血酶，凝血酶又催化邻近血液中的纤维蛋白原变成丝状的纤维蛋白，与血细胞共同形成凝血块而止血。与此同时，血小板内颗粒物质的释放，进一步促进止血和凝血。血小板在血液中存留 7 ~ 14 天，正常血液中血小板含量为 15 万 ~ 50 万个 /mL。当血小板减少时，可导致自发出血。血小板还有保护血管内皮、参与内皮修复、防止动脉粥样硬化等作用。

6.1.2 血浆

血浆（plasma）是淡黄色的透明液体，具有一定的黏滞性和渗透压，以维持组织和细胞生理活动所需要的适宜条件。血浆占血液容积的 45% ~ 65%，其中水约占 90%，其余为血浆蛋白（白蛋白、球蛋白、纤维蛋白原）、脂蛋白、脂滴、无机盐、酶类、激素、维生素以及各种代谢产物。血液流出血管后，溶解状态的纤维蛋白原转变为不溶解状态的纤维蛋白，血液凝固成块，凝血块周围析出的淡黄色清亮液体，称为血清（serum）。血清中含有除凝血因子和纤维蛋白原外所有的血浆成分。在正常生理情况下，血浆的物理特性和化学成分保持相对稳定，具有保持机体内环境稳定的功能。

6.2 血细胞发生

各种血细胞的寿命都是有限的，每天都有一定数量的血细胞衰老、死亡，同时又有一定数量的血细胞生成，血细胞的生成过程称为血细胞发生（hemopoiesis）。在机体精细调控下，周围血中各种血细胞的数量和比例保持相对的恒定。在胚胎时期，卵黄囊、肝、脾、胸腺和骨髓都是造血器官，出生后红骨髓成为主要的造血器官。

6.2.1 主要造血器官——骨髓

骨髓（bone marrow）位于骨髓腔中，是体内最大的造血器官，分为红骨髓和黄骨髓。幼龄时期动物的骨髓都是红骨髓，具有活跃的造血功能，随着年龄的增长，逐渐被黄骨髓取代。成年动物，红骨髓只分布在长骨的骺端、扁骨和不规则骨的骨松质中，骨干内骨髓为黄骨髓。红骨髓主要由造血组织和血窦构成。

造血组织由网状组织和造血细胞构成，在网状组织构成支架的网孔中充满不同发育阶段的血细胞和少量的造血干细胞、巨噬细胞、脂肪细胞以及间充质细胞等。血窦是由动脉毛细血管分支而成，窦壁由有孔内皮、不完整的基膜和周细胞构成，有利于成熟血细胞进入血液。窦壁周围和窦腔内的巨噬细胞具有吞噬消除血液中异物、细菌和衰老死亡血细胞的作用。

6.2.2 血细胞发生规律

造血干细胞（hematopoietic stem cell, HSC）是生成各种血细胞的始祖细胞，起源于胚胎期的卵黄囊血岛。造血干细胞可从血液或骨髓中分离出来，在一定环境条件下分化形成各系定向干细胞（committed stem cell），故又称多能干细胞（multipotent stem cell），其基本特征是具有自我维持和自我更新的能力，干细胞通过不对称性的有丝分裂，不断产生大量定向干细胞，定向干细胞进一步增殖和分化，补充和维持外周血细胞。造血干细胞从胚胎卵黄囊全能间叶细胞分化而来，主要存在于骨髓，约占成年骨髓细胞的 0.05%，其次是淋巴结和脾。定向干细胞具有高度的增殖能力，根据其分化方向分为髓系多向造血干细胞、红系造血干细胞、粒细胞 - 巨噬细胞系造血干细胞、巨核系干细胞和淋巴系干细胞。各种血细胞的发生过程一般可分为三个阶段，即原始阶段、幼稚阶段（早期、中期和晚期）和成熟阶段。在发生过程中其形态演变有以下规律：胞体由大变小，但巨核细胞则是由小变大；胞核由大变小，红细胞核最终消失，粒细胞核由圆形逐渐变为杆状，但巨核细胞核由小变大且呈分叶状；胞质由少变多，嗜碱性逐渐变弱，但单核细胞和淋巴细胞仍然保持嗜碱性，胞质内特殊物质从无到有；细胞分裂能力从有到无，淋巴细胞除外。造血细胞增殖分化异常可引起恶性增殖性疾病，如白血病。

造血干细胞的形态至今尚未彻底搞清楚，多数认为与髓淋巴细胞相似。因此造血干细胞的检测方法目前还不能用形态学的方法来鉴别，都是从功能上来检测造血干细胞的。造血干细胞的应用主要包括造血干细胞移植和作为基因治疗的靶细胞。造血干细胞移植可用于治疗各种恶性血液病、肿瘤、遗传性疾病、重度放射病及重症联合免疫缺陷等。

6.3 淋巴

淋巴（lymph）是流动在淋巴管内的液体，一般由淋巴浆和淋巴细胞组成。小部分组织液渗入毛细淋巴管内形成淋巴浆，无色透明，与血浆成分相似，在流经淋巴结后，其中的细菌等异物被清除掉，并加入了淋巴细胞和抗体，偶见单核细胞。在机体不同部位、不同生理状况下，淋巴的组成成分和数量经常变动，如小肠淋巴管中的淋巴含有许多脂滴，呈乳白色，又称乳糜；毛细淋巴管中的淋巴只有淋巴浆而无淋巴细胞，流经淋巴结后加入淋巴细胞。淋巴在淋巴管内向心流动，最终注入静脉，以协助体液回流，是血液循环的辅助部分，在维持全身各部分组织液动态平衡和防御中起重要作用。

复习思考题

1. 试述红细胞的结构特点、正常值和功能。
2. 试述白细胞的分类，各种白细胞的形态结构特点、正常值和功能。
3. 名词解释：溶血　血浆　血清　网织红细胞

拓展阅读

白血病

第 7 章　肌组织

Muscle Tissue

- 骨骼肌
- 心肌
- 平滑肌

Outline

Muscle tissue is unique because it can contract and perform mechanical work. Muscle cells are elongated with the long axis in the direction of contractions, so they are usually referred to as muscle fibers. According to their structural and functional characteristics, muscle tissue can be divided into three kinds: skeletal muscle, cardiac muscle and smooth muscle. Muscle fibers are surrounded and supported by connective tissue that also supports their blood and nerve supplies.

Skeletal and cardiac muscles are often called cross-striated muscles in that the intracellular contractile proteins form an alternating series of transverse bands along the cell when observed with a light microscope. Skeletal muscle consists of bundles of long and cylindrical fibers which contain a lot of peripherally placed nuclei. Under voluntary control, skeletal muscle is sometimes called voluntary muscle.

Cardiac muscle is composed of elongated and branched individual cells in which one or two nuclei centrally located and surrounded by a pale-staining cytoplasmic region. It is also with cross-striation like that of skeletal muscle. There is a special step-liked structure in this muscle fiber which called as intercalated disc. The intercalated discs are points of end-to-end contact between contiguous muscle fibers. Meanwhile, cardiac muscle is involuntary and innervated by the autonomic nervous system.

Smooth muscle contains spindle-shaped cells, in which the contractile proteins are not arranged in the same orderly manner and there is no transverse striation, either. The single nucleus located at the middle part. Smooth muscle is also involuntary and innervated by autonomic nervous system.

肌组织（muscle tissue）主要由肌细胞组成，肌细胞之间有少量的结缔组织以及血管和神经。肌细胞呈长纤维形，又称为肌纤维（muscle fiber）。肌纤维的细胞膜称肌膜（sarcolemma），细胞质称肌质（sarcoplasm），肌质中有许多与细胞长轴相平行排列的肌丝，它们是肌纤维舒缩功能的主要物质基础。根据结构和功能的特点，将肌组织分为三类：骨骼肌、心肌和平滑肌（图 7-1）。骨骼肌和心肌属于横纹肌。骨骼肌受躯体神经支配，为随意肌；心肌和平滑肌受植物性神经（又称自主神经）支配，为不随意肌。

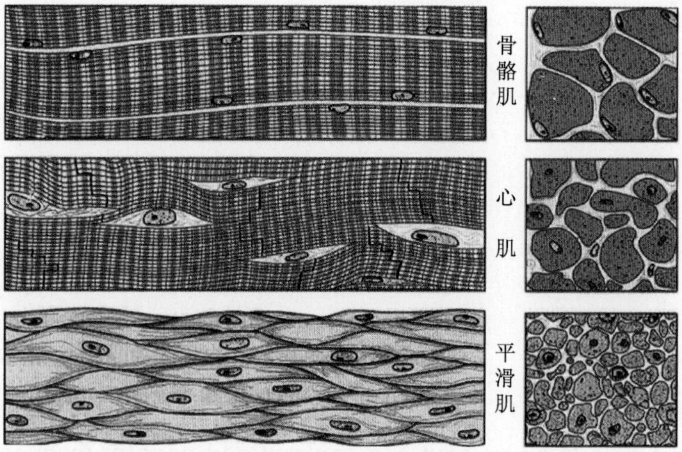

图 7-1 骨骼肌、心肌、平滑肌纵横切结构模式图

7.1 骨骼肌

7.1.1 骨骼肌的组织结构

骨骼肌（图 7-2）常又称横纹肌，肌细胞呈纤维状，绝大多数不分支，有明显横纹；核很多，一条肌纤维内含有几十个甚至几百个细胞核，位于肌质的周边靠近肌膜下方，核呈扁椭圆形，核内异染色质较少，染色较浅。肌细胞长 1 ~ 40 mm，直径 10 ~ 100 μm。在肌质内有许多沿细胞长轴平行排列的细丝状的肌原纤维（图 7-3）。在骨骼肌纤维的横切面上，肌原纤维呈点状，聚集为许多小区（图 7-4）。肌原纤维之间分布有大量线粒体、糖原以及少量脂滴，肌质内还含有肌红蛋白。在骨骼肌纤维与基膜之间有一种扁平、有突起的细胞，称肌卫星细胞（muscle satellite cell），排列在肌纤维的表面，当肌纤维受损伤后，此种细胞可分化形成肌纤维（图 7-2，7-3，7-4）。

7.1.1.1 **肌原纤维**（myofibril） 呈细丝状，直径 1 ~ 2 μm，沿肌纤维长轴平行排列，每一肌原纤维都有相间排列的明带（light band，又称 I 带）及暗带（dark band，又称 A 带）。明带染色较浅，而暗带染色较深。暗带中间有一条较明亮的窄带称 H 带。H 带的中部有一条 M 线。明带中间，有一条较暗的线称为 Z 线。相邻两个 Z 线之间的一段肌原纤维区段称为肌节（sarcomere），包括 1/2 I 带 + A 带 + 1/2 I 带，它是骨骼肌收缩的基本结构单位，长约 1.5 ~ 2.5 μm。因此，肌原纤维就是由许多肌节连续排列构成的（图 7-5）。

由于同一肌纤维内相邻的各条肌原纤维的明、暗带都相应地排列在同一平面上，因此肌纤维呈现出规则的明暗交替的横纹（cross striation）。横纹由明带和暗带组成。在偏光显微镜下，明带呈单折光，为各向同性（isotropic），又称 I 带；暗带呈双折光，为各向异性（anisotropic），又称 A 带。在特殊染色（如 PTAH 染色）切片中，骨骼肌横纹尤其明显。

（1）肌原纤维的超微结构 肌原纤维是由上千条粗、细两种肌丝有规律地平行排列组

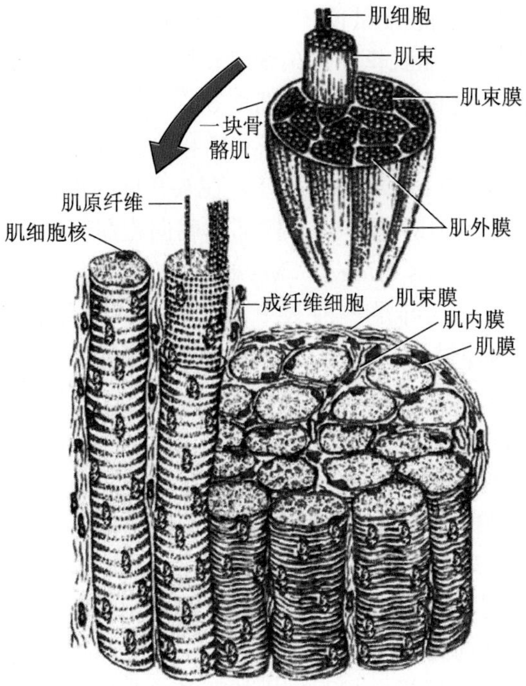

图 7–2 骨骼肌结构模式图

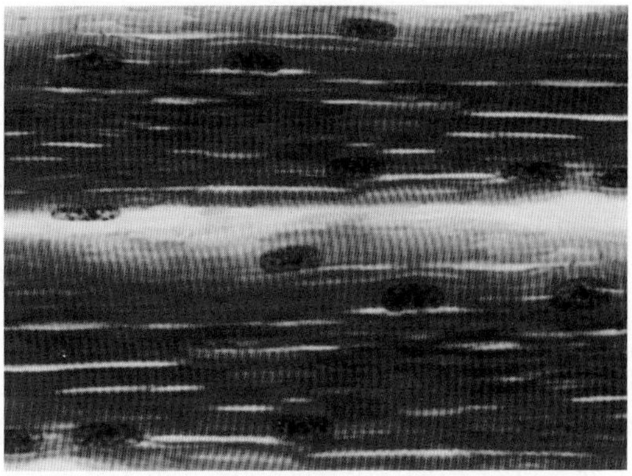

图 7–3 骨骼肌纵切（HE 染色）

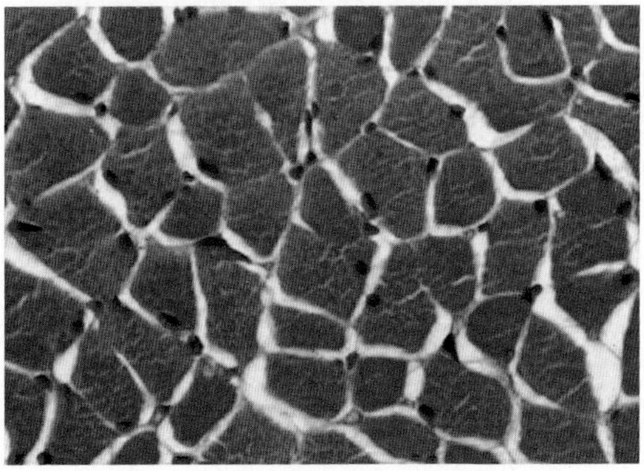

图 7–4 骨骼肌横切（HE 染色）

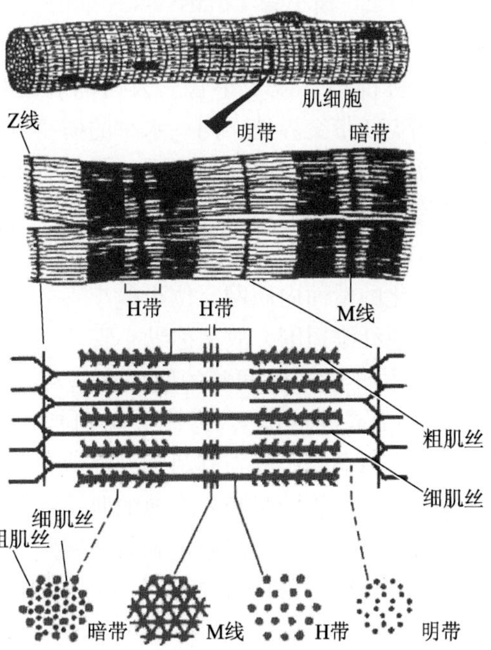

图 7–5 骨骼肌原纤维结构模式图

成的，明、暗带就是这两种肌丝排布的结果。粗肌丝（thick filament）长约 1.5 μm，直径约 15 nm，位于肌节的 A 带。粗肌丝中央借 M 线固定，两端游离。细肌丝（thin filament）长约 1 μm，直径约 5 nm，它的一端固定在 Z 线上，另一端插入粗肌丝之间，止于 H 带外侧。因此，I 带内只有细肌丝，A 带中央的 H 带内只有粗肌丝，而 H 带两侧的 A 带内既有粗肌丝又有细肌丝。在此处的横切面上可见每条粗肌丝周围有 6 条细肌丝，每条细肌丝周围有 3 条粗肌丝。两种肌丝在肌节内的这种规则排列是肌纤维收缩功能的结构基础（图 7-5）。

（2）粗肌丝的分子结构　粗肌丝是由许多肌球蛋白（myosin）分子有序排列组成的。肌球蛋白形如豆芽，分为头和杆两部分，头部如同两个豆瓣，杆部如同豆茎。在头和杆的连接点及杆上有两处类似关节，可以屈动。M 线两侧的肌球蛋白对称排列，杆部均朝向粗肌丝的中段，头部则朝向粗肌丝的两端并露出表面，称为横桥（cross bridge）。M 线两侧的粗肌丝只有肌球蛋白杆部、而没有头部，所以表面光滑。肌球蛋白头部是一种 ATP 酶，能与 ATP 结合。只有当肌球蛋白分子头部与肌动蛋白接触时，ATP 酶才被激活，于是分解 ATP 放出能量，使横桥发生屈伸运动。

（3）细肌丝的分子结构　细肌丝由三种蛋白质分子组成，即肌动蛋白、原肌球蛋白和肌原蛋白。后两种属于调节蛋白，在肌收缩中起调节作用。肌动蛋白（actin）分子单体为球形，许多单体相互接连成串珠状的纤维形，肌动蛋白就是由两条纤维形肌动蛋白缠绕形成的双股螺旋链。每个球形肌动蛋白单体上都有一个可以与肌球蛋白头部相结合的位点。原肌球蛋白（tropomyosin）是由较短的双股螺旋多肽链组成，首尾相连，嵌于肌动蛋白双股螺旋链的浅沟内。肌原蛋白（troponin）由 3 个球形亚基组成，分别简称为 TnT、TnI 和 TnC 。肌原蛋白借 TnT 而附于原肌球蛋白分子上，TnI 是抑制肌动蛋白和肌球蛋白相互作用的亚基，TnC 则是能与 Ca^{2+} 相结合的亚基。

7.1.1.2　**横小管**（transverse tubule）是肌膜向肌质内凹陷形成的小管网，由于其走行方向与肌纤维长轴垂直，故称横小管或 T 小管。人与哺乳动物的横小管位于 A 带与 I 带交界处，同一水平的横小管在细胞内分支吻合环绕在每条肌原纤维周围，横小管可将肌膜的兴奋迅速传到每个肌节（图 7-6）。

7.1.1.3　**肌质网**（sarcoplasmic reticulum）是肌纤维内特化的滑面内质网，位于横小管之间，纵行包绕在每条肌原纤维周围，故又称纵小管（longitudinal tubule，L 管）。位于横小管两侧的肌质网呈环行扁囊状，称终池（terminal cisterna），终池之间则是相互吻合的纵行小管网。每条横小管与其两侧的终池共同组成骨骼肌三联体。在横小管的肌膜和终池的肌质网膜之间形成三联体连接，可将兴奋从肌膜传到肌质网膜。肌质网的膜上有丰富的钙泵（一种 ATP 酶），有调节肌质中 Ca^{2+} 浓度的作用（图 7-6）。

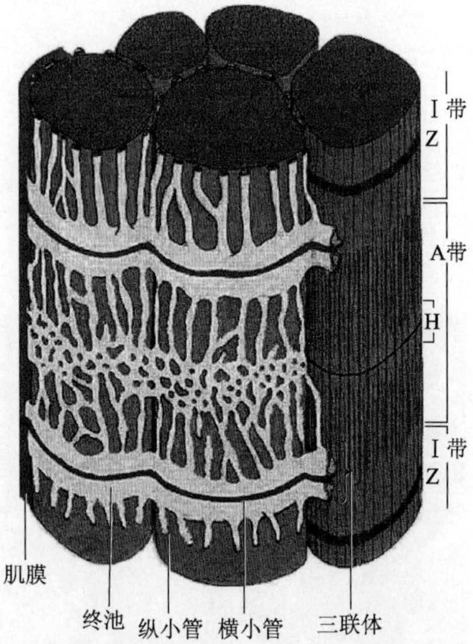

图 7-6　骨骼肌纤维超微结构模式图

7.1.2　肌器官的结构

大多数骨骼肌借肌腱附着在骨骼上。分布于躯干和四肢的每块肌肉均由许多平行排列的骨骼肌纤维组成，它们的周围包裹着结缔组织。包在整块肌外面的结缔组织为肌外膜（epimysium），是一层致密结缔组织膜，含有血管和神经。肌外膜的结缔组织以及血管和神经的分支伸入肌内，分隔和包围大小不等的肌束，形成肌束膜（perimysium）。分布在每条肌纤维周围的少量结缔组织为肌内膜（endomysium），肌内膜含有丰富的毛细血管。各层结缔组织膜除有支持、连接、营养和保护肌组织的作用外，对单条肌纤维的活动乃至对肌束和整块肌肉的肌纤维群体活动也起着调整作用。

7.1.3 骨骼肌纤维的收缩原理

目前认为，骨骼肌收缩的机制是肌丝滑动原理（sliding filament mechanism）。其过程大致如下：① 运动神经末梢将神经冲动传递给肌膜；② 肌膜的兴奋经横小管迅速传向终池；③ 肌质网膜上的钙泵活动，将大量 Ca^{2+} 转运到肌质内；④ 肌原蛋白的 TnC 与 Ca^{2+} 结合后，发生构型改变，进而使原肌球蛋白位置也随之变化；⑤ 原来被掩盖的肌动蛋白位点暴露，迅即与肌球蛋白头部接触；⑥ 肌球蛋白头部 ATP 酶被激活，分解 ATP 并释放能量；⑦ 肌球蛋白的头及杆发生屈曲转动，将肌动蛋白拉向 M 线；⑧ 细肌丝向 A 带内滑入，I 带变窄，A 带长度不变，但 H 带因细肌丝的插入可消失，由于细肌丝在粗肌丝之间向 M 线滑动，肌节缩短，肌纤维收缩；⑨ 收缩完毕，肌质内 Ca^{2+} 被泵入肌质网内，肌质内 Ca^{2+} 浓度降低，肌原蛋白恢复原来构型，原肌球蛋白恢复原位并掩盖肌动蛋白位点，肌球蛋白头与肌动蛋白脱离接触，肌纤维则处于松弛状态。

骨骼肌是体内最多的组织，约占体重的 40%。在骨和关节的配合下，通过骨骼肌的收缩和舒张，完成人和高等动物的各种躯体运动。在大多数骨骼肌中，肌束和肌纤维都呈平行排列，动物体的各种活动都是许多骨骼肌相互配合活动的结果。每个骨骼肌纤维都是一个独立的功能和结构单位，它们至少接受一个运动神经末梢的支配，并且在体的骨骼肌纤维只有在支配它们的神经纤维有神经冲动传来时才能进行收缩。因此动物体所有的骨骼肌活动，是在中枢神经系统的控制下完成的。

7.2 心肌

心肌（cardiac muscle）分布于心脏和邻近心脏的大血管近段。心肌收缩具有自动节律性，缓慢而持久。心肌细胞又称心肌纤维，起源于原始心脏的间充质，有横纹，但其肌原纤维和横纹都不如骨骼肌纤维的明显。心肌细胞受植物性神经支配，属于有横纹的不随意肌，具有兴奋收缩的能力。

7.2.1 心肌的光镜结构特点

心肌细胞呈短圆柱形，有分支，长 80 ~ 150 μm，横径 10 ~ 30 μm，其细胞核呈卵圆形，位于细胞中央，一般只有一个，也可见有双核的心肌细胞。心肌纤维的肌质较丰富，多聚在核的两端处，其中含有丰富的线粒体和糖原及少量脂滴和脂褐素。脂褐素为溶酶体的残余体，随年龄的增长而增多。各心肌纤维分支的末端可相互连接构成肌纤维网，其连接处称为闰盘（intercalated disc）（图 7-7）。闰盘是心肌纤维之间的界线，同时也是心肌纤维网传递兴奋冲动的重要结构。在 HE 染色的纵切标本中呈红色的横线或阶梯状粗线，而在横切的标本中则看不到（图 7-8）。用铁苏木精染色时呈蓝黑色横行阶梯状线纹。心肌细胞的兴奋冲动可通过低电阻的闰盘从一个细胞直接传给另一个细胞，使心肌整体的收缩和舒张同步化。

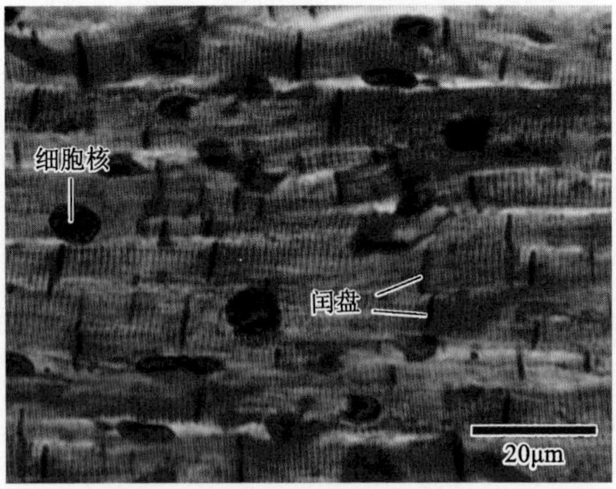

图 7–7 心肌纵切（铁苏木精染色）

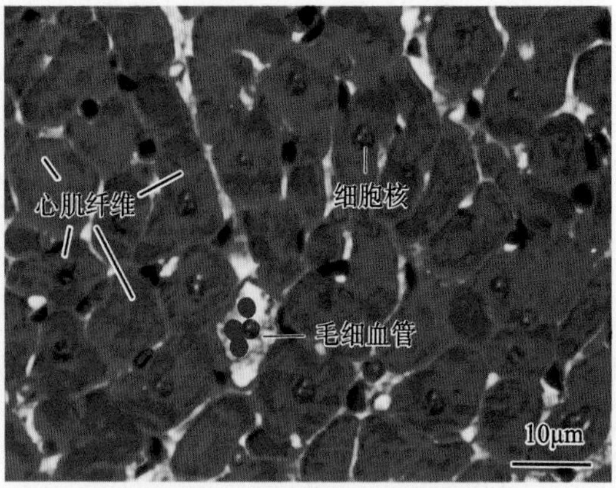

图 7–8 心肌横切（HE 染色）

7.2.2 心肌纤维的超微结构

电镜观察，在心房肌纤维中含有一种特殊的嗜锇颗粒，命名为心房肽（或心钠素）。其分泌物有利尿、利钠、扩张血管和降低血压的作用。

心肌纤维也含有粗、细两种肌丝，它们在肌节内的排列分布与骨骼肌纤维相同，也具有肌质网和横小管等结构，心肌纤维的超微结构还有下列特点（图 7–9）：

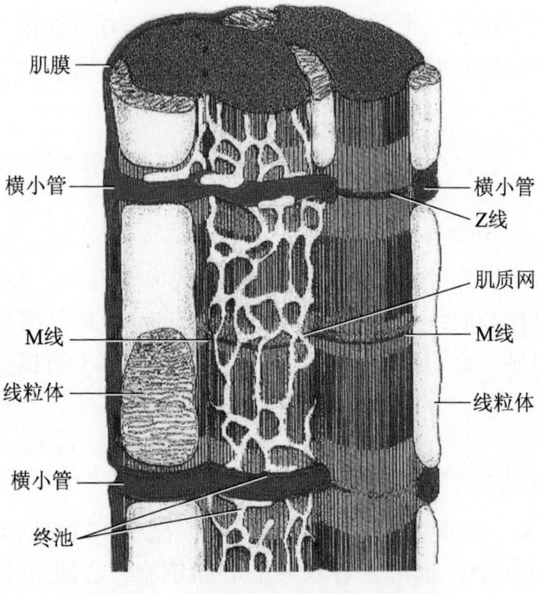

图 7–9 心肌纤维超微结构立体模式图

① 肌原纤维不如骨骼肌那样规则、明显，肌丝被少量肌质和大量纵行排列的线粒体分隔成粗、细不等的肌丝束，以致横纹也不如骨骼肌的明显；② 横小管较粗，位于 Z 线水平；③ 肌质网比较稀疏，纵小管不甚发达，终池较小也较少，横小管两侧的终池往往不同时存在，多见横小管与一侧的终池紧贴形成二联体（diad），三联体极少见；④ 闰盘位于 Z 线水平，由

相邻两个肌纤维的分支处伸出许多短突相互嵌合而成，常呈阶梯状。在连接的横位部分，有中间连接和桥粒，起牢固的连接作用。在连接的纵位部分，有缝隙连接，便于细胞间化学信息的交流和电冲动的传导，这对心肌纤维整体活动的同步化是十分重要的；⑤ 心房肌纤维除有收缩功能外，还有内分泌功能，可分泌心房肽（或称心钠素）。

一般认为，动物出生后心肌细胞不再分裂，心肌细胞的体积可随着年龄的增长而有一定程度的增大。心肌细胞的再生能力很低，心肌坏死后，通常由周围的结缔组织代替，形成永久性的瘢痕。

7.3 平滑肌

平滑肌（smooth muscle）细胞由胚胎时期的间充质细胞分化而来，广泛分布于血管壁和许多内脏器官，又称内脏肌。平滑肌受自主神经支配，为不随意肌，收缩缓慢、持久。

7.3.1 平滑肌纤维的光镜结构

平滑肌纤维呈长梭形，无横纹。有一个细胞核，呈长椭圆形或杆状，位于中央，肌肉收缩时核可扭曲呈螺旋形，核两端的肌质较丰富。平滑肌纤维大小不一，一般长 200 μm，直径 8 μm；小血管壁平滑肌短至 20 μm，而妊娠子宫平滑肌可长达 500 μm。平滑肌纤维可单独存在，但绝大部分是成束或成层分布的（图 7-10，图 7-11）。

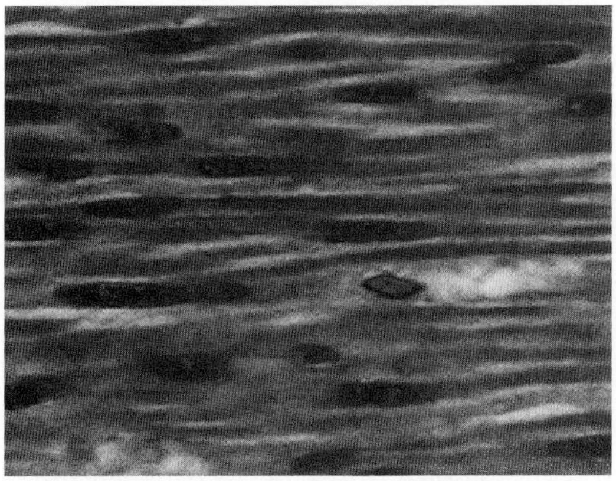

图 7-10 平滑肌纵切（HE 染色）

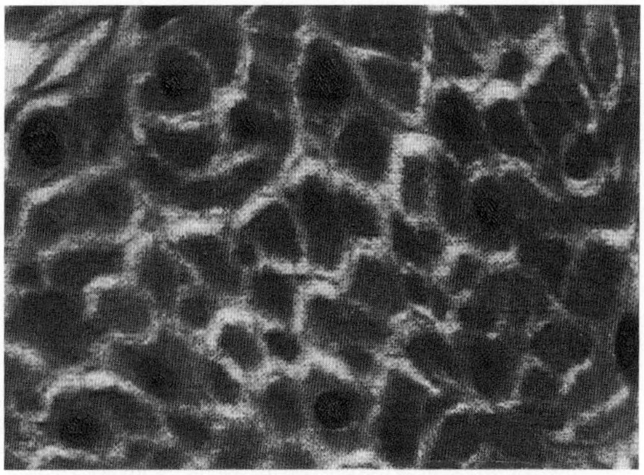

图 7-11 平滑肌横切（HE 染色）

7.3.2 平滑肌纤维的超微结构

平滑肌纤维表面为肌膜，肌膜向下凹陷形成数量众多的小凹（caveola）。平滑肌纤维内无肌原纤维。目前认为这些小凹相当于横纹肌的横小管。肌质网发育很差，呈小管状，位于肌膜下与小凹相邻近。核两端的肌质内含有线粒体、高尔基复合体和少量粗面内质网以及较多的游离核糖体，偶见脂滴。平滑肌的细胞骨架系统比较发达，主要由密斑（dense patch）、密体（dense body）和中间丝组成。密斑和密体都是电子致密的小体，但分布的部位不同。密斑位于肌膜的内面，主要是平滑肌细肌丝的附着点。密体位于细胞质内，为梭形小体，排成长链，它是细肌丝和中间丝的共同附着点。一般认为密体相当于横纹肌的 Z 线。相邻的密体之间由直径 10 nm 的中间丝相连，构成平滑肌的菱形网架，在细胞内起着支架作用。细胞周边部的肌质中，主要含有粗、细两种肌丝。细肌丝直径约 5 nm，呈花瓣状环绕在粗肌丝周围。粗、细肌丝的数量比为 1 : 12 ~ 1 : 30。粗肌丝直径 8 ~ 16 nm，均匀分布于细肌丝之间。由于肌球蛋白分子的排列不同于横纹肌，粗肌丝上没有 M 线及其两侧的光滑部分。粗肌丝呈圆柱形，表面有纵行排列的横桥，但相邻的两行横桥的摆动方向恰恰相反。若干条粗肌丝和细肌丝聚集形成肌丝单位，又称收缩单位（contractile unit）。相邻的平滑肌纤维之间存在缝隙连接，便于化学信息和神经冲动的传递，有利于众多平滑肌纤维同时收缩而形成功能整体（图 7-12）。

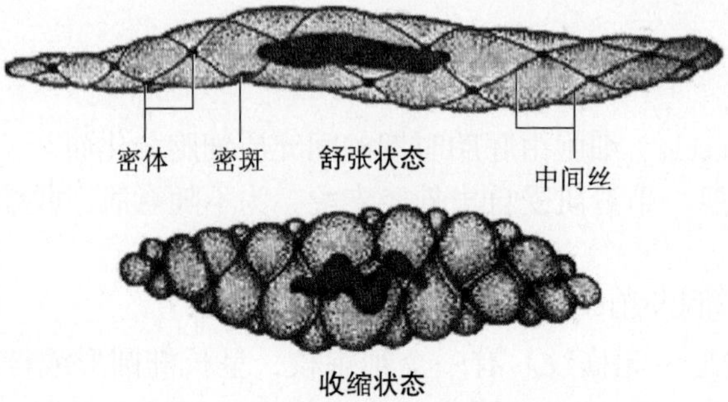

图 7-12 平滑肌超微结构模式图

7.3.3 平滑肌纤维的收缩原理

目前认为，平滑肌纤维和横纹肌的收缩原理一样，是以“肌丝滑动”原理进行收缩的。由于每个收缩单位是由粗肌丝（肌球蛋白）和细肌丝（肌动蛋白）组成，它们的一端借细肌丝附着于肌膜的内面，这些附着点呈螺旋形。肌丝单位大致与平滑肌长轴平行，但有一定的倾斜度。粗肌丝没 M 线，表面的横桥有半数沿着相反方向摆动，所以当肌纤维收缩时，不但细肌丝沿着粗肌丝的全长滑动，而且相邻的细肌丝的滑动方向是相对的。因此平滑肌纤维收缩时，粗、细肌丝的重叠范围大，纤维呈螺旋形扭曲而变短和增粗。

7.3.4 平滑肌的生理特性

平滑肌广泛分布于动物体消化道、呼吸道以及血管和泌尿、生殖等器官。它和骨骼肌不同，不是每条肌纤维的两端都通过肌腱与骨骼相连，平滑肌细胞互相连接，形成管状结构或中空器官，在功能上可以通过缩短和产生张力使器官发生运动和变形，如胃和肠。也可产生连续收缩或紧张性收缩，使器官对抗所加负荷而保持原有的形状，如动脉血管、括约肌等（图 7-12）。此外，也不能像在骨骼肌和心肌那样，把分布在不同器官的平滑肌看作具有相同功能特性和调节机制的组织，例如有些器官的平滑肌具有和心脏一样的自动节律性；有些则像骨骼肌那样，只有在支配它的神经纤维有神经冲动到来时才出现收缩，而在这两个极端之间，还存在着各种过渡形式，这些因素都致使平滑肌的分类困难。

7.3.5 平滑肌的分类

尽管体内各器官所含平滑肌在功能特性上差别很大，但一般可分为两大类：一类称为多单位平滑肌，其中所含各平滑肌细胞在活动时各自独立，类似骨骼肌细胞，如竖毛肌、虹膜肌、瞬膜肌（猫）以及大血管平滑肌等，它们各细胞的活动受外来神经支配或受扩散到各细胞的激素的影响。另一类称为单位平滑肌，类似心肌组织，其中各细胞通过细胞间的电偶联而可以进行同步性活动，这类平滑肌大都具有自律性，在没有外来神经支配时也可进行正常的收缩活动（由于起搏细胞的自律性和内在神经丛的作用），以胃、肠、子宫、输尿管平滑肌为代表。还有一些平滑肌兼有两方面的特点，很难归入哪一类，如：小动脉和小静脉平滑肌一般认为属于多单位平滑肌，但又有自律性；膀胱平滑肌没有自律性，但在遇到牵拉时可作为一个整体起反应，故也列入单位平滑肌。

7.3.6 平滑肌的再生

成体的平滑肌细胞仍保留分裂能力，如妊娠子宫的平滑肌细胞分裂增殖和增大，使子宫壁增厚。胃肠道和泌尿管道平滑肌的小范围损伤，可能由尚存的肌细胞分裂补充。血管平滑肌损伤后的修复，可能来自血管周围未分化周细胞，此外，血管平滑肌细胞异常增殖与动脉粥样硬化斑的形成有关。

大多数平滑肌接受神经支配，包括来自自主神经系统的外来神经支配，其中除小动脉一般只接受交感系统一种外来神经支配外，其他器官的平滑肌通常接受交感和副交感两种神经支配。平滑肌组织特别是消化管平滑肌肌层中还有内在神经丛存在，后者接受外来神经的影响，但其中还发现有局部传入性神经元，可以引起各种反射。

复习思考题

1. 试述骨骼肌、心肌、平滑肌的光镜结构。
2. 比较三种肌纤维形态结构上的异同点。
3. 名词解释：肌原纤维　肌节　横小管　三联体　闰盘　粗肌丝　细肌丝　肌质网

拓展阅读

白肌病

第 8 章　神经组织

Nervous Tissue

- 神经元
- 突触
- 神经纤维
- 神经末梢
- 神经胶质细胞

Outline

As an integrated communication network，nerve tissue distributes throughout the body. It is structurally and functionally composed of nerve cells, or neurons and several types of glial cells, or neuroglia.The neurons can receive stimulation, conduct impulse, and regulate the activities of different organs in the body.The neuroglia can not conduct impulse, but they have the roles of support, nutrition, protection and insulation to the neurons.

Most neurons include 2 parts: the cell body, or perikaryon and the processes including dendrites and axon.Perikaryon consists of Nissl body, neurofilaments, mitochondria, Golgi apparatus, lipofuscin and so on.On the basis of the numbers of their processes, most neurons can be classified into three kinds: pseudounipolar neurons, bipolar neurons, and multipolar neurons.In the light of their functional roles, the neurons can also be divided into motor neurons, sensory neurons and association neurons. According to their containing neurotransmitters, the neurons can also be classified into cholinergic neurons, aminergic neurons, aminoacidergic neurons and peptidergic neurons.

Synapses are the sites where neurons or neurons and other effector cells contact with one another.Most of them are chemical synapses.Under an electron microscope, the plasma membranes of chemical synapses at the pre- and postsynaptic regions are reinforced and appear thicker than membranes adjacent to the synapse.The thin intercellular space is referred to as the synaptic cleft.The presynaptic terminal always contains synaptic vesicles and numerous mitochondria.The vesicles contain neurotransmitters.

Nerve fibers are composed of axons enveloped by neuroglia.The sheath cell is the Schwann cell in peripheral nerve fibers, but the oligodendrocyte in central nerve fibers.Thicker fibers enveloped by myelin sheath are known as myelinated nerves.Axons of small diameter are usually unmyelinated nerve fibers: they consist of sensory nerve endings and motor nerve endings.

The neuroglia, which in the central nervous system, consists of several varieties: Astrocytes, oligodendrocytes, microglia, and ependymal cell.The peripheral nervous system has Schwann cell and satellite cell within it.The peripheral nervous system comprises nerve fibers and small aggregates of nerve cells called nerve ganglia.

神经组织（nervous tissue）主要由神经细胞（nerve cell）和神经胶质细胞（neuroglial cell）组成，它们都是有突起的高分化细胞。神经细胞，又称神经元（neuron），是神经系统的结构和功能单位，具有感受刺激、整合信息和传导冲动的能力，有些神经元（如丘脑下部某些神经元）还具有内分泌功能。神经元通过突触彼此连接，形成复杂的神经通路和网络，以实现神经系统的各种功能。神经胶质细胞，也称神经胶质（neuroglia），数量为神经元的 10 ~ 50 倍，分布于神经元胞体和突起之间，对神经元起支持、营养、保护、绝缘和引导等作用。

8.1 神经元

神经元的形态多种多样，但均可分为胞体和突起两部分，其中突起又可分为树突和轴突（图 8-1，图 8-2）。

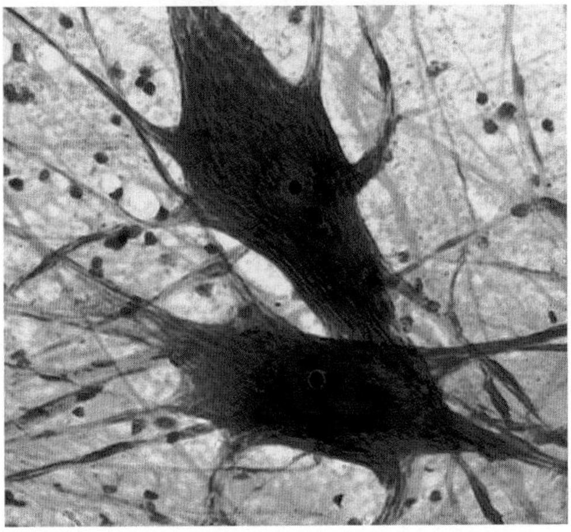

图 8-1 多极运动神经元（美蓝染色）

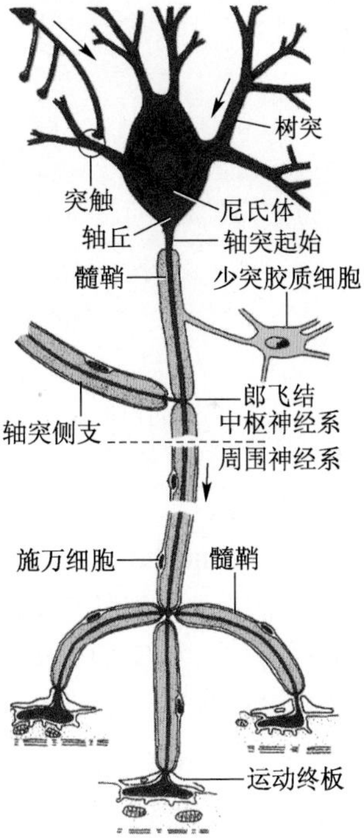

图 8-2 运动神经元模式图

8.1.1 神经元的结构

8.1.1.1 **胞体** 胞体的形态有球形、锥形、梭形或星形等，大小不一，小的直径仅 5 ~ 6 μm；大的可达 150 μm 左右。胞体是神经元的代谢、营养中心，包括细胞膜、细胞核及胞核周围的胞质（核周质）。

（1）细胞膜 为可兴奋的单位膜，具有接受刺激和传导神经冲动的功能。

（2）细胞核　大而圆，位于胞体中央，异染色质少，故着色浅，核仁大而明显。

（3）核周质　除含有一般细胞器（如线粒体、高尔基复合体、溶酶体）外，还含有尼氏体（Nissl body）和神经原纤维（neurofibril）两种特殊结构。

① 尼氏体　又称嗜染质（chromophil substance）。光镜下为颗粒状或小块状的嗜碱性物质，主要分布于胞体和树突内，运动神经元的尼氏体丰富而发达，呈虎斑样；电镜下，尼氏体由许多平行排列的粗面内质网及其间游离的核糖体组成。尼氏体的功能是合成神经递质、神经分泌物和神经元的结构蛋白。尼氏体的形态和数量与神经元的功能状态有关，当神经元疲劳或受损时，尼氏体减少或消失。因此，尼氏体可作为神经元功能状态的一种判定标志（图 8-3）。

② 神经原纤维　光镜下，银染标本上呈棕黑色细丝状结构，胞体内交织成网，伸入突起内平行排列；电镜下，神经原纤维由排列成束的神经丝（直径约 10 nm）和微管（直径约 25 nm）组成；神经原纤维的功能是构成神经元的细胞骨架，参与物质的运输（图 8-4）。

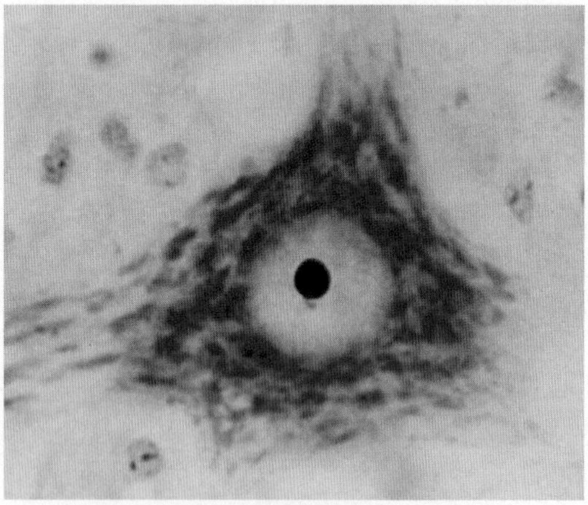

图 8-3　神经元内的尼氏体（尼氏染色）

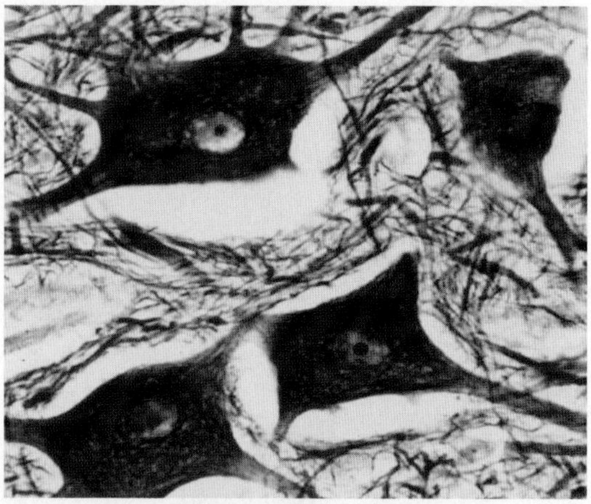

图 8-4　运动神经元内的神经原纤维（银染）

8.1.1.2　突起

（1）树突（dendrite）　一个至多个，多呈树枝状分支，内部结构与核周质相似，内有尼氏体、神经原纤维、高尔基复合体和线粒体等。树突表面常有许多棘状突起，称树突棘，是形成突触的主要部位。树突的分支和树突棘扩大了神经元接受刺激的面积。树突的功能是接受刺激并将冲动传向胞体。

（2）轴突（axon）　细索状，直径均匀，分支少，一个神经元一般只有一根轴突。轴突长短不一，短的长度仅数微米，长的可达 1 m 以上，可由侧支呈直角分出。轴突的起始部呈圆锥形隆起，称轴丘（axon hillock）；末端分支较多，形成轴突终末。轴突表面的细胞膜称轴膜，其内的胞质称为轴质（浆），轴质内没有尼氏体和高尔基复合体，但含有神经原纤维和线粒体。轴突的功能是将神经冲动从胞体传向终末。神经冲动经轴膜传导，轴突的起始段轴膜的电兴奋阈较胞体和树突低得多，故轴丘处是神经元发生冲动的起始部位。

8.1.2　神经元的分类

根据神经元突起的数目可分为（图 8-5）：

（1）多极神经元（multipolar neuron）　一个轴突和多个树突，如脑和脊髓内的运动神经元。

（2）双极神经元（bipolar neuron） 一个轴突和一个树突，如嗅觉器官、内耳和视网膜上的感觉神经元。

（3）假单极神经元（pseudounipolar neuron） 从胞体发出一个突起，距胞体不远处呈"T"形分支，一支走向外周，称周围突；一支进入中枢神经系统，称中枢突，如脊神经节的感觉神经元。

根据神经元的功能可分为：

（1）感觉神经元（sensory neuron） 又称传入神经元（afferent neuron），多为假单极神经元，胞体位于脑、脊神经节内，其周围突的末梢在皮肤和肌肉等处分支形成感觉神经末梢，功能是接受内、外环境刺激，并将刺激传向中枢。

（2）运动神经元（motor neuron） 又称传出神经元（efferent neuron），多为多极神经元，胞体位于脑、脊髓和自主神经节内，其长轴突在各组织中分支形成运动神经末梢，功能是将神经冲动传给肌肉或腺体，产生效应。

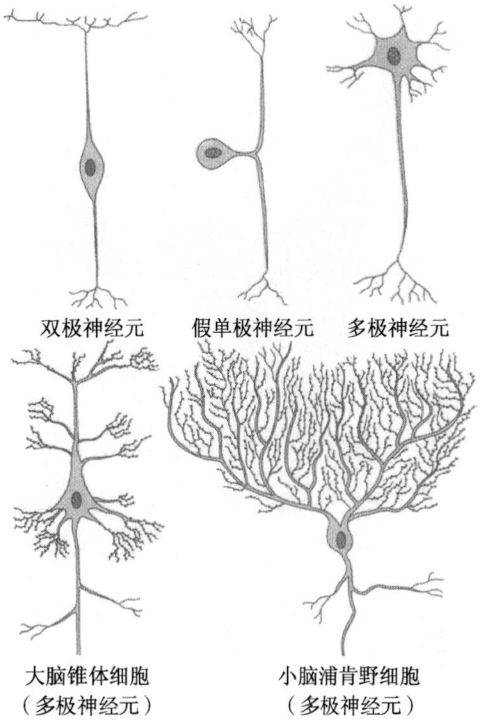

图 8–5 神经元的类型

（3）联络神经元（association neuron） 又称中间神经元（interneuron），多为多极神经元，位于感觉神经元和运动神经元之间，起联络作用。动物进化程度越高，体内中间神经元数目越多。

根据神经元所释放的神经递质可分为：

（1）胆碱能神经元（cholinergic neuron） 释放乙酰胆碱。

（2）胺能神经元（aminergic neuron） 释放多巴胺、5- 羟色胺和去甲肾上腺素。

（3）肽能神经元（peptidergic neuron） 释放脑啡肽和 P 物质等。

（4）氨基酸能神经元（amino acidergic neuron） 释放甘氨酸、谷氨酸和 γ- 氨基丁酸。

8.2 突触

突触（synapse）是神经元与神经元之间，或神经元与非神经元（肌细胞、腺细胞等）之间一种特化的细胞连接，是神经元传递信息的功能部位（图 8-6）。一个神经元的冲动可传给多个神经元，并可接受多个神经元传来的冲动。

8.2.1 突触的分类

根据神经元的连接部位及信息在突触的传导方向可分为轴 - 树突触（axo-dendritic synapse）、轴 - 棘突触（axo-spinous synapse）、轴 - 体突触（axo-somatic synapse）、轴 - 轴突触（axo-axonic synapse）和树 - 树突触（dendro-dendritic synapse）等。

根据突触传导信息的方式可分为：

（1）化学性突触（chemical synapse） 以神经递质（化学物质）作为传递信息的媒介，

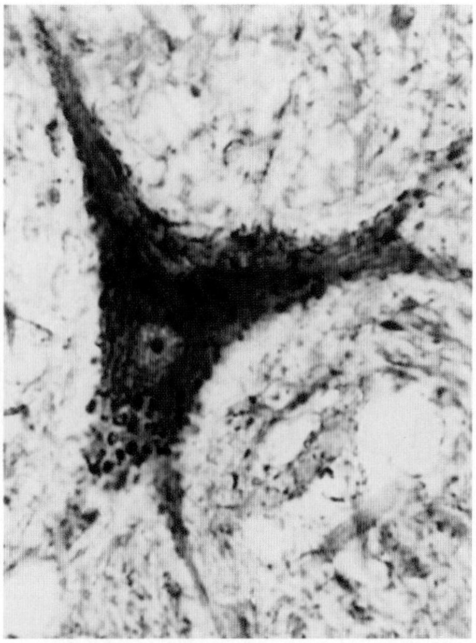

图 8-6　运动神经元及突触扣结（银染）

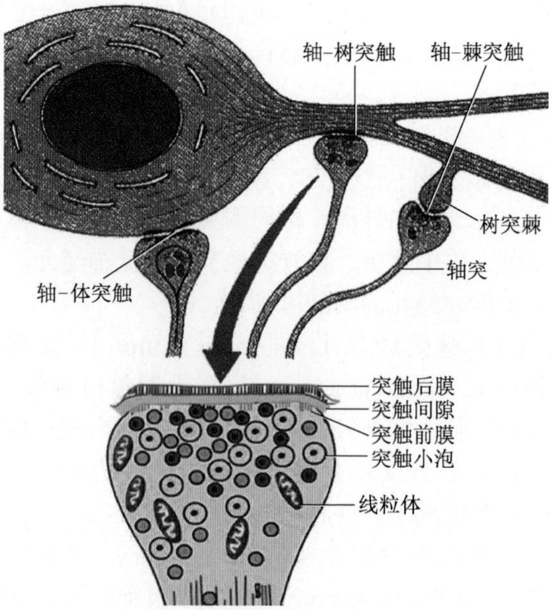

图 8-7　突触超微结构模式图

神经冲动的传导为单向传导。哺乳动物神经系统内以此类突触为主。

（2）电突触（electrical synapse）　通过缝隙连接直接传递电信息（电流），神经冲动的传导为双向传导。

8.2.2　化学性突触的结构

光镜下，呈蝌蚪状或扣环状；电镜下，可分为突触前成分、突触间隙和突触后成分三部分（图 8-7）。

8.2.2.1　**突触前成分**（presynaptic element）　通常为轴突终末的球形膨大部分，主要由突触前膜和突触小泡组成。

（1）突触前膜（presynaptic membrane）　轴突终末与另一个神经元相接触处的细胞膜特化增厚的部分。突触前膜胞质面有些电子密度高的锥形致密突起，突起间容纳有突触小泡。

（2）突触小泡（synaptic vesicle）　位于突触前膜内侧轴质内，大小不一，形态多样，一般呈圆形或扁圆形。突触小泡内含有乙酰胆碱、去甲肾上腺素和 5- 羟色胺等神经递质或神经调质。

8.2.2.2　**突触间隙**（synaptic cleft）　突触前膜与突触后膜间的狭小间隙，宽 20 ~ 30 nm，含有糖蛋白和一些细丝状物质，能与神经递质结合，促进神经递质传递。

8.2.2.3　**突触后成分**（postsynaptic element）　主要为突触后膜，特点是突触后膜胞质面附着有致密的突触后致密物，故较一般细胞膜明显增厚。突触后膜上含有与相应神经递质特异性结合的受体。

8.2.3　化学性突触的信息传递

当神经冲动沿轴膜传至轴突终末时，触发并开启突触前膜上的钙离子通道，细胞外 Ca^{2+} 进入突触前成分轴质内，突触小泡移向并贴附在突触前膜上，通过胞吐释放神经递质入突触间隙；

部分神经递质与突触后膜上的特异性受体结合，改变突触后膜内、外离子的分布，产生兴奋或抑制性变化，进而影响突触后神经元或非神经元（效应细胞）的活动。随后，神经递质被相应的水解酶降解而失活，以保证突触传递神经冲动的敏感性。使突触后膜发生兴奋的突触称兴奋性突触，发生抑制的突触称抑制性突触。突触的兴奋或抑制取决于突触神经递质及其受体的种类。

8.3 神经纤维

神经纤维（nerve fiber）由神经元的长突起和包在其外面的神经胶质细胞构成。根据有无髓鞘包裹，可将神经纤维分为有髓神经纤维（myelinated nerve fiber）和无髓神经纤维（unmyelinated nerve fiber）两种。神经纤维主要构成中枢神经系统的白质和周围神经系统的脑神经、脊神经和自主神经。

8.3.1 有髓神经纤维

哺乳动物周围神经系统的神经纤维和中枢神经系统白质中的神经纤维大多是有髓神经纤维（图 8–8）。光镜下，有髓神经纤维由中央的轴索（neurite）（轴突或长树突）与其外包裹的髓鞘（myelin sheath）组成。髓鞘的主要化学成分是髓磷脂，具有绝缘和保护作用。有髓神经纤维轴膜兴奋的传导为跳跃式传导，故传导速度快。

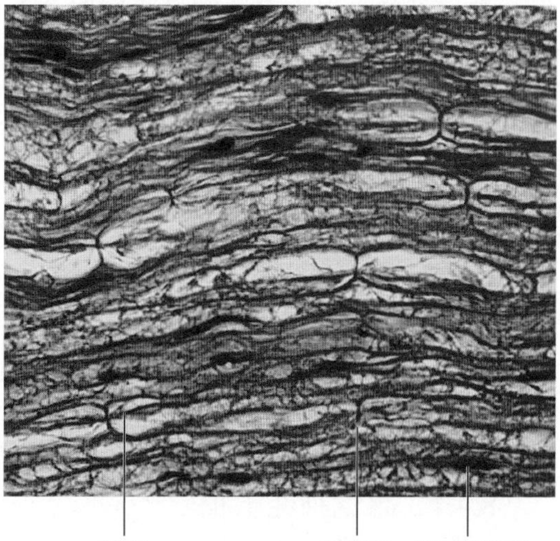

图 8–8 有髓神经纤维（HE 染色）

8.3.1.1 **周围神经系统的有髓神经纤维** 髓鞘由神经膜细胞（neurolemmal cell）或施万细胞（Schwann cell）构成，呈节段状，节段间缩窄、无髓鞘包裹的部分称神经纤维结（neurofiber node）或郎飞结（Ranvier node），相邻两神经纤维结间的一段神经纤维称结间体（internode）。每一结间体的髓鞘由一个神经膜细胞形成，其双层胞膜呈同心圆样包卷轴索，电镜下其呈明暗相间的板层结构。用锇酸固定的标本上，可见髓鞘上有漏斗形裂隙，称为髓鞘切迹（incisure of myelin）或施－兰切迹（Schmidt-Lantermann incisure）。神经膜细胞的胞核呈长椭圆形，位于髓鞘边缘，核周有少量胞质。神经膜细胞的外面有一层基膜，其和神经膜细胞最外面的一层胞膜共同构成神经膜（图 8–9a、b、c）。

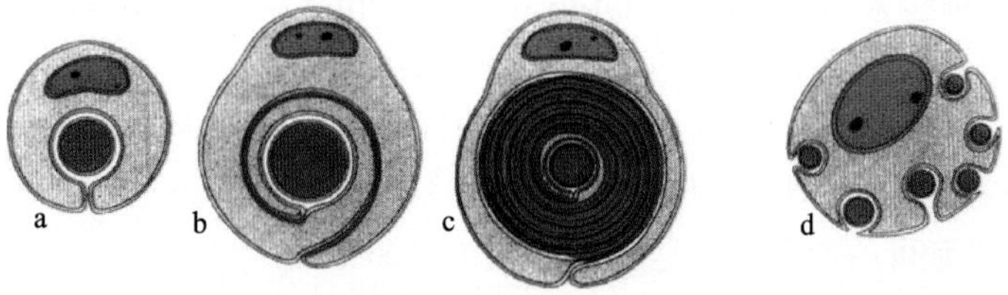

图 8–9 神经纤维及其髓鞘形成模式图

8.3.1.2 **中枢神经系统的有髓神经纤维** 髓鞘由少突胶质细胞突起末端的扁平薄膜包卷轴索形成。一个少突胶质细胞有多个突起可分别包卷多条轴索，其胞体位于神经纤维之间。此类神经纤维的外表面没有基膜包裹。

8.3.2 无髓神经纤维

周围神经系统的无髓神经纤维由较细的轴突和包在其外面的神经膜细胞组成，轴突位于神经膜细胞表面深浅不一的纵沟内。神经膜细胞沿轴突连续排列，不形成髓鞘和神经纤维节，一个神经膜细胞可包埋数条轴索。中枢神经系统的无髓神经纤维的轴突外面没有任何鞘膜，因此为裸露的轴突（图 8-9d）。

8.3.3 神经

神经（nerve）由周围神经系统中许多走向一致的神经纤维与其周围的结缔组织、血管和淋巴管共同构成，分布于全身各组织或器官内。一条神经内可只含感觉神经纤维或运动神经纤维，但大多数神经为同时含有运动、感觉和植物性神经纤维的混合神经。结构上，多数神经同时含有有髓和无髓两种神经纤维。每条神经纤维周围的结缔组织，称神经内膜（endoneurium）；若干神经纤维集合成神经束，包绕在神经束周围的结缔组织，称神经束膜（perineurium）；许多粗细不等的神经束聚合成一根神经，其外围的结缔组织称神经外膜（epineurium）。

8.4 神经末梢

神经末梢（nerve ending）是周围神经纤维的终末部分，分布于全身各组织或器官内。按其功能可分为感觉神经末梢和运动神经末梢。

8.4.1 感觉神经末梢

感觉神经末梢（sensory nerve ending）是感觉神经元（假单极神经元）周围突的终末部分，其与附属结构共同构成感受器（receptor）。感觉神经末梢的功能是接受内、外环境的各种刺激，并将刺激转化为神经冲动，传向中枢，产生感觉。按结构可将感觉神经末梢分为游离神经末梢和有被囊神经末梢两类。

8.4.1.1 **游离神经末梢**（free nerve ending） 结构较简单，由较细的有髓或无髓神经纤维的终末部分失去神经膜细胞后，轴突裸露并反复分支形成。游离神经末梢分布于上皮组织、结缔组织和肌组织内。功能是感受冷、热、疼痛和轻触的刺激（图 8-10）。

8.4.1.2 **有被囊神经末梢**（encapsulated nerve ending） 形式较多，大小不一，但外面均包有结缔组织被囊，常见的有：

（1）触觉小体（tactile corpuscle） 分布于皮肤的真皮乳头内，椭圆形，长轴与皮肤表面垂直，被囊内有许多横列的扁平细胞。有髓神经纤维进入小体时失去髓鞘，轴突分成细支，呈螺旋状盘绕在扁平细胞间。主要功能是感受触觉（图 8-11）。

（2）环层小体（lamellar corpuscle） 体积较大，球形或椭球形，广泛分布于皮下组织、肠系膜、韧带、关节囊和某些内脏器官等处。小体的被囊由数十层扁平细胞呈同心圆排列组成，中轴为一均质状圆柱体，有髓神经纤维进入小体时失去髓鞘，裸露的轴突穿行于圆柱体内。主要功能是感受压力、振动觉和张力觉等（图 8-12）。

（3）肌梭（muscle spindle） 为广泛分布于骨骼肌内的梭形小体，表面有结缔组织被囊，内含若干条较细的骨骼肌纤维，称为梭内肌纤维，其胞核或集中于肌纤维的中央或沿肌纤维的纵轴排成一行。感觉神经纤维进入肌梭时失去髓鞘，其终末分支环绕梭内肌纤维的中段，或呈花枝样终止于梭内肌纤维。此外，肌梭内也有运动神经末梢，分布于梭内肌纤维的两端。肌梭是一种本体感受器，主要功能是感受肌纤维的伸缩变化及机体的位置变化，以调节骨骼肌的活动（图 8-13）。

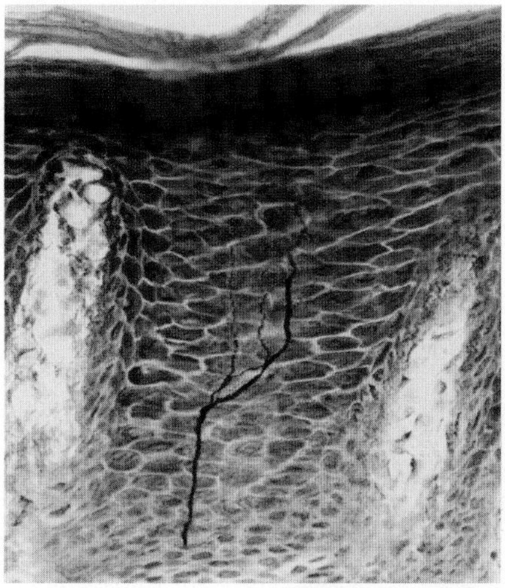

图 8-10 表皮内的游离神经末梢（银染）

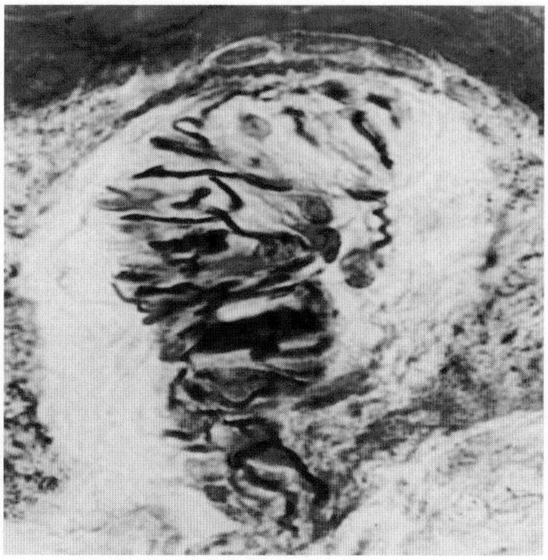

图 8-11 真皮内的触觉小体（银染）

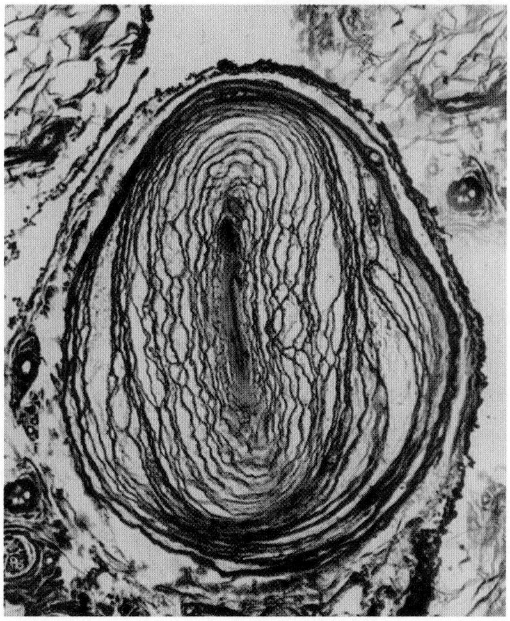

图 8-12 环层小体（银染）

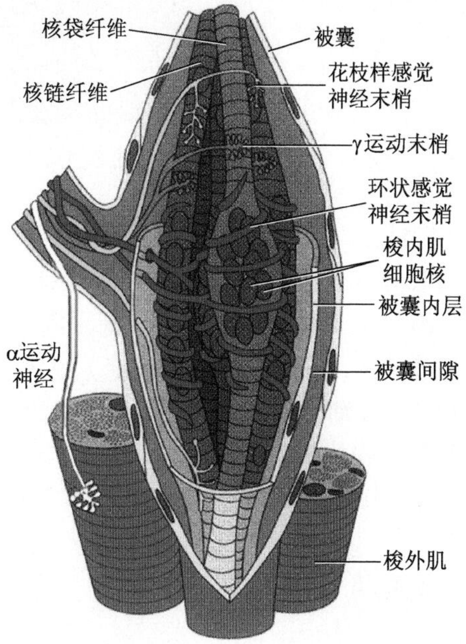

图 8-13 肌梭结构模式图

8.4.2 运动神经末梢

运动神经末梢（motor nerve ending）是运动神经元的长轴突分布于肌组织和腺体内的终末结构，支配肌肉的收缩和腺体的分泌。运动神经末梢与其邻近组织共同组成效应器（effector）。常见的运动神经末梢有躯体运动神经末梢和内脏运动神经末梢两种。

8.4.2.1 **躯体运动神经末梢**（somatic motor nerve ending） 分布于骨骼肌内。神经元胞体位于脊髓灰质腹角或脑干内，当其长轴突离开中枢神经系统抵达骨骼肌时，髓鞘消失，轴突反复分支，每一分支末端形成纽扣状膨大与骨骼肌形成化学性突触连接，此连接区域呈椭圆形板状隆起，称运动终板（motor end plate）或神经肌连接（neuromuscular junction）。一个神经元可支配多条肌纤维。

电镜下，运动终板处的肌纤维内含有丰富的肌质和较多的细胞核和线粒体，肌膜向内凹陷成浅槽，轴突终末嵌入浅槽内，此处的轴膜为突触前膜。槽底的肌膜为突触后膜，此处肌膜又向肌质内凹陷形成许多深沟和皱褶，增大了突触后膜的表面积。突触前膜与突触后膜间的间隙为突触间隙。轴突终末（突触前部分）的突触小泡内含有乙酰胆碱，与之对应的肌膜（突触后膜）上含有乙酰胆碱N型受体（图8-14）。

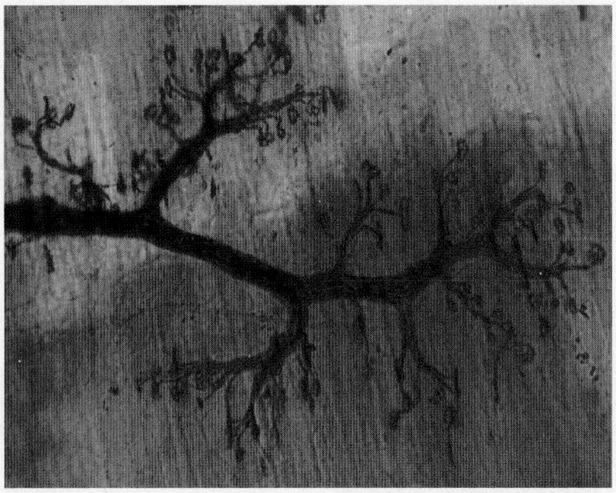

图8-14 运动终板（银染+中性红染色）

8.4.2.2 **内脏运动神经末梢**（visceral motor nerve ending） 为分布于心肌、腺上皮细胞及内脏和血管平滑肌等处的自主性神经末梢。其从中枢到效应器的神经通路一般由节前神经元（胞体位于脊髓灰质侧角或脑干内，轴突称节前纤维）和节后神经元（胞体位于自主神经节或神经丛内，轴突组成节后纤维）组成，节后纤维形成内脏运动神经末梢。这类神经纤维较细，无髓鞘，其轴突终末分支常呈串珠状膨大，称为膨体（varicosity），是与效应细胞建立突触联系的部位。膨体的轴膜为突触前膜，与其对应的效应细胞的胞膜为突触后膜，两者间的间隙是突触间隙。膨体内有许多圆形或颗粒型突触小泡，内含乙酰胆碱、去甲肾上腺素或肽类等神经递质。

8.5 神经胶质细胞

神经胶质细胞广泛分布于中枢和周围神经系统内（图8-15），其细胞体积较小，胞质内没

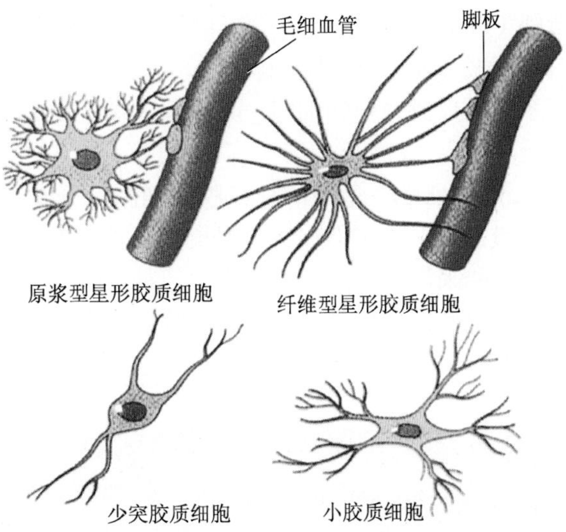

图 8–15 中枢神经系统内的神经胶质细胞

有尼氏体和神经原纤维；细胞具有突起，但无树突和轴突之分，且无传导神经冲动的功能。

8.5.1 中枢神经系统的神经胶质细胞

8.5.1.1 **星形胶质细胞**（astrocyte） 为体积最大、数量最多的一种神经胶质细胞，与少突胶质细胞合称为大胶质细胞（macroglia）。细胞的胞体呈星形；核大，呈圆形或卵圆形，染色较浅，核仁不明显；胞质内神经胶质丝交织排列。星形胶质细胞的突起呈放射状，伸展充填在神经元胞体和突起之间，起支持和分隔神经元的作用；有的突起末端膨大形成脚板，附着于毛细血管壁上或脑与脊髓的表面形成胶质界膜（glial limiting membrane）。星形胶质细胞可分为原浆型星形胶质细胞（protoplasmic astrocyte）和纤维型星形胶质细胞（fibrous astrocyte）两种类型。

（1）*原浆型星形胶质细胞* 多分布于灰质中。细胞突起粗短，分支较多，表面粗糙；胞质内神经胶质丝少（图 8-16）。

（2）*纤维型星形胶质细胞* 多分布于白质中。细胞突起细长，分支较少，表面光滑；胞质内含大量神经胶质丝（图 8-17）。

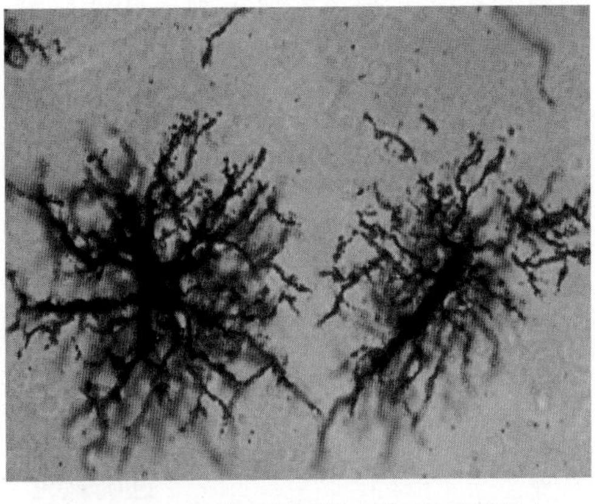

图 8–16 原浆型星形胶质细胞（银染）

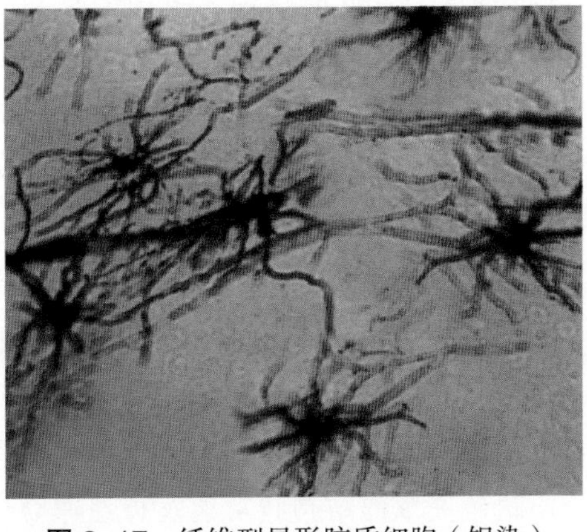

图 8–17 纤维型星形胶质细胞（银染）

8.5.1.2　**少突胶质细胞**（oligodendrocyte）　银染标本中，胞体较星形胶质细胞小，突起较少，常呈串珠状；特异性免疫细胞化学染色标本上，可见其有较多突起，且突起分支较多。少突胶质细胞是中枢神经系统内形成髓鞘的细胞，其突起末端扩展成扁平薄膜，包卷神经元的轴突形成髓鞘（图 8-18）。

8.5.1.3　**小胶质细胞**（microglia）　最小的神经胶质细胞，分布于灰质与白质内。胞体细长或呈椭圆形；核小，扁平或三角形，深染；突起细长有分支，表面有许多小棘突。小胶质细胞属于单核吞噬细胞系统，可能来源于血液中单核细胞，其在中枢神经系统受损伤时可转变为巨噬细胞，吞噬细胞碎片及退化变性的髓鞘。此外，小胶质细胞还是中枢神经系统的抗原呈递细胞和免疫效应细胞（图 8-19）。

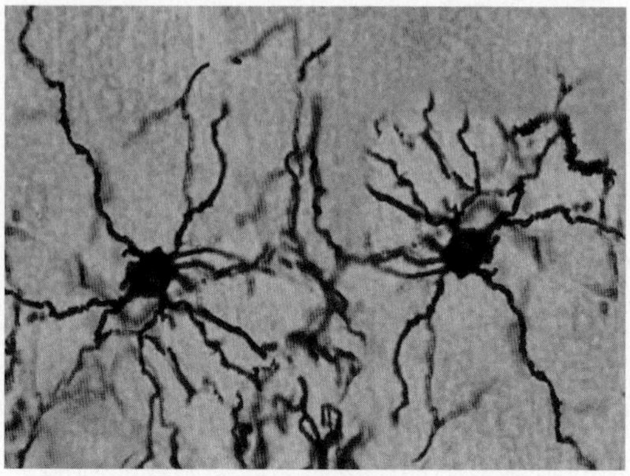

图 8-18　少突胶质细胞（银染）

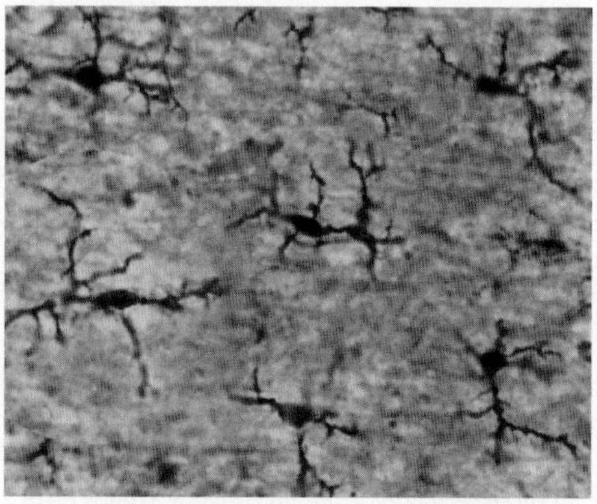

图 8-19　小胶质细胞（银染）

8.5.1.4　**室管膜细胞**（ependymal cell）　呈立方形或柱状，单层分布于脑室和脊髓中央管的腔面形成室管膜。细胞游离面有许多微绒毛，有的细胞游离面有纤毛；有的细胞基部发出细长突起伸入至脑和脊髓的深层，称为伸长细胞（tanycyte）。室管膜细胞的功能是起支持和保护作用，参与脑脊液的形成。

8.5.2　周围神经系统的神经胶质细胞

8.5.2.1　**神经膜细胞**　又称施万细胞，是周围神经系统的主要神经胶质细胞，其包卷在神经纤维轴突周围形成髓鞘，故神经膜细胞是周围神经系统的髓鞘形成细胞。此外，神经膜细胞能产生一些神经营养因子，对神经纤维的再生起重要作用。

8.5.2.2　**被囊细胞**（capsular cell）　又称卫星细胞（satellite cell），是神经节内包裹神经元胞体的一层扁平或立方形细胞，胞核圆形或卵圆形，染色较深。被囊细胞具有营养和保护神经元的作用。

复习思考题

1. 试述神经元的结构与分类。
2. 轴突和树突的形态结构、功能有何异同？
3. 试述突触的结构和功能及神经冲动传递的原理。

拓展阅读

阿尔茨海默病

4. 总结、比较在基本组织中学过的称为纤维的结构的名称、性质及主要功能。

5. 神经胶质细胞的分类及其特点。

6. 名词解释：尼氏体　神经原纤维　突触　神经纤维　神经

第9章　神经系统

Nervous System

■ 中枢神经系统　　■ 周围神经系统

Outline

The nervous system is a complex group of organs which are divided into central and peripheral nervous systems. Both of them are derived from ectoderm. The central nervous system, CNS, includes the brain and the spinal cord, consists of gray matter and white matter. The peripheral nervous system, PNS, consists of ganglion, nerve and nerve ending.

The spinal cord forms the caudal end of the CNS, its white matter locates peripherally and gray matter locates centrally assuming the shape of a butterfly. In the middle of this butterfly is an opening, which is called as the central canal. The cerebellum, which has a cortex of gray matter and a central area of white matter, composed of stellate cells, basket cells, Purkinje cells, granular cells and Golgi cells. It can be divided into three layers: the outer molecular layer, the central layer of Purkinje cell and the inner granular layer. The cerebrum also has a cortex of gray matter and a central area of white matter in which nuclei of gray matter are found. The cerebral cortex can be divided into six layers: the molecular layer, the external granular layer, the external pyramidal layer, the internal granular layer, the internal pyramidal layer, and the polymorphic layer.

There are three membranes (i.e. meninges) around the spinal cord and brain. They consist of dura mater, arachnoid and pia mater.

The blood-brain barrier, BBB, is a protectively functional structure that prevents the passage of some substances, such as antibiotics and chemical and bacterial toxic matters, from the blood to nerve tissue. It is composed of the endothelial cells of continuous capillaries, basal laminas and neuroglial membrane.

神经系统（nervous system）主要由神经组织构成，是机体内重要的调节系统，支配和调控全身各组织器官的活动。神经系统分为中枢神经系统（central nervous system）和周围神经系统（peripheral nervous system）。中枢神经系统包括脑（brain）和脊髓（spinal cord），周围神经系统包括脑神经、脊神经、植物性神经及其神经节。内、外环境的各种信息，由感受器接收后，通过周围神经传递到脑和脊髓的各级中枢进行整合，再经周围神经控制和调节机体各系统器官的活动，以维持机体与内、外界环境的相对平衡。神经系统与内分泌系统和免疫系统密切配合，形成神经－免疫－内分泌网络（neuro-immune-endocrine network），共同调控机体的生理活动。

9.1 中枢神经系统

中枢神经系统内，神经元的胞体聚集成灰质（gray matter），神经元的突起则构成白质（white matter）。大脑和小脑的灰质位于脑的表层，又称为皮质（cortex），白质位于深层，白质中功能相同的多个神经元胞体聚在一起形成的灰质团块，称为神经核。脊髓的灰质位于内部，白质在灰质的周围。

9.1.1 脊髓（spinal cord）

9.1.1.1 **灰质** 由神经元胞体和突起、神经胶质细胞及毛细血管等构成，其中胞体主要分布在灰质的两翼，大多数为多极神经元。在灰质的不同部位，这些神经元的大小和形态各不相同，均为运动神经元和中间神经元。运动神经元的轴突可伸入周围神经系统，而中间神经元的突起只分布在中枢神经系统。脊髓灰质的横切面呈蝴蝶形，可分为腹侧柱、背侧柱与外侧柱三部分，外侧柱主要见于胸、腰段脊髓（图 9-1）。

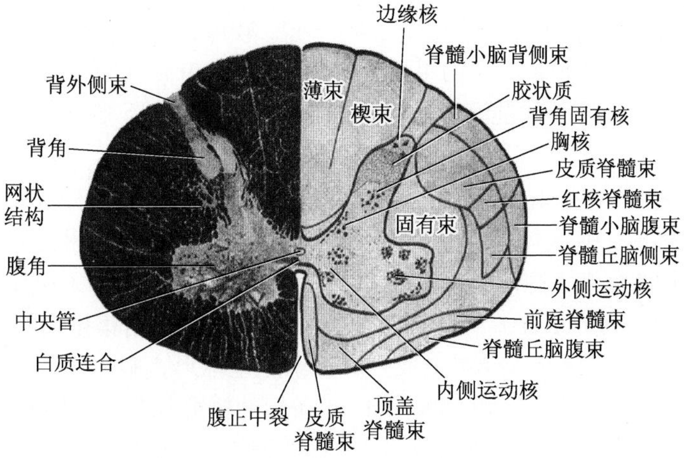

图 9-1 脊髓颈段横切面结构模式图

腹侧柱内多数是躯体运动神经元（图 9-2），大小不一，大中型的多为 α 运动神经元和 γ 运动神经元，中小型神经元为中间神经元。α 运动神经元又称躯体运动神经元，支配骨骼肌运动，为较大的星形细胞，含有较多的尼氏体，易染色；γ 运动神经元又称肌梭内运动神经元，为较小的星形细胞，支配梭内肌纤维收缩，这两种运动神经元释放的神经递质为乙酰胆碱。另外有一种称为闰绍细胞（Renshaw cell）的小神经元，其短轴突与 α 运动神经元的胞体形成突触，通过释放甘

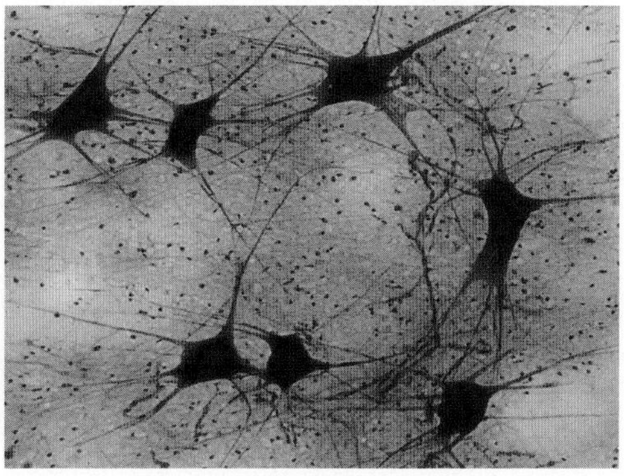

图 9-2 脊髓腹侧柱中的运动神经元（美蓝染色）

氨酸抑制 α 运动神经元的活动。外侧柱内是内脏运动神经元，为植物性神经的节前运动神经元，其中交感神经的节前神经元位于脊髓胸段至腰段脊髓的 1—3 节，副交感神经的节前神经元位于荐部脊髓。背侧柱内的神经元类型较复杂，但它们主要接受感觉神经元轴突传入的神经冲动。有些神经元发出长轴突进入白质，形成各种神经纤维束，上行至脑干、小脑和丘脑。脊髓灰质内还有许多中间神经元，它们的轴突长短不一，短的轴突只与同节段的神经元联系，长的轴突可在白质内上下穿行，终止于同侧或对侧的神经元。

9.1.1.2 **白质** 包围着灰质，主要由来自脊髓灰质和脑的神经纤维束构成，形成三种传导索（束），即背索、腹索和外侧索。其中前行束分布于背索、腹索和外侧索，可将感觉冲动传向脑的反射中枢；后行束分布于腹索和外侧索，将脑反射中枢的神经冲动传至运动神经元。灰质附近的白质纤维束较短，仅限于脊髓内，称为固有束（图 9-1）。

9.1.2 小脑

小脑（cerebellum）分为表层的皮质和深层的髓质（图 9-3），髓质中分布有神经核，如齿状核。

9.1.2.1 **小脑皮质** 由多极神经元、神经纤维、神经胶质细胞等构成，由外向内明显分为三层：分子层、浦肯野细胞层和颗粒层（图 9-3）。

（1）*分子层*（molecular layer） 位于皮质浅层，较厚，神经元较少，主要由无髓神经纤维组成。神经元有两种：一种是浅层的星形细胞（stellate cell），胞体较小，轴突较短，与浦肯野细胞的树突形成突触；另一种是深层的篮状细胞（basket cell），胞体较大，轴突较长，伸入浦肯野细胞层中，发出分支呈篮状包绕浦肯野细胞形成突触。

（2）*浦肯野细胞层*（Purkinje cell layer） 又称节细胞层，位于分子层深部，由一层排列规则的浦肯野细胞构成，其胞体大，呈梨形，顶端发出 2～3 条粗的树突伸向分子层，并在水平面上发出许多较短的分支，胞体底端发出 1 条长的轴突经颗粒层伸入髓质（图 9-4）。

（3）*颗粒层*（granular layer） 位于小脑皮质的最深层，由密集排列的颗粒细胞（granular cell）和少量高尔基细胞（Golgi cell）组成。颗粒细胞呈球形，胞体小，核大，核内染色质常凝结成块且贴边分布，细胞质少。胞体发出 4～5 条短的树突分布于颗粒层，轴突伸入分子层，呈 T 形分支，称平行纤维（parallel fiber），与浦肯野细胞及分子层细胞的树突形成突触，是浦

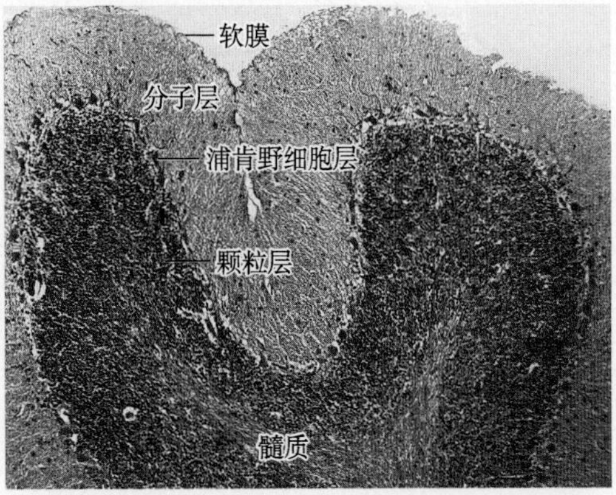

图 9-3 小脑光镜结构低倍像（HE 染色）

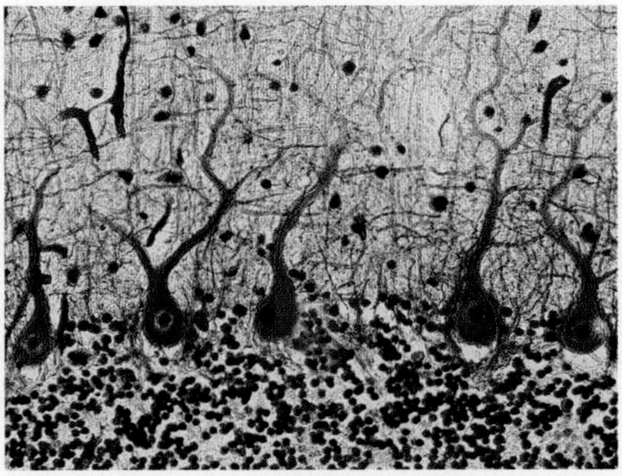

图 9-4 小脑浦肯野细胞（银染）

肯野细胞的主要传入纤维。高尔基细胞较少，胞体大，树突很多，分支发达，大部分伸入分子层中，与平行纤维形成突触，轴突较短，只位于颗粒层，与颗粒细胞的轴突和苔藓纤维的末端膨大形成小脑小球。

9.1.2.2 **小脑髓质的纤维** 主要由三种有髓神经纤维构成（图 9-5），包括浦肯野细胞轴突、攀缘纤维和苔藓纤维。

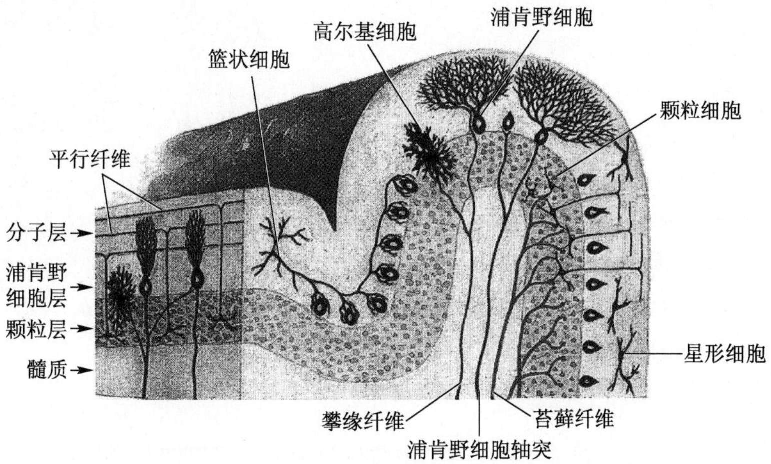

图 9–5 小脑皮质神经元类型及分布模式图

（1）浦肯野细胞轴突 是小脑皮质唯一的传出纤维，止于小脑髓质齿状核。研究表明，禽类小脑的一部分浦肯野细胞轴突纤维还可直接投射到颈中段脊髓。

（2）攀缘纤维（climbing fiber） 小脑皮质的传入纤维，主要来自延髓下橄榄核，纤维较细，进入皮质后攀附在浦肯野细胞的树突上，与浦肯野细胞形成突触，能直接引起浦肯野细胞兴奋，故为兴奋性纤维。

（3）苔藓纤维（mossy fiber） 小脑皮质的传入纤维，来自脊髓背核和前庭核，纤维较粗，进入小脑皮质后纤维末梢分支呈苔藓状。每一膨大的末梢可与许多颗粒细胞的树突形成突触，外周尚有高尔基细胞的轴突和树突与之形成突触，形似小球，故称小脑小球（cerebellar glomerulus）。此种结构易被伊红染成粉色的球形小体，故又称嗜伊红小球（eosinophilic body）。一条苔藓纤维的分支可兴奋许多个颗粒细胞，通过颗粒细胞的平行纤维又可间接兴奋更多的浦肯野细胞。

9.1.3 大脑

大脑（cerebrum）分为左右两个半球，由浅层的皮质（灰质）和深层的髓质（白质）构成。

9.1.3.1 **大脑皮质神经元类型** 大脑皮质是神经系统的高级中枢，由大量多极神经元、神经胶质细胞和神经纤维构成不同的功能区，并与中枢神经的其他部分和外周神经发生联系。大脑皮质的神经元按形态可分为锥体细胞、颗粒细胞和梭形细胞三类。

（1）锥体细胞（pyramidal cell） 数量较多，可分为大、中、小三种类型。胞体呈锥形或三角形，尖端发出一条较粗的树突，伸向皮质表面，沿途发出许多分支。在近胞体的基部发出一些平行走向的基树突。轴突自胞体底部发出，长短不一，长轴突离开皮质，进入髓质，组成投射纤维（下行至脑干或脊髓）或联合纤维（到同侧或对侧的另一皮质区）。因此，锥体细胞是大脑皮质的主要投射（传出）纤维（图 9-6）。

（2）颗粒细胞（granular cell） 数量最多，散在分布于皮质。胞体较小，呈颗粒状。细胞的形态多样，有星形细胞、篮状细胞和水平细胞，以星形细胞最多。颗粒细胞的树突多，树突上的小棘丰富，轴突较短，与邻近的神经元形成突触，构成皮质内信息上下传递的通路。因此，颗粒细胞是大脑皮质内主要的联络神经元，有些是兴奋性的，有些是抑制性的，它们构成皮质内信息传递的极其复杂的局部神经环路。

（3）梭形细胞 数量较少，主要分布于皮质深层。胞体呈梭形，其长轴与皮质表面垂直。

9.1.3.2 **大脑皮质的分层** 在尼氏染色或 HE 染色标本中，可见大脑皮质的神经元胞体成层排列，从浅到深一般可分为 6 层（图 9-7）。

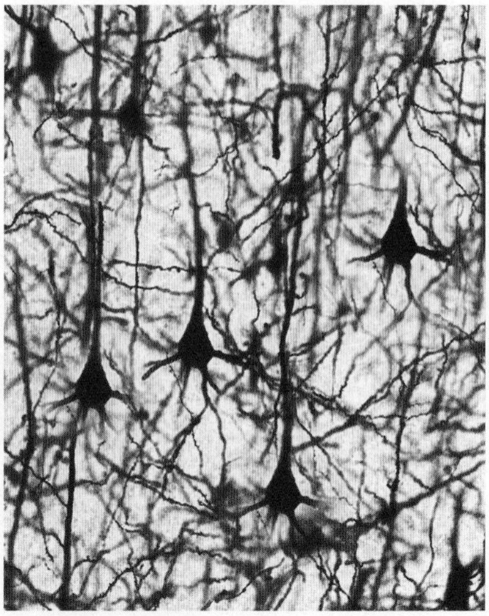

图 9-6 大脑皮质锥体细胞（银染）

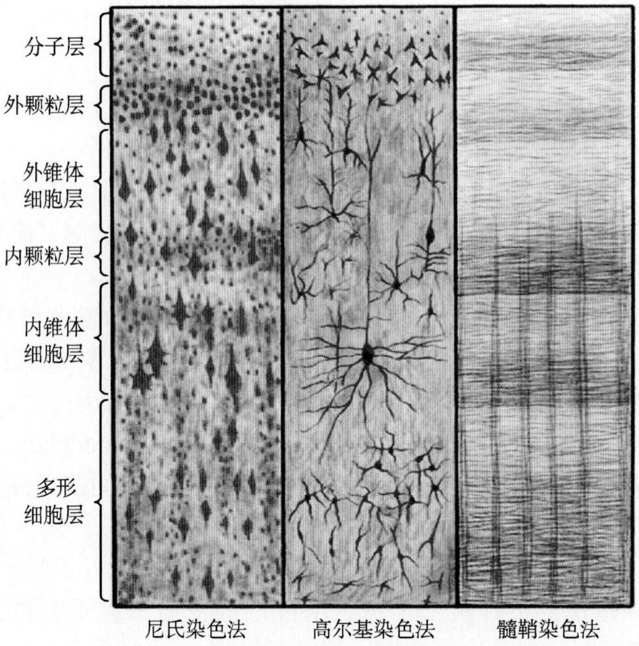

图 9-7 三种染色法显示大脑皮质 6 层结构

（1）分子层（molecular layer） 位于皮质的最表层。以平行的神经纤维为主，神经元较少，主要是小型的星形细胞和水平细胞，其轴突和树突均与皮质表面平行，其中水平细胞的轴突较长，发出的分支向皮质表面垂直伸展。

（2）外颗粒层（external granular layer） 位于分子层的内侧，神经元较多，主要是大量的星形细胞和小锥体细胞。锥体细胞胞体尖端发出一条较粗的树突，伸向皮质表面，沿途发出许多小分支，基部树突位于该层内；而轴突则较长，伸入内部深层，并进入白质，或经白质进入对侧大脑半球构成联合纤维。

（3）外锥体细胞层（external pyramidal layer） 神经元很多，主要由中、小型锥体细胞和星形细胞组成，这些细胞的顶端树突穿过外颗粒层伸入分子层中；轴突则经深层皮质进入白质中，或者构成联合纤维。

（4）内颗粒层（internal granular layer） 由密集的星形细胞组成，胞体很小，轴突较短，伸入皮质各层。

（5）内锥体细胞层（internal pyramidal layer） 神经元较少，主要是大、中型锥体细胞和一些小星形细胞，大锥体细胞的树突很长，伸入各层直至分子层，轴突则伸入皮质下中枢形成投射纤维，其分支还构成胼胝体纤维。而小锥体细胞的树突较短，分布于本层或伸入内颗粒层。星形细胞的轴突则反向伸入皮质表层。

（6）多形细胞层（polymorphic layer） 位于皮质最内层，胞体形态不规则，主要有梭形细胞，还有一些星形细胞和小锥体细胞。梭形细胞胞体较小，树突较短，分布于本层或内颗粒层；轴突较长，伸入皮质下中枢形成投射纤维，或形成联系本侧大脑半球各脑回的联络纤维和两侧大脑半球的联合纤维。星形细胞的轴突反向伸入皮质表层。

9.1.3.3 **大脑皮质的纤维** 大脑皮质中，除大量的神经细胞和神经胶质细胞外，还有大量的神经纤维。这些纤维有神经细胞的轴突构成的传出纤维，也有来自低级中枢的传入纤维。可分为三种。

（1）联络纤维（association fiber） 连接同侧大脑半球各脑回的纤维。

（2）联合纤维（commissural fiber） 连接两侧大脑半球皮质的纤维，即构成胼胝体的纤维。

（3）投射纤维（projection fiber） 连接大脑皮质与脑干、脊髓等低级中枢的纤维。

9.1.4 脑脊膜

脑脊膜是包在脑和脊髓外面的结缔组织膜。其中包在脑外的称脑膜，包在脊髓外的称脊髓膜。脑膜和脊髓膜互相延续，结构相似，可以保护、固定、营养脑和脊髓。由内向外分为软膜、蛛网膜和硬膜三层。

9.1.4.1 **软膜（pia mater）** 薄而软，紧贴脑和脊髓的表面。软膜内分布有丰富的血管，可为脑和脊髓提供营养，还分布有巨噬细胞、成纤维细胞和肥大细胞，有些血管在脑室处折入脑室内形成脉络丛。软膜并不紧包血管，二者之间留有空隙称为血管周隙（perivascular space），与蛛网膜下腔相通，内有脑脊液。

9.1.4.2 **蛛网膜（arachnoid）** 包于软膜外面，很薄，由胶原纤维和弹性纤维构成，表面有一层扁平上皮。蛛网膜发出许多小梁与软膜相连，与软膜之间的腔隙称蛛网膜下隙，腔内充满由脉络丛分泌的脑脊液，可缓冲对脑和脊髓的震荡，同时营养脑和脊髓，并运走代谢产物。

9.1.4.3 **硬膜（dura mater）** 由厚而致密的结缔组织纤维构成，包在蛛网膜外面，内面衬有一层扁平上皮，与蛛网膜间的小腔隙称硬膜下隙。

9.1.5 血 – 脑屏障

脑的毛细血管与其他器官的毛细血管不同，能限制多种物质进入脑组织。如将染料台盼蓝注射进动物血液后，很多器官被染为蓝色，而脑却不着色，因为在血液与脑的神经组织之间存在血-脑屏障（blood-brain barrier，BBB）（图 9-8，图 9-9）。

脑和脊髓的毛细血管，可限制血液中某些大分子物质（如毒素和有害物质）进入中枢神经内，以维持神经组织内环境的相对稳定，这种特殊的结构称为血-脑屏障。血-脑屏障由脑毛细血管内皮细胞、基膜和神经胶质膜构成。脑的毛细血管属连续性毛细血管，其内皮细胞之间存在紧密连接。外伤和冷冻会使该屏障受到严重的、永久性的破坏，各种血管活性药物（如肾上腺素）可增加其通透性，暂时打开内皮细胞的紧密连接。

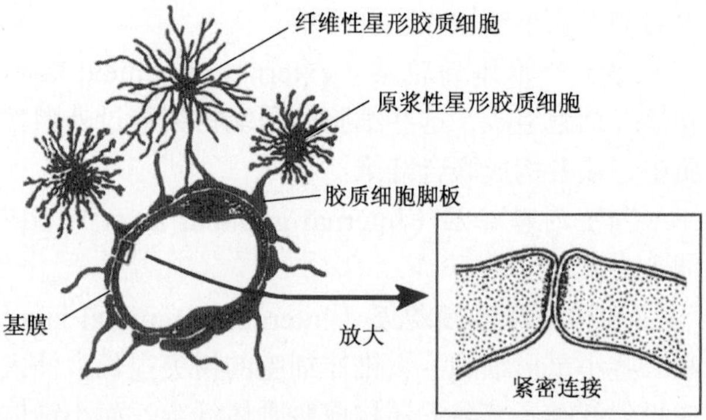

图 9-8　脑内毛细血管与胶质细胞的关系

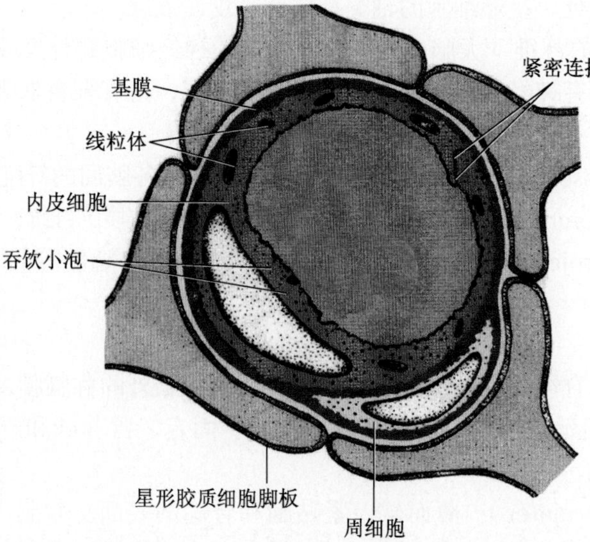

图 9-9　血脑屏障超微结构模式图

9.2 周围神经系统

9.2.1　脑、脊神经及神经节

9.2.1.1　**脑、脊神经**（cerebrospinal nerve）　由粗细不等的神经纤维组合而成，每根神经纤维外面都包有髓鞘。包在整个神经干表面的结缔组织膜称神经外膜，富含血管、淋巴管和脂肪细胞。一些较粗大的神经，其神经外膜的结缔组织分支进入神经干，包于神经纤维束表面，称神经束膜。神经束膜的细小分支又进入神经束内，包在每一根神经纤维表面，称神经内膜。神经内膜可支持神经纤维，还可在神经纤维或神经束的周围形成扩散屏障。

9.2.1.2　**脑、脊神经节**（cerebrospinal ganglion）　脑脊神经节（图 9-10）属感觉神经节，

包括位于脊神经背根上的脊神经节和脑感觉神经上的神经节，脑、脊神经节外包有结缔组织被膜，并伸入神经节内，将神经纤维分隔成束，神经节细胞被神经纤维束分成小群。

脑、脊神经节细胞主要是假单极神经元，胞体圆形或卵圆形，大小不等。大神经元较少，主要分布于脊神经节，直径 100 ~ 120 μm，核大而圆，核仁明显，发出的突起外有髓鞘；小神经元较多，主要分布于脑神经节，直径 15 ~ 30 μm，突起外无髓鞘。神经节细胞的胞体外有一层卫星细胞。

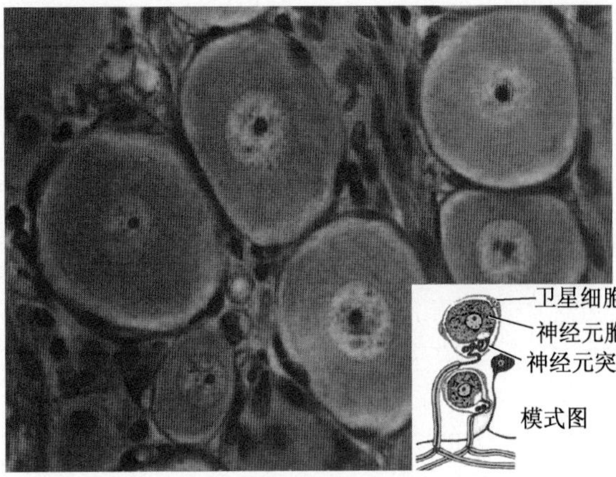

图 9–10 脊神经节和假单极神经元（HE 染色）

9.2.2 植物性神经及神经节

9.2.2.1 **植物性神经** (vegetative nerve) 又称自主神经或内脏神经，支配内脏、心血管平滑肌和腺体的活动，分为交感神经和副交感神经，均有运动（传出）神经纤维和感觉（传入）神经纤维。植物性神经从中枢到外周效应器，一般需经过两个神经元的传导。一个位于脑、脊髓灰质中，称节前神经元，其发出的纤维称节前纤维，属有髓神经纤维；另一个神经元位于植物性神经节中，称节后神经元，其节后纤维属无髓神经纤维，终止于效应器。

9.2.2.2 **植物性神经节**（vegetative ganglion） 按其生理功能的不同可分为交感神经节（图 9–11）和副交感神经节。交感神经节位于脊柱两旁及腹侧，副交感神经节则位于器官附近或器官内。二者的基本结构相似，外包结缔组织被膜，并在神经节内形成支架，神经节细胞散在于其中。节细胞均属植物神经系统的节后神经元，在形态上属于多极运动神经元。胞体大小不等，其中交感神经节细胞胞体较小，核偏向一侧，有时有双核或多核。副交感神经节细胞胞体较大，核大而圆，核仁明显。卫星细胞的数量较少，不完全包裹神经节细胞的胞体。节内的神经纤维多为无髓神经纤维，较分散，其中有节前纤维和节后纤维。节前纤维与节细胞的树突和胞体建立突触；节后纤维（即节细胞的轴突）离开神经节，其末梢（即内脏运动神经末梢）分布到内脏及心血管的平滑肌、心肌和腺上皮细胞。交感神经节内大部分为去甲肾上腺素能神经元，少数为胆碱能神经元。副交感神经节的神经元一般属胆碱能神经元。

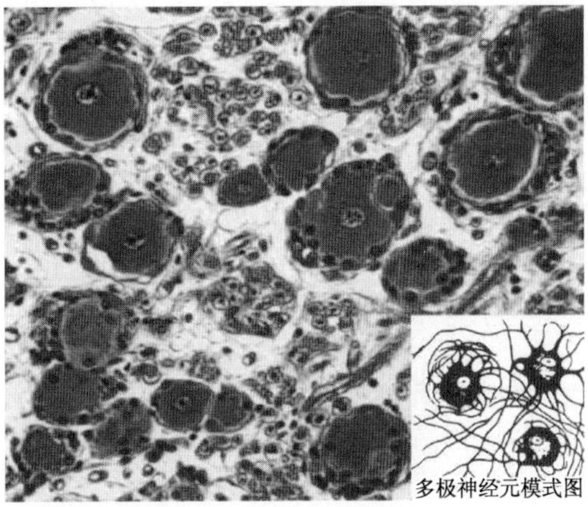

图 9–11 交感神经节光镜像及模式图（HE 染色）

复习思考题

1. 试述脊髓的组织结构。
2. 试述大、小脑的分层组织结构。
3. 试述血－脑屏障的组织学结构与功能。
4. 名词解释：小脑小球　血－脑屏障

拓展阅读

生物脑中的“GPS”

第 10 章　循环系统

Circulatory System

■ 心脏

■ 血管

■ 淋巴管系统

Outline

The circulatory system consists of the cardiovascular and the lymphatic vascular systems. The cardiovascular system includes the heart, arteries, veins and capillaries. The lymphatic vascular system consists of the lymphatic capillaries, lymphatic vessels and lymphatic ducts. The walls of the different organs in the circulatory system, except the capillaries and lymphatic capillaries, are divided into three layers. In the heart, the wall is divided into the endocardium, the myocardium and the epicardium respectively.

The endocardium of heart consists of three layers: the endothelium, the subendothelial layer and the subendocardial layer. In the subendocardial layer, there are some special cells called Purkinje fibers, which are the branches of the impulse-conducting system of heart. This impulse-conducting system consists of the sinoatrial node, the atrioventricular node and the atrioventricular bundle and its branches. The myocardium is the thickest of the layers of heart and consists of cardiac muscle cells. The epicardium is a serosa enclosing the heart.

In the blood vessel walls, these three layers are termed the tunica intima, the tunica media and the tunica adventitia. The arteries can be classified according to their sizes into four groups: large, medium-sized, small arteries and arterioles. The structure of the medium-sized arteries is most representative. The tunica intima consists of the endothelium, the subendothelial layer and the internal elastic lamina. The tunica media are chiefly composed of concentrically arranged smooth muscle cells. Therefore they are termed muscular arteries. The tunica media has a thinner external elastic lamina, which separates it from the tunica adventitia. Whereas the large arteries contain a lot of elastic fibers and a series of concentrically arranged elastic lamina in the tunica media. So, they are termed elastic arteries.

The characteristics of the veins are: a large diameter and thinner walls than their accompanying arteries; the lumen of veins is usually irregular, but that of arteries is rounded; the boundaries between the three tunics of veins are not as clear as there in the arteries. The reason is that the internal and the external elastic lamina are often absent in veins; the veins, especially large ones, have a well-developed tunica intima, but the tunica media is much thinner, with few layers of smooth muscle cells and abundant connective tissue; the adventitia layer is the thickest, and frequently contains longitudinal bundles of smooth muscle in veins; the large veins of the limbs have valves in their interior.

The capillaries have the simplest structure. The wall consists of a layer of endothelial cells, a basal lamina and pericytes. The capillaries can be divided according to their structure into three types: continuous, fenestrated and sinusoidal capillaries.

The structure of lymphatic capillaries is similar to that of capillaries. Lymphatic vessels and ducts are similar to corresponding veins, but they have thinner walls and lack a clear-cut separation between three tunics. And they have more numerous internal valves, as well.

循环系统（circulatory system）包括心血管系统和淋巴管系统。心血管系统（cardiovascular system）由心脏、动脉、毛细血管和静脉组成，是一个连续且封闭的管道系统。心脏是促使血液流动的动力泵，将血液输入动脉。动脉经各级分支将血液输送至毛细血管。毛细血管广泛分布于体内各组织器官内，构成毛细血管网，其管壁极薄，血液在此与周围组织进行物质交换。静脉由毛细血管汇合而成，起始端亦有物质交换功能，但主要是将经过物质交换后的血液回流至心脏。淋巴管系统（lymphatic vascular system）由毛细淋巴管、淋巴管和淋巴导管组成，是一个分支的向心回流的管道系统，是循环系统的一个分支，其主要功能是辅助静脉运回体液进入循环系统。毛细淋巴管以盲端起始于组织间隙，收集组织液。进入毛细淋巴管的组织液称为淋巴（lymph）。淋巴管由毛细淋巴管汇合而成，在其路径上有淋巴结分布。在淋巴结处，淋巴细胞加入淋巴中。淋巴导管由淋巴管汇合而成，包括左淋巴导管（胸导管）和右淋巴导管，它们与大静脉相连通。

10.1 心脏

心脏（heart）为中空的肌性器官，是心血管系统的动力装置。通过其节律性的收缩和舒张，推动血液在血管中不断地循环流动，保证体内各组织器官的血液供应。

10.1.1 心壁的结构

心壁由心内膜、心肌膜和心外膜三层构成（图 10-1）。

10.1.1.1 **心内膜**（endocardium） 从内向外又分为三层：① 内皮，为单层扁平上皮，与血管内皮相连续；② 内皮下层（subendothelial layer），为薄层结缔组织，在近室间隔处含少许平滑肌；③ 心内膜下层（subendocardial layer），为疏松结缔组织，与心肌膜相连，内含血管和神经，在心室处还含浦肯野纤维。

10.1.1.2 **心肌膜**（myocardium） 主要由心肌纤维构成。心肌纤维呈螺旋状排列，大致分为内纵肌、中环肌和外斜肌三层。它们多集合成束，肌束间有较多的结缔组织和毛细血管。

心室的肌纤维较粗长，直径 10 ~ 15 μm，长约 100 μm，有分支，横小管较多；心房的肌纤维较细短，直径 6 ~ 8 μm，长 20 ~ 30 μm，无分支，横小管很少或无，但彼此间有大量的缝隙连接。心肌纤维内含大量的线粒体，因而对缺氧极为敏感，当冠状动脉硬化管腔变窄时，可引起心脏相应部位缺氧，如果狭窄部位突然形成血栓，可导致心肌大面积坏死，即心肌梗死。

电镜下，有些心肌纤维含有电子密度较高的特殊颗粒，颗粒有膜包裹，直径 0.3 ~ 0.4 μm，主要分布于胞核的周围，尤其密集于胞核的两端，内含肽类激素心钠素（cardionatrin）。由于这种颗粒主要存在于心房肌，故称心房特殊颗粒（specific atrial granule），以右心房含量较多。

心肌纤维合成和分泌的心钠素，具有很强的利尿、排钠、扩张血管和降低血压的作用，故又称心房利钠尿多肽（atrial natriuretic polypeptide）。此外，心肌纤维还能合成和分泌多种其他生物活性物质，如与心钠素功能相似的 N- 心钠素、异心钠素、脑钠素，以及内源性类洋地黄素、抗心律失常肽、肾素、血管紧张素、心肌生长因子、醛固酮分泌抑制因子等，对促进心肌纤维生长和增强心肌收缩力等具有重要作用。

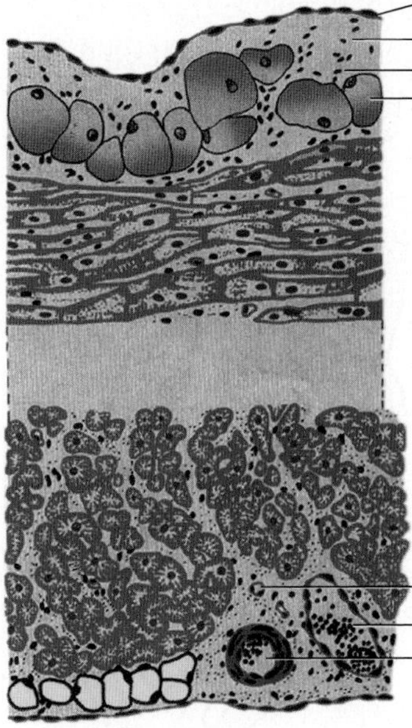

图 10–1　心壁结构模式图

10.1.1.3　**心外膜（epicardium）**　属心包膜的脏层，为浆膜，表面是间皮，间皮下是薄层结缔组织，内含血管、神经和脂肪组织。

10.1.1.4　**心骨骼和心瓣膜**　在心房与心室交界处，还有构成心脏支架的结构，称心骨骼（cardiac skeleton）。猪和猫的心骨骼为致密结缔组织，羊和犬的心骨骼内含透明软骨，马和大型反刍动物心骨骼中则有骨片存在。心房和心室的肌纤维分别附着于心骨骼，但两部分心肌并不直接相连。

在房室孔和动脉口处，由心内膜向腔内凸起形成的薄片状结构，称心瓣膜（cardiac valve），包括房室瓣和动脉瓣。其结构两面是内皮，中轴为富含弹性纤维的致密结缔组织。心瓣膜的功能是阻止心房和心室舒张时血液倒流。当患风湿性心脏病时，因心瓣膜内胶原纤维增生，使瓣膜变硬、变短或变形，以致不能正常关闭和开放。

10.1.2　心脏的传导系统

心脏壁内有由特殊心肌纤维组成的传导系统（图 10–2），使心房和心室按一定的节律收缩。这些心肌纤维聚集成结或束，包括窦房结、房室结、房室束及其分支。窦房结位于右心房前腔静脉入口处的心外膜深部，其余分布于心内膜下层。心脏传导系统受交感、副交感和肽能神经纤维的支配，并有丰富的毛细血管。该系统由下列三型细胞组成。

10.1.2.1　**起搏细胞（pacemaker cell）**　简称 P 细胞，主要分布于窦房结，房室结也有少量。细胞呈梭形或多边形，有分支，无闰盘。胞核大，卵圆形，位于中央。胞质内细胞器较少，肌质网不发达，有少量肌原纤维和吞饮小泡，但含较多的糖原。P 细胞周围有丰富的神经末梢。该细胞是心肌兴奋的起搏点，使心脏产生自动节律性收缩。

10.1.2.2　**移行细胞（transitional cell）**　主要分布于窦房结和房室结的周边以及房室束，起传导冲动的作用。细胞呈细长形，比普通心肌纤维细而短，但较 P 细胞大，胞质内含肌原纤维较多，肌质网亦较发达。

10.1.2.3　**浦肯野纤维（Purkinje fiber）**　又称束细胞（bundle cell），组成房室束及其分

支。束细胞比普通心肌纤维短而粗，中央有 1 ~ 2 个胞核。胞质内含丰富的线粒体和糖原；肌原纤维较少，位于周边；HE 染色时，胞质浅淡（图 10–3）。房室束分支末端的浦肯野纤维与普通心肌纤维相连，将冲动快速传到心室各部。

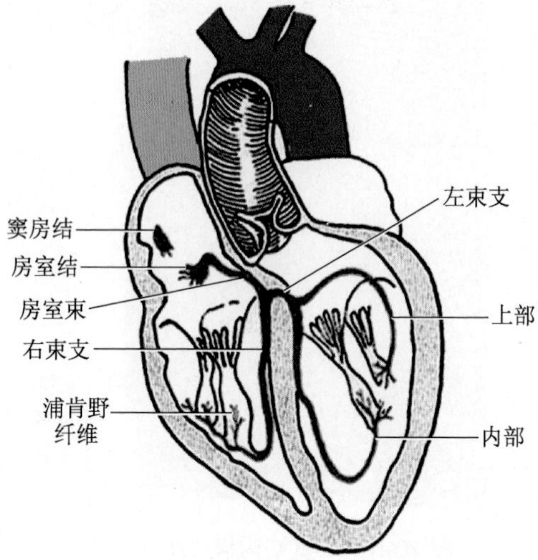

图 10–2　心脏传导系统模式图

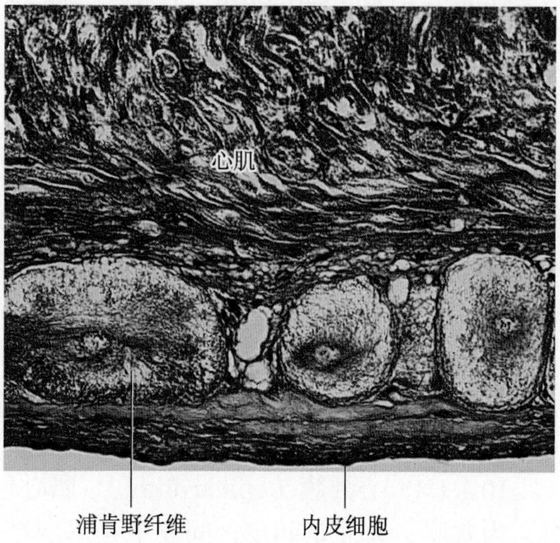

图 10–3　心壁的结构（示浦肯野纤维，HE 染色）

10.2 血管

10.2.1　血管壁的一般结构

除毛细血管外，血管壁自腔面向外依次分为内膜、中膜和外膜三层（图 10–4）。

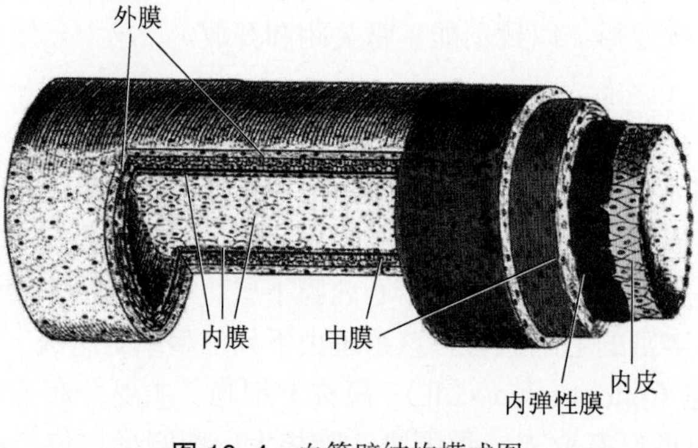

图 10–4　血管壁结构模式图

10.2.1.1　**内膜**（tunica intima）　是三层中最薄的一层，又分内皮、内皮下层和内弹性膜三层。

（1）*血管内皮*（vascular endothelium）　为单层扁平上皮，衬于血管腔面。光镜观察，内皮细胞多呈梭形，基底面附于基膜上，游离面光滑，长轴多与血流方向一致，有胞核部分略凸向腔面，其余部分很薄。在动脉分支处，血流形成漩涡，内皮细胞可变为圆形。电镜观察，内皮细胞腔面可见少许胞质突起，表面覆以厚 30 ~ 60 nm 的细胞衣，相邻细胞间有紧密连接和缝隙连接。胞核居中，电子密度较低，以常染色质为主，异染色质较少，核仁大而明显。胞质内含发达的高尔基复合体，丰富的粗面内质网、滑面内质网和吞饮小泡，以及成束的微丝。此外，还有一种膜性杆状细胞器，称为 W-P 小体（Weibel-Palade body）。

① 胞质突起　内皮细胞游离面的胞质突起形态多样，它们扩大了细胞的表面积，有助于内皮细胞的物质吸收和转运作用；同时，还对血液的流体力学产生影响，如血流较快的血管，这些胞质突起可使近腔面的血流形成涡流，减缓血流速度，有利于物质交换。

② 吞饮小泡　又称质膜小泡，直径 60 ~ 70 nm，由内皮细胞游离面或基底面的细胞膜凹陷，然后与细胞膜脱离而来。这些小泡可以互相连通，形成穿过内皮的暂时性管道，具有向血管内外输送物质的作用。此外，质膜小泡还可作为膜储备，用于血管的扩张和延长。

③ W-P 小体　又称细管小体（tubular body），是血管内皮细胞特有的细胞器，长约 3 μm，直径 0.1 ~ 0.3 μm，外包单位膜，内含 6 ~ 26 条直径约 15 nm 的平行细管，包埋于中等电子密度的基质中。其功能是合成和储存凝血因子Ⅷ相关抗原（F Ⅷ）。当血管内皮受损时，F Ⅷ能使血小板附着于内皮下的胶原纤维上面，形成血栓，阻止血液外流。

④ 微丝　内皮细胞中的微丝具有收缩能力。5- 羟色胺、组胺和缓激肽等可以刺激微丝收缩，改变细胞间隙的宽度和细胞连接的紧密程度，影响和调节血管的通透性。

近年来的研究表明，血管内皮细胞除了作为血管壁的内衬外，还能合成和分泌多种生物活性物质，在维持心血管功能方面起着重要的作用。例如，合成和分泌具有促进血管内皮细胞、血管平滑肌细胞和成纤维细胞生长的血管内皮细胞生长因子、血小板源性生长因子、胰岛素样生长因子 -1、白细胞介素 -1、碱性成纤维细胞生长因子等，具有促进和抑制血管平滑肌细胞生长双重调节作用的转化因子 β1 等，具有收缩血管的内皮素（endothelin）、前列环素 H2、血栓素 A2 和氧自由基等，具有舒张血管的氧化亚氮、前列环素 -2 和内皮衍生超极化因子等，具有抗凝血和抗血栓的 F Ⅷ、抗凝血酶Ⅲ、组织型纤溶酶原激活物等，以及合成和分泌多种结缔组织成分、补体调节蛋白和基质金属蛋白酶等。此外，内皮细胞还有重要的物质代谢功能，如能够降解缓激肽、凝血酶、5- 羟色胺、组胺和去甲肾上腺素等，其表面的酶能使脂蛋白分解为甘油三酯和胆固醇，血管紧张素转换酶能使血浆中的血管紧张素Ⅰ转变为血管紧张素Ⅱ，使血管收缩。

（2）*内皮下层*（subendothelial layer）　为薄层结缔组织，内含少量胶原纤维、弹性纤维，有时含有少许纵行的平滑肌纤维。

（3）*内弹性膜*（internal elastic membrane）　有的动脉在内皮下层深面有一层由弹性蛋白构成的内弹性膜，上面有许多小孔。因血管壁收缩，在血管横切面上，内弹性膜常呈波浪状，可作为动脉内膜与中膜的分界线。静脉通常没有内弹性膜。

10.2.1.2　**中膜**（tunica media）　动脉的中膜较厚，静脉的较薄。大动脉以弹性膜和弹性纤维为主，其间有少许平滑肌纤维和胶原纤维。中动脉主要由平滑肌纤维组成，肌纤维间夹有少许弹性纤维和胶原纤维。

血管平滑肌纤维细长，常有分支，彼此间有中间连接和缝隙连接，并可与内皮形成肌内皮连接（myoendothelial junction），借此与内皮细胞或血液进行化学信息的交流。血管平滑肌纤维能够分泌肾素和血管紧张素原，与内皮细胞表面的血管紧张素转换酶共同构成肾外血管肾素 - 血管紧张素系统。有学者认为，血管平滑肌纤维是成纤维细胞的亚型，在血管发育过程中能够产生胶原纤维、弹性纤维和基质。在某些病理情况下，动脉中膜的平滑肌纤维可以移入内膜，增生并产生结缔组织，使内膜增厚，这是动脉硬化的重要病理变化。

10.2.1.3　**外膜**（tunica adventitia）　动脉的外膜较薄，静脉的较厚，由疏松结缔组织构成，内含螺旋状或纵向分布的弹性纤维和胶原纤维，以及小的营养血管、淋巴管和神经纤维。结缔组织的细胞成分以成纤维细胞为主，当血管受损时，具有修复外膜的能力。有的动脉在中膜与外膜的交界处，密集的弹性纤维组成外弹性膜（external elastic membrane）。静脉通常缺少外弹性膜。

10.2.1.4　**血管壁的营养血管和神经**　管径 1 mm 以上的动脉和静脉，其管壁内都有小血管分布，称为自养血管或营养血管。这些血管进入外膜后分支成毛细血管，分布到外膜和中膜。内膜一般无血管，其营养由腔内血液通过渗透供给。

动脉和静脉管壁上包绕有网状神经丛，神经纤维主要分布于中膜与外膜的交界处，有的可伸入中膜平滑肌层。动脉的神经分布密度通常较静脉大。其神经递质除乙酰胆碱和去甲肾上腺素外，还有多种神经肽，其中以神经肽 Y（NPY）、血管活性肠肽（VIP）和降钙素基因相关肽（CGRP）最为丰富，它们具有调节血管舒缩的作用。毛细血管是否存在神经分布，尚有争议。

10.2.1.5　**血管壁的特殊感受器**　血管壁内有一些特殊的感受器，如颈动脉体、颈动脉窦和主动脉体等。颈动脉体位于颈总动脉分支处，是直径 2 ~ 3 mm 的扁平小体，主要由排列不规则的上皮细胞团或细胞索组成，细胞之间有丰富的血窦和神经纤维。电镜下，上皮细胞可分两型：Ⅰ型细胞和Ⅱ型细胞。Ⅰ型细胞含许多致密核心小泡，常聚集成群，有许多神经纤维终止其表面；Ⅱ型细胞的小泡少或无，位于Ⅰ型细胞的周围。颈动脉体是感受动脉血 O_2、CO_2 含量和 pH 变化的化学感受器，参与对心血管系统和呼吸系统功能的调节。主动脉体位于主动脉壁，其结构和功能与颈动脉体相似。颈动脉窦是颈总动脉分支处的一个膨大部，该处血管壁中膜薄，外膜较厚，外膜中含有许多来自舌咽神经的感觉神经末梢。颈动脉窦是压力感受器，能够感受血压上升所致血管壁扩张的刺激，参与对血压的调节。

10.2.2　动脉

动脉（artery）从心脏发出后，反复分支，管径逐渐变细。一般将其分为大动脉、中动脉、小动脉和微动脉四级，但它们并无严格的界限，而是逐渐移行的。近心脏的大动脉具有较大的弹性，心脏收缩时，其管壁扩张，而心脏舒张时，其管壁回缩，维持血液持续匀速的流动。中动脉管壁内平滑肌发达，其收缩和舒张使血管管径缩小或扩大，调节分配到机体各部和各器官的血流量。小动脉和微动脉也含少量平滑肌，其收缩和舒张可以明显改变管径的大小，显著调节器官和组织内的血流量，并能改变外周血流的阻力，调节血压。

10.2.2.1　**大动脉**（large artery）　包括主动脉、肺动脉、颈总动脉、锁骨下动脉和髂总动脉等，管壁内含有大量的弹性膜和弹性纤维，具有较大的弹性，故又称弹性动脉（elastic artery）（图 10-5）。其

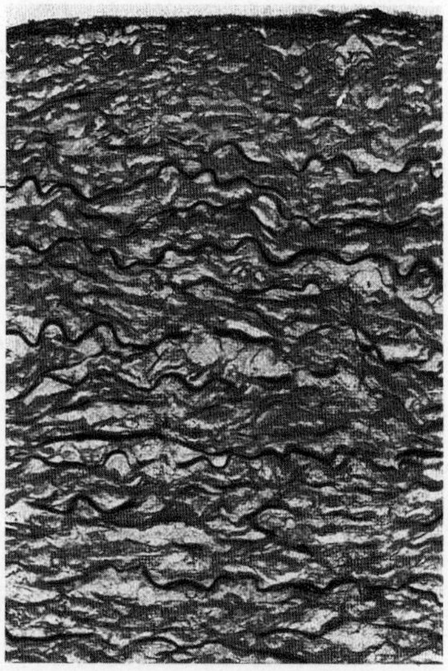

图 10-5　大动脉高倍像（HE 染色）

结构特点是：① 内皮下层较明显，其中含有胶原纤维、弹性纤维和少量平滑肌纤维；② 内弹性膜与中膜的弹性膜相连，故内膜与中膜的界线不清晰；③ 中膜较厚，有数十层环行弹性膜，其间由弹性纤维相连，还有少量环行平滑肌纤维、胶原纤维以及含硫酸软骨素的异染性基质；④ 外膜较中膜薄，由结缔组织构成，其中大部分是胶原纤维，还有少量弹性纤维，无明显的外弹性膜，故中膜与外膜的分界也不明显。

10.2.2.2 **中动脉**（medium sized artery） 除大动脉外，凡解剖学上有名称的管径大于 1 mm 的动脉均属中动脉（图 10-6，图 10-7）。因其管壁内富含平滑肌，故又称肌性动脉（muscular artery）。中动脉的结构最为典型，其特点是：① 内皮下层较薄；② 内、外弹性膜明显，故三层膜的界线清楚；③ 中膜较厚，主要由数十层环行平滑肌纤维组成，肌纤维间夹有少许弹性纤维和胶原纤维；④ 外膜厚度与中膜相近，由疏松结缔组织构成。

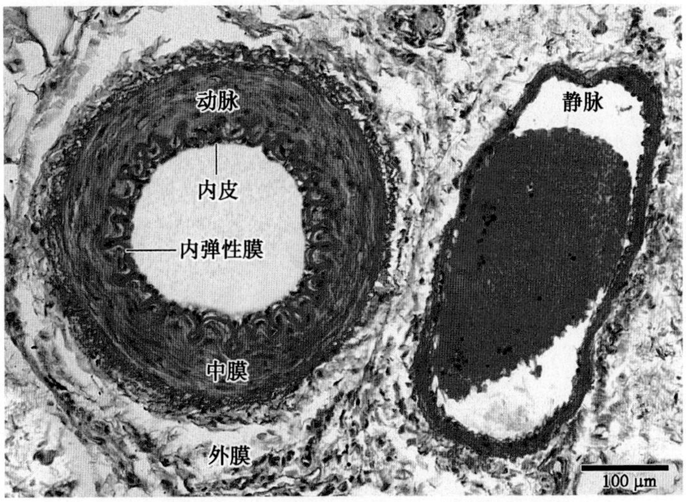

图 10-6 中动脉和中静脉（HE 染色）

10.2.2.3 **小动脉**（small artery） 也属肌性动脉，管径为 0.3 ~ 1 mm，肉眼已难以分辨。其结构特点是：① 内膜较薄，但有明显的内弹性膜；② 中膜较薄，只有几层平滑肌；③ 外膜厚度与中膜相近，一般无外弹性膜（图 10-8）。

10.2.2.4 **微动脉**（arteriole） 管径在 0.3 mm 以下，要在显微镜下才能分辨。其结构特点是：① 内膜、中膜和外膜均较薄；② 无内、外弹性膜；③ 中膜只有 1 ~ 2 层平滑肌。

10.2.3 静脉

静脉（vein）常与动脉伴行（图 10-5，图 10-8），可分为微静脉、小静脉、中静脉和大静脉四级。其管壁结构也大致分为内膜、中膜和外膜三层。与同级的

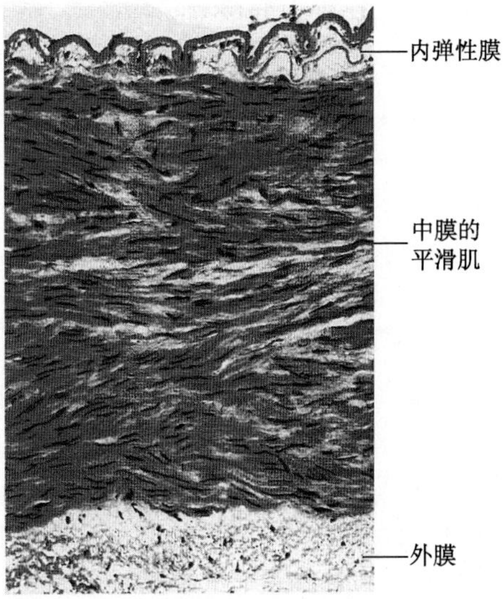

图 10-7 中动脉高倍像（HE 染色）

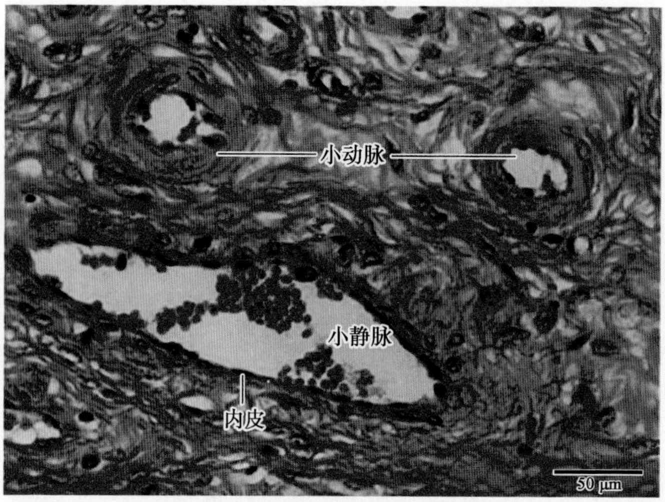

图 10-8　小动脉和小静脉（HE 染色）

动脉相比，静脉有如下特点：① 管腔大、管壁薄、弹性小，故在切片中，管腔常呈不规则塌陷，并有血液潴留；② 内、外弹性膜不明显，故管壁三层结构分界不清楚；③ 管壁内平滑肌和弹性膜较少，结缔组织较多；④ 外膜较中膜厚，大静脉尤为明显，外膜结缔组织中含有纵行的平滑肌束；⑤ 较大的静脉常有静脉瓣。

10.2.3.1　**微静脉**（venule）　由毛细血管汇合而成，管径 50 ~ 200 μm，管腔不规则，内皮外平滑肌很薄或无，外膜亦薄。

10.2.3.2　**小静脉**（small vein）　由微静脉汇合而成，管径 0.2 ~ 1 mm，内皮外逐渐有一层较完整的平滑肌，较大的小静脉则有数层平滑肌。外膜逐渐变厚（图 10-8）。

10.2.3.3　**中静脉**（medium sized vein）　由小静脉汇合而成，管径 1 ~ 10 mm，内膜薄，内弹性膜不发达或不明显。中膜比相伴行的中动脉薄得多，环行平滑肌稀疏。外膜比中膜厚，没有外弹性膜，有的中静脉外膜含有纵行的平滑肌束（图 10-6）。

10.2.3.4　**大静脉**（large vein）　由中静脉汇合而成，管径在 10 mm 以上。内膜较薄。中膜不发达，只有几层疏松的平滑肌，有的甚至没有平滑肌。外膜则厚，结缔组织内常有纵行的平滑肌束。前腔静脉、后腔静脉、颈静脉等属大静脉。

10.2.3.5　**静脉瓣**（venous valve）　管径 2 mm 以上的静脉常有静脉瓣，是血管内膜向腔内突出形成的皱褶，为两个半月形的薄片，彼此相对，其游离缘朝向血流方向，能阻止血液倒流。静脉瓣表面衬有内皮，中间是结缔组织。

10.2.4　毛细血管

毛细血管（capillary）是动物体内分布最广、分支最多、管径最小、管壁最薄的血管，一般位于动脉和静脉之间，但也有极少数毛细血管位于动脉和动脉或静脉和静脉之间，如肾入球微动脉和出球微动脉之间的血管球、门静脉和肝静脉之间的肝血窦等（图 10-9）。毛细血管在组织器官内相互通连并吻合成网。代谢功能旺盛的组织器官，其内毛细血管网稠密，如肝、肺、肾、胃肠黏膜、中枢神经系统等；反之，毛细血管网稀疏，如韧带、肌腱等。少数组织器官无毛细血管分布，如上皮、软骨、角膜、晶状体、蹄甲等。

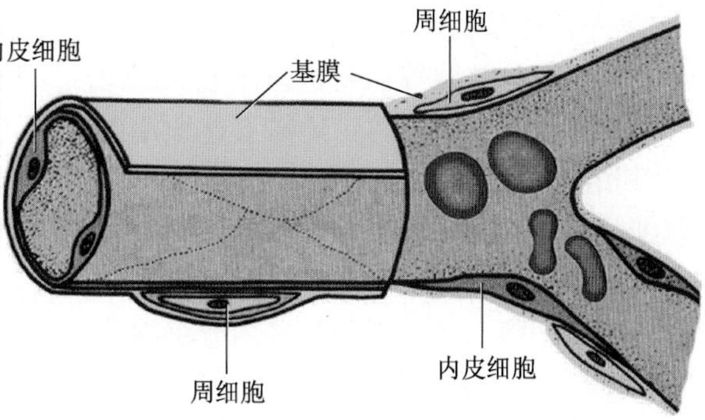

图 10-9　毛细血管结构模式图

10.2.4.1　**毛细血管的一般结构**　毛细血管结构简单，由内皮和基膜构成。有的毛细血管外侧有少量周细胞和结缔组织。毛细血管的平均管径为 7 ~ 9 μm，在横切面上，多由 2 ~ 3 个内皮细胞围成。有的毛细血管只由一个细胞围成，仅能通过一个红细胞（图 10-9）。

（1）内皮　为单层扁平上皮，含胞核部分略隆起凸向腔内，周边较薄。

（2）基膜　位于内皮细胞的外侧，较薄。基膜除起支持作用外，尚能诱导内皮再生。

（3）周细胞（pericyte）　为一种胞体扁长、有许多突起的细胞，位于基膜内，紧贴于内皮细胞。周细胞的功能尚有争议，有人认为它主要起机械性支持作用，也有人认为它属间充质细胞，在血管生长或损伤修复时可分化为内皮细胞、平滑肌细胞和成纤维细胞。周细胞含有肌动蛋白、肌球蛋白和原肌球蛋白，因此很可能还有收缩作用。

10.2.4.2　**毛细血管的分类**　光镜下，各处的毛细血管相似。电镜下，根据其结构差别，将毛细血管分为下列三种。

（1）连续毛细血管（continuous capillary）　其结构特点是（图 10-10 左）：① 内皮连续，内皮细胞间有紧密连接或桥粒；② 内皮细胞内有许多吞饮小泡，它们具有转运营养物质和代谢产物的作用；③ 内皮外有完整的基膜；④ 周细胞较常见。连续毛细血管主要分布于结缔组织、肌组织、中枢神经系统、皮肤、肺和性腺等处。

（2）有孔毛细血管（fenestrated capillary）　其结构特点是（图 10-10 右）：① 内皮连续，内皮细胞间亦有紧密连接；② 内皮细胞内吞饮小泡较少，但细胞不含核的部分很薄，上面有许多贯穿细胞的小孔，直径约 60 ~ 80 nm，小孔上一般覆盖有一层厚 4 ~ 6 nm 的隔膜，小孔可

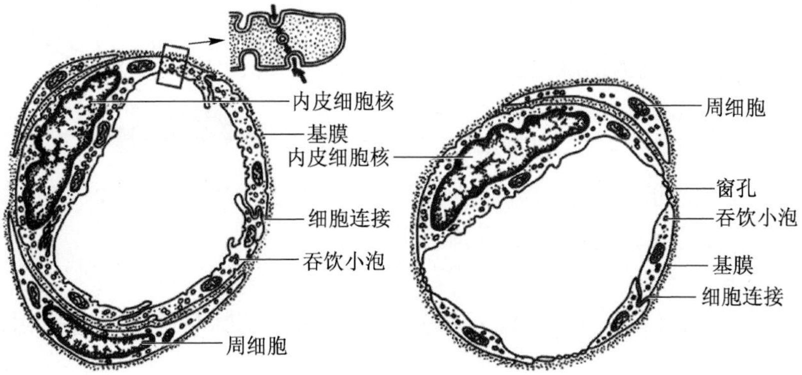

图 10-10　毛细血管电镜结构模式图

加大细胞的通透性；③ 内皮外有完整的基膜；④ 周细胞较少。有孔毛细血管主要分布于肾血管球、胃肠黏膜、脉络丛和某些内分泌腺等需要快速渗透的部位。

（3）窦状毛细血管（sinusoid capillary） 又称不连续毛细血管（discontinuous capillary）或血窦（blood sinusoid），其结构特点是：① 管壁薄，管径一般较大，形状极不规则；② 内皮细胞内吞饮小泡很少，但细胞上有小孔，而且相邻细胞之间有较大的间隙，物质交换通过这些小孔或间隙来完成；③ 基膜一般不连续或缺如；④ 周细胞极少或无。窦状毛细血管主要分布于物质交换频繁的器官内，如肝、脾、红骨髓和某些内分泌腺等处。

10.2.4.3 **毛细血管的功能** 毛细血管的行程迂回曲折，血流缓慢，是血液与组织细胞之间进行物质交换的主要部位。O_2、CO_2 和一些脂溶性物质等，可以通过简单扩散的方式直接透过内皮细胞；液体和大分子物质，如血浆蛋白、激素和抗体等，可以通过内皮细胞的孔、吞饮小泡和穿内皮性小管，从毛细血管内皮的一侧运至另一侧。内皮细胞之间的间隙在正常情况下可以透过小分子物质；基膜能够透过较小的分子，阻挡一些大分子物质。

毛细血管的通透性是可变的，如：体温升高、缺氧可使其通透性增大；维生素 C 缺乏时可使内皮细胞之间的间隙增大，基膜和血管周围的胶原纤维减少或消失，从而引起毛细血管性出血；某些血管活性物质如血管紧张素Ⅱ、组胺和去甲肾上腺素等，能够引起内皮细胞收缩，细胞间隙增大，使大分子物质可以透过内皮间隙。

10.2.5 微循环

微循环（microcirculation）是指微动脉到微静脉之间的血液循环，是血液循环的基本功能单位。在此，血液与组织细胞之间进行充分的物质交换。

组成微循环的血管一般包括微动脉、毛细血管前微动脉、后微动脉（中间微动脉）、真毛细血管、直捷通路、毛细血管后微静脉、动静脉吻合、微静脉等几个部分（图 10-11）。

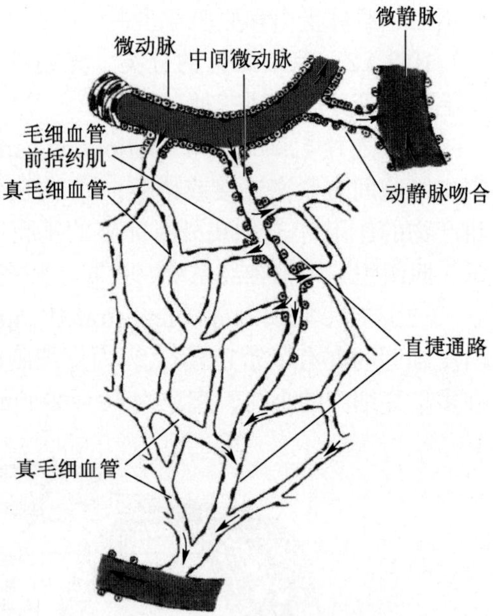

图 10-11 微循环血管模式图

10.2.5.1 **微动脉** 是小动脉的分支，其管壁中平滑肌的收缩活动，起着调节微循环“总闸门”的作用。

10.2.5.2 **毛细血管前微动脉和后微动脉** 微动脉的分支称为毛细血管前微动脉（precapillary arteriole），继而分支成中间微动脉（meta-arteriole）或称后微动脉（postcapillary arteriole）。

10.2.5.3 **真毛细血管**（true capillary） 即毛细血管，是后微动脉的分支，起始端有少许环形平滑肌，称为毛细血管前括约肌，起着调节微循环“分闸门”的作用。

10.2.5.4 **直捷通路**（thoroughfare channel） 是后微动脉与微静脉直接相通的距离最短的毛细血管。

10.2.5.5 **动静脉吻合**（arteriovenous anastomosis） 是由微动脉发出的直接与微静脉相

连的特殊血管，其管壁较厚，有发达的纵行平滑肌和丰富的运动神经末梢，主要分布于指、趾、唇、鼻等处的皮肤和某些器官。

10.2.5.6 **毛细血管后微静脉和微静脉** 微静脉由毛细血管汇合而成，紧接毛细血管的微静脉称毛细血管后微静脉（postcapillary venule），其管壁与毛细血管相似，但管径略粗，内皮细胞间隙较大，故通透性亦较大，也有物质交换功能。但分布于淋巴组织和淋巴器官内的毛细血管后微静脉具有特殊的结构和功能，其内皮通常为单层立方上皮，是淋巴细胞穿越血管壁的重要部位。

血液流经微循环时，可以根据功能的需要进行调节。当机体组织处于静息状态时，大部分毛细血管前括约肌收缩，真毛细血管内仅有少量血液通过，微循环的大部分血液经直捷通路或动静脉吻合快速流入微静脉；当机体组织处于功能活跃状态时，毛细血管前括约肌松弛，微循环的大部分血液流经真毛细血管，血液与组织细胞之间进行充分的物质交换。因此，根据机体局部需要，血液流经微循环的路径有三条：① 微动脉→真毛细血管→微静脉；② 微动脉→直捷通路→微静脉；③ 微动脉→动静脉吻合→微静脉。

10.3 淋巴管系统

淋巴管系统能够协助静脉导回部分组织液。动物机体内除中枢神经系统、骨、软骨、骨髓、眼球、内耳、齿等少数结构外，其余结构都有淋巴管分布。

（1）毛细淋巴管（lymphatic capillary） 其结构与毛细血管相似，但管径粗细不均，管壁很薄，一般仅由内皮和极薄的结缔组织构成，无周细胞；内皮细胞间有较大的间隙，基膜不连续或阙如，故通透性大，大分子物质易于通过。

（2）淋巴管（lymphatic vessel） 其结构与静脉相似，但管径大而壁薄，管壁由内皮、少量平滑肌和结缔组织构成。为防止淋巴倒流，淋巴管腔面瓣膜较多。

（3）淋巴导管（lymphatic duct） 其结构类似大静脉，但三层膜难以区分，亦无内弹性膜。中膜为一至数层排列松散的平滑肌纤维。外膜由纵行的胶原纤维、弹性纤维和少量的平滑肌束构成。

复习思考题

1. 简述心壁的组织结构。
2. 简述血管壁的一般结构。
3. 中动脉和大动脉各有何结构特点与功能？
4. 毛细血管在电镜下分为哪几类？其结构特点是什么？毛细血管有何功能？
5. 名词解释：浦肯野纤维　微循环　心传导系

拓展阅读

心肌梗死

第 11 章　免疫系统

Immune System

- 免疫细胞
- 免疫组织
- 免疫器官
- 单核吞噬细胞系统

Outline

The immune system consists of lymphoid organs, lymphoid tissues and immune cells. According to their functions, the lymphoid organs are classified into primary or central lymphoid organs including thymus, bone marrow and cloacal bursa (in bird), and secondary or peripheral lymphoid organs including spleen, lymph nodes, tonsils, hemal nodes and hemalolymph nodes. Lymphoid tissues are divided into lymphoid nodules and diffuse lymphoid tissue. Immune cells include lymphocytes, plasma cells, antigen-presenting cells etc. The lymphocytes are the major components.

The thymus is enclosed by a thin connective tissue capsule that penetrates the parenchyma and divides it into many incomplete lobules, called thymic lobule. Each lobule has a peripheral dark zone known as the cortex and a central light zone called the medulla. The parenchyma consists of a delicate skeleton of epithelial reticular cells, whose meshes are filled with lymphocytes. The cortex is composed of densely packed T cell precursors (thymocytes) and dispersed epithelial reticular cells. The medulla contains more epithelial reticular cells, a few T lymphocytes, macrophages and thymic corpuscles. The blood-thymus barrier is present in the cortex, composed of capillaries having a nonfenestrated endothelium and a thick basal lamina, perivascular space containing macrophages, and epithelial reticular cells and its basal lamina.

Lymph node cortex is divided into three categories, including peripheral cortex that contains lymphoid nodules with B lymphocytes, paracortical zone that contains T lymphocytes, and the lymphoid sinus that also contains numerous lymphocytes and macrophages. The medulla comprises medullary cords of lymphoid tissue where many plasma cells reside, and the intervening medullary sinuses.

The spleen has a dense connective tissue capsule containing some smooth muscle fibers. From the capsule, numerous branched trabeculae extend into the parenchyma. The parenchyma has three components: the white pulp, the red pulp and the marginal zone, but no lymphoid vessels. The white pulp consists of densely packed lymphoid tissues, and can be further divided into the periarterial lymphatic sheaths and the spleen nodules. The red pulp is composed of the splenic cords and sinusoids. The marginal zone lies between the white pulp and the red pulp, and consists of loose lymphoid tissues.

免疫系统（immune system）由免疫器官、免疫组织、免疫细胞及其免疫活性分子（抗体、补体、细胞因子等）组成，是机体保护自身的一个防御性系统，能够识别并清除侵入体内的抗原性异物（如病原微生物、异体细胞、异体大分子等）、自身恶变的细胞（如肿瘤细胞、受病毒感染的细胞等）以及衰老死亡或受损的细胞，从而维持机体内部的动态平衡和相对稳定。这些免疫功能的分子基础是：①主要组织相容性复合物（major histocompatibility complex，MHC），表达于体内所有细胞的表面。MHC 分子具有种属特异性和个体特异性，即同一个体的所有细胞的 MHC 分子是相同的，而不同个体的 MHC 分子具有一定的差别，因而它是自身细胞的标记，也就是说，体内所有细胞是互相“认识”的。②白细胞分化抗原（cluster of differentiation，CD），是白细胞在发育分化成熟为不同谱系的不同阶段或者活化过程中，出现或消失的细胞表面标记。不同发育阶段和不同种类的淋巴细胞可以表达不同的 CD 分子，是区分不同淋巴细胞亚群的重要标志。③ T 细胞表面抗原受体（T cell antigen receptor，TCR）和 B 细胞表面抗原受体（B cell antigen receptor，BCR），其种类可达百万种以上，这样，淋巴细胞作为一个细胞群体，可以针对各种各样的“异己”抗原发生免疫应答（immune response），清除相应的抗原，达到保护自身的目的。免疫应答在正常情况下对机体是有利的，但在某些特殊情况下也可造成不利的后果。例如：机体对某些食物、药物或花粉等所产生的过敏反应，就是免疫功能异常亢进所致的一种变态反应；若免疫功能过低或缺乏，则机体抵抗传染病的能力下降，易反复感染而造成免疫缺陷综合征；若对正常的自身细胞发生反应，则可造成自身免疫病；若对体内产生的异常恶性细胞缺乏监视和销毁功能，则易导致肿瘤的发生。

动物的免疫系统及其功能是随着动物的进化逐渐完善的。原生单细胞生物已有识别自己和排斥异己的能力。无脊椎动物开始具有非特异性的细胞吞噬作用。低等脊椎动物已有分化程度较低的淋巴细胞。从鱼类开始出现特异性免疫反应，其浆细胞已能分泌 IgM。两栖类的淋巴细胞已分化为 T 细胞和 B 细胞，开始能够产生 IgG。鸟类已有发育良好的中枢免疫器官，开始能够产生 IgA，但其外周免疫器官发育还不够完善。哺乳类的免疫系统高度发达，具有发育完善的中枢免疫器官和外周免疫器官，可以产生 IgM、IgG、IgA、IgD 和 IgE 共 5 种免疫球蛋白。

11.1 免疫细胞

免疫细胞（immune cell）是指参加免疫应答或与免疫应答有关的细胞，主要是指淋巴细胞和抗原呈递细胞。免疫细胞是构成免疫器官和免疫组织的主要成分，并广泛分布于体内其他组织器官中。

11.1.1 淋巴细胞

淋巴细胞（lymphocyte）是免疫系统的核心成分，它们经淋巴和血液循环，使分散各处的免疫器官和免疫组织连成一功能整体。淋巴细胞起源于造血干细胞。造血干细胞来自胚胎早期的卵黄囊血岛，经血流依次迁移到肝、脾和骨髓内，分化为具有潜在免疫功能的淋巴干细胞或称淋巴祖细胞。淋巴干细胞又随血流迁至胸腺、骨髓或腔上囊（鸟类），发育分化成具有免疫活性的淋巴细胞，然后经血流聚集到外周免疫器官和免疫组织。

淋巴细胞具有特异性、转化性和记忆性三个重要特性。也就是说，各种淋巴细胞表面具有特异性的抗原受体，能够分别识别不同的抗原。当淋巴细胞受到抗原刺激时，即转化为淋巴母细胞（lymphoblast），继而增殖分化形成大量的效应淋巴细胞和记忆淋巴细胞。效应淋巴细胞（effector lymphocyte）能够产生抗体、细胞因子或具有直接杀伤作用，从而清除相应的抗原，即引起免疫应答。记忆淋巴细胞（memory lymphocyte）是在分化过程中又转为静息状态的小淋巴细胞，能够记忆抗原信息，并可在体内长期存活和不断循环，当受到相应抗原的再次刺激时，可以迅速增殖形成大量的效应淋巴细胞，使机体长期保持对该抗原的免疫力。接种疫苗可使体内产生大量的记忆淋巴细胞，从而起到预防感染性疾病的作用。

淋巴细胞包括许多功能不同的类群，它们的形态结构相似，在显微镜下难以互相区分。但各种淋巴细胞具有不同的表面标志，包括表面抗原和表面受体，它们能用免疫学或免疫细胞化学方法检出。根据发育部位、表面标志和免疫功能等的不同，目前将淋巴细胞分为下列 6 种。

11.1.1.1 胸腺依赖性淋巴细胞（thymus dependent lymphocyte） 简称 T 细胞，在胸腺内发育分化成熟，是数量最多功能最复杂的一类淋巴细胞，占外周血淋巴细胞的 60% ~ 75%，淋巴结淋巴细胞的 75%，脾淋巴细胞的 35% ~ 40%。T 细胞体积小，表面光滑；胞核大而圆，染色质呈致密块状；胞质很少，含有丰富的游离核糖体、少量的线粒体以及数个呈非特异性酯酶阳性的溶酶体。胸腺产生的 T 细胞为初始 T 细胞（naive T cell），它们进入外周淋巴器官和淋巴组织，接触与其抗原受体相匹配的抗原后便增殖分化，进入免疫应答过程，大部分 T 细胞成为效应 T 细胞（effector T cell），小部分成为记忆 T 细胞（memory T cell）。根据 T 细胞表面抗原受体（TCR）双肽链的构成不同，将 T 细胞分为 $TCR\alpha\beta^+$ T 细胞和 $TCR\gamma\delta^+$ T 细胞两大类。

（1）$TCR\alpha\beta^+$ T 细胞　简称 αβT 细胞，即通常所指的 T 细胞，其 TCR 由 α 链和 β 链组成，多为 CD4 或 CD8 单阳性细胞，占外周血 T 细胞的 90% ~ 95%，是参与机体特异性免疫应答的主要 T 细胞群体。目前按照功能的不同，将 αβT 细胞分为辅助性 T 细胞、细胞毒性 T 细胞、调节性 T 细胞和自然杀伤性 T 细胞 4 个亚群。

① 辅助性 T 细胞（helper T cell，Th 细胞） 约占 T 细胞的 65%，一般表达 CD4 分子，即为 $CD4^+$ T 细胞，能够识别抗原并分泌多种细胞因子，促进 T 细胞、B 细胞增殖分化，辅助 B 细胞产生抗体和诱导变态反应。Th 细胞又可分为 Th1 细胞和 Th2 细胞，Th1 细胞参与细胞免疫及迟发性超敏性炎症反应，Th2 细胞可以辅助 B 细胞分化为抗体分泌细胞（浆细胞），参与体液免疫应答。艾滋病病毒能够特异性破坏 Th 细胞，导致机体免疫系统瘫痪。

② 细胞毒性 T 细胞（cytotoxic T cell，Tc 细胞） 占 T 细胞的 20% ~ 30%，一般表达 CD8 分子，即为 $CD8^+$ T 细胞，能够直接攻击进入体内的异体细胞、带变异抗原的肿瘤细胞和受病毒感染的细胞等。Tc 细胞在抗原刺激下增殖分化为效应 Tc 细胞，与靶细胞结合后释放穿孔素（porforin），穿孔素嵌入靶细胞膜内形成多聚体穿膜管状结构，细胞外液便可通过此管道进入靶细胞内，导致靶细胞肿胀、溶解而死亡。此外，Tc 细胞还可分泌颗粒酶（granzyme）从该管道进入靶细胞内，诱导靶细胞凋亡。在攻击靶细胞的过程中，Tc 细胞自身无损伤，可重新攻击其他靶细胞。这种通过淋巴细胞直接作用的免疫方式称为细胞免疫（cellular immunity）。

③ 调节性 T 细胞（regulatory T cell，Treg 细胞） 也称抑制性 T 细胞（suppressor T cell，

Ts 细胞），约占 T 细胞的 10%，表达 CD4、CD25 和 Foxp3 分子，即为 $CD4^+CD25^+Foxp3^+$ T 细胞，一般在免疫应答后期 Treg 细胞增多，通过接触方式或通过分泌抑制性细胞因子，降低 Th 细胞的活性和 Tc 细胞的功能，抑制 B 细胞分化，对机体免疫应答起着负调节（减弱或抑制）作用，但其数量 / 功能异常往往导致自身免疫性疾病。Treg 细胞可以通过下调机体的免疫应答来维持对自身和非自身抗原的免疫耐受性，在母 - 胎免疫耐受中发挥重要作用。此外，肿瘤微环境中的免疫抑制性细胞因子也可诱导初始 $CD4^+$ T 细胞分化成 Treg 细胞，从而促进肿瘤免疫逃逸。

④ 自然杀伤性 T 细胞（natural killer T cell，NKT 细胞） 是一类特殊的 T 细胞亚群，它们识别 MHC Ⅰ 类似物 CD1d 分子呈递的糖脂类抗原，故又称 CD1d 限制性自然杀伤性 T 细胞（CD1d-restricted natural killer T cell），分为 Ⅰ 型 NKT 细胞（NKT1）和 Ⅱ 型 NKT 细胞（NKT2）。NKT1 细胞使用半不变的 T 细胞受体，能够识别原型脂质 α- 半乳糖苷神经酰胺（α-GalCer），故又称不变自然杀伤性 T 细胞（invariant natural killer T cell，iNKT 细胞）。NKT2 细胞使用其他受体并且不能识别 α-GalCer。目前对 iNKT 细胞研究得比较清楚，可以分为 iNKT1 细胞、iNKT2 细胞和 iNKT17 细胞，它们分别优先表达 Tbet、Gata3 和 ROR-γt 以及产生 IFN-γ、IL-4 和 IL-17。iNKT 细胞既表达 T 细胞表面受体，又表达 NK 细胞的表面受体（NK1.1、NKG2D、Ly49）。小鼠的 iNKT 细胞为 $CD4^+$ 或 $CD4^-CD8^-$ 细胞，而人类还有 $CD8^+$ 细胞。大多数 iNKT 细胞还呈 $CD69^+CD62L^{low}CD44^{high}CD122^{high}$。iNKT 细胞在小鼠肝和骨髓中数量最多，胸腺、脾和外周血液中也较多。iNKT 细胞识别 CD1d 分子呈递的糖脂类抗原后，能够迅速分泌多种细胞因子（IFN-γ、IL-2、IL-4、IL-5、IL-6、IL-10、IL-13、IL-17、IL-21、TNF-α、TGF-β、GM-CSF 等），并激活其他免疫细胞，包括 NK 细胞、常规 $CD4^+$ 细胞和 $CD8^+$ T 细胞、巨噬细胞和 B 细胞等。iNKT 细胞也能表达高水平的颗粒酶 B、穿孔素和 FasL，具有细胞溶解功能，参与对细菌的清除。此外，活化的 iNKT 细胞还可招募树突细胞和中性粒细胞，并能调节 Treg 细胞和 NKT2 细胞的功能。

（2）$TCR\gamma\delta^+$ T 细胞　简称 γδ T 细胞，其 TCR 由 γ 和 δ 链组成，多为 $CD4^-CD8^-$ 细胞，仅占外周血 T 细胞的 1% ~ 5%，主要分布于皮肤以及消化道、呼吸道、泌尿生殖道的黏膜内，参与机体的固有免疫（innate immunity）。γδ T 细胞通过细胞毒性效应杀伤受病毒感染的细胞和肿瘤细胞，并通过分泌多种细胞因子发挥免疫调节效应，在控制感染和抗肿瘤免疫中起重要作用。

11.1.1.2　**骨髓依赖性淋巴细胞（bone marrow dependent lymphocyte）或囊依赖性淋巴细胞（bursa dependent lymphocyte）**　简称 B 细胞，在骨髓（哺乳类）或腔上囊（鸟类）内发育分化成熟，占外周血淋巴细胞的 10% ~ 15%，淋巴结淋巴细胞的约 25%，脾淋巴细胞的 40% ~ 55%。B 细胞较 T 细胞略大，表面有较多微绒毛，胞质内溶酶体少见，含有少量的粗面内质网。B 细胞的抗原受体是其细胞表面的免疫球蛋白（抗体），也就是镶嵌于脂质双分子层中的膜结构蛋白，故称膜抗体（membrane antibody），以 sIg 表示。在骨髓或腔上囊内产生的 B 细胞是初始 B 细胞（naive B cell），进入外周淋巴器官和淋巴组织遇到与其膜抗体相匹配的抗原后增殖分化，进入免疫应答过程，产生大量的效应 B 细胞（effector B cell）和少量的记忆 B 细胞（memory B cell）。效应 B 细胞即浆细胞，能够分泌抗体进入组织液，抗体与抗原结合后，既可降低抗原的致病性，又可加速巨噬细胞对抗原的吞噬和清除。这种通过抗体介导的免疫方式称为体液免疫（humoral immunity）。

11.1.1.3 **杀伤性淋巴细胞**(killer lymphocyte) 简称K细胞，在骨髓内发育分化成熟，数量较少，占外周血淋巴细胞的5%~7%。K细胞较T、B细胞大，直径9~12 μm，胞质内含有溶酶体和分泌颗粒。K细胞本身无特异性，但其细胞膜表面有抗体IgG的Fc受体，能借抗体与靶细胞接触，即当抗体与靶细胞的表面抗原特异性结合后，K细胞通过Fc受体与抗体的Fc端相结合，使细胞活化，进而杀死靶细胞。因此，K细胞又称抗体依赖性细胞毒性细胞(antibody dependent cytotoxic cell，ADCC)。K细胞主要攻击比微生物大的靶细胞，如寄生虫、肿瘤细胞、受病毒感染的细胞(如慢性活动性肝炎中的肝细胞)等。

11.1.1.4 **自然杀伤性淋巴细胞**(nature killer lymphocyte) 简称NK细胞，在骨髓内发育分化成熟，数量亦较少，仅占外周血淋巴细胞的2%~5%。外周血、脾、淋巴结的NK细胞活性较高，骨髓的NK细胞活性较低。NK细胞分布广泛，在中空器官的黏膜固有层和一些实质性器官的间质中也有NK细胞。NK细胞体积大，直径12~15 μm，表面有短小的微绒毛；胞核卵圆形，染色质丰富，异染色质多位于边缘；胞质较多，含有许多大小不等的嗜天青颗粒，故又称大颗粒淋巴细胞(large granular lymphocyte，LGL)。电镜下观察，嗜天青颗粒是溶酶体。NK细胞不需抗体的协助，也不需抗原的刺激，而是通过释放穿孔素、细胞毒性因子和肿瘤坏死因子等，直接杀伤肿瘤细胞和受病毒感染的细胞，在防止肿瘤发生中起重要作用。

11.1.1.5 **自然杀伤性B淋巴细胞**(nature killer B lymphocyte) 简称NKB细胞，在骨髓内发育分化成熟，主要分布于脾和淋巴结。细胞表达NK1.1、Ly49、BCR、CD19、IgM、NKp46以及独特的表面分子CD106和CD63，也表达高水平的MHC Ⅰ和MHC Ⅱ分子，但不表达CD3、CD4、CD8、CD11b、CD11c、Gr1、F4/80和Ter119。由于这类细胞既表达NK细胞的标记NK1.1和Ly49，又表达B细胞的标记BCR、CD19和IgM，故命名为NKB细胞。NKB细胞能够分泌IL-1β、IL-6、IL-12、IL-15、IL-18等细胞因子，IL-12、IL-18能够激活NK细胞和ILC1细胞。

11.1.1.6 **先天性淋巴细胞**(innate lymphocyte，ILC) 也称固有淋巴细胞，是一类不同于T细胞和B细胞的淋巴细胞亚群，在骨髓内发育分化成熟，主要分布于肠道黏膜表面。它们缺乏克隆性的抗原受体，在分化过程中也没有经历Rag基因的重排过程。在感染后的数小时内，ILC细胞就能活化产生保护性效应。根据细胞因子表达谱的不同，ILC细胞又分为三大类群：ILC1、ILC2和ILC3。ILC1类似于Th1细胞，表达IFN-γ等细胞因子，主要针对胞内细菌和寄生虫感染；ILC2与Th2细胞类似，表达IL-5、IL-13等细胞因子，对寄生虫感染以及过敏反应产生有效的保护作用；ILC3表达IL-17A和IL-22，参与肠道的细菌感染反应，一旦遭受有害的刺激，就会产生大量的细胞因子。ILC细胞在调节宿主保护性免疫反应和肠道稳态中发挥至关重要的作用。

11.1.2 抗原呈递细胞

抗原呈递细胞(antigen presenting cell)属于辅佐细胞(accessory cell)的一种，是指参与免疫应答，能够捕获、加工、处理抗原，并将抗原呈递给淋巴细胞的一类免疫细胞。主要包括巨噬细胞、朗格汉斯细胞、微皱褶细胞、滤泡树突细胞、交错突细胞等。

11.1.2.1 **巨噬细胞**(macrophage) 是最重要的抗原呈递细胞。在特异性免疫应答中，绝大多数抗原都要经过巨噬细胞摄取、加工、处理并呈递给淋巴细胞后，才能启动免疫应答。

11.1.2.2　**朗格汉斯细胞**（Langerhans cell）　主要分布于表皮，能够捕获、处理进入表皮内的抗原，并将抗原呈递给 T 细胞，启动免疫应答。

11.1.2.3　**微皱褶细胞**（microfold cell）　主要分布于回肠集合淋巴小结处肠黏膜上皮细胞之间，能够从肠道捕捉抗原，经处理后呈递给上皮下的 B 细胞。

11.1.2.4　**滤泡树突细胞**（follicular dendritic cell）　或称小结树突细胞，主要分布于脾和淋巴结的淋巴小结以及肠道集合淋巴小结等处。细胞具有长短不一、粗细不均的鹿角样突起，胞核极不规则，胞质内细胞器丰富。该细胞能够捕获、处理和呈递进入周围淋巴器官和淋巴组织 B 细胞区的抗原或抗原抗体复合物。

11.1.2.5　**交错突细胞**（interdigitating cell）　主要分布于胸腺髓质和周围淋巴器官的胸腺依赖区。细胞具有规则的多分支的长突起穿插伸展于淋巴细胞之间，胞核极不规则。该细胞能将抗原呈递给邻近的 T 细胞。

11.2 免疫组织

免疫组织（immune tissue）又称淋巴组织（lymphoid tissue），是一种以网状组织为支架，网眼内填充有大量淋巴细胞和少量其他免疫细胞的特殊组织（图 11-1）。

淋巴组织除构成淋巴器官外，还广泛分布于消化道、呼吸道和泌尿生殖道的黏膜内，以及眼结膜、哈德腺、泪腺等组织中，组成黏膜相关淋巴组织（mucosal-associated lymphoid tissue，MALT），参与构成机体免疫的第一道防线，抵御外来病菌和异物的侵袭。MALT 包括肠道孤立淋巴小结、回肠集合淋巴小结和弥散淋巴组织、肠上皮细胞间的淋巴细胞和巨噬细胞、气管和支气管黏膜纵皱襞内的孤立淋巴小结或弥散淋巴组织等。淋巴组织依其形态，分为下列两种。

11.2.1　弥散淋巴组织

弥散淋巴组织（diffuse lymphoid tissue）呈弥散性分布，与周围组织无明显分界，主要含 T 细胞，有的也含较多的 B 细胞，此外还有少量的浆细胞、巨噬细胞等（图 11-1）。弥散淋巴组织中常见毛细血管后微静脉，其内皮为单层立方上皮，内皮细胞间有间隙，内皮外基膜不完整。它是淋巴细胞穿越血管壁的重要部位。

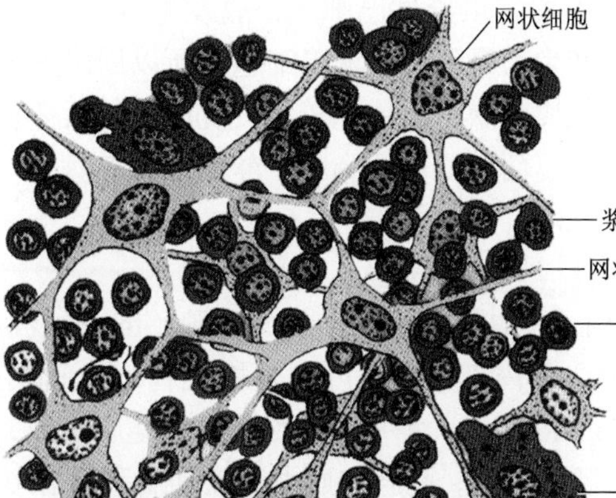

图 11-1　淋巴组织模式图

11.2.2　淋巴小结

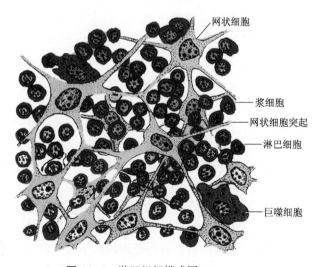

淋巴小结（lymphoid nodule）为圆形或卵圆形的密集淋巴组织，与周围组织界线清楚，由大量的 B 细胞，少量的 T 细胞、巨噬细胞、滤泡树突细胞等构成。发育完善的淋巴小结，在其中央有一淡染的区域称生发中心（germinal center），此

处的淋巴细胞常见分裂相。生发中心再分暗区和明区：暗区主要含大淋巴细胞，染色较深；明区主要含中淋巴细胞，染色较淡。明区的上方覆盖着由密集小淋巴细胞构成的小结帽（nodule cap）（图 11-2）。无生发中心的淋巴小结称初级淋巴小结（primary lymphoid nodule），有生发中心的淋巴小结称次级淋巴小结（secondary lymphoid nodule）。淋巴小结单独存在时称孤立淋巴小结（solitary lymphoid nodule），聚集成群时称集合淋巴小结（aggregated lymphoid nodules）。淋巴小结受抗原刺激时可增大增多，无抗原刺激时可减少或消失，它是体液免疫的重要指征。淋巴组织除上述两种主要形态外，还可形成索状结构，称为淋巴索（lymphatic cord），如淋巴结的髓索、脾的脾索等。淋巴索可互相连接成网状，索内主要为 B 细胞。

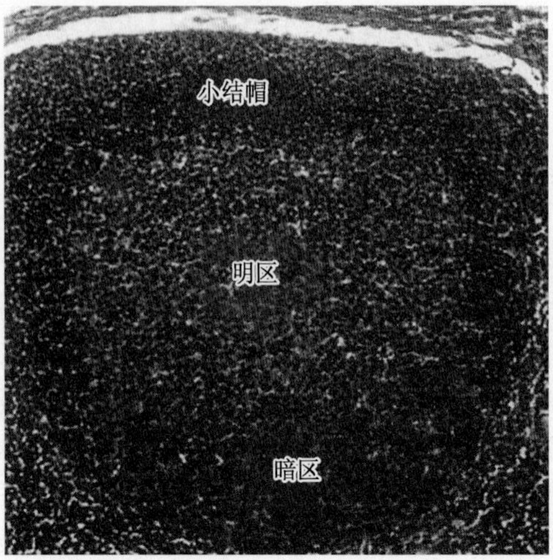

图 11-2　淋巴小结光镜像

11.3 免疫器官

免疫器官（immune organ）是以免疫组织为主要成分构成的器官，亦称淋巴器官（lymphoid organ），分为两类：① 中枢淋巴器官（central lymphoid organ），也称初级淋巴器官（primary lymphoid organ），包括胸腺、骨髓和腔上囊，是淋巴细胞早期分化的场所。淋巴干细胞在中枢淋巴器官内分裂分化，成为具有不同功能和不同特异性抗原受体的初始型淋巴细胞，并输送到周围淋巴器官和淋巴组织。其中胸腺培育 T 细胞，骨髓和腔上囊培育 B 细胞。中枢淋巴器官发生较早，出生时已基本发育完善。淋巴干细胞在此分裂分化与抗原刺激无关，而是受激素及所在微环境的影响。② 周围淋巴器官（peripheral lymphoid organ），又称次级淋巴器官（secondary lymphoid organ），包括淋巴结、脾、扁桃体、血结和血淋巴结等。由于它们依赖中枢淋巴器官供给淋巴细胞，故发生较迟，其淋巴细胞的进一步分裂、分化需受抗原的刺激，然后产生大量的效应淋巴细胞，所以周围淋巴器官是接受抗原刺激并产生免疫应答的重要场所。无抗原刺激时其体积较小；抗原刺激后体积增大，结构发生变化；抗原被清除后又逐渐恢复原状。下面主要介绍胸腺、淋巴结和脾。

11.3.1　胸腺

11.3.1.1　**胸腺的组织结构**　胸腺（thymus）为实质性器官，表面包有薄层被膜，被膜结缔组织伸入其内部形成小叶间隔构成胸腺的间质部分，并将实质分成许多大小不等的胸腺小叶（thymic lobule）。每一小叶由皮质和髓质组成，由于小叶间隔不完整，故相邻小叶的髓质常见相连（图 11-3）。胸腺实质由胸腺细胞和胸腺基质细胞组成。胸腺基质细胞（thymic stromal cell）构成胸腺细胞发育分化的微环境，主要是胸腺上皮细胞，还有巨噬细胞、交错突细胞、肥大细胞、肌样细胞、成纤维细胞和嗜酸性粒细胞等。

（1）胸腺皮质（thymic cortex）　以胸腺上皮细胞为支架，间隙内含有大量的胸腺细胞和少量的巨噬细胞等。由于细胞密集，故着色较深。

胸腺上皮细胞（thymic epithelial cell）：又称上皮网状细胞（epithelial reticular cell），有多种类型，并且存在种间差异，它们分别分布于胸腺的不同部位，构成不同的局部微环境（图 11-4）。一般认为，胸腺皮质内有两种上皮细胞：① 扁平上皮细胞，又称被膜下上皮细胞，位于被膜下和小叶间隔旁，与结缔组织相邻的一侧呈扁平状，而另一侧有一些突起，彼此以桥粒相连。有的扁平上皮细胞的胞质内含有一些内吞的胸腺细胞，这种上皮细胞称为哺育细胞（nurse cell）。扁平上皮细胞能够分泌 β2 微球蛋白，它是一种趋化因子，能够吸引淋巴干细胞进入胸腺；还能分泌胸腺素和胸腺生成素，为胸腺细胞发育分化所必需。② 星形上皮细胞，具有许多分支的突起，突起间以桥粒相连成网。该细胞不能分泌激素，但能分泌白细胞介素 -7（IL-7）等细胞因子，诱导胸腺细胞发育分化。

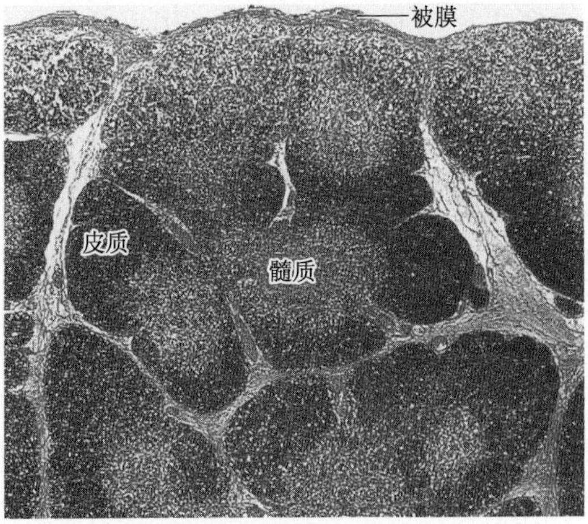

图 11-3　胸腺光镜结构低倍像（HE 染色）

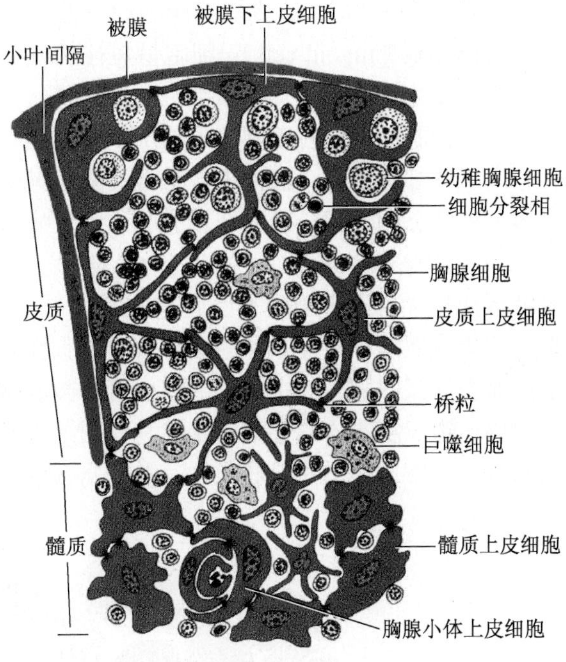

图 11-4　胸腺各种细胞相互关系模式图

胸腺细胞（thymocyte）：T 细胞的前身，密集于胸腺皮质内，占皮质细胞的 85%～90%。淋巴干细胞进入胸腺后，从皮质浅层向深层迁移并逐步分化。位于皮质浅层的细胞体积较大，为早期胸腺细胞，是快速分裂分化的细胞，经数次分裂后移向皮质深层转变为普通胸腺细胞。普通胸腺细胞体积较小，开始出现 T 细胞抗原受体，但对抗原尚无应答能力。胸腺细胞在胸腺内处于被选择期，其中 95％左右的能与机体自身抗原相结合，而与自身 MHC 抗原不相容的胸腺细胞将逐步凋亡而被淘汰，只有少数被选定的细胞能够最后成熟为初始 T 细胞进入髓质，或经皮质与髓质交界处的毛细血管后微静脉迁至周围淋巴器官和淋巴组织中。

（2）胸腺髓质（thymic medulla）染色较淡，但与皮质界线不甚明显。含有大量的胸腺上皮细胞和一些 T 细胞、巨噬细胞、交错突细胞和肌样细胞；也含少量的肥大细胞、嗜酸性粒细胞、B 细胞、浆细胞、成纤维细胞和脂肪细胞等。

胸腺髓质内也含两种胸腺上皮细胞：① 髓质上皮细胞，呈球形或多边形，胞体较大，细胞间以桥粒相连，间隙内有少量的 T 细胞。髓质上皮细胞是分泌胸腺激素的主要细胞。② 胸腺小体上皮细胞，呈扁平状，构成胸腺小体（thymic corpuscle）。胸腺小体亦称哈索尔小体（Hassall's corpuscle）（图 11-5），大小不一，散在于髓质内，由胸腺上皮细胞呈同心圆状包绕而成。其周边的细胞较幼稚，胞核明显；内侧的细胞较成熟，胞质内含较多的角蛋白，胞核渐退化；中心的细胞则完全角质化，呈强嗜酸性，有的已破碎呈均质透明状；中心还常见巨噬细胞或嗜酸性粒细胞。胸腺小体在死亡的胸腺细胞的清除以及髓质胸腺细胞的成熟过程中起作用。胸腺小体上皮细胞不能分泌激素，但能分泌 IL-7、胸腺基质淋巴细胞生成素（TSLP）等细胞因子。TSLP 作用于胸腺树突细胞（交错突细胞），使之能够诱导调节性 T 细胞的产生。

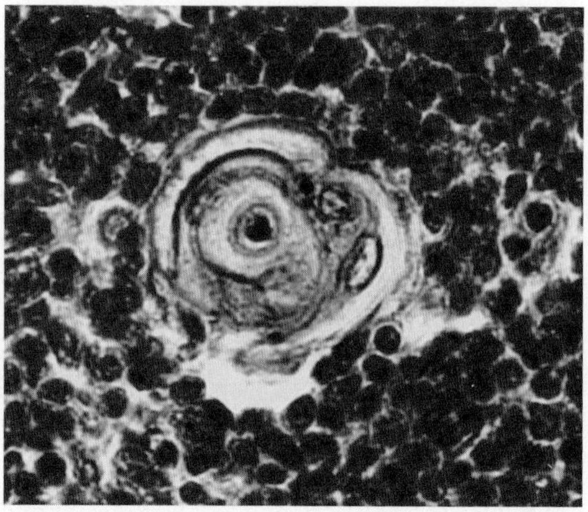

图 11-5 胸腺小体光镜结构高倍像（HE 染色）

肌样细胞（myoid cell）：细胞呈短柱状或椭圆形，胞核圆形位于边缘，胞质强嗜酸性，超微结构和组化特性类似骨骼肌细胞。犬、猫、鸟类和爬行类的肌样细胞较多。肌样细胞能够表达一些肌细胞蛋白，在正常生理情况下可能诱导对自身肌细胞抗原的耐受。重症肌无力患者的胸腺内肌样细胞增多，血清中含有抗乙酰胆碱受体的抗体，表明胸腺肌样细胞的增生可以引起机体免疫状态的变化，因而在重症肌无力发病过程中可能起重要作用。

（3）胸腺的血液供应及血 - 胸腺屏障　小动脉穿越胸腺被膜沿小叶间隔至皮质与髓质交界处形成微动脉，并发出分支进入皮质和髓质形成毛细血管。髓质内的毛细血管通常是有孔型，汇集成微静脉后经小叶间隔和被膜出胸腺。皮质内的毛细血管在皮质与髓质交界处汇集成毛细血管后微静脉，其中部分毛细血管后微静脉是高内皮型，它们是胸腺内淋巴细胞进出血液的主要通道。皮质内的毛细血管及其周围结构具有屏障作用，能够阻止大分子抗原物质和某些药物进入胸腺内，这种结构称血 - 胸腺屏障（blood-thymus barrier）（图 11-6）。血 - 胸腺屏障

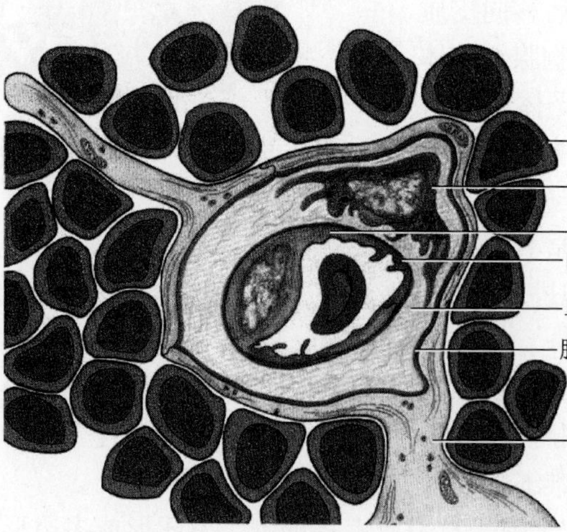

图 11-6 血 - 胸腺屏障结构模式图

对于维持胸腺内环境的稳定、保证胸腺细胞的正常发育分化起着极其重要的作用。血－胸腺屏障由下列几层构成：① 连续毛细血管，其内皮细胞间有紧密连接；② 血管内皮外完整的基膜；③ 血管周隙，内含巨噬细胞；④ 胸腺上皮细胞的基膜；⑤ 一层连续的胸腺上皮细胞。

11.3.1.2　**胸腺的功能**　胸腺不仅是中枢免疫器官，同时也是内分泌器官。

（1）培育和选择 T 细胞　淋巴干细胞进入胸腺后，在胸腺微环境的诱导和选择下，发育分化形成各种初始 T 细胞，经血液输送至周围淋巴组织和淋巴器官。

（2）分泌激素　胸腺上皮细胞能分泌胸腺素、胸腺生成素、胸腺肽等多种激素。

胸腺有明显的年龄性变化。动物出生时，胸腺尚未发育完善，故切除新生动物的胸腺，该动物将缺乏 T 细胞，免疫功能将明显低下。胸腺生长至性成熟时体积最大，此后停止生长并逐渐退化，被脂肪组织所替代。但直到老年，胸腺仍能产生少量的 T 细胞，并且保持一定的再生能力。

11.3.2　淋巴结

11.3.2.1　**淋巴结的组织结构**　淋巴结（lymph node）位于淋巴回流的通路上，大小不等，多呈豆状（图 11-7）。一侧有一凹陷称为门部（hilus），是血管、神经和输出淋巴管通过的地方。淋巴结表面覆有薄层被膜，被膜结缔组织伸入其内部形成粗细不等的小梁（trabecula）。小梁互相连接成网，构成淋巴结的粗支架，连同神经、血管一起形成淋巴结的间质。在粗支架之间填充有网状组织，构成淋巴结的细微支架。淋巴结的实质，分为皮质和髓质两部分。

（1）皮质　位于被膜下方，由浅层皮质、深层皮质和皮质淋巴窦构成（图 11-8，图 11-9）。

① 浅层皮质（peripheral cortex）　由淋巴小结和小结间弥散淋巴组织构成。淋巴小结呈圆形或卵圆形，由大量的 B 细胞（约占 95%）和少量的辅助性 T 细胞、巨噬细胞、滤泡树突细胞等组成。未经抗原刺激时，其体积较小，为初级淋巴小结；受到抗原刺激后，其体积增大并出现生发中心，成为发育良好的次级淋巴小结，此时可见明显的暗区、明区和小结帽。暗区位于淋巴小结的下半部，着色较深，主要由胞质呈强嗜碱性的大 B 细胞组成；明区位于淋巴小结的上半部，着色较淡，主要由中 B 细胞组成；小结帽环绕淋巴小结，但在靠近被膜下淋巴窦处最厚，主要由密集的小 B 细胞构成。暗区的大 B 细胞受抗原刺激后不断分裂分化，移入明区，变成中 B 细胞，再经多次分裂，变成帽区的小 B 细胞，其中主要为浆细胞的前身，另有一些记忆 B 细胞。浆细胞的前身迁移到髓质或通过血液循环进入其他淋巴器官、淋巴组织或结缔组织中，转变为能够分泌抗体

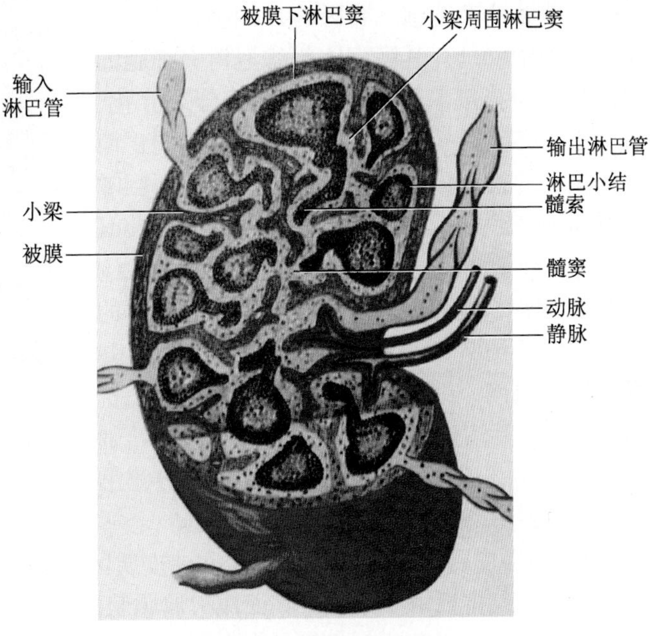

图 11-7　淋巴结模式图

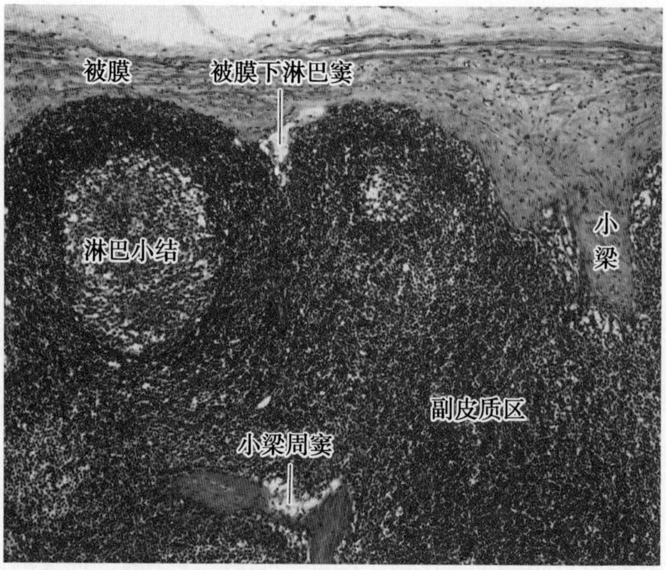

图 11-8　淋巴结皮质低倍像（HE 染色）

的浆细胞。记忆 B 细胞可不断地参加淋巴细胞再循环，当遇到相应的抗原再次刺激时，即迅速分裂分化转变为浆细胞。还有极少量的记忆 B 细胞在无抗原刺激时也可间断地自动活化，分裂分化为一小群浆细胞，以维持血液中某种特异性抗体的较高浓度，增强机体的抵抗力。明区内还分布有一些巨噬细胞、滤泡树突细胞和辅助性 T 细胞。明区的 B 细胞处于被选择的过程中，只有其膜抗体与滤泡树突细胞的表面抗原有高度亲和性的才能继续分裂分化，形成小 B 细胞移至帽部，其余的将发生凋亡而被淘汰，并被巨噬细胞吞噬清除。明区的巨噬细胞常被称为易染体巨噬细胞（tingible body macrophage），因为这些巨噬细胞大量吞噬被淘汰的 B 细胞，故胞质内常含有被称为易染体的变形的淋巴细胞核。滤泡树突细胞多突起，并互相连接成网，细胞突起可聚集大量抗原－抗体复合物，后者经 B 细胞吞噬处理后呈递给辅助性 T 细胞，活化的辅助性 T 细胞可以分泌淋巴因子调控 B 细胞的分裂分化。

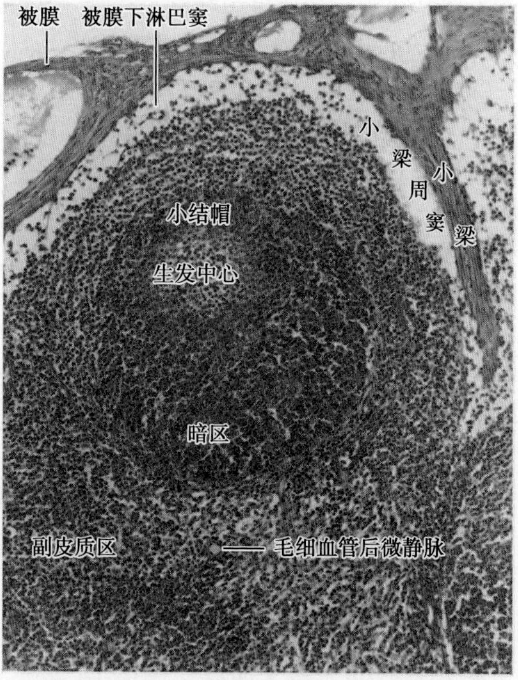

图 11-9　淋巴结皮质中倍像（HE 染色）

② 深层皮质（deep cortex） 又称副皮质区（paracortex zone），位于皮质深部，为厚层弥散淋巴组织，主要由 T 细胞聚集而成，属胸腺依赖区（thymus dependent region），另有较多的交错突细胞、巨噬细胞和少量的 B 细胞等。深层皮质由若干个单位组成，每个单位呈半球形，

较平的一面朝向淋巴小结、与一条输入淋巴管相对应，球面朝向髓质并与髓质相连。深层皮质单位的中央区，细胞较密集，含有大量的T细胞和一些交错突细胞等，新生动物切除胸腺后此区呈空竭状，在细胞免疫应答时此区迅速扩大；周围区细胞较稀疏，含T细胞和B细胞，还有许多高内皮微静脉或称毛细血管后微静脉，它是血液内淋巴细胞进入淋巴结的重要通道（图11-10）。在深层皮质与髓质邻接处，含有一些小盲淋巴窦（small blind sinus），它是髓窦的起始部，淋巴细胞可经此处进入淋巴窦。

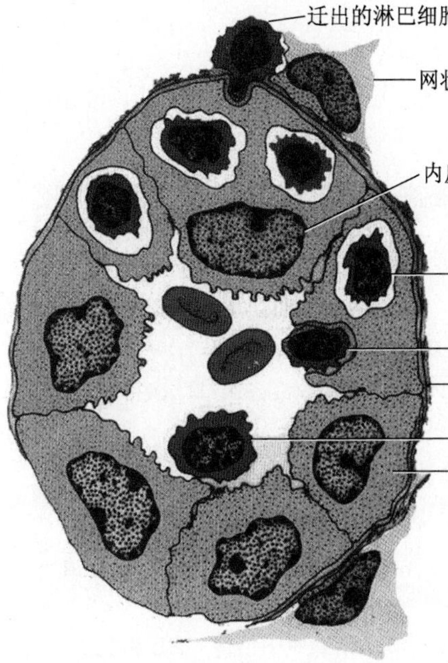

图11-10 高内皮微静脉模式图

③ 皮质淋巴窦（cortical sinus） 包括被膜下淋巴窦（图11-11）和小梁周围淋巴窦。被膜下淋巴窦（subcapsular sinus）位于被膜下，为一宽大的扁囊，包绕整个淋巴结实质，数条输入淋巴管穿过被膜与被膜下淋巴窦相通，再通过深层皮质单位之间的狭窄通道与髓窦相通，最后在门部汇成输出淋巴管。小梁周围淋巴窦（peritrabecular sinus）沿小梁周围分布，多为较短的盲管，只有位于深层皮质单位之间的小梁周围淋巴窦才与髓窦直接相通。淋巴窦壁衬以连续性单层扁平内皮，内皮外有薄层基质、少量网状纤维和一层扁平网状细胞；窦腔内有星状内皮细胞作支架，并有许多巨噬细胞附于其上或游离于窦腔内，网眼内还有许多淋巴细胞。淋巴液在淋巴窦内缓慢流动，有利于巨噬细胞清除异物。淋巴窦内还偶见面纱细胞（veiled cell），该细胞有许多薄片状突起，形似面纱，因而得名。面纱细胞实际上是表皮中的朗格汉斯细胞，吞噬抗原后经输入淋巴管进入淋巴结，之后转移至副皮质区，即成为交错突细胞。

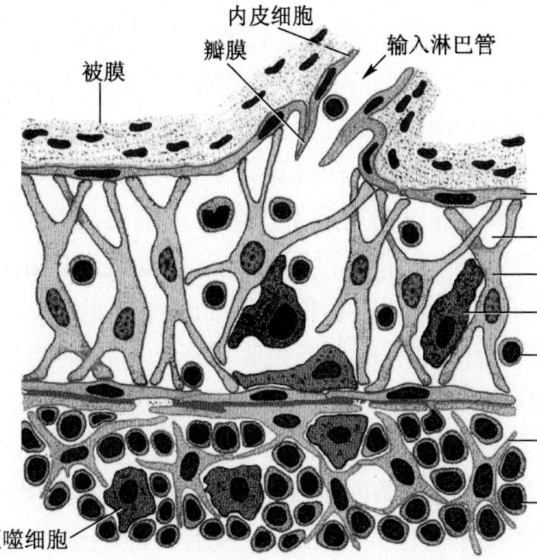

图11-11 被膜下淋巴窦结构模式图

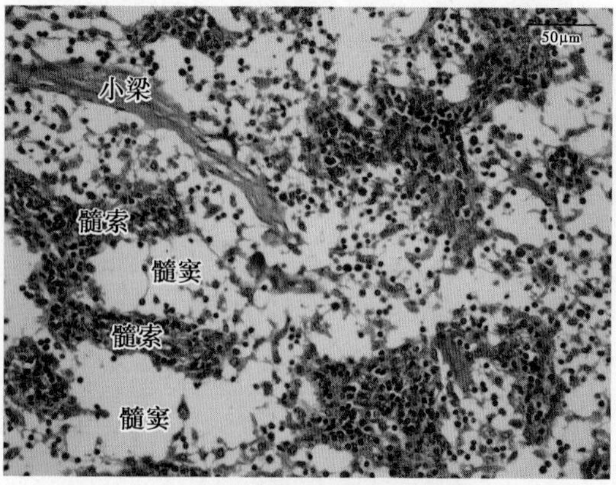

图 11-12 淋巴结髓质中倍像（HE 染色）

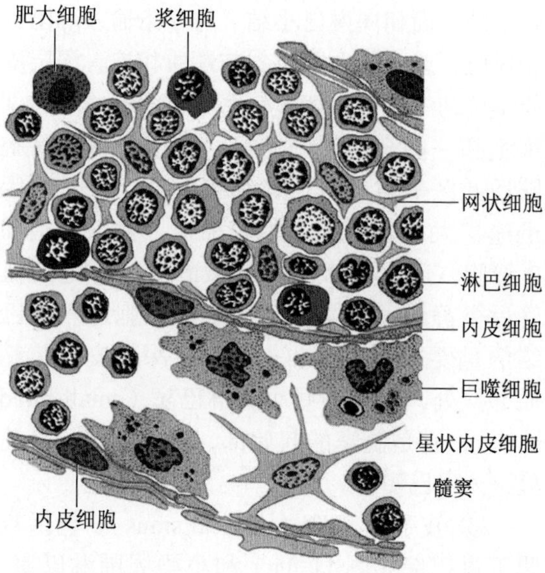

图 11-13 髓索和髓窦光镜结构模式图

（2）髓质 由髓索和髓窦组成（图 11-12，图 11-13）。

① 髓索（medullary cord） 是相互连接的淋巴索，主要含 B 细胞和浆细胞，另有一些 T 细胞、肥大细胞、巨噬细胞和嗜酸性粒细胞等。髓索中央常有一条扁平内皮的毛细血管后微静脉，是血液内淋巴细胞进入髓索的通道。

② 髓窦（medullary sinus） 即髓质淋巴窦，位于髓索之间，其结构与皮窦相同，但较宽大，腔内巨噬细胞较多，故有较强的滤过功能。

（3）淋巴结的淋巴通路 淋巴由输入淋巴管导入被膜下淋巴窦，然后向四周缓慢地流开，大部分淋巴经深层皮质单位之间的狭窄通道直接流入髓窦，少部分淋巴渗入淋巴组织，再经小梁周围淋巴窦流入髓窦，最后在淋巴结门部汇入输出淋巴管。经淋巴结滤过后的淋巴液中细菌和异物较少，而含有较多的淋巴细胞和抗体。

以上所述是淋巴结的典型结构，但猪的淋巴结比较特殊。仔猪的淋巴结“皮质”和“髓质”的位置相反。淋巴小结位于中央区域，而不甚明显的淋巴索和少量较小的淋巴窦则位于周围。输入淋巴管从一处或多处经被膜和小梁一直穿行到中央区域，然后流入周围窦，最后汇集成几条输出淋巴管，从被膜的不同地方穿出。在成年猪中，皮质和髓质混合排列（图 11-14）。

11.3.2.2 **淋巴细胞再循环** 周围淋巴器官和淋巴组织内的淋巴细胞可经淋巴管进入血液，循环于全身，它们又可通过毛细血管后微静脉再回到淋巴器官或淋巴组织内，如此周而复始，使淋巴细胞从一个地方到另一个地方的循环过程称淋巴细胞再循环（lymphocyte recirculation）。大部分淋巴细胞参与再循环，尤以记忆 T、B 细胞最为活跃。淋巴细胞再循环有利于识别抗原和迅速传递信息，使分散各处的淋巴细胞成为一个相互关联的有机整体，使功能相关的淋巴细胞共同进行免疫应答（图 11-15）。

11.3.2.3 **淋巴结的功能** 淋巴结是机体内重要的免疫器官，构成机体免疫的第二道防线。

（1）滤过淋巴 大分子抗原和异物侵入皮下或黏膜后，经毛细淋巴管进入淋巴结，然后被淋巴结内的巨噬细胞吞噬清除。例如，对细菌的清除率可达 99%。但若机体的免疫力降低，

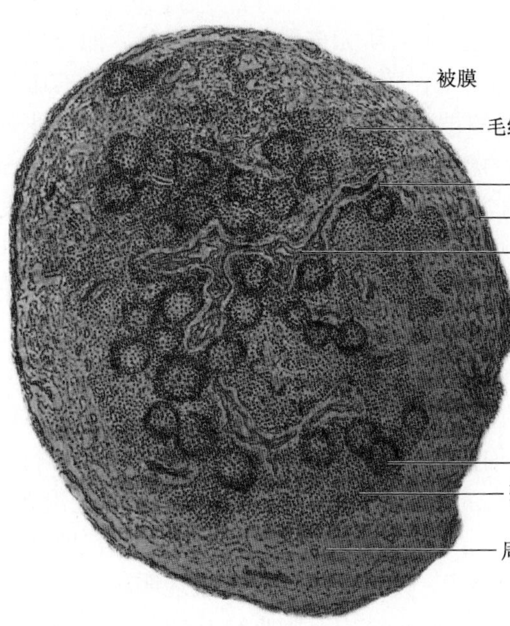

图 11–14 猪淋巴结（HE 染色）

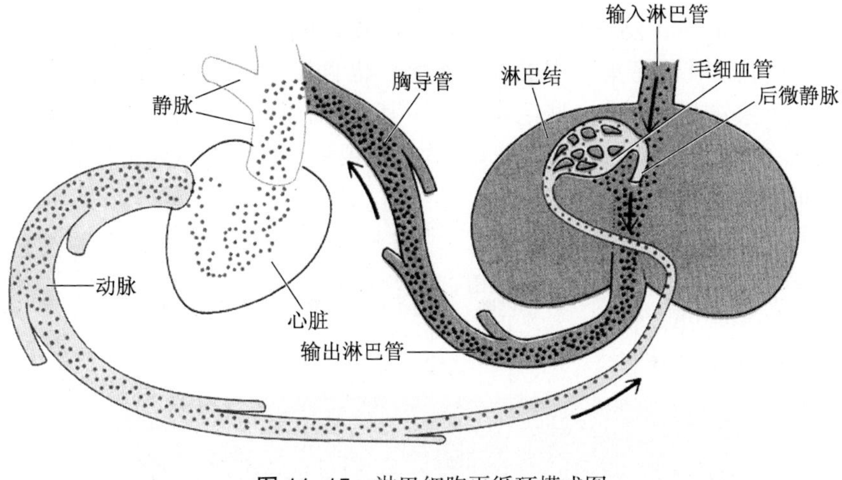

图 11–15 淋巴细胞再循环模式图

或抗原的数量和毒力过大时，淋巴结亦可成为抗原扩散之地。

（2）免疫应答　抗原进入淋巴结后，巨噬细胞和交错突细胞可将其捕获、处理并呈递给相应的淋巴细胞，使之发生转化，引起免疫应答。当引起体液免疫应答时，淋巴小结增多、增大，髓索内浆细胞增多；引起细胞免疫应答时，副皮质区明显扩大，效应 T 细胞输出增多。淋巴结常同时发生体液免疫和细胞免疫，免疫反应剧烈时，临床上表现为肿大和出血等。淋巴结是检疫和疾病诊断常检的器官之一。

11.3.3　脾

11.3.3.1　**脾的组织结构**　脾（spleen）是体内最大的淋巴器官，其结构与淋巴结有许多相似之处，也由淋巴组织构成。但脾的实质无皮质与髓质之分，而分为白髓、边缘区和红髓（图 11-16）；脾位于血液循环的通路上，脾内没有淋巴窦，而有大量的血窦。

（1）被膜与小梁　脾有较厚的被膜，表面覆有间皮，被膜结缔组织伸入脾内形成许多分支的小梁，它们互相连接构成脾的粗支架。小梁之间填充有网状组织，构成脾的海绵状多孔隙的细微支架。脾的被膜和小梁内含有数量不等的平滑肌纤维，小梁内有发达的小梁动脉和静脉。平滑肌的收缩可调节脾内的血量。

（2）白髓（white pulp）　由密集的淋巴组织环绕动脉而成，包括脾小结和动脉周围淋巴鞘（图 11-17）。在新鲜脾的切面上，呈灰白小点状，因而得名。

① 动脉周围淋巴鞘（periarterial lymphatic sheath）　是围绕中央动脉周围的厚层弥散淋巴组织，由大量的 T 细胞、少量的巨噬细胞和交错突细胞等构成，属胸腺依赖区，相当于淋巴结的深层皮质，但无高内皮的毛细血管后微静脉。中央动脉旁有一条伴行的小淋巴管，沿动脉进入小梁，继而在门部汇集成较大的淋巴管出脾，它是鞘内 T 细胞迁出脾的重要通道。

② 脾小结（splenic nodule）　亦称脾小体（splenic corpuscle），即淋巴小结，位于动脉周围淋巴鞘的一侧，主要由 B 细胞构成，发育良好者也可呈现明区、暗区和小结帽，帽朝向红髓。与淋巴结的淋巴小结不同的是，脾小结内有中央动脉的分支穿过，绝大多数处于偏心位置，只有极少数位于中央（图 11-16，图 11-17）。健康动物脾内脾小结较少，当受到抗原刺激引起体液免疫应答时，脾小结增多、增大。

（3）边缘区（marginal zone）　位于白髓与红髓之间，宽 100 ~ 500 μm，呈红色。细胞排列较白髓稀疏，但较红髓密集，主要含 B 细胞，也含 T 细胞、巨噬细胞、浆细胞和其他各种血细胞。中央动脉分支而成的一些毛细血管，其末端在白髓与边缘区之间膨大形成边缘窦（marginal sinus），它是血液和淋巴细胞进入脾内的重要通道。边缘区是脾内免疫细胞捕获、识别、处理抗原和诱发免疫应答的重要部位。

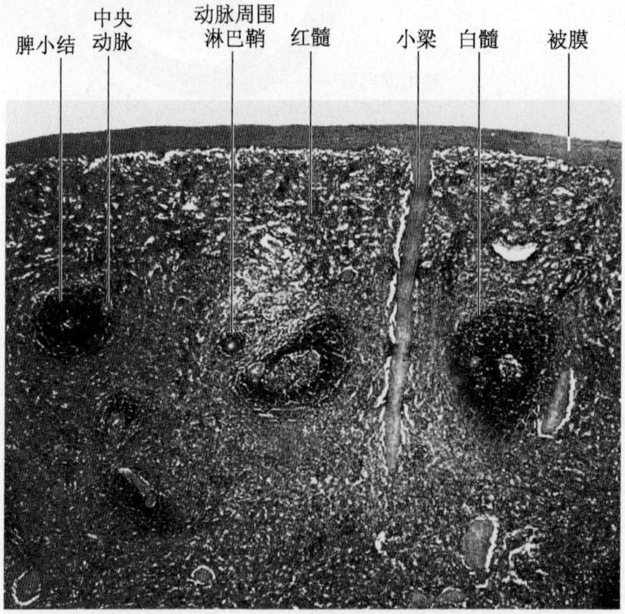

图 11-16　脾光镜结构低倍像（HE 染色）

（4）红髓（red pulp） 占脾实质的大部分，分布于被膜下、小梁周围、白髓及边缘区的外侧。因含大量的血细胞，在新鲜切面上呈红色，因而得名。红髓包括脾索和脾血窦（图 11-17，图 11-18）。

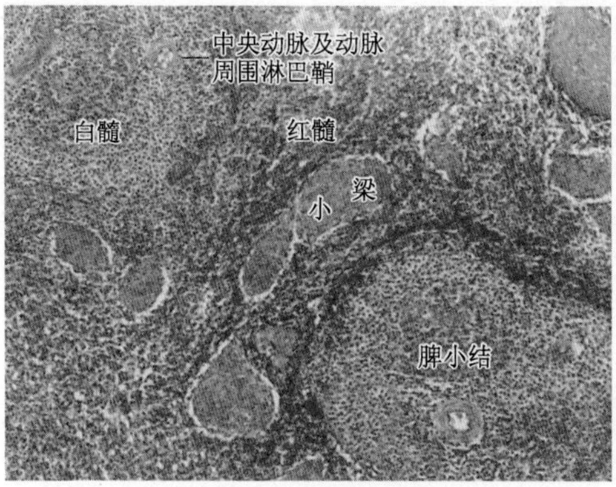

图 11-17 脾白髓和红髓光镜结构（HE 染色）

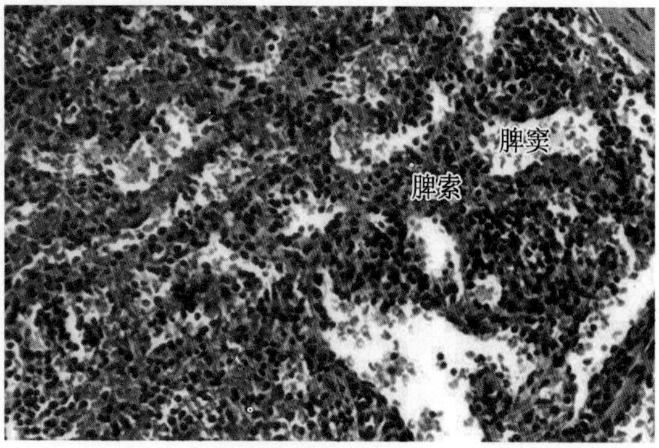

图 11-18 脾红髓光镜结构图（HE 染色）

① 脾索（splenic cord） 为富含血细胞的淋巴索，相互连接成网，内含 T 细胞、B 细胞、浆细胞、巨噬细胞和其他血细胞。根据细胞成分的不同及毛细血管的有无，可将脾索分为滤过区和非滤过区两种不同功能的区域。滤过区（filtering area）含有鞘毛细血管和毛细血管开放的终末部，两者周围均有大量的巨噬细胞，尤其是在鞘毛细血管周围，巨噬细胞和网状细胞形成椭圆形鞘，又称椭球。鞘结构有时很紧密，此时滤过作用很低；有时呈松散海绵状，鞘内充满血浆和血细胞，此时滤过作用较强。鞘毛细血管可间歇性地收缩或扩张，有调节血流的作用。当血液从滤过区的血管中渗出时，巨噬细胞即可清除衰老的红细胞、抗原抗体复合物或其他异物。非滤过区（nonfiltering area）几乎不含毛细血管，分布在几个滤过区之间，其中含有较多的 B 细胞、浆细胞、少量的 T 细胞和巨噬细胞。

② 脾血窦（splenic sinusoid） 简称脾窦，位于脾索之间，宽 12 ~ 40 μm，形态不规则，互相连接成网。窦壁由一层长杆状的内皮细胞平行排列而成，彼此之间有间隙，脾索内的血细胞可经此穿越进入脾窦；内皮外有不完整的基膜和环行的网状纤维围绕。因此，脾窦如同多孔隙的栏栅状结构。脾窦外侧有较多的巨噬细胞，其突起可通过内皮间隙伸入窦腔内。犬、兔、猪的脾窦发达，而猫和反刍动物的则不发达。

11.3.3.2 脾的血液通路 脾动脉（splenic artery）从脾门入脾后分支进入小梁，称小梁动脉（trabecular artery）。小梁动脉离开小梁进入白髓的动脉周围淋巴鞘内，称中央动脉（central artery），沿途发出一些分支形成毛细血管，供应白髓的动脉周围淋巴鞘和脾小结，其末端膨大形成边缘窦。中央动脉主干穿出白髓进入红髓的脾索内，并分成数支直行的微动脉，形似笔毛，故称笔毛微动脉（penicillar arteriole）。笔毛微动脉在脾索内依次分支：① 髓微动脉（pulp arteriole），内皮外有 1 ~ 2 层平滑肌；② 鞘毛细血管（sheathed capillary），内皮外包有富含巨噬细胞的网状组织鞘；③ 毛细血管，其末端多数扩大成喇叭状开放于脾索，少数则直接连通于脾窦。脾窦汇入髓微静脉（pulp venule）、小梁静脉（trabecular vein），最后在门部汇成脾静脉（splenic vein）出脾（图 11-19，图 11-20）。猪的鞘毛细血管不仅数量多，而且体积大。

11.3.3.3 脾的功能 脾是免疫应答的重要场所，构成机体免疫的第三道防线。此外，还

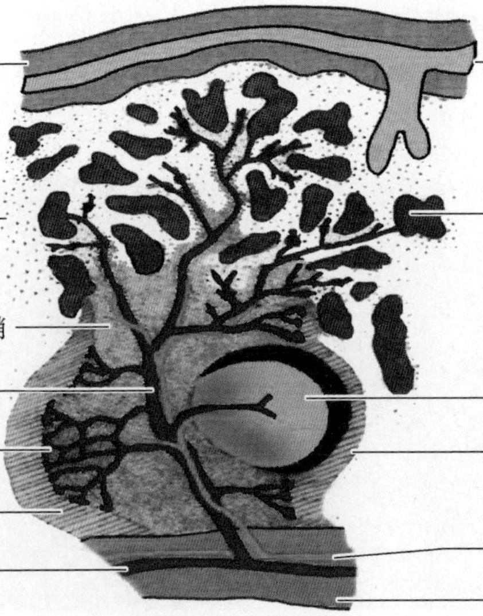

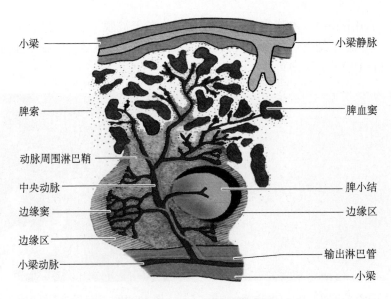

图 11-19 脾血液通路模式图

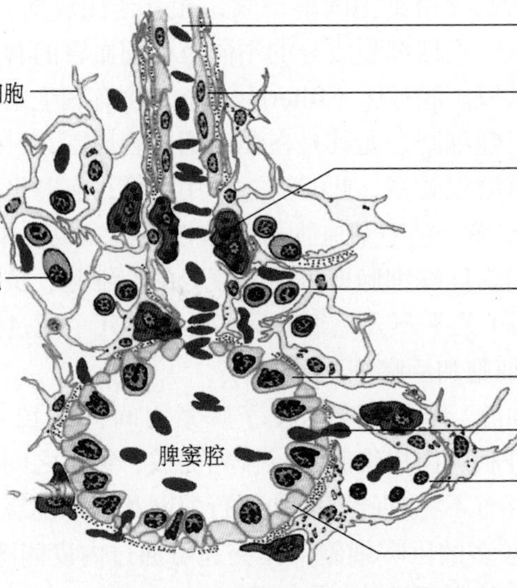

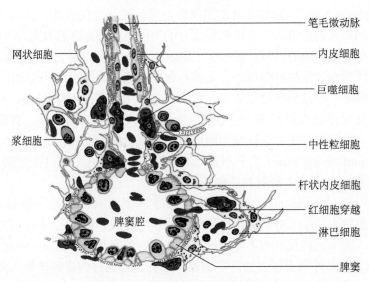

图 11-20 脾索和脾窦的关系模式图

有滤血、储血和造血的作用。

（1）免疫　脾内含有大量的淋巴细胞、浆细胞等多种免疫细胞，侵入血内的病原体，如细菌、疟原虫、血吸虫等，可引起脾内发生免疫应答，脾的体积和结构也发生变化。体液免疫应答时，淋巴小结增多、增大，脾索内浆细胞增多；细胞免疫应答时，动脉周围淋巴鞘显著增厚。

（2）滤血　脾内含有大量的巨噬细胞，可吞噬清除血液中的病原体和衰老的血细胞。脾内滤血的主要部位是脾索和边缘区。当脾大或功能亢进时，红细胞破坏过多，可引起贫血；而切除脾后，血内异形的衰老红细胞会大量增加。

（3）储血　脾窦和脾索内可以储存一定量的血液。在动物剧烈运动、大量失血、缺氧时，血液从脾窦和脾索内释放加入血液循环，以满足机体的需要。

（4）造血　胚胎早期的脾具有造血功能，但骨髓开始造血后，脾逐渐变为一种淋巴器官，仅能产生淋巴细胞和浆细胞。不过，此时脾内仍有少量的造血干细胞，当机体严重缺血或某些病理状态下，脾可恢复造血功能。

11.3.4　扁桃体

扁桃体（tonsil）主要位于消化道与呼吸道的交会处，是鼻咽、喉咽和口咽处相关淋巴组织最主要的存在形式，其黏膜面的表面积相当大，并经常与来自食物和呼吸气体中的抗原相接触，是诱发免疫应答和产生免疫效应的重要部位，与黏膜相关淋巴组织一起构成机体免疫的第一道防线。扁桃体包括腭扁桃体（图 11-21）、咽扁桃体、舌扁桃体、会厌旁扁桃体、软腭扁桃体、咽鼓管扁桃体等主要类型，它们共同组成咽壁淋巴环。不同扁桃体的解剖部位、形状、大小及类型因动物种类不同而异，结构也有所不同（表 11-1）。一般来说，扁桃体表面覆有复层扁平上皮或假复层纤毛柱状上皮。有的扁桃体上皮向固有层内凹陷形成许多分支的隐窝（crypt），上皮深面及隐窝周围的固有层内含有大量的弥散淋巴组织和淋巴小结，淋巴小结常见生发中心；隐窝深部的上皮内也含大量的淋巴细胞、浆细胞和少量的巨噬细胞等，使淋巴组织与上皮组织界限不清，称为淋巴上皮（lymphoepithelium）。有的扁桃体无隐窝，仅有一些较深的黏膜皱襞，皱襞上皮下的固有层内含有丰富的淋巴组织。扁桃体周围的结缔组织内常有小唾液腺。

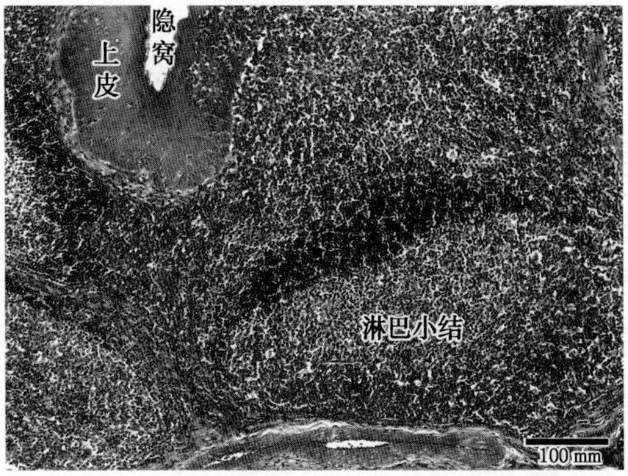

图 11-21　腭扁桃体光镜结构图（HE 染色）

表 11-1　动物扁桃体类型及其淋巴组织存在情况

物种	腭扁桃体	咽扁桃体	舌扁桃体	会厌旁扁桃体	软腭扁桃体	咽鼓管扁桃体	盲肠扁桃体
牛	+++	+++	++	−	+	+	−
绵羊	+++	+++	±	+	+	+	−
山羊	+++	+++	±	±/−	+	+	−
猪	−	++	++	+	+++	+	−
马	+++	+	++	−	++	±	−
犬	+++	++	±	−	−	−	−
猫	+++	++	±	+/±	−	−	−
兔	+++	−	−	−	−	−	−
大鼠	−	−	−	−	−	−	−
鸽	−	+	−	−	−	−	+++
鸡	−	+	−	−	−	−	+++

注：+，有；++，较发达；+++，很发达；−，无；±，偶见。

11.4 单核吞噬细胞系统

在免疫系统中有一类细胞，虽然其名称不同、形态各异、分布于多种器官和组织中，但它们具有共同的祖先，即均来源于单核细胞，并且具有活跃的吞噬功能，这类细胞归纳在一起，称单核吞噬细胞系统（mononuclear phagocyte system，MPS）。

单核吞噬细胞系统的成员，包括骨髓中的单核定向干细胞、原单核细胞、幼单核细胞，血液中的单核细胞和多种器官内的巨噬细胞。后者包括结缔组织的巨噬细胞（组织细胞）、肝的库普弗细胞、肺的尘细胞、神经组织的小胶质细胞、骨组织的破骨细胞、表皮的朗格汉斯细胞、淋巴组织和淋巴器官的巨噬细胞及交错突细胞、胸膜腔和腹膜腔内的巨噬细胞等。

单核定向干细胞来源于多能造血干细胞，在骨髓内依次分化为原单核细胞、幼单核细胞和单核细胞，之后进入血液。单核细胞的吞噬能力很弱，但它穿出血管壁进入其他组织后继续分化，细胞质内的细胞器尤其是溶酶体大量增加，吞噬能力明显增强，在不同组织中分别分化为上述各种细胞。中性粒细胞虽有吞噬作用，但不是由单核细胞分化而来，故不属于单核吞噬细胞系统。

单核吞噬细胞系统是体内一个非常重要的防御系统。其功能是：① 吞噬和杀伤病原微生物，识别和清除体内衰老损伤的自身细胞。② 杀伤肿瘤细胞和受病毒感染的细胞。③ 摄取、加工、处理、呈递抗原给淋巴细胞，激发免疫应答。④ 分泌作用：巨噬细胞能分泌 50 多种生物活性物质，如补体、白细胞介素 -2、干扰素、凝血因子、肿瘤生长抑制因子等。

复习思考题

1. 免疫组织分为哪几类？其结构特点与抗原刺激的反应怎样？
2. 试述淋巴结的结构与功能。
3. 试述脾的结构与功能。
4. 试述血－胸腺屏障。
5. 名词解释：免疫细胞　抗原呈递细胞　免疫组织　淋巴小结　胸腺小体　单核吞噬细胞系统　淋巴细胞再循环

拓展阅读

免疫领域的著名科学家

第 12 章　内分泌系统

Endocrine System

- 垂体
- 肾上腺
- 甲状腺
- 甲状旁腺
- 松果体
- 弥散神经内分泌系统

Outline

Endocrine system consists of endocrine glands, endocrine tissues and individual endocrine cells that exist in certain organs. Endocrine glands are ductless glands. Individual endocrine cells are distributed in cords, clusters, or follicles surrounded by blood and lymph capillaries. Each endocrine gland can synthesize and secrete one or more hormones. Hormones are released into the blood or lymph circulation. They act on target organs and target cells with specific receptors and influence their structure and function, regulate their growth, development, breeding, and metabolism of the organism, and maintain the stability of the internal environment. The emphases of this chapter are endocrine glands including hypophysis, adrenal gland and thyroid gland.

The hypophysis is composed of adenohypophysis and neurohypophysis. Adenohypophysis has chromophilic cells (including acidophilic cells and basophilic cells) and chromophobe cells, and they can secrete growth hormone, galactin, thyrotropin, gonadotropin and corticotrophin. Neurohypophysis consists of glial cells and unmyelinated nerve fiber, which can transport antidiuretic hormone and oxytocin secreted by supraoptic nucleus and paraventricular nucleus cells.

Adrenal gland is composed of cortex and medulla. In the light of morphology and arrangement of the cells, the adrenal cortex can be divided into zona multiformis, zona fasciculate and zona reticularis, which can secrete mineralocorticoid, glucocorticoid, androgen and a little of estrogen, respectively. The adrenal medulla is composed of medullary cord and the sinusoid and central vein. The cytoplasm of the adrenal medulla cells with abundant secretory granules, which contain adrenalin (epinephrine) and noradrenalin (norepinephrine).

The thyroid gland consists of numerous thyroid follicles. The follicles are lined by a simple cuboidal epithelium and their central cavity contains a gelatinous substance called colloid. The function of the thyroid gland follicles is the secretion of hormones thyroxine. The thyroid gland contains a small population of parafollicular cells besides the follicular epithelial cells. Parafollicular cells synthesize and secrete calcitonin.

内分泌系统（endocrine system）是机体重要的调节系统之一，由独立的内分泌腺（器官）、散在的内分泌细胞群和兼有内分泌功能的细胞组成。独立的内分泌腺包括垂体、肾上腺、甲状腺、甲状旁腺、松果体；散在的内分泌细胞及细胞群分布很广，如胰岛、肾小球旁器、卵泡、黄体、胎盘、睾丸间质细胞、神经内分泌细胞和消化管的内分泌细胞；兼有内分泌功能的细胞，如一部分心肌细胞、肥大细胞、巨噬细胞等。

内分泌系统分泌特殊的生物活性化学物质，称为激素（hormone），直接进入淋巴和血液循环，并与神经系统一起，共同调节机体的生长、发育、繁殖、代谢和维持内环境的稳定等。激素按其化学成分不同分为两类：含氮激素（氨基酸衍生物、胺类、肽类和蛋白质类激素）和类固醇激素。

激素具有高效性和特异性，极微小的量就能使特定的器官或细胞产生效应。受激素作用的器官或细胞称为靶器官（target organ）或靶细胞（target cell）。靶细胞的胞膜上具有与相应含氮激素相结合的受体，而细胞质具有与类固醇激素结合的受体。受体与激素特异性地结合即可产生效应。

本章重点介绍几种独立的内分泌腺（器官）和简述部分散在的内分泌细胞，其他内分泌细胞和兼有内分泌功能的细胞分别在有关章节中讲述。

独立的内分泌腺具有以下结构特点：细胞排列呈团、索、网或滤泡状，它们之间分布有丰富的毛细血管和毛细淋巴管；内分泌腺无导管，分泌物直接进入血液、淋巴或组织液，抵达作用的靶器官。

12.1 垂体

垂体（hypophysis）是最重要的内分泌腺，可分泌多种激素。各种动物垂体的形状、大小略有不同（图 12-1，图 12-2）。

垂体由腺垂体和神经垂体两部分组成，腺垂体来自胚胎原口顶部外胚层上皮，神经垂体来自间脑腹侧的漏斗囊。腺垂体又可分为远侧部、中间部、结节部（图 12-3，图 12-4）；神经垂

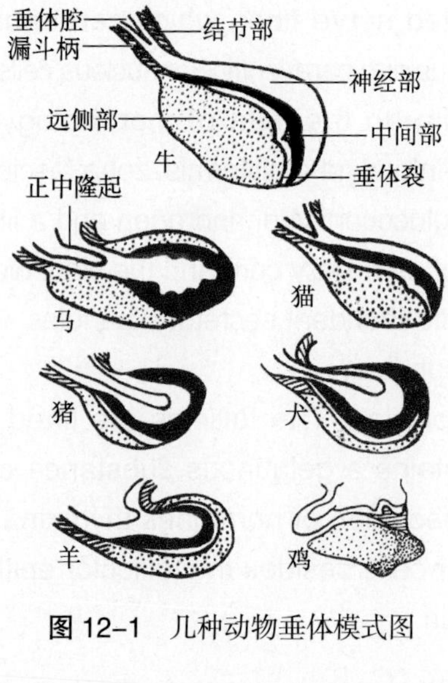

图 12-1　几种动物垂体模式图

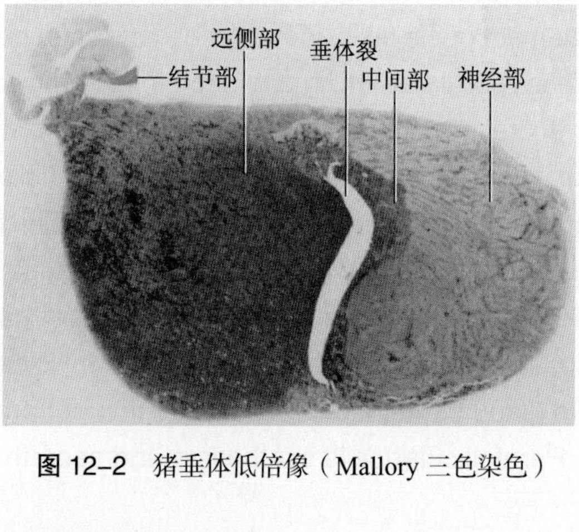

图 12-2　猪垂体低倍像（Mallory 三色染色）

体分为神经部、正中隆起和漏斗。腺垂体的远侧部称垂体前叶，中间部和神经部合称垂体后叶。垂体表面包有薄层结缔组织形成的被膜，少量的结缔组织可随血管伸入到垂体各部。正中矢状面观察脑垂体可分为以下几部分：

- 垂体
  - 腺垂体
    - 远侧部（前叶）
    - 结节部
    - 中间部 }（后叶）
  - 神经垂体
    - 神经部 }（后叶）
    - 正中隆起
    - 漏斗

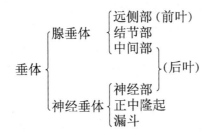

12.1.1　腺垂体的组织结构

12.1.1.1　**远侧部**（pars distalis）　又称垂体前叶，是垂体的主要部分，占垂体总体积的75%。腺细胞呈团状、索状或滤泡状，细胞团、索之间有丰富的血窦和少量的网状纤维。在HE染色的标本中，根据腺细胞质颗粒着色性质不同，分为嗜酸性细胞和嗜碱性细胞及嫌色细胞；根据细胞分泌激素的不同，又可分为数种（图 12-5）。

- 远侧部
  - 嗜酸性细胞
    - 生长激素细胞
    - 催乳激素细胞
  - 嗜碱性细胞
    - 促甲状腺激素细胞
    - 促性腺激素细胞
    - 促肾上腺皮质激素细胞
  - 嫌色细胞

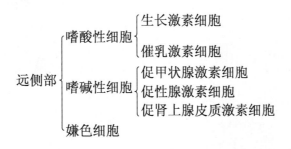

（1）嗜酸性细胞（acidophilic cell）　数量较多，占垂体前叶细胞总数的40%左右，胞体较大，呈圆形或卵圆形，胞质中有大量的嗜酸性颗粒（图 12-3，图 12-4，图 12-5），HE染色标本中呈红色。嗜酸性细胞可分为两种：

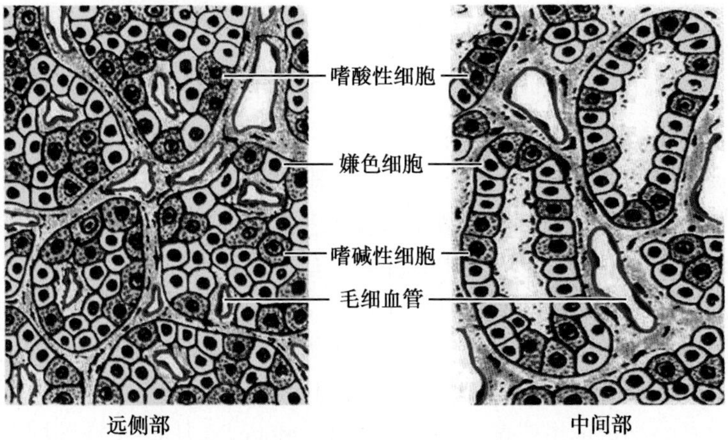

图 12-3　腺垂体远侧部和中间部结构模式图

① 生长激素细胞（somatotroph） 细胞数量较多，常聚集成群，多分布在远侧部的外侧区。电镜下，胞质内充满致密的圆形分泌颗粒。生长激素细胞能分泌生长激素（growth hormone，GH），促进肌肉、内脏的生长及多种代谢过程，尤其是促进骨骼的生长。如生长激素分泌过剩可发生巨大畸形和肢端肥大症；若分泌不足，则可产生侏儒症。

② 催乳激素细胞（mammotroph） 胞质内的分泌颗粒较少，体积较大，多分散存在。在妊娠期和泌乳期，此细胞数量增多并变大；在非妊娠期，细胞数量则减少。催乳激素细胞能分泌催乳激素（prolactin），可促进乳腺发育和分泌乳汁。

（2）嗜碱性细胞（basophilic cell） 数量少，约占 10%，主要分布在远侧部周围，细胞呈圆形、卵圆形或不规则形，胞质内充满嗜碱性颗粒（图 12-3，图 12-4，图 12-5），HE 染色呈蓝紫色。嗜碱性细胞分泌的激素为糖蛋白，故 PAS 反应呈阳性。嗜碱性细胞可分为三种：

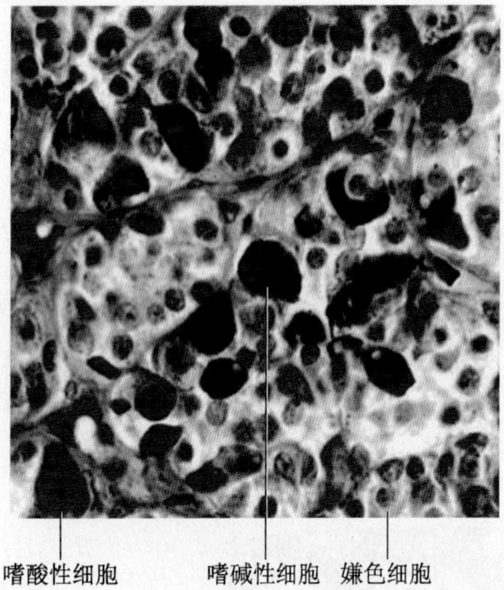

图 12-4 腺垂体远侧部（Mallory 三色染色）

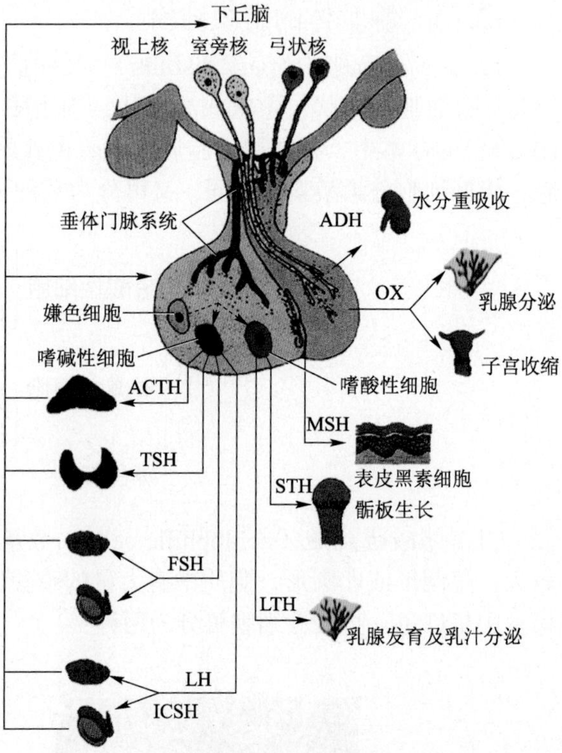

图 12-5 下丘脑和垂体的激素对靶器官的作用

① 促甲状腺激素细胞（thyrotroph） 呈不规则或多角形，胞体为远侧部最小者，常成群分布。电镜下，胞质的边缘含有较小而致密的分泌颗粒。促甲状腺激素细胞能分泌促甲状腺激素（thyroid stimulating hormone），促进甲状腺的发育和甲状腺素的合成及释放。

② 促性腺激素细胞（gonadotroph） 呈圆形，胞体大小不等，电镜下，胞质内有许多中等大小的分泌颗粒。根据细胞分泌激素的不同，分为卵泡刺激素细胞和黄体生成素细胞，前者分泌卵泡刺激素（follicle stimulating hormone，FSH），又称促卵泡激素，可刺激卵泡发育和促进精子的发生，后者分泌黄体生成素（luteinizing hormone，LH），它在卵泡刺激素作用的基础上，可促进黄体的形成和维持黄体的分泌功能，并能促进睾丸间质细胞分泌雄激素。

③ 促肾上腺皮质激素细胞（corticotroph） 呈卵圆形或多边形，胞质弱嗜碱性，着色浅，胞体有细长的突起，散在于整个远侧部。电镜下，胞质的周边可见少数致密的分泌颗粒，可分泌促肾上腺皮质激素（adrenocorticotropic hormone，ACTH），促进肾上腺皮质束状区细胞分泌糖皮质激素。

（3）嫌色细胞（chromophobe cell） 数量最多，约占 50%，常聚集成堆，体积较小，胞质少，着色淡，细胞界线不清楚。电镜下，大多数嫌色细胞含有少量的分泌颗粒。嫌色细胞功能尚不清楚。有可能是无分泌功能的未分化细胞，随着机能的需要可分化为其他各种分泌细胞，也有可能是上述细胞脱颗粒后的细胞（图 12-3，图 12-4，图 12-5）。

12.1.1.2 **结节部**（pars tuberalis） 围绕神经垂体的漏斗分布（图 12-2），此部含有丰富的纵行毛细血管，腺细胞呈索状纵向排列于血管之间，细胞较小，主要是嫌色细胞，其间有少量嗜酸性和嗜碱性细胞，可分泌少量的促甲状腺激素和促性腺激素。

12.1.1.3 **中间部**（pars intermedia） 靠近神经部的一狭窄区，并与神经部合称后叶。灵长类动物该部不发达，鸟类无中间部。该部由大量嫌色细胞和少量弱嗜碱性细胞构成，细胞呈多边形，常围成大小不等的滤泡，滤泡腔中常含有胶状物质（图 12-2，图 12-3）。中间部的细胞能分泌促黑素细胞激素（melanocyte stimulating hormone，MSH）有促进表皮内的黑素细胞合成黑素的作用，使皮肤变黑。在两栖类动物和鱼类中，此激素可使皮肤的黑素细胞的黑素颗粒分散，使皮肤颜色变深。

12.1.2 神经垂体的组织结构

神经垂体包括正中隆起、漏斗和神经部。由大量的神经胶质细胞和无髓神经纤维组成，其间含有少量的网状纤维和较多的毛细血管。神经胶质细胞呈纺锤形，或具有短突起，形态不规则，胞质内常有脂滴和色素颗粒。神经垂体的细胞不分泌激素，对神经纤维起支持和营养作用（图 12-2，图 12-6）。

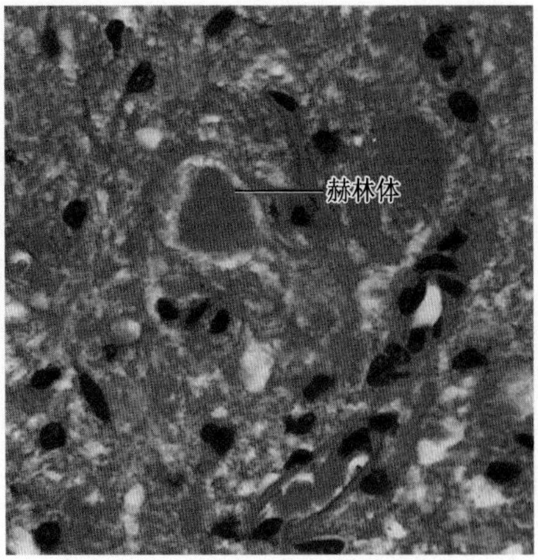

图 12-6 垂体神经部（HE 染色）

无髓神经纤维是由来自下丘脑的视上核（supraoptic nucleus）和室旁核（paraventricular nucleus）神经分泌细胞轴突构成，经丘脑下部进入垂体，形成丘脑下部垂体束（hypothalamo-hypophyseal tract），视上核和室旁核神经内分泌细胞内含有丰富的粗面内质网和发达的高尔基复合体。这些细胞产生的分泌颗粒，可沿轴突输送，经正中隆起和漏斗进入神经部，运向轴突末端，终止于毛细血管周围。分泌颗粒常密集成大小不等的团块称赫林体（Herring body），一般认为是储存激素的地方。视上核的神经内分泌细胞主要合成抗利尿激素（antidiuretic hormone，ADH），又称后叶加压素，调节体内水分和钠、钾的平衡。当其缺乏时可导致尿崩症；当超过生理剂量时，能使小血管平滑肌收缩，升高血压。室旁核的神经分泌细胞主要合成催产素（oxytocin，OT），可加强妊娠子宫平滑肌收缩，并促进乳腺分泌乳汁。

12.1.3 垂体的血管分布及腺垂体与下丘脑的关系

垂体内有特殊的门脉循环系统，其血管分布对腺垂体细胞的分泌活动有重要的调节作用。腺垂体主要由大脑基底动脉环发出的垂体上动脉供血，从结节部上端进入垂体的漏斗，在该处形成窦样初级毛细血管网，再汇聚成数条垂体门静脉，经结节部入远侧部形成次级毛细血管网，共同构成垂体门脉系统（hypophyseal portal system）。远侧部的毛细血管网最后汇合成集合静脉注入垂体周围的静脉窦（图 12-7）。

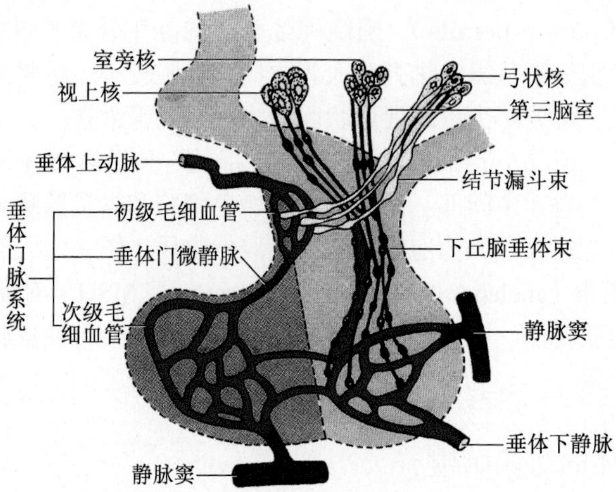

图 12-7 垂体的血管分布及其与下丘脑的关系

垂体下动脉来自颈内动脉，其分支进入神经部形成窦状毛细血管网，并有分支经中间部与远侧部的窦状毛细血管相连。毛细血管最后汇合成集合静脉入垂体周围的静脉窦。腺垂体的分泌功能受下丘脑的调节，某些内分泌腺对垂体激素的反馈效应，也必须通过下丘脑实现。下丘脑某些神经细胞可产生特殊的物质控制腺垂体各种激素的合成和释放。如下丘脑结节核的内分泌神经元能产生肽类激素，由其轴突输送到漏斗处，释放入初级毛细血管网，再经垂体门脉到远侧部的次级毛细血管网，从而调节腺垂体内各种内细胞的分泌活动，这些激素中有促进腺垂体细胞分泌的激素，称释放激素（releasing hormone，RH），有抑制腺垂体细胞分泌的激素，称释放抑制激素（release inhibiting hormone，RIH），构成了下丘脑腺垂体系统。其中有：生长激素释放激素（GHRH）、生长激素释放抑制激素（GHRIH，又称生长抑素）、催乳激素释放激素（PRH）、催乳激素释放抑制激素（PIH）、促甲状腺激素释放激素（TRH）、促性腺激素释放激素（GnRH）、促肾上腺皮质激素释放激素（CRH）、促黑细胞刺激素释放激素（MSRH）和促黑细胞刺激素释放抑制激素（MSIH）等。

12.2 肾上腺

肾上腺（adrenal gland）表面有致密结缔组织构成的被膜，被膜中含有散在的平滑肌和未分化的皮质细胞。血管和神经伴随结缔组织伸入实质内。实质由来源和功能不同的皮质和髓质组成（图 12-8，图 12-9）。皮质和髓质主要由腺细胞组成。皮质位于外周，来源于胚胎的中胚层，体积较大，分泌类固醇激素；髓质在中央，来自外胚层，体积较小，分泌含氮激素。

12.2.1　皮质

皮质占肾上腺的大部分，细胞聚合成团或索状，其间有少许结缔组织和丰富的毛细血管。细胞质中富含滑面内质网、高尔基复合体、线粒体和包有类固醇前体的脂滴。皮质部能分泌多种类固醇激素，其总效应是保持体内物质代谢和细胞内外离子的稳定。根据细胞形态和排列的不同，皮质由外向内分为多形带、束状带和网状带（图 12-8）。

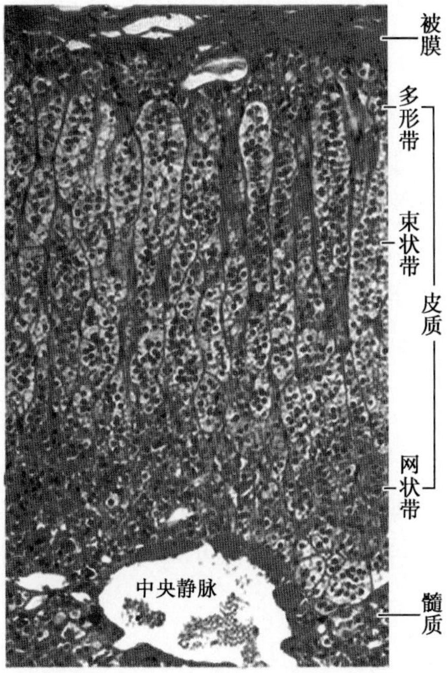

图 12-8　肾上腺光镜低倍像（HE 染色）

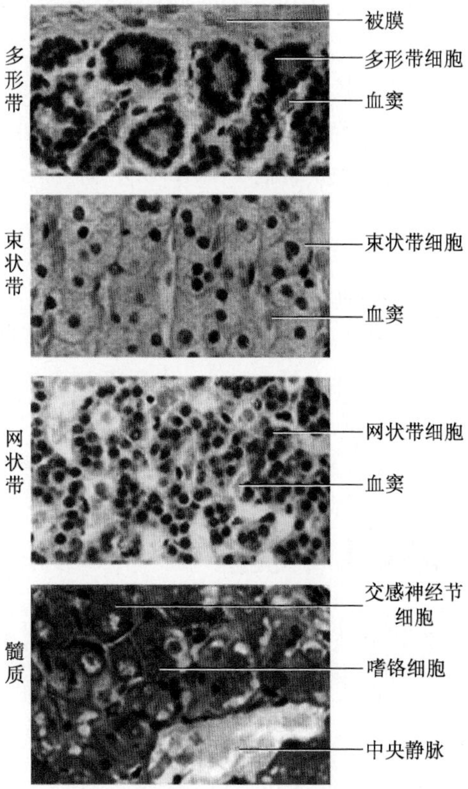

图 12-9　肾上腺各部光镜结构高倍像

12.2.1.1　**多形带**（zona multiformis）　位于被膜下，较薄。细胞排列因动物种类不同而异。反刍动物的细胞排列呈不规则的团状；马和肉食兽的细胞为柱状，排列成弓形；猪的细胞排列不规则。此带的细胞核小而染色深，胞质染色均匀，能分泌盐皮质激素，如醛固酮能促进肾小管和集合管重吸收 Na^+ 和排 K^+，调节机体的水盐代谢，维持电解质的平衡。此外，马、狗和猫的球状带和束状带之间有一密集的中间带（图 12-9）。

12.2.1.2　**束状带**（zona fasciculata）　最厚，由较大的多角形细胞从皮质向髓质呈索状排列，索间含有丰富的血窦。细胞核较大，圆形，常有双核现象。在常规染色时，脂滴被溶解，呈泡状。束状带细胞能分泌糖皮质激素，如氢化可的松、皮质醇等，主要调节体内糖、蛋白质和脂肪代谢，并可抗炎和降低免疫应答（图 12-9）。

12.2.1.3　**网状带**（zona reticularis）　位于皮质的深层，此层最薄，细胞索状排列并相互吻合呈网状，与束状带无明显的分界。细胞呈多边形，脂滴较少，脂褐素较多。有的细胞核固缩，深染。此区的细胞能分泌雄激素和少量的雌激素。若分泌过多时，可导致雄性早熟和雌性的性逆转（图 12-9）。

12.2.2 髓质

髓质位于肾上腺的中央，细胞排列成团索状，其间有少量血窦和少量结缔组织（图 12-8）。髓质细胞呈多角形或卵圆形，胞核大而圆，位于细胞的中央。用含铬盐固定液处理的标本中，胞质中可见被铬盐染成黄褐色的嗜铬颗粒，故髓质细胞又称嗜铬细胞（图 12-9）。嗜铬反应显示的是细胞颗粒中储存的去甲肾上腺素和肾上腺素，因而嗜铬细胞分为肾上腺素细胞和去甲肾上腺素细胞。前者数量多，细胞大，分泌颗粒的电子密度低，分泌的肾上腺素，可作用于心肌，增加心率和血液的输入量，使机体处于应激状态。后者数量少，细胞小，分泌颗粒的电子密度高，分泌的去甲肾上腺素，可促使外周小血管收缩，升高血压。髓质的嗜铬细胞间还有少量的交感神经节细胞（图 12-9），并可与嗜铬细胞形成突触，二者的作用也相似。

12.2.3 肾上腺的血管

肾上腺血液供应丰富。肾上腺动脉在被膜内形成小动脉网，由血管网分支成皮质毛细血管。在皮质和髓质分界处，这些毛细血管连通髓质毛细血管，最后在髓质汇成中央静脉，以肾上腺静脉输出（图 12-9）。皮质毛细血管导入髓质的血液中含有丰富的糖皮质激素，能激活髓质细胞内的苯乙醇胺 -*N*- 甲基转移酶，它对髓质细胞由去甲肾上腺素生成肾上腺素起调节作用。因此肾上腺皮质和髓质在功能上是密切相关的。

12.3 甲状腺

甲状腺（thyroid gland）表面被覆薄层结缔组织所形成的被膜，结缔组织随血管伸入腺实质，将其分成大小不等、界线不清的腺小叶。牛和猪的甲状腺小叶界线比较明显（图 12-10）。

12.3.1 滤泡

滤泡（follicle）构成实质的主要部分，呈球形、椭圆形或不规则形，大小不等。滤泡壁由单层立方上皮细胞围成。滤泡腔内充满均质状的嗜酸性胶体，它是滤泡上皮细胞的分泌物，其主要成分为甲状腺球蛋白，是一种糖蛋白，PAS 反应呈阳性。在滤泡周围有基膜和少量的结缔组织，其中有丰富的毛细血管和淋巴管。滤泡上皮细胞的核呈圆形，位于细胞的中央，胞质嗜酸性。电镜下，胞质内含有线粒体、粗面内质网、高尔基复合体、溶酶体和分泌小泡。细胞游离缘有少量微绒毛，基底面有很薄的基膜。滤泡和上皮细胞的形态随着机能状态

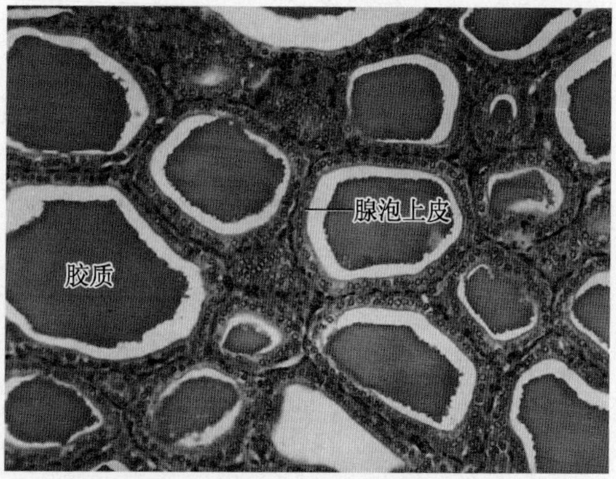

图 12-10 甲状腺光镜低倍像（HE 染色）

不同而异。甲状腺机能活跃或亢进时，细胞呈高柱状，重吸收胶体，因而滤泡腔内胶体减少，镜检出胶体内常出现大小不等的空泡；当机体不活跃或低下时，细胞变低呈扁平形，滤泡腔内胶体增多。

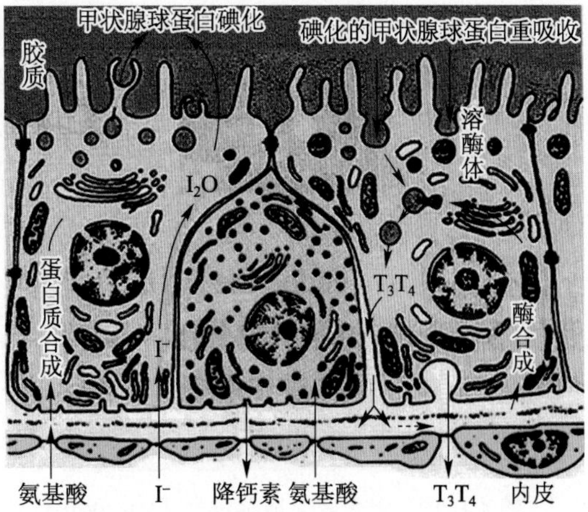

图 12–11 甲状腺的激素合成与分泌示意图

甲状腺滤泡上皮细胞具有双向性功能活动，一方面从细胞游离端向滤泡腔分泌甲状腺球蛋白，另一方面从细胞基底端释放甲状腺激素入血液。其合成、储存、重吸收和释放甲状腺激素的过程是（图 12-11）：

① 滤泡上皮细胞从血液中摄取酪氨酸等氨基酸，由粗面内质网合成甲状腺球蛋白前体，运至高尔基复合体加工成甲状腺球蛋白，然后排入滤泡腔内储存。

② 滤泡上皮细胞基底部细胞膜上的碘泵，从血液中摄取碘离子，经细胞内过氧化物酶作用使其活化并排入滤泡腔内，与甲状腺球蛋白前体结合成碘化甲状腺球蛋白储存。

③ 滤泡上皮细胞在垂体分泌的促甲状腺激素（TSH）的作用下，以胞吞的方式将碘化甲状腺球蛋白重新摄入胞质内。

④ 滤泡上皮细胞的溶酶体将碘化甲状腺球蛋白分解形成大量的四碘甲状腺原氨酸（tetraiodothyronine，T_4），即甲状腺素（thyroxine），以及少量的三碘甲状腺原氨酸（triiodothyronine，T_3）。

⑤ T_4 和 T_3 经细胞基底部释放入毛细血管，经血液循环抵达靶器官。甲状腺激素的主要功能是促进机体的新陈代谢，提高神经兴奋性，促进生长发育，特别是对幼年动物的骨骼、肌肉和中枢神经系统发育影响很大，当分泌不足时，即生长发育受阻，导致呆小症，对成年个体，则发生黏液性水肿。因缺碘导致滤泡内蓄积大量未碘化的甲状腺球蛋白，引起甲状腺肿大，故在临床上应及时补碘。当甲状腺分泌过多，则出现甲状腺功能亢进症，代谢加快，机体消瘦。

12.3.2 滤泡旁细胞

滤泡旁细胞（parafollicular cell）又称 C 细胞或亮细胞（clear cell），常单个嵌在滤泡上皮细胞与基膜之间，或成群地分布于滤泡间的结缔组织质中（图 12-12，图 12-13）。滤泡旁细胞比滤泡上皮细胞稍大，其游离面常被邻近的滤泡上皮细胞遮盖，不与滤泡腔接触。胞质染色淡，核大而圆，用银染法可见胞内有许多棕黑色的嗜银颗粒。滤泡旁细胞可分泌降钙素（calcitonin），是一种多肽激素，能增强成骨细胞的活动，抑制破骨细胞对骨盐的溶解，降低血钙。鸡与某些低等脊椎动物无滤泡旁细胞，其功能由鳃后体完成。

12.4 甲状旁腺

甲状旁腺（parathyroid gland）为一扁圆形小体，位于甲状腺附近。哺乳动物一般有两对甲状旁腺。甲状旁腺表面被覆一层致密结缔组织被膜，被膜发出小隔深入实质，并有血管淋巴

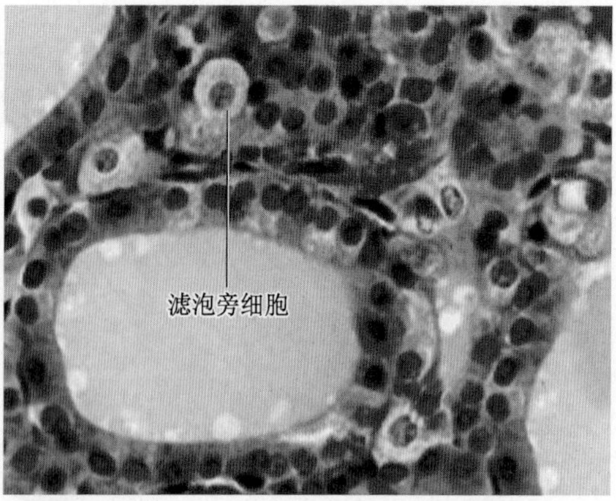

图 12-12　甲状腺光镜高倍像（HE 染色）

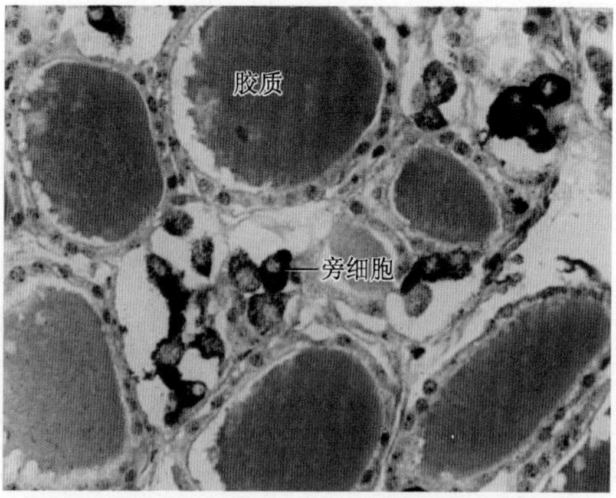

图 12-13　甲状腺滤泡旁细胞（银染）

管和神经伴行。腺实质由主细胞和嗜酸性细胞组成。细胞排列成团、索状，其间有少量的结缔组织和丰富的毛细血管（图 12-14）。

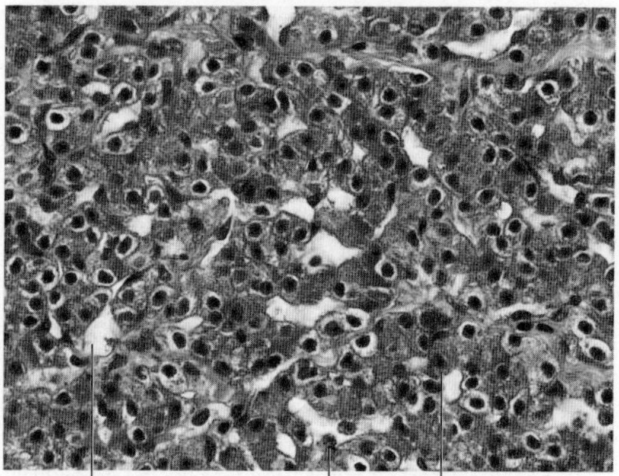

图 12-14　甲状旁腺光镜结构（HE 染色）

12.4.1　主细胞

主细胞（chief cell）数量最多，为圆形或多边形。核圆，染色质稀疏，染色浅，位于细胞的中央。主细胞有分泌肽类激素细胞的超微结构特点，胞质内含有分泌颗粒，以胞吐方式分泌甲状旁腺激素（parathyroid hormone）。甲状旁腺激素的主要作用是增强破骨细胞的破骨功能，使骨内钙盐溶解，并能促进肠及肾小管吸收钙，使血钙升高。在甲状旁腺激素和降钙素的共同调节下维持血钙的稳定。当分泌甲状旁腺激素过多时，可引起骨质疏松，易发生骨折。

12.4.2　嗜酸性细胞

嗜酸性细胞（acidophilic cell）仅见于灵长类、牛和马等动物的甲状旁腺内。嗜酸性细胞比主细胞大，但数量较少，单个或成群分布。细胞呈多边形或不规则形，核小而深染，胞质染色淡，内充满嗜酸性颗粒。电镜下，嗜酸性颗粒是由大量密集的线粒体所致，这种细胞机能尚不清楚。

12.5 松果体

12.5.1　松果体的组织结构

松果体（pineal body）为卵圆形小体，以短柄连于第三脑室顶后部。外包有结缔组织形成的被膜，被膜很薄，并伸入实质，将腺体分为许多不明显的小叶。松果体的实质主要由松果体细胞和神经胶质细胞组成，并有许多小血管。松果体细胞又称主细胞，可分泌多种激素。HE 染色切片中为深染的不规则上皮样细胞，排列成团、索状，核大而圆，核仁明显。用银浸法染色的标本中，可见细胞有细长而分支的突起，突起末端膨大成小球止于血管周围（图 12-15）。电镜下，可见胞质内含有丰富的核糖体、线粒体和滑面内质网等。

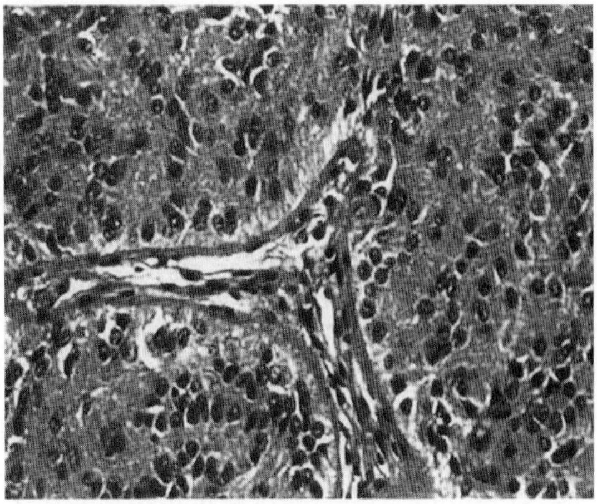

图 12-15 松果体光镜结构（HE 染色）

松果体分泌褪黑素（melatonin，MLT），其合成和分泌呈 24 h 周期变化，其高峰值在夜晚，这种激素有抑制性腺的作用，它是通过抑制促性腺激素的释放而影响性腺活动。另外，褪黑素还可以抑制甲状腺和皮质酮的分泌及控制昼夜节律的作用。

神经胶质细胞分布于血管周围及松果体细胞之间，核椭圆形，有长突起围绕松果体细胞及其突起。在松果体的结缔组织中，常见有不规则的球状结构，称脑砂（brain sand），脑砂是松果体细胞的分泌物蛋白聚糖和羟基磷灰石等钙化而形成的颗粒，可随年龄增长而增多。

12.5.2 松果体的功能

12.5.2.1 **褪黑素** 主细胞分泌褪黑素，在哺乳类中主要是抑制腺垂体分泌卵泡刺激素和黄体生成素，而间接抑制性腺的活动。在两栖类中褪黑激素的作用与黑素细胞刺激素相反，导致皮肤颜色变浅。鸟类松果体对光敏感，延长人工照明可使笼养母禽提前产蛋。

12.5.2.2 **其他激素** 主细胞还分泌 8- 精催产素（AVT）、前列腺素（PGE、PGF）、5-HT、LHRH 和 TRH，这些物质都参与调节生殖活动。

12.6 弥散神经内分泌系统

近百年来，对内分泌系统的研究不断发展。20 世纪 50 年代以前，由于当时的设备和技术条件所限，主要研究甲状腺、肾上腺及性腺等。随着科学技术的进步，新的研究发现，除了某些内分泌器官之外，机体许多组织中都有内分泌细胞。1966 年，英国学者 Pearse 根据这些内分泌细胞都能合成与分泌胺，而且细胞通过摄取胺前体经脱羧后产生胺的特点，将它们统称为摄取胺前体脱羧细胞（amine precursor uptake and decarboxylation cell），简称 APUD 细胞系统。

随着对 APUD 系统研究的不断深入，发现这类细胞有的产生胺，有的产生肽，还有许多细胞既产生胺又产生肽。神经系统内的许多神经元也合成和分泌与 APUD 细胞相同的胺和（或）肽类物质。如 5- 羟色胺和血管活性多肽（VIP）等，既可由胃肠内分泌细胞产生，也可由脑内某些神经元产生。因此，目前把具有内分泌功能的神经元和 APUD 细胞系统，合称为弥散神经内分泌系统（diffuse neuroendocrine system，DNES）。APUD 系统这一概念把内分泌系统和神经系统有机地结合为一体，共同维持和调节机体的生理机能。DNES 系统的细胞目前已明确的有 50 余种，由中枢和周围两大部分组成。

① 中枢部分包括脑，特别是下丘脑室旁核、视上核、弓状核等的分泌性神经元，腺垂体和松果体细胞等。

② 周围部分包括分布在胃肠道、胰、呼吸道、泌尿生殖道的内分泌细胞、甲状腺滤泡旁细胞、甲状旁腺主细胞、肾上腺髓质的嗜铬细胞、血管内皮细胞、心肌和平滑肌纤维、胎盘内分泌细胞等。这些细胞产生许多激素，互相协调，控制机体生理活动的动态平衡。

复习思考题

1．从甲状腺滤泡上皮细胞的结构，说明甲状腺素合成、储存和释放过程。

2．试述下丘脑与腺垂体、神经垂体的关系。

3．试述肾上腺皮质与髓质的结构与功能。

4．名词解释：APUD 系统　赫林体　弥散神经内分泌系统

拓展阅读

内分泌领域的著名科学家

第 13 章 消化管

Digestive Tract

- 消化管的一般组织结构
- 口腔
- 食管
- 单室胃
- 多室胃
- 小肠
- 大肠
- 胃肠内分泌细胞

Outline

The digestive system includes the digestive tract and the digestive gland.

The digestive tract, also called the alimentary canal or gastrointestinal tract, consists of a long continuous tube that extends from the mouth to the anus. It includes the mouth, pharynx, esophagus, stomach, small intestine, large intestine and anus. The small intestine is divided into duodenum, jejunum and ileum, which are the main portions of food digestion and nutrient absorption. The large intestine is larger in diameter than the small intestine. The large intestine consists of cecum, colon and rectum. Although there are variations in each region, the basic structure of the wall is the same throughout the entire length of the tube with the exception of mouth and pharynx. The wall of the digestive tract has four layers, namely mucosa, submucosa, muscular layer and serosa or adventitia. The mucosa, or mucous membrane layer lines the lumen of the digestive tract. The mucosa consists of epithelium, an underlying loose connective tissue layer called lamina propria, and a thin layer of smooth muscle called the muscularis mucosa. In the mouth and anus, the epithelium is stratified squamous tissue. The stomach and intestines have a thin simple columnar epithelial layer for secretion and absorption. The submucosa is a thick layer of loose connective tissue that surrounds the mucosa. This layer also contains blood vessels, lymphatic vessels, and nerves. Glands may be embedded in this layer, such as esophageal gland and duodenal gland. The muscular layer responsible for movements of the digestive tract is arranged in two layers, an inner circular layer and an outer longitudinal layer. The myenteric plexus is between the two muscle layers. Above the diaphragm, the outermost layer of the digestive tract is a connective tissue called adventitia. Below the diaphragm, it is called serosa.

消化系统由消化管和消化腺组成。消化管（digestive tract）是一条衬有上皮并且粗细不等的连续管道，包括口腔、咽、食管、胃、小肠、大肠和肛门。消化管的主要功能是摄取和消化食物、吸收食物中的营养并排出残渣。食物中的水分、维生素和无机盐由消化管上皮直接吸收，而糖类、蛋白质和脂肪等大分子物质必须消化成小分子物质方可吸收。此外，消化管还有内分泌及免疫作用。

13.1 消化管的一般组织结构

尽管消化管各段的形态和功能不相同，但在其结构上却有一些共性。除口腔和咽外，消化管壁均可分为四层，由内及外分别为黏膜、黏膜下层、肌层和外膜（图 13-1）。

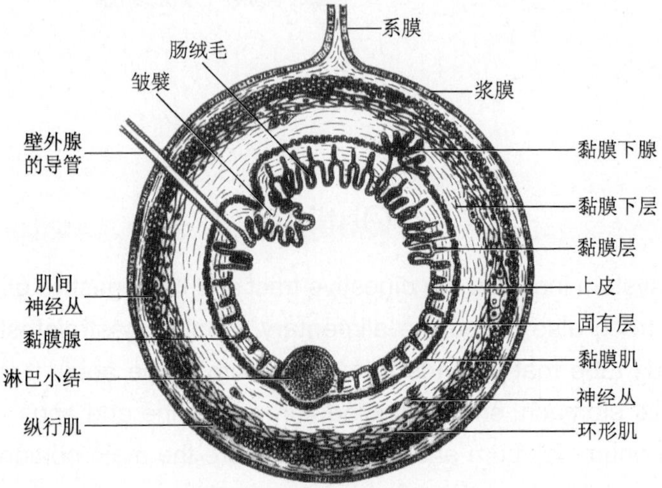

图 13–1　消化管一般结构模式图

13.1.1　黏膜

黏膜（mucosa）为消化管壁的最内层，是消化管各段结构差异最大、功能最重要的部位，由上皮、固有层和黏膜肌层三部分组成。

13.1.1.1　**上皮**　衬于消化管的腔面，其上皮类型依部位而异。在口腔、咽、食管、单室胃的无腺部、多室胃的前胃和肛门处为复层扁平上皮，以保护功能为主；单室胃的有腺部、多室胃的皱胃、小肠和大肠为单层柱状上皮，主要执行消化吸收功能。上皮与壁内外消化腺的上皮相连续。

13.1.1.2　**固有层**（lamina propria）　为上皮深层的疏松结缔组织，内含丰富的毛细血管、毛细淋巴管和神经，有的部位还有大量的腺体、淋巴组织及散在的平滑肌纤维。

13.1.1.3　**黏膜肌层**（muscularis mucosae）　为薄层平滑肌，一般为内环行、外纵行两层。除口腔及咽以外，其余各段均有分布。黏膜肌的舒缩可改变黏膜的形态，有利于营养物质的吸收，以及固有层内血液的运行和腺体的分泌。

13.1.2　黏膜下层

黏膜下层（submucosa）为疏松结缔组织，含有较大的血管、神经、淋巴管和一些淋巴组织，并散布有黏膜下神经丛（submucosal nervous plexus），它由副交感神经元、神经胶质细胞及无髓神经纤维构成，可调节黏膜肌的收缩和腺体的分泌。在食管和十二指肠的黏膜下层中分别含有食管腺和十二指肠腺。

在消化管的某些部位，黏膜和部分黏膜下层共同向管腔内突起，形成环行、纵行或不规则的皱襞（plica），以扩大黏膜面积。

13.1.3 肌层

肌层除口腔、咽、食管（猪和马的大部、牛羊全部）和肛门为骨骼肌外，其他各处均为平滑肌。一般为内环行、外纵行两层平滑肌，其间有肠肌神经丛（myenteric nervous plexus），结构与黏膜下神经丛相似，可促进和调节肌层的收缩及消化管蠕动。

13.1.4 外膜

外膜（adventitia）是消化管的最外层，分纤维膜和浆膜两类。纤维膜（fibrosa）仅由结缔组织构成，与相邻器官的结缔组织相延续，无明显的界限。食管的颈段和直肠末段的外膜是纤维膜。浆膜（serosa）由薄层结缔组织和其表面的间皮构成。如胃肠的外膜为浆膜。浆膜光滑而湿润，可减少器官间的摩擦。

13.2 口腔

13.2.1 口腔黏膜

口腔黏膜衬覆于口腔（oral cavity）的内表面，分上皮和固有层，无黏膜肌。黏膜上皮为复层扁平上皮，并有不同程度的角化。固有层结缔组织较致密，形成乳头突向上皮深层，内含丰富的毛细血管、感觉神经末梢以及一些小的唾液腺。正常口腔黏膜呈粉红色，保持湿润，临床上常以此诊断疾病。

13.2.2 舌

舌（tongue）由表面的黏膜和深层的舌肌构成。舌肌为纵、横及垂直交错排列的骨骼肌，使舌运动灵活。舌底黏膜薄而平滑，背面黏膜粗糙，形成许多形态不同的舌乳头（lingual papilla）。舌黏膜为角化的复层扁平上皮，固有层内分布有舌腺，以导管开口于舌黏膜表面和舌乳头基部。在舌根背面的固有层内还分布有舌扁桃体。舌黏膜中有呈卵圆形的味蕾（taste bud），即味觉感受器，主要分布于菌状乳头、轮廓乳头和叶状乳头，少数散布于软腭、会厌等处的黏膜上皮内。味蕾顶部有味孔。味蕾由味细胞、支持细胞和基细胞组成（图 13-2）。

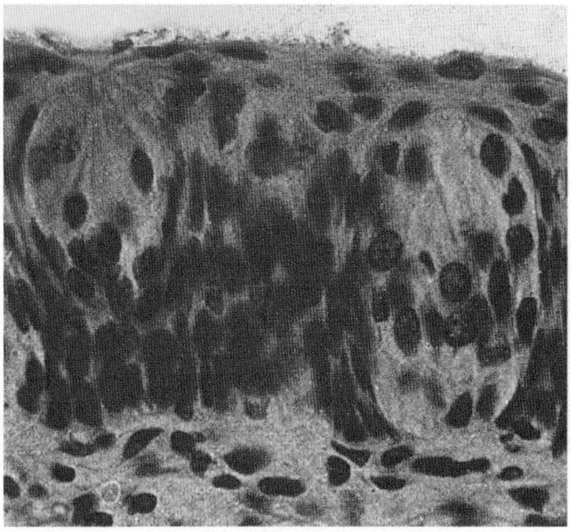

图 13-2 味蕾（HE 染色）

13.3 食管

食管（esophagus）是将食物输送至胃的管道。腔面有数条纵行皱襞，食物通过时皱襞展平消失（图 13-3）。

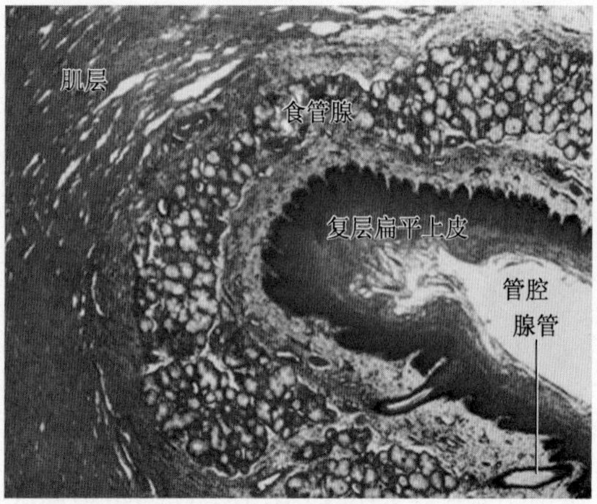

图 13-3　食管光镜结构像（HE 染色）

13.3.1　食管黏膜

13.3.1.1　**上皮**　为复层扁平上皮，其角化程度随动物种类而异。猪的轻度角化，反刍兽的高度角化，而肉食兽的通常未角化。

13.3.1.2　**固有层**　分布有淋巴组织，并以食管和胃接合部较多。浅层形成许多乳头，突向上皮。

13.3.1.3　**黏膜肌层**　为散在的纵行平滑肌束，由前向后逐渐增多，末段形成完整一层。猪和狗食管的前半段无黏膜肌层，后段则很发达。

13.3.2　食管其他各层的结构特征

13.3.2.1　**黏膜下层**　有分支的管泡状黏液腺或以黏液细胞为主的混合腺，称为食管腺（esophageal gland）。食管腺的分布情况因动物不同而异，反刍兽、马和猫仅见于咽和食管的连接处；猪则集中于食管的前半部，以后逐渐减少；狗则在整个黏膜下层内都有。腺导管穿过黏膜层开口于食管腔，分泌的黏液可润滑食管。

13.3.2.2　**肌层**　反刍兽和狗的食管肌层全部是骨骼肌；猪食管颈段是骨骼肌，胸段为骨骼肌和平滑肌交错排列，腹段为平滑肌；猫食管的前 4/5 为骨骼肌，后 1/5 为平滑肌；马食管的后 1/3 为平滑肌。肌层多为内环行和外纵行两层，有时在两层之间出现不规则的副肌层，故食管肌的分层不明显。

13.4 单室胃

胃（stomach）是消化管在食管与小肠间膨大形成的囊，可暂时储存食物，进行机械性和化学性的消化，并吸收部分水和无机盐等。

13.4.1　胃黏膜的组织结构特征

单室胃黏膜内含有胃腺。肉食兽的整个胃黏膜中均有胃腺分布，猪和马的胃腺仅分布在有腺部。胃空虚时，腔面可见许多纵横交错的皱襞，当充满食物时皱襞变小或消失。黏膜表面有许多由上皮凹陷形成的胃小凹（gastric pit）。每个胃小凹的底部常有几个胃腺的开口（图 13-4）。

13.4.1.1　**上皮**　无腺部的为复层扁平上皮，有腺部的为单层柱状上皮。柱状上皮中除极少量内分泌细胞外，主要由表面黏液细胞（surface mucous cell）构成，其胞体呈柱状，胞核呈卵圆形，位于细胞基部。顶部胞质内充满黏原颗粒，在 HE 染色切片上着色浅，呈透明或空泡状。PAS 染色黏原颗粒呈紫红色。该细胞的分泌物为中性或弱碱性黏多糖，在黏膜表面形成黏液层，有润滑和屏障作用，它与柱状细胞之间的紧密连接共同形成胃黏膜屏障，可防止胃酸及胃蛋白酶对黏膜本身的侵蚀与消化。高浓度酒精、强酸、强碱、胆酸盐和洗涤剂可溶解胃黏膜屏障。胃的表面黏液细胞约 3 天更新一次，由胃小凹底部的细胞增殖补充。

13.4.1.2 **固有层** 由富含网状纤维的结缔组织构成。此外，尚有丰富的毛细血管和散在的平滑肌纤维。猪胃固有层内含有大量浸润的白细胞和淋巴小结。此层较厚，主要由大量密集排列的胃腺所占据。按分布位置和结构的不同，胃腺分胃底腺、贲门腺和幽门腺。

（1）胃底腺（fundic gland） 分布在胃底部的黏膜固有层中，为分支管状腺或单管状腺，腺腔狭小。腺体可分为颈、体和底部。颈部与胃小凹相连，体部较长，底部稍膨大并延伸至黏膜肌层。胃底腺由壁细胞、主细胞、颈黏液细胞和内分泌细胞组成（图 13-5）。

① 壁细胞（parietal cell） 又称泌酸细胞（oxyntic cell），细胞体积较大，数量较主细胞少，多位于腺的颈部和体部。细胞呈圆形或锥形，胞核圆而深染，位于细胞的中央，常有双核。胞质嗜酸性。电镜下观察，壁细胞游离面的细胞膜向胞质内凹陷，形成许多分支小管，称细胞内分泌小管（intracellular secretory canaliculus），小管表面有许多细长的微绒毛，从而显著增加了细胞游离面的表面积，细胞质内有许多滑面内质网组成的管泡系统（tubulovesicular system）以及丰富的线粒体和高尔基复合体（图 13-6）。当细胞分泌时，管泡系统与细胞内小管相连。

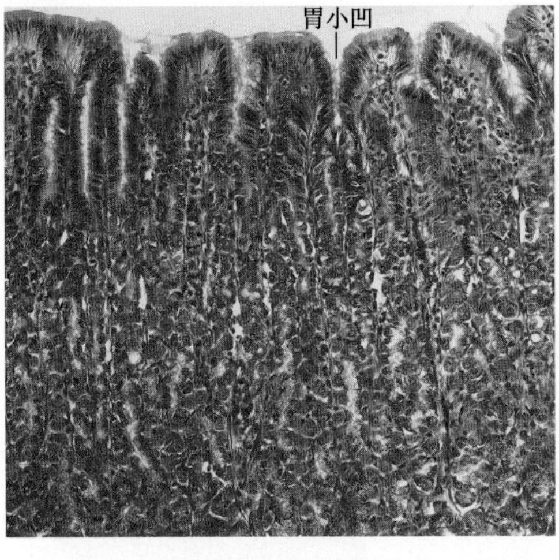

图 13-4 胃底腺光镜结构低倍像（HE 染色）

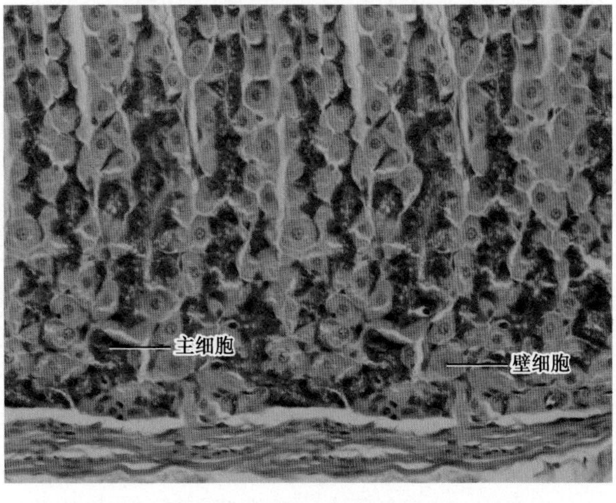

图 13-5 胃底腺光镜结构高倍像（HE 染色）

壁细胞能分泌盐酸和内因子。分泌盐酸的过程是：细胞从血液摄取 CO_2 和本身在代谢中产生的 CO_2，在壁细胞碳酸酐酶的作用下与 H_2O 结合成 H_2CO_3。H_2CO_3 解离为 H^+ 和 HCO_3^-。H^+ 被主动运输至细胞内小管，而 HCO_3^- 与血液中的 Cl^- 交换，Cl^- 经管泡系统运输到细胞内小管，在此 H^+ 和 Cl^- 结合成 HCl（图 13-7）。简式如下：

$$CO_2 + H_2O \xrightarrow{\text{碳酸酐酶}} H_2CO_3$$
$$H_2CO_3 \rightarrow H^+ + HCO_3^-，\ H^+ + Cl^- \rightarrow HCl$$

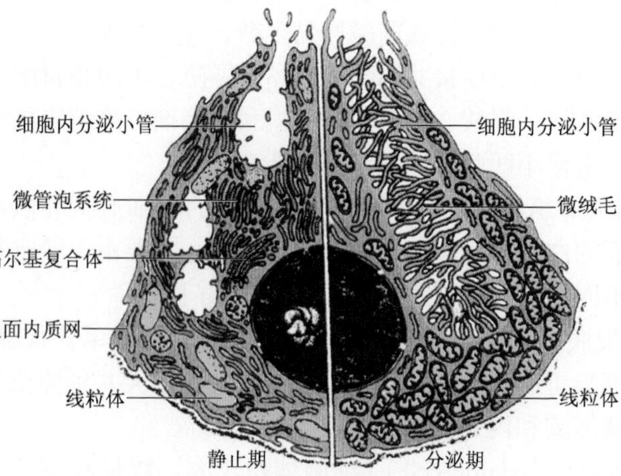

图 13–6　壁细胞电镜结构模式图

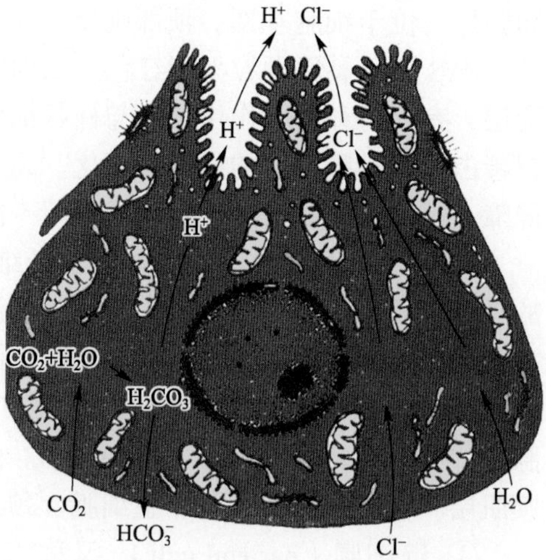

图 13–7　壁细胞合成盐酸示意图

盐酸能激活胃蛋白酶原使其形成胃蛋白酶。还有杀菌和促进胃肠道内分泌细胞和胰腺的分泌作用。

内因子是一种糖蛋白，它与食物中的维生素 B_{12} 结合成复合物，有利于回肠对维生素 B_{12} 的吸收，供给红细胞生成所用。如缺乏内因子，则可造成对维生素 B_{12} 吸收障碍，从而影响骨髓内红细胞的生成过程，导致恶性贫血。

② 主细胞（chief cell） 又称胃酶原细胞（zymogenic cell），数量最多，主要位于胃腺的体部和底部。细胞呈柱状或锥形，胞核圆，位于细胞的基部。胞质呈嗜碱性，顶部色浅，呈泡沫状。电镜下，核下方有大量粗面内质网，核上方有高尔基复合体，顶部充满圆形的酶原颗粒（图 13–8）。主细胞分泌胃蛋白酶原，经盐酸激活为有活性的胃蛋白酶。幼畜的主细胞还分泌凝乳酶。

③ 颈黏液细胞（mucous neck cell） 数量很少，多位于腺颈部（猪的颈黏液细胞可分布于腺体各部），夹在其他细胞之间。细胞呈立方形或矮柱状，胞核扁圆，位于细胞基部。胞质顶部充满黏原颗粒，PAS 反应呈阳性。常规染色切片上，颗粒淡染，故不易与主细胞区分。该细胞分泌酸性黏液，参与形成胃上皮表面的黏液层。有人认为颈黏液细胞还可分化增殖其他胃底腺细胞。

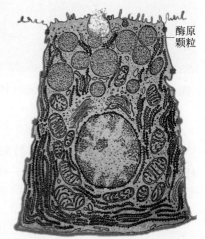

图 13–8　主细胞电镜模式图

胃液的主要成分是盐酸和胃蛋白酶。当胃黏膜缺乏黏液的保护，胃蛋白酶在强酸（pH 4 以下）的环境中可消化胃壁。故在病理情况下，胃酸过多易引起胃溃疡。

④ 胃腺内分泌细胞　详见 13.8 节。

（2）贲门腺（cardiac gland） 分布于贲门部，为弯曲的分支管状腺。除猪的外，其他家畜的贲门腺区为一狭长带状。腺体较短，腺腔宽大。腺细胞呈立方形或柱状。狗的贲门腺内有少量的壁细胞，而猪的则可能有散在的主细胞。贲门腺可分泌黏液。

（3）幽门腺（pyloric gland） 分布于幽门部，为弯曲的分支管状腺。腺细胞呈柱状，胞质染色浅。该腺的特点是：腺体短，胃小凹较深，分支多且甚弯曲；有较多的内分泌细胞。幽门腺可分泌黏液。

13.4.2 胃壁其他各层的结构特点

13.4.2.1 **黏膜下层** 为较发达的疏松结缔组织，猪的此层内有淋巴小结。

13.4.2.2 **肌层** 较厚，由内斜行、中环行和外纵行三层平滑肌构成。斜行肌和环行肌分别在贲门和幽门部增厚，形成括约肌。纵行肌在胃大弯和胃小弯处较发达。

13.4.2.3 **外膜** 为浆膜。

13.5 多室胃

反刍兽的胃属于多室胃，包括瘤胃、网胃、瓣胃和皱胃。前三个胃的黏膜衬以复层扁平上皮，浅层细胞角化，黏膜内无腺体，统称为前胃（forestomach），其主要功能是消化粗纤维。皱胃的黏膜内有腺体，机能与单室胃相同，故又称真胃。

13.5.1 瘤胃

瘤胃（rumen）具有搅拌器和发酵罐的作用，食物在其微生物的作用下产生挥发性脂肪酸被黏膜吸收。黏膜表面形成许多大小不等的角质乳头（图 13-9）。初生牛犊瘤胃乳头长约 1 mm，随着饲料中粗纤维的增多，乳头长高，成年时可达 1.5 cm。

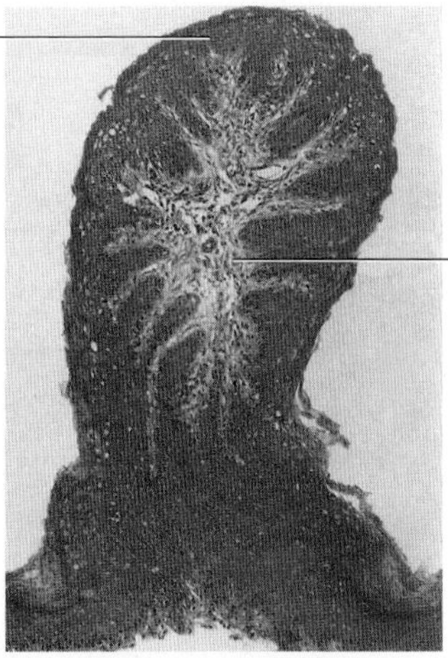

图 13–9 瘤胃乳头纵切低倍像（HE 染色）

乳头的中央为固有层，其表面为角化的复层扁平上皮。固有层由致密的胶原纤维、弹性纤维和网状纤维组成，并富含有孔毛细血管。黏膜内无胃腺和黏膜肌层。

黏膜下层薄，内含淋巴组织，但不形成淋巴小结。肌层发达，由内环行、外纵行两层平滑肌构成。瘤胃内壁有肉柱（pillar）与瘤胃表面的沟相对应。肉柱主要是由环行肌伸入形成的，此外，还含有大量的弹性纤维。浆膜富含胶原纤维和弹性纤维及脂肪细胞、血管、淋巴管和神经，表面衬有间皮。

13.5.2 网胃

网胃（reticulum）又称蜂窝胃（honeycomb）。黏膜形成许多彼此吻合的蜂窝状皱襞（图 13-10）。这些皱襞可分为高的初级皱襞和矮的次级皱襞。前者将其黏膜分成许多小房，后者位于房底，再分成更小的细格。皱襞和由它围成的房底上有许多小锥状角质乳头。皱襞向两侧伸出小嵴。

网胃黏膜为角化的复层扁平上皮，固有层富含胶原纤维和弹性纤维网。初级皱襞顶部的中央有平滑肌带（相当于黏膜肌层）。在皱襞的连接处，肌带由一皱襞走向另一皱襞，形成连续的肌带网。黏膜下层与固有层无明显分界。肌层为内环行、外纵行两层平滑肌。最外层是浆膜。

食管沟（esophageal sulcus），其结构与网胃壁相似，但弹性纤维特别多，羊食管沟黏膜内有腺体分布。食管沟底的肌层分两层：内层厚，为横行的平滑肌；外层薄，为纵行的平滑肌和骨骼肌。后者与食管内的肌层相延续。

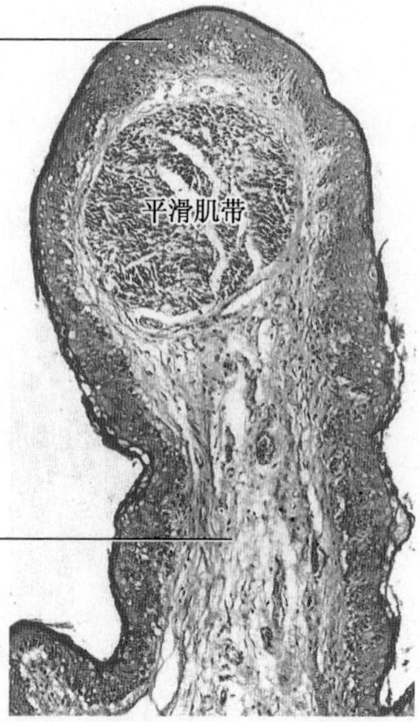

图 13–10　网胃皱襞低倍像（HE 染色）

13.5.3　瓣胃

瓣胃（omasum）的黏膜层形成一百多个纵行皱襞，称瓣叶（图 13-11）。瓣叶的两侧密布短小的角质乳头。黏膜的结构与瘤胃、网胃的相似，但黏膜肌层发达。黏膜下层很薄，由胶原纤维和弹性纤维组成。肌层的内环行肌厚，外纵行肌薄。最外层为浆膜。瓣叶内含固有层、黏膜肌层和黏膜下层，大瓣叶内还有中央肌层，它是由肌层的内环行肌伸入而形成的。中央肌层夹在两层黏膜肌之间，在瓣叶的顶部与两侧的黏膜肌融合。

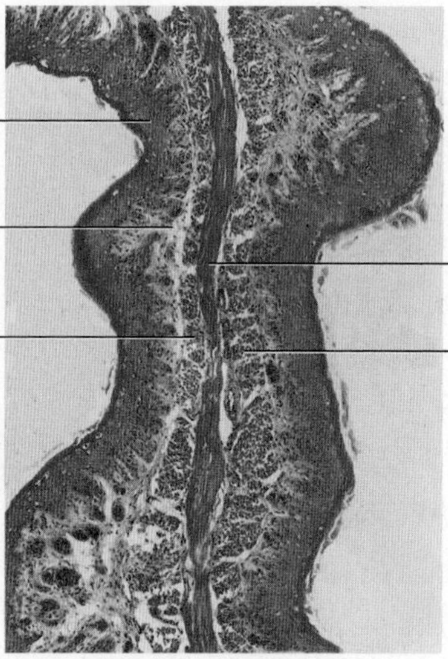

图 13–11　瓣胃瓣叶的纵切低倍像（HE 染色）

13.5.4　皱胃

皱胃（abomasum）的组织结构与单室胃的有腺区相似，但贲门腺区很小而幽门腺很大，胃底腺区的黏膜有永久性皱襞，胃小凹的密度比单室胃的大，胃底腺短而密集。

13.6 小肠

小肠（small intestine）是食物消化和吸收的主要场所，分十二指肠、空肠和回肠三段。管壁分黏膜、黏膜下层、肌层和浆膜，但每段又各具有其结构特点（图 13-12）。

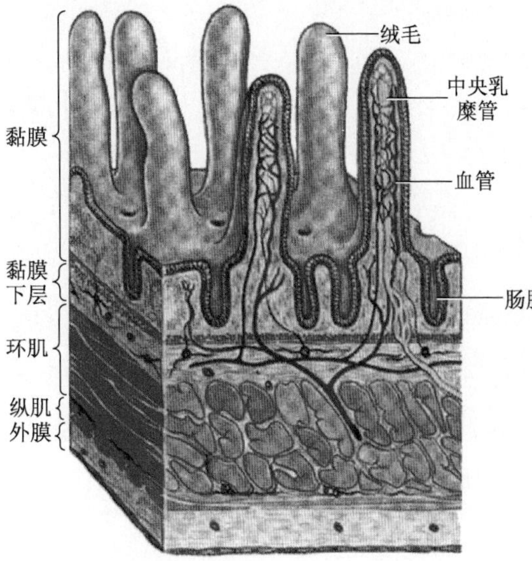

图 13-12 小肠结构模式图

13.6.1 黏膜

小肠黏膜的结构特点是有环行皱襞、肠绒毛、微绒毛和小肠腺。环行皱襞（policae circulares）是由黏膜和部分黏膜下层向肠腔内隆起而成。反刍动物皱襞内的黏膜下层为致密结缔组织，故为永久性皱襞，其他家畜的皱襞在器官充盈时消失。肠黏膜表面布满由上皮和固有层向肠腔内隆起的指状突起，称肠绒毛（intestinal villus）。不同动物肠绒毛的长度、形状和密度各不相同。绒毛一般长 0.35 ~ 1 mm，其中以十二指肠和空肠前段的绒毛最发达。黏膜中柱状细胞的游离端有发达的微绒毛。皱襞、肠绒毛和微绒毛多次扩大了黏膜的表面积。小肠腺（small intestinal gland）是绒毛根部的上皮下陷至固有层内形成的管状腺，又称肠隐窝（intestinal crypt）。

13.6.1.1 **上皮** 为单层柱状上皮，由吸收细胞、杯状细胞和少量内分泌细胞组成。

（1）*吸收细胞*（absorptive cell） 数量最多，约占小肠上皮细胞的 90%。细胞呈高柱状，胞核椭圆形，位于细胞基部。胞质内有丰富的线粒体、粗面内质网和滑面内质网等细胞器。滑面内质网参与脂肪的吸收。细胞游离端有明显的纹状缘（striated border）。它是由密集排列的微绒毛构成，可使细胞游离面的表面积扩大约 20 倍。微绒毛中轴内的纵行微丝可使微绒毛舒缩。微绒毛表面有一层较厚的细胞衣，其中含有双糖酶、肽酶等，有助于糖类和蛋白质的消化吸收。相邻的吸收细胞顶部之间有连接复合体封固，具有屏障作用，可阻止肠腔内物质进入深部组织。

（2）*杯状细胞*（goblet cell） 分散在柱状细胞之间，分泌黏液，可润滑和保护黏膜上皮。细胞游离端无微绒毛，当分泌的黏原颗粒增多时，细胞顶端膨大，将细胞核挤到基部。从十二指肠到回肠，杯状细胞逐渐增多。

（3）*小肠内分泌细胞* 详见 13.8 节。

13.6.1.2 **固有层** 分布于肠腺之间并构成绒毛的中轴，为富含网状纤维的疏松结缔组织，其中有血管、淋巴管、神经、巨噬细胞、淋巴细胞。十二指肠和空肠内多为弥散淋巴组织和孤立淋巴小结，回肠内多为集合淋巴小结。有些淋巴小结可将局部黏膜肌层隔断，伸入到黏膜下层内。

肠绒毛（图 13-13，图 13-14）中轴的固有层结缔组织内有一条以盲端起始的纵行毛细淋巴管，称中央乳糜管（central lacteal），它穿过黏膜肌在黏膜下层形成淋巴管丛。其管径较大，管壁仅为一层内皮细胞，无基膜，通透性大，便于乳糜微粒和长链脂肪酸等大分子

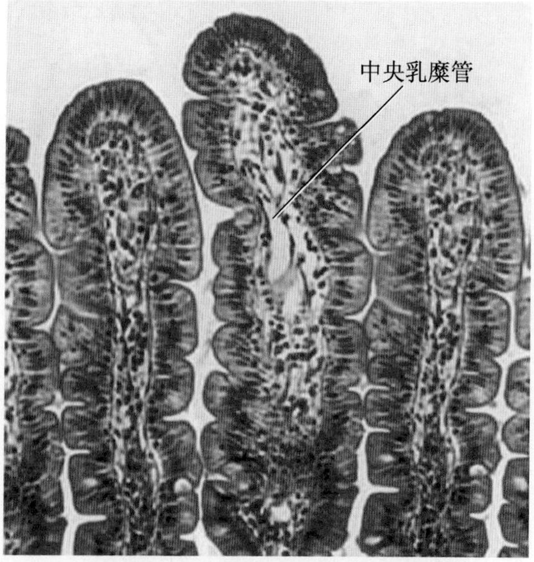

图 13-13 小肠绒毛纵切（HE 染色）

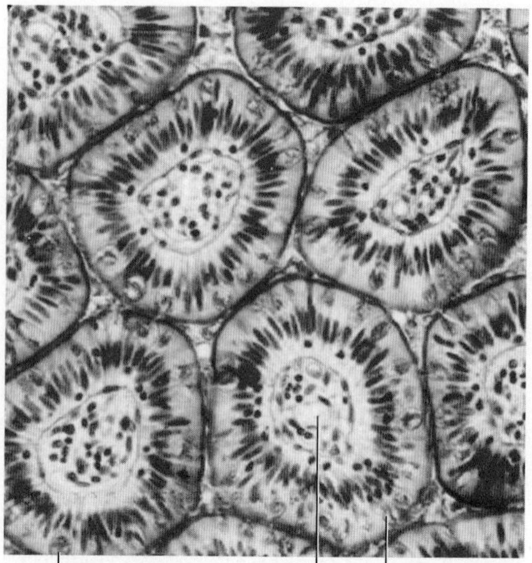

图 13-14 小肠绒毛横切（HE 染色）

物质进入。

管壁周围有丰富的有孔毛细血管网，肠上皮吸收的氨基酸、葡萄糖等水溶性物质由此进入血管。绒毛内还有散在的纵行平滑肌，其收缩有利于物质吸收及血液和淋巴的运行。

小肠腺为单管状腺，由柱状细胞、杯状细胞、潘氏细胞、未分化细胞和内分泌细胞构成。柱状细胞、杯状细胞和内分泌细胞的形态结构与黏膜上皮中的相似。潘氏细胞（Paneth cell）分布于肠腺底部，常三五成群。细胞较大，呈锥形。胞质顶端充满粗大的嗜酸性颗粒，其中含有较多的锌、溶菌酶和肽酶等，锌是酶类的激活剂和组成成分（图 13-15）。猪、狗和猫的肠腺内无潘氏细胞。未分化细胞（undifferentiated cell）位于肠腺的底部，夹在其他细胞之间。细胞较小，呈柱状，胞质嗜碱性。这种细胞是肠上皮的干细胞，它不断分裂增殖并向上迁移，分化为肠腺细胞和绒毛上皮细胞。

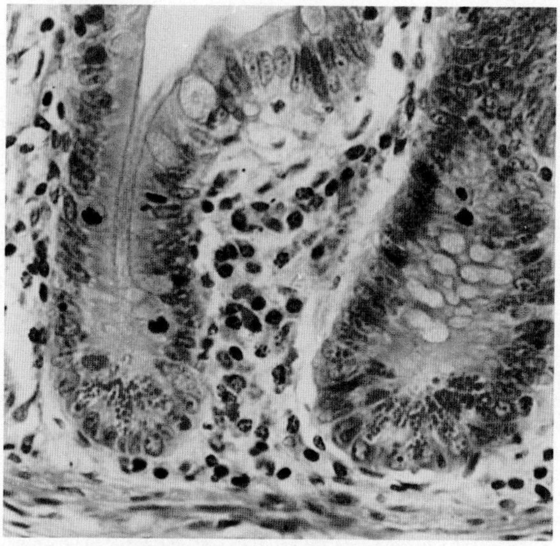

图 13-15 肠腺底部的潘氏细胞（卡红 + 苏木精染色）

13.6.1.3 **黏膜肌层** 由内环行、外纵行的两薄层平滑肌构成。

13.6.2 黏膜下层

为疏松结缔组织，内含较多血管和淋巴管，并有黏膜下神经丛。在十二指肠的黏膜下层内有大量复管泡状黏液性腺，即十二指肠腺（图 13-16，图 13-17）。

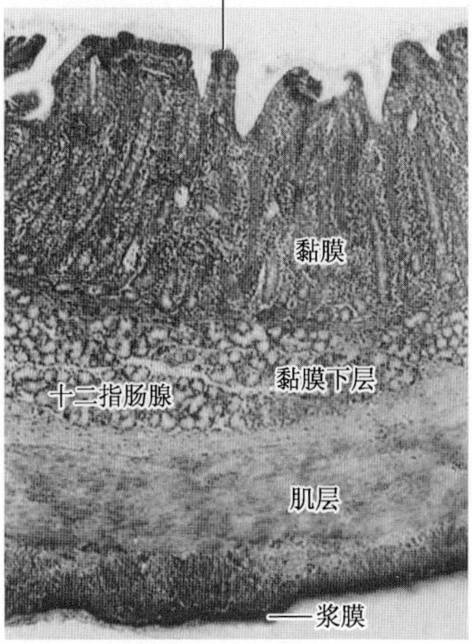

图 13-16　十二指肠光镜低倍像（HE 染色）

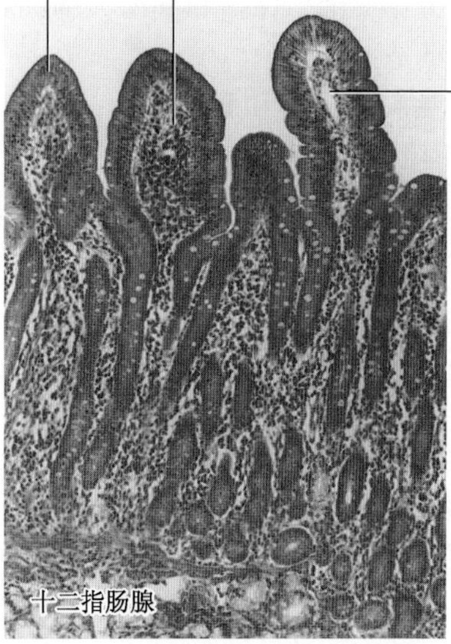

图 13-17　十二指肠光镜结构像（HE 染色）

羊和狗中该腺仅分布在十二指肠的前段或中段，而牛、猪、马中则延伸至空肠。十二指肠腺为分支管泡状腺，其导管穿过黏膜肌层开口于肠腺底部。猪的为浆液腺，反刍动物和狗的为黏液腺，马、兔和猫的为混合腺。该腺的分泌物为富含黏蛋白的碱性黏液，可保护肠黏膜免受胃酸的侵蚀。

13.6.3　肌层和外膜

肌层由内环行和外纵行两层平滑肌构成。外膜除部分十二指肠壁为纤维膜外，其余均为浆膜。

13.6.4　小肠各段的结构特征

（1）十二指肠　绒毛密集，杯状细胞较少，固有层内分布有弥散淋巴组织或孤立淋巴小结，黏膜下层内含有十二指肠腺（图 13-16，图 13-17）。

（2）空肠　环行皱襞发达，尤其是反刍动物。绒毛密集细长，杯状细胞增多，固有层中有孤立淋巴小结，有些淋巴小结深达黏膜下层（图 13-18）。

（3）回肠　绒毛的数量比十二指肠和空肠的少，多呈锥状，杯状细胞更多，固有层内分布有大量的集合淋巴小结。

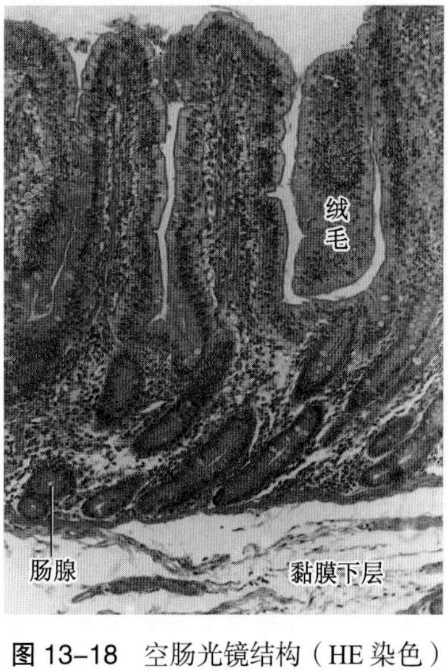

图 13-18　空肠光镜结构（HE 染色）

13.7 大肠

大肠（large intestine）包括盲肠、结肠和直肠，管壁也分黏膜、黏膜下层、肌层和浆膜。

主要功能是吸收水分、无机盐，并进行纤维素的发酵和分解。此外，还分泌黏液，保护和润滑大肠黏膜，以利排便。其主要结构特点是：

（1）大肠黏膜无皱襞和肠绒毛，故内表面光滑；但禽类的大肠黏膜有肠绒毛。

（2）黏膜上皮中杯状细胞很多，柱状细胞微绒毛不发达，故纹状缘不明显。牛和马的直肠黏膜下层内富含弹性纤维。

（3）肠腺发达，长而直，杯状细胞特别多，无潘氏细胞（图 13-19）。大肠腺的分泌物不含消化酶，为碱性黏液，可中和粪便发酵所产生的酸。

（4）一般含孤立淋巴小结，集合淋巴小结很少。

（5）肌层发达。猪和马的结肠与盲肠外纵肌形成纵肌带。

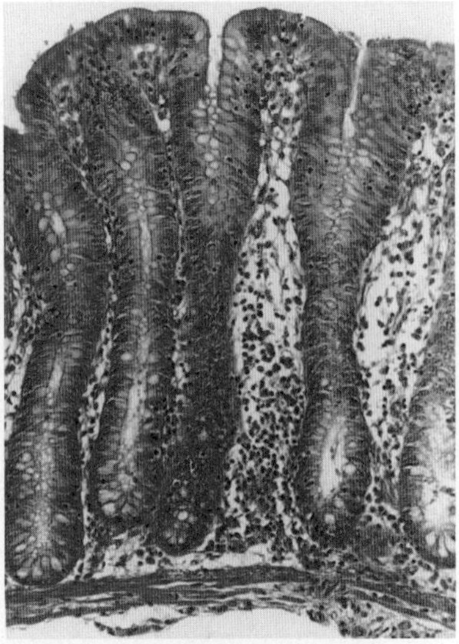

图 13-19　大肠腺低倍像（HE 染色）

13.8 胃肠内分泌细胞

胃肠的黏膜上皮及腺体内分散着大量的内分泌细胞，它们分泌肽类或胺类激素，统称胃肠激素（gut hormone）。胃肠激素对胃肠的运动和腺体的分泌有重要的调节作用，并对其他器官的功能活动有一定影响。这类细胞在胃肠道内分布很广，其数量超过任何一种内分泌腺细胞总和。胃肠的主要内分泌细胞如表 13-1 所示：

表 13-1　胃肠内分泌细胞

细胞名称	分布部位	分泌物	主要作用
D 细胞	胃、小肠、大肠	生长抑素	抑制其他激素的分泌
G 细胞	胃幽门、十二指肠	胃泌素	促进胃酸分泌
EC 细胞	胃、小肠、大肠	5- 羟色胺，P 物质	刺激胃肠蠕动；抑制胃酸分泌
S 细胞	十二指肠、空肠	促胰酶素	促进胰液分泌
ECL 细胞	胃底腺	组织胺	刺激胃酸分泌；扩张血管
K 细胞	空肠、回肠	抑胃多肽	抑制胃酸分泌；促进胰岛素分泌
I 细胞	十二指肠、空肠	胆囊收缩素，促胰液素	促进胆汁排放和胰液分泌
N 细胞	回肠	神经降压素	抑制胃肠蠕动和胃液分泌，促进胰液分泌
D_1 细胞	胃、小肠、结肠	血管活性肠肽	舒张血管

胃肠内分泌细胞呈锥形、卵圆形或不规则形，常单个分布于其他上皮细胞之间（图 13-20）。在 HE 染色切片上，这些细胞与其他上皮细胞不易区别。用银盐或铬盐浸染，可见细胞基部的胞质内含有许多大小不等的分泌颗粒，故又称基底颗粒细胞（basal granular cell）或嗜银细胞

(argyrophilic cell)。已知的胃肠内分泌细胞有十余种，根据细胞的游离面是否抵达胃肠腔面，将其分为开放型与闭合型两类。开放型占多数，细胞呈锥形，游离面有微绒毛伸向管腔，可感受管腔内食糜、消化液及酸碱变化的刺激，引起细胞的分泌。闭合型细胞较少，一般为卵圆形，细胞顶部被相邻细胞覆盖而不接触腔面，通过感受胃肠黏膜伸张等机械刺激而分泌激素或递质。

胃肠道内分泌细胞的分泌物可通过三种方式发挥作用：① 内分泌作用：分泌物释放到血液中，通过血液循环作用于远处的靶细胞。② 神经递质作用：分泌物作为神经递质而传递信息。③ 旁分泌（paracrine）作用：分泌物到达上皮下结缔组织中，以扩散方式作用于邻近的细胞或组织。

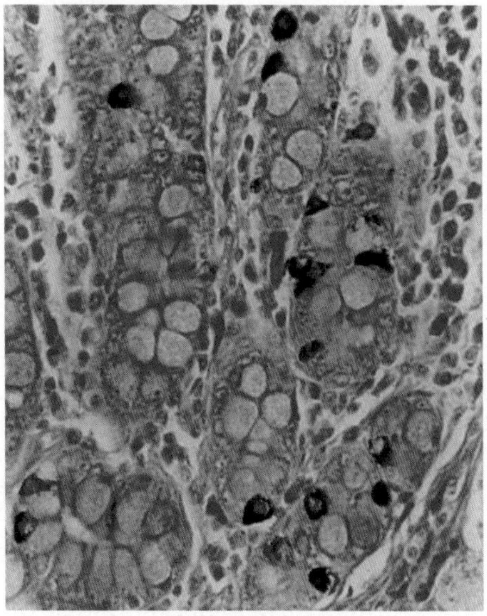

图 13-20　十二指肠的内分泌细胞
（银染 + 中性红染色）

复习思考题

1. 试述消化管壁的一般组织结构。
2. 试述构成胃底腺几种细胞的形态结构及功能。
3. 试述十二指肠的组织结构和功能。
4. 简述小肠绒毛的组织结构。
5. 名词解释：胃小凹　肠绒毛　皱襞　中央乳糜管

拓展阅读

胃癌

第 14 章 消化腺

Digestive Gland

- 唾液腺
- 肝
- 胆囊
- 胰

Outline

The digestive glands consist of several components, namely, salivary gland, liver and pancreas, which have excretory ducts that open into the digestive tract.

The salivary gland serves to wet and lubricate the oral cavity and its contents, to initiate the digestion of food and to promote the excretion of certain substances such as urea. The acini of salivary gland are composed of serous acini, mucous acini and mixed acini. The acini are rounded or oval and made up of a single layer of pyramidal epithelial cells with their apices pointing towards a centrally located lumen. The acini contain serous or mucous cells.

In structure, the liver is mainly composed of the hepatic lobules. The liver lobule is the structural and functional unit of the liver. It includes hepatic plate, hepatic sinusoid, perisinusoidal space, bile canaliculi and central vein. The liver lobule is a prism with six sides, with portal regions at the periphery. The hepatic plates are made up of hepatocytes, which radiate from the central vein, and are separated by vascular sinusoids. The endothelial cells of sinusoids are separated from the underlying hepatocytes by a subendothelial space known as Disse space. The sinusoids contain phagocytic cells known as Kupffer cells. Portal regions are located in the corners of the lobules, contain connective tissue, an interlobular arteries, an interlobular venule and an interlobular bile ducts. The bile canaliculi, the first portions of the bile duct system, are formed by the surfaces of the adjoining hepatocytes.

The pancreas consists of both an exocrine and an endocrine gland that produces digestive enzymes and hormones. The exocrine portion contains a lot of rounded acini, which consist of a single layer of pyramidal epithelial cells with their apices pointing towards a centrally located lumen. The endocrine cells of the pancreas form the pancreatic islets and they contain four principal cell types, each secreting a different hormone: A-cell secreting glucagons, B-cell secreting insulin, D-cell secreting somatostatin and PP-cell secreting pancreatic polypeptide.

消化腺（digestive gland）是分泌消化液的腺体，包括大小唾液腺、肝、胰、胃腺和肠腺等。其中小唾液腺、胃腺与肠腺分别位于口腔、胃壁和肠壁内，称壁内腺；而大唾液腺、肝和胰则在消化管外独立，故称壁外腺，其分泌物需经专用的导管输送到消化管，通过各种消化酶，分解饲料中的营养物质，以利吸收。

14.1 唾液腺

大唾液腺包括各种家畜所共有的腮腺、颌下腺、舌下腺；小唾液腺位于口腔及舌的黏膜内，包括颊腺、腭腺、舌腺等以及狗的颧腺和猫的臼齿腺，其导管开口于口腔。唾液腺分泌唾液，主要成分为水和黏液，并含有溶菌酶、唾液淀粉酶和免疫球蛋白，其主要功能是润滑口腔与食物，初步分解淀粉，并参与免疫应答。反刍动物的唾液还是瘤胃内液体的主要来源之一，对于维持瘤胃内纤毛虫的生存和内环境的恒定起着非常重要的作用。

14.1.1 唾液腺的一般结构

唾液腺属于复管泡状腺，由腺实质和被膜构成。腺实质包括腺泡和导管（图 14-1）。腺表面覆有结缔组织被膜，被膜中的结缔组织与血管、神经、淋巴管向实质内伸入，将其分成许多小叶。

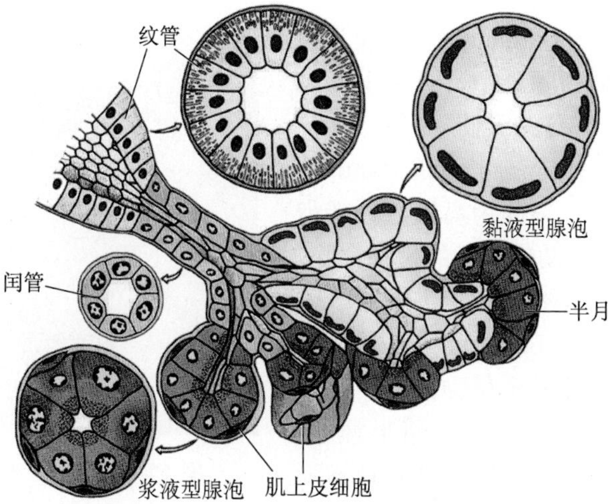

图 14-1 唾液腺腺泡和导管的分型

14.1.1.1 **腺泡** 为腺的分泌部，呈泡状或管状，由单层立方或锥形细胞围成。腺细胞与基膜之间有肌上皮细胞，细胞扁平，有突起，它的收缩有助于腺泡中分泌物排出。根据腺细胞结构和分泌物的不同，将腺泡分为浆液型、黏液型和混合型三种（图 14-2）。

14.1.1.2 **导管** 是输送分泌物的上皮性管道，包括闰管、分泌管和排泄管三段。

（1）闰管（intercalated duct） 与腺泡相连，此管细而短，管壁为单层扁平或立方上皮。

（2）分泌管（secretory duct） 是闰管的延续，位于小叶内。管壁为单层柱状上皮，其特点是：胞质呈较强的嗜酸性，胞核居于细胞顶部，细胞基部有纵纹。分泌管的功能是吸钠、排钾及转运水分，因此可调节唾液量和其中的电解质含量。

（3）排泄管（excretory duct） 包括小叶间导管和总导管。小叶间导管走行于小叶间结缔

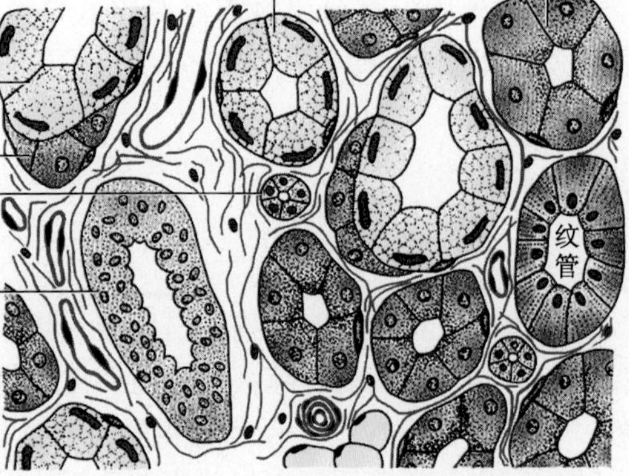

图 14-2　唾液腺结构模式图

组织内，最后汇集成一条或几条总导管开口于口腔。管壁上皮起初为单层柱状，以后逐渐移行为假复层柱状，近口腔开口处移行为复层扁平上皮，并与口腔上皮相连续。

14.1.2　几种唾液腺的结构特点

14.1.2.1　**腮腺**（parotid gland）一般为纯浆液腺，在猪、狗和猫的腮腺中，可见少量黏液性细胞群，闰管较长，分泌管较短。

14.1.2.2　**颌下腺**（submandibular gland）腺泡的类型因动物而异。猫的为黏液腺，啮齿类的为浆液腺，狗、反刍动物和马的为混合腺。闰管较短，分泌管较长（图 14-3）。

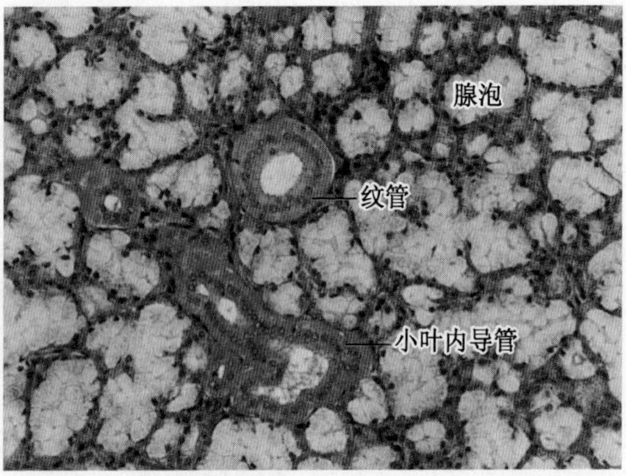

图 14-3　颌下腺光镜结构像（HE 染色）

14.1.2.3　**舌下腺**（sublingual gland）反刍动物、啮齿类和猪的几乎全是黏液腺。狗和猫除了典型的黏液型腺泡和少量的浆半月外，尚有浆液型腺泡。狗和猫的闰管和分泌管不发达，但反刍动物、猪和马的则相当发达。

14.1.2.4　**颧腺**（zygomatic gland）又称眶腺，位于食肉类颧弓的下方，主要为黏液腺。在黏液性细胞的外周，有散在的浆半月分布。

14.1.2.5　**臼齿腺**（molar gland）仅见于猫，位于下唇靠近口角联合处的黏膜下层内。腺泡结构与颧腺相似，为黏液腺，偶见浆半月。该腺无闰管和分泌管，小叶间导管为双层立方上皮。

14.2 肝

肝（liver）是体内最大的消化腺，可分泌胆汁促进脂肪的分解与吸收，又参与多种物质的合成、储存、代谢、转化和分解。因此，肝又是一个极其重要的物质代谢器官，其生理作用远远超过消化腺的范畴。

肝的表面被覆有一层富含弹性纤维的结缔组织被膜，被膜表面大部有浆膜。结缔组织在肝门处随门静脉、肝动脉、肝管的分支及淋巴管和神经等伸入肝实质内，将其分成若干个肝小叶。小叶之间的结缔组织称小叶间结缔组织。猪和骆驼的小叶间结缔组织发达，所以其肝小叶轮廓清晰（图 14-4）；而牛、羊和马的不发达，肝小叶分界不明显（图 14-5）。

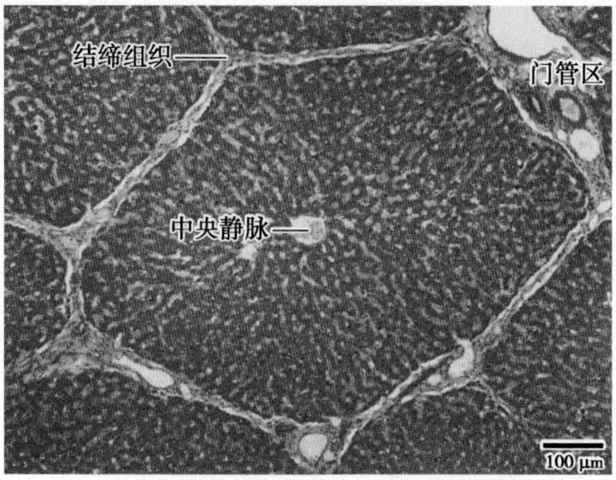

图 14-4 猪肝小叶（HE 染色）

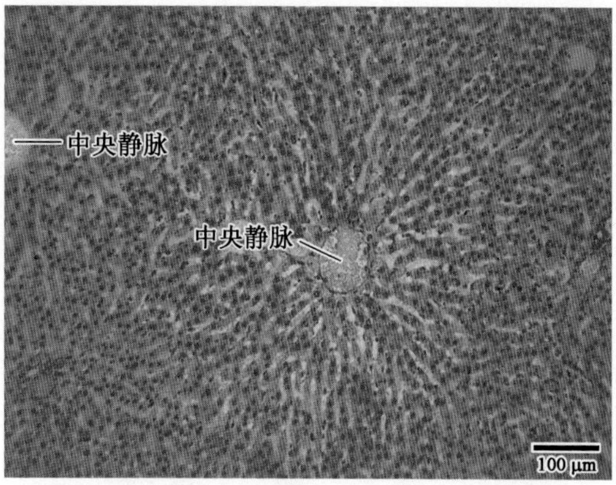

图 14-5 牛肝小叶（HE 染色）

14.2.1 肝小叶

肝小叶（hepatic lobule）是肝的基本结构和功能单位，呈多面棱柱体，长约 2 mm，宽约 1 mm，横断面呈不规则的多边形（图 14-4，图 14-6）。肝小叶的中央有一条纵贯长轴的中央静脉，其外周是放射状相间排列的肝板和肝血窦。肝板（hepatic plate）由单行肝细胞排列而成（禽类肝小叶的肝板由两行肝细胞排成）。相邻肝板有分支吻合，凹凸不平，形成迷路样结构。肝板具有一定的弹性，常随血窦内血液充盈程度的不同而变形。肝血窦位于肝板之间，并通过肝板上的孔而彼此相通。肝细胞相邻面的细胞膜凹陷形成胆小管（图 14-7）。

14.2.1.1 **中央静脉**（central vein） 位于肝小叶的中央，直径约 50 μm，由内皮和少量的结缔组织构成。在小叶内的行程中，有许多肝血窦的开口，故管壁不完整（图 14-4，图 14-5，图 14-6）。

14.2.1.2 **肝细胞**（hepatocyte） 呈多面体，直径 20 ~ 30 μm，轮廓清晰（图 14-7，图 14-8）。每个肝细胞的周围有三种不同的邻接面，即血窦面、胆小管面和肝细胞连接面。血窦面和胆小管面均有许多微绒毛，游离于血窦及胆小管的腔面，以扩大接触面积。相邻肝细胞的连接面有连接复合体。胞核大而圆，多为一个，居细胞的中央。少数肝细胞有两个核（约 25%）。核染色质稀疏，着色较浅，核膜清楚，核仁 1 ~ 2 个。有的肝细胞核大而深染，DNA 含量为多倍体。一般认为，双

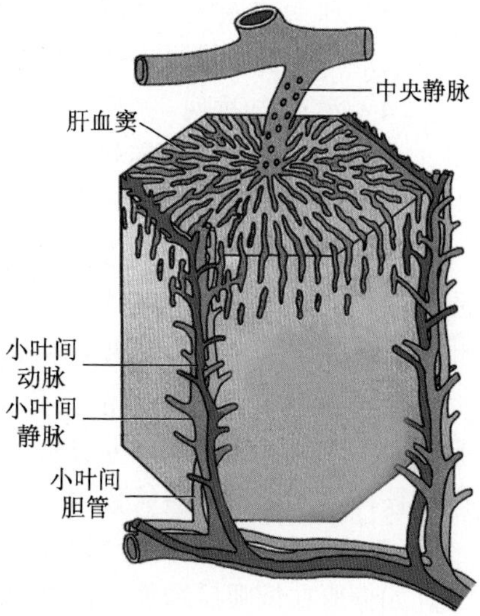

图 14-6 肝小叶立体模式图

核和多倍体肝细胞的功能比较活跃。胞质呈细颗粒状的嗜酸性，当蛋白质合成旺盛时，胞质内常出现一些散在的粒状或小块状的嗜碱性物质。PAS 反应可显示出胞质内有大量的糖原颗粒。肝细胞是一种高度分化、功能复杂的细胞，故电镜下可见胞质内含有丰富的细胞器和多种内含物，如线粒体、高尔基复合体、内质网、溶酶体、微体、糖原、脂滴和色素等，它们在肝细胞的功能活动中均具有十分重要的作用（图 14–8）。

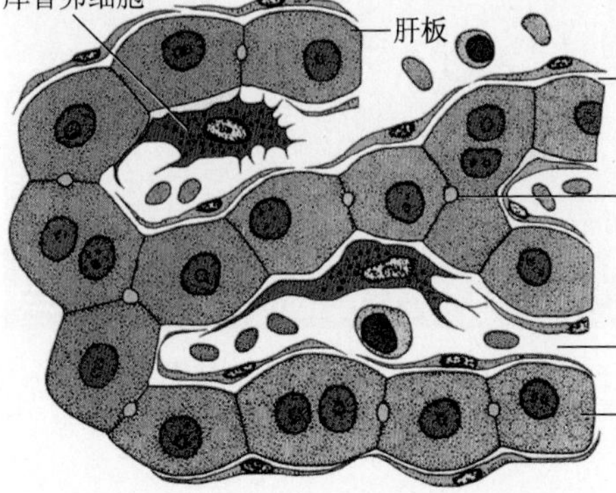

图 14–7　肝板与肝血窦

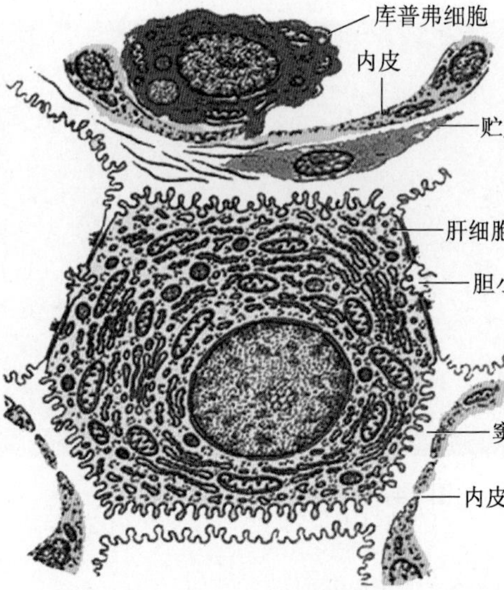

图 14–8　肝细胞、血窦和胆小管的关系

（1）线粒体　每个肝细胞约有 2 000 个，广泛分布于胞质内，为肝细胞功能活动的能量来源。畜禽在饥饿、中毒、肝炎或胆汁淤积情况下，线粒体极度膨胀，出现巨型线粒体。

（2）高尔基复合体　每个肝细胞约有 50 个，分布于细胞核附近及胆小管周围。粗面内质网合成的蛋白质在高尔基复合体内加工浓缩后形成分泌颗粒，以胞吐的方式释放入肝血窦。此外，高尔基复合体还参与胆汁的形成和分泌过程。

（3）粗面内质网　很发达，多成群分布，即光镜下所见的嗜碱性物质。血浆中的白蛋白、纤维蛋白原、凝血酶原、补体蛋白和载体蛋白等均在粗面内质网的核糖体上合成。

（4）滑面内质网　广泛分布于胞质内。其网膜上有规律地分布着多种酶系，如氧化还原酶、水解酶、合成酶、转移酶等。滑面内质网具有合成胆汁、解毒、参与脂类和激素的代谢，以及多种物质的生物转化等作用。

（5）溶酶体　分布于胆小管和高尔基复合体附近，内含多种水解酶，可以水解外源性物质、退化的细胞器和细胞内过剩物质，以保证肝细胞正常功能的实现和内部结构的自我更新。此外，还参与胆红素的代谢转运和铁的储存。在饥饿、缺氧和肝炎的情况下，溶酶体明显增多。

（6）微体　呈圆形，散在分布。内容物呈均质状，含过氧化氢酶和过氧化物酶，可将细胞代谢产生的过氧化氢还原成水，以消除过氧化氢对肝细胞的毒害作用。草食动物和鼠的微体内有核样体，内含尿酸氧化酶，参与尿酸的代谢。

（7）内含物　主要为糖原、脂滴和色素等，其含量与机体的生理状态和营养状况密切相关。如糖原在饲喂后增加，饥饿时减少，并且每日都呈现出明显的规律性变化。

14.2.1.3　**肝血窦**（hepatic sinusoid）　是位于肝板之间、相互吻合的网状血管（图 14–6，

图 14-7，图 14-8）。窦腔粗细不均，血液从肝小叶边缘经血窦汇入中央静脉。电镜下，窦壁由一层内皮细胞构成，其特点是：内皮细胞间有间隙；内皮细胞上有许多小孔，孔上无隔膜覆盖；胞质内有大量吞饮小泡；内皮外无基膜。因此，肝血窦的通透性很大，血浆中除乳糜微粒不可通过外，其他物质均可自由通过，这有利于肝细胞与血液间进行物质交换。

血窦内有一种巨噬细胞，称库普弗细胞（Kupffer cell）。细胞形态不规则，常伸出伪足附于内皮细胞表面或伸到内皮细胞之间（图 14-7，图 14-8，图 14-9）。电镜下，可见胞质内富含溶酶体，并有吞噬体和残余体等。该细胞属单核吞噬细胞系统的成员之一，其功能为：① 吞噬和消除由胃肠道进入门静脉的细菌、病毒和异物；② 监视、抑制和杀伤体内的肿瘤细胞；③ 吞噬衰老的红细胞和血小板；④ 处理和传递抗原。

14.2.1.4 **窦周隙**（perisinusoidal space） 又称迪塞间隙（Disse space），是血窦内皮细胞与肝细胞之间的微小裂隙。宽约 0.4 μm，其内充满由血窦渗出的血浆成分，肝细胞的微绒毛浸入其中，因而此区是肝细胞与血液间进行物质交换的场所（图 14-7，图 14-8）。

用硝酸银浸染可显示出窦周隙内有散在的网状纤维和少量的贮脂细胞，前者在窦周隙内构成细的网状支架。贮脂细胞（fat-storing cell）形态不规则，胞体小而有突起 。胞质内有大小不等的脂滴。该细胞的主要机能是：储存脂肪和维生素 A，产生基质和网状纤维。在慢性肝病或肝硬化的情况下，贮脂细胞明显增多并转化为成纤维细胞，合成大量胶原纤维和网状纤维，造成肝的纤维增生性病理变化。

14.2.1.5 **胆小管**（bile canaliculus） 直径 0.5 ~ 1 μm，由相邻肝细胞间局部胞膜凹陷并相互对接而成（图 14-7，图 14-8）。在 HE 染色的标本中不易辨认，而用银染或有关组化染色（如 ATP 酶、碱性磷酸酶等）可显示（图 14-10）。胆小管以盲端起始于中央静脉周围的肝板内，然后呈放射状连接小叶边缘的赫林管（Hering canal）。后者短而粗，直径约 15 μm，由单层立方上皮构成。

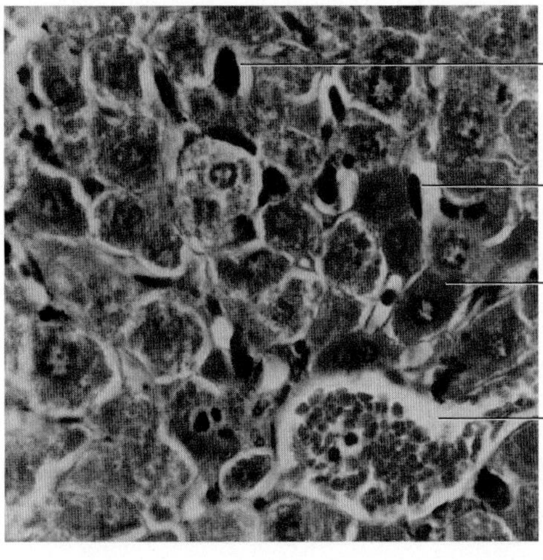

图 14-9 肝小叶局部高倍像（HE 染色）

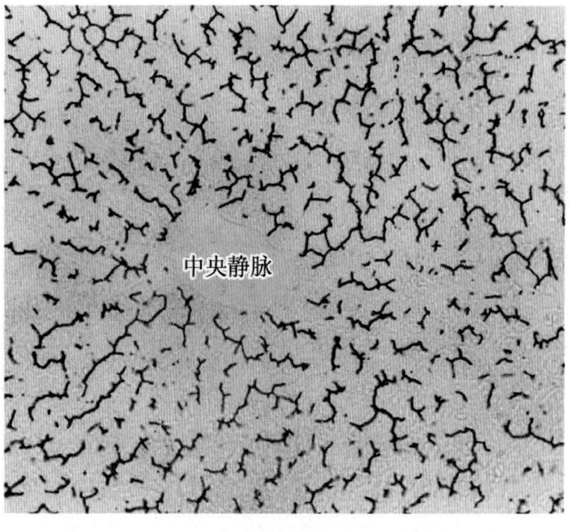

图 14-10 肝小叶内的胆小管（墨汁灌注）

电镜下，肝细胞伸出许多微绒毛突入胆小管管腔。胆小管周围相邻的肝细胞膜彼此相贴，形成连接复合体，以封闭胆小管，防止胆汁溢于细胞间及窦周隙内。在肝变性、坏死或胆道堵塞时，胆汁淤积在胆小管内，压力增大，破坏连接复合体，导致胆汁从胆小管溢出，并进入血窦，形成黄疸。

14.2.2 门管区

门管区（portal area）是相邻几个肝小叶之间的结缔组织内，小叶间动脉、小叶间静脉和小叶间胆管所伴行的区域。在小叶界线不明显时，常以门管区来判定肝小叶的界限。三种管道的形态特点是：小叶间动脉，管腔小而圆，管壁厚，中膜有数层环行平滑肌。小叶间静脉，管腔大而不规则，管壁薄，内皮外有少量散在平滑肌。小叶间胆管，管腔小而圆，管壁由单层立方上皮构成（图 14-11）。

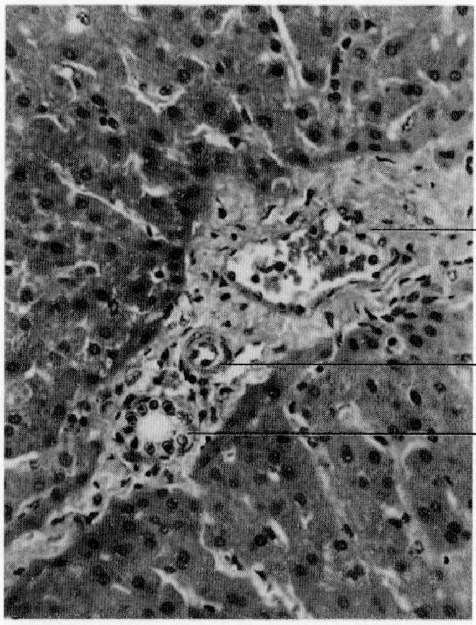

图 14-11 肝门管区光镜像（HE 染色）

14.2.3 肝内血液循环和胆汁的排出途径

14.2.3.1 **肝内血液循环** 肝的血液供应丰富，接受门静脉和肝动脉的双重供血。门静脉是肝的功能性血管，约占肝总血流量的 75%，主要汇集来自胃、肠、脾、胰等器官的静脉血，其中含有丰富的营养物质，供肝细胞代谢、加工、储存和转化。门静脉经肝门入肝，在小叶间结缔组织中反复分支，形成小叶间静脉，最终分支注入肝窦。肝动脉为肝的营养性血管，由腹腔动脉分支而来，血中含氧量高。肝动脉在小叶间结缔组织内分支成小叶间动脉，最终分支也注入肝窦，所以肝窦内含肝动脉和门静脉来的混合血。肝动脉还发出一些小分支到被膜。

14.2.3.2 **胆汁的排出途径** 肝细胞分泌的胆汁进入胆小管，自肝小叶中央向周边流动（图 14-12），在肝小叶边缘汇入赫林管，然后输入小叶间胆管，在肝门处汇集成肝管出肝，肝管与胆囊管（有胆囊动物）汇合成胆总管，开口于十二指肠。

门静脉→小叶间静脉↘
　　　　　　　　　　肝血窦→中央静脉→小叶下静脉→肝静脉→后腔静脉
肝动脉→小叶间动脉↗

肝　管←小叶间胆管←——赫林管←胆小管
（肝门）（门管区）　　（肝小叶）

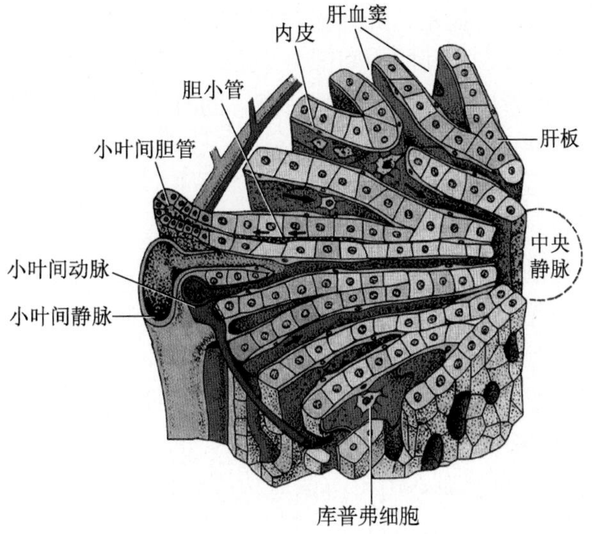

图 14-12 肝板、肝血窦、胆小管模式图

14.2.4 门管小叶和肝腺泡

组织学的教学中，通常以中央静脉为中轴划分的肝小叶（hepatic lobule）称为经典肝小叶。有的学者从肝脏血液循环和胆汁排出途径提出门管小叶和肝腺泡两种不同形式的结构单位（图 14-13）。

14.2.4.1 **门管小叶** 以门管区为中轴的小叶结构，称门管小叶（portal lobule）。门管小叶为三角形柱状体，其长轴与经典肝小叶一致，中心为小叶间胆管及其伴行血管，周围以三个相邻中央静脉连线为界。胆汁从门管小叶的边缘向中央汇集，导入小叶间胆管。故门管小叶的概念注重强调肝的外分泌功能（图 14-13）。

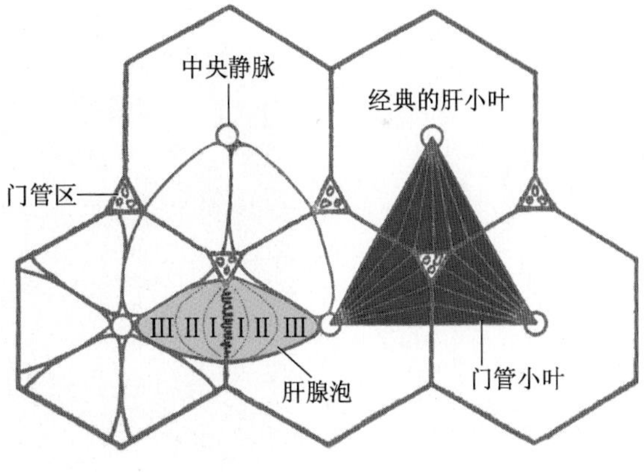

图 14-13 肝小叶、门管小叶和肝腺泡的关系

14.2.4.2 **肝腺泡**（liver acinus） 是基于肝微循环与肝病理和再生关系的研究而提出来的。一般认为一个经典肝小叶的血供来自周围几个终末血管，其分泌的胆汁也是分别汇入周围几个胆管。因此，经典肝小叶并非肝的最小微循环单位和外分泌功能的最小结构单位。当肝发生缺血性病变时，反应首先出现在血供的最末端部分，肝小叶表现为“中央坏死”。肝腺泡体积较小，立体形似橄榄，纵切面呈卵圆形，以门管区血管发出的终末门微静脉和终末肝微动脉为中轴，两端以相邻的两个中央静脉为界。一个肝腺泡由相邻两个经典肝小叶各 1/6 部分组成，其体积相当于一个经典肝小叶的 1/3。每个肝腺泡接受一条终末血管的血供，因而它是肝最小的微循环结构单位。肝腺泡内的血液从中轴单向性的流向两端的中央静脉，根据血流方向及肝细胞获得血供的先后优劣的微环境差异，将肝腺泡分为三个带：近中轴血管的部分为 I 带，肝细胞优先获得富含氧和营养成分的供血，细胞代谢活跃，再生能力强；近中央静

脉的两端部分为Ⅲ带，供血条件最差，肝细胞对某些有害物质的作用较敏感，容易发生病理损害，再生能力较弱；Ⅰ带和Ⅲ带之间的中间部分为Ⅱ带，细胞状况介于Ⅰ带和Ⅲ带之间。肝腺泡的分带不仅有助于理解各带中肝细胞的生理特点，同时又可解释不同病理条件下对肝实质损害所造成的梯度差异（图 14-13）。

14.2.5 肝的功能

（1）分泌胆汁　与脂肪的消化吸收有关。

（2）合成作用　合成糖原、胆固醇、胆盐、脂蛋白和血浆蛋白，参与代谢。

（3）储存作用　储存糖原、脂滴和多种维生素（如维生素 A、B、D、E 等）。

（4）解毒作用　肝细胞可以灭活和转化内源性及外源性的有毒物质。

（5）防御功能　库普弗细胞能吞噬细菌、异物等，起到防御作用。

（6）造血功能　胚胎肝可造血，出生后造血功能停止，但仍保持造血潜能，在某些病理情况下仍可恢复造血。

14.3 胆囊

胆囊（gall bladder）是储存、浓缩和酸化胆汁的囊状器官。胆囊壁由黏膜、肌层和外膜三层组成（图 14-14）。

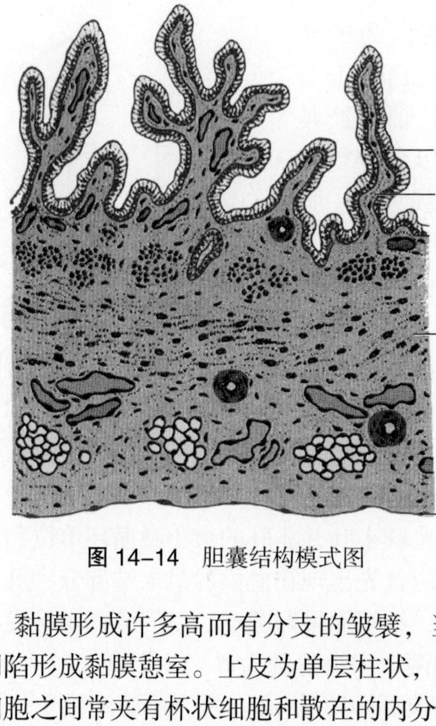

图 14-14　胆囊结构模式图

（1）黏膜　空虚时，黏膜形成许多高而有分支的皱襞，当充盈时，皱襞变小或消失。皱襞间的上皮向固有层内凹陷形成黏膜憩室。上皮为单层柱状，其游离面的微绒毛形成不明显的纹状缘。牛胆囊的柱状细胞之间常夹有杯状细胞和散在的内分泌细胞。上皮的主要功能是吸收胆汁中的水分和无机盐类；此外，尚分泌一定的黏液。固有层为薄层疏松结缔组织，内含淋巴小结和盘曲的管状腺。牛的腺体较多，猪和食肉类的较少。根据动物种类、个体以及在黏膜上所处的位置不同，腺体可能是浆液型或者是黏液型。

（2）肌层　较薄，主要为环行平滑肌。

（3）外膜　除与肝的连接部为纤维膜外，其余均为浆膜。

14.4 胰

胰（pancreas）由外分泌部和内分泌部两部分构成（图 14-15）。外分泌部是重要的消化腺，分泌胰液，内含胰淀粉酶、胰脂肪酶和胰蛋白酶等多种消化酶，有重要的消化作用。内分泌部分泌激素，参与调节体内的糖代谢。

胰表面覆有一薄层结缔组织被膜。结缔组织伸入实质，将胰分隔成许多界限不明显的小叶。血管、神经和淋巴管与结缔组织同时进入胰内反复分支，走行于小叶间（图 14-15）。

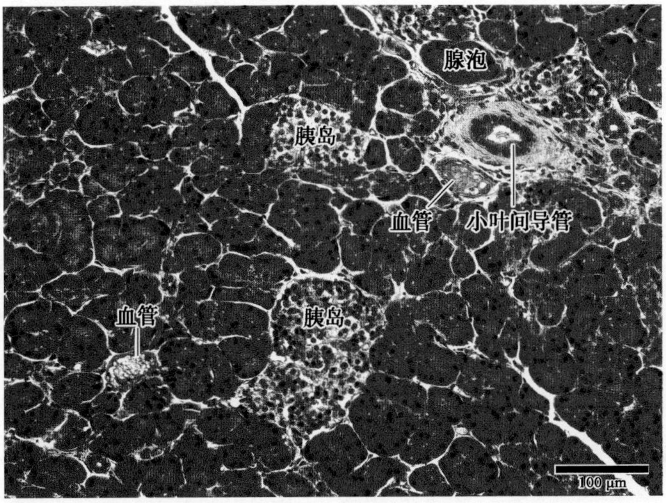

图 14-15　胰腺光镜结构低倍像（HE 染色）

14.4.1　外分泌部

外分泌部（exocrine portion）构成胰实质的绝大部分，为浆液型复管泡状腺，由腺泡和导管组成。

14.4.1.1　**腺泡**　呈管状或泡状，由一层锥形的腺泡细胞围成。腺泡细胞的底部位于基膜上，基膜与腺泡细胞之间无肌上皮细胞。腺泡细胞核大而圆，位于细胞基部。基部胞质内含有丰富的粗面内质网和核蛋白体，显较强的嗜碱性。胞质顶部有许多圆形或卵圆形的酶原颗粒，呈嗜酸性。酶原颗粒的数量随细胞的功能活动而变化，进食后细胞分泌旺盛，颗粒减少甚至消失，饥饿时则颗粒增多。腺泡腔很小，腔内有一些延伸到其中的闰管上皮细胞。该细胞呈扁平状或立方形，胞质淡染，胞核呈圆形或卵圆形，称泡心细胞（centroacinar cell）（图 14-16）。

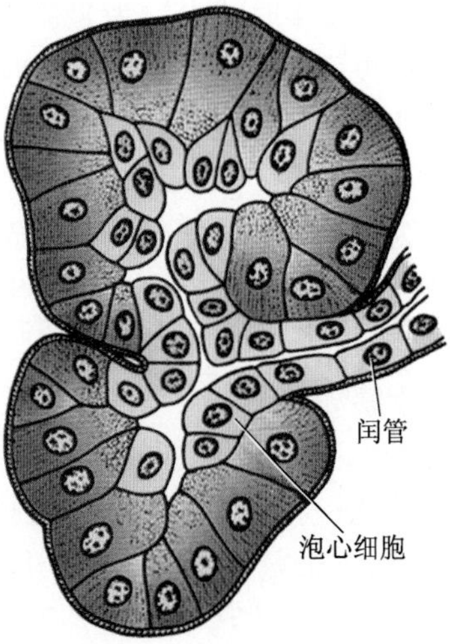

图 14-16　胰腺腺泡和闰管的关系

14.4.1.2　**导管**　为输送胰液至十二指肠的管道，包括闰管、小叶内导管、小叶间导管和胰管。闰管长而细，由单层扁平上皮或立方上皮围成，起始于腺泡（图 14-16）。闰管远端逐渐汇合形成小叶内导管。小叶内导管变粗，由单层立方上皮构成。在小叶间结缔组织内，若干小叶内导管汇成小叶间导管，最后形成一条粗大的胰管，开口于十二指肠。其管壁上皮由单层低柱状变为高柱状，并夹有散在的杯状细胞和内分泌细胞。导管上皮能分泌大量的水和以碳酸氢盐为主要成分的电解质，可中和进入十二指肠的胃酸。

14.4.2 内分泌部

内分泌部（endocrine portion）即胰岛（pancreatic islet），是分散在外分泌部腺泡之间的内分泌细胞团，胰尾部较多（图 14-15）。其大小不一，小者仅几个细胞，大者由数百个细胞组成。胰岛细胞之间有丰富的有孔毛细血管，利于激素的通过。胰岛细胞在 HE 染色标本中，着色浅，各类细胞不易区分（图 14-17）。用特殊染色法（如 Mallory-Azan 法）或电镜观察，可显示以下几种细胞（图 14-18）：

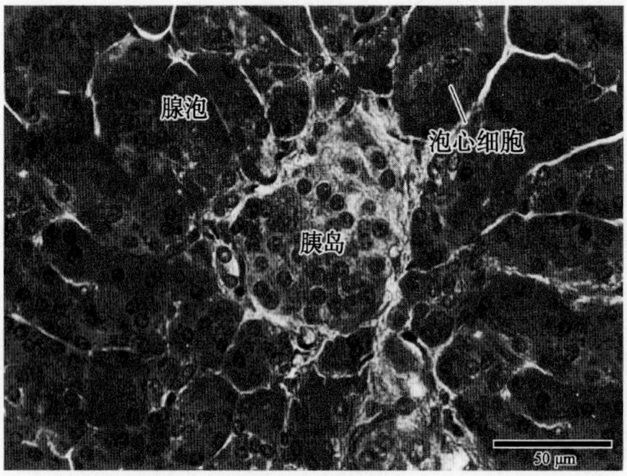

图 14-17 胰光镜高倍像（HE 染色）

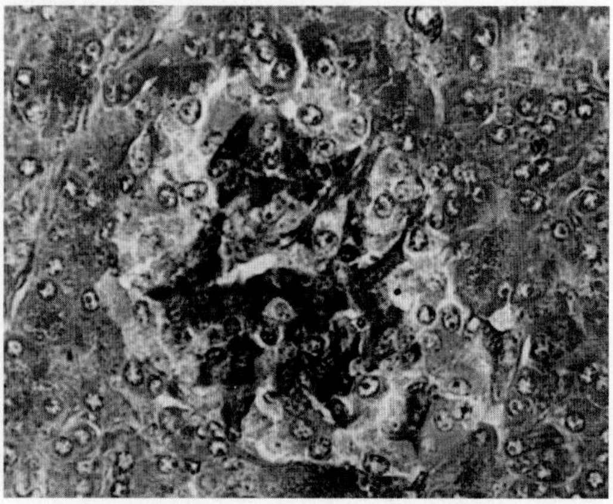

图 14-18 胰岛 B 细胞（PAP 法）

14.4.2.1 **A 细胞**（α 细胞） 占胰岛细胞总数的 5%~30%。初生仔猪的 A 细胞多，可达 50%；成年时减少，为 8%~20%。细胞体积较大，主要位于胰岛的外周部，马的则主要分布于中央部。胞质内的分泌颗粒较大，Mallory-Azan 法染成鲜红色。电镜下可见分泌颗粒呈圆形或卵圆形，外包界膜，内有电子密度高的致密核心。膜与核心之间为明亮的间隙。A 细胞分泌胰高血糖素（glucagon）。胰高血糖素是含有 29 个氨基酸的多肽，它能促进肝细胞内的糖原分解为葡萄糖，并抑制糖原合成，从而使血糖升高。A 细胞肿瘤患者因胰高血糖素分泌过多，血糖升高而从尿中排出，产生糖尿。狗的胰岛内无 A 细胞。

14.4.2.2 **B 细胞**（β 细胞） 数量最多，占胰岛细胞的 60%~80%（绵羊的高达 98%），多位于胰岛的中央，马的则主要位于外周部。B 细胞较小，Mallory-Azan 法染色，其胞质内的颗粒大小不一，染成橘黄色。电镜观察，动物不同，分泌颗粒的形态和内部结构也不同。狗、猫及其他一些动物的分泌颗粒内有形状各异的类晶体。B 细胞分泌胰岛素（insulin）。胰岛素为含有 51 个氨基酸的多肽，能促进肝细胞、肌细胞和脂肪细胞合成糖原或转化为脂肪，使血糖降低。在生理功能上，胰岛素和胰高血糖素相互协同，共同调节和维持机体血糖浓度的相对恒定。

14.4.2.3 **D 细胞**（δ 细胞） 数量较少，约占胰岛细胞总数的 5%，多散在于 A、B 细胞之间。Mallory-Azan 法染色，可见其胞质内含大量蓝色的颗粒。D 细胞分泌生长抑素（somatostatin），它能抑制 A、B 细胞和 PP 细胞的分泌。

14.4.2.4 **PP 细胞**（F 细胞） 数量很少，但随年龄增长而有所增加。光镜下只能用免疫细胞化学方法才能辨认。此细胞分泌胰多肽（pancreatic polypeptide），具有抑制胰液分泌和胃肠蠕动的作用。

除上述四种主要细胞外，胰岛内还有少量的其他细胞，如 C 细胞、D_1 细胞等。C 细胞内无分泌颗粒。目前认为它是一种未分化细胞，为胰岛内其他内分泌细胞的前身。D_1 细胞数量很少，光镜下不易辨认，该细胞可分泌血管活性肠肽。

复习思考题

1. 试述胰的组织结构及功能。
2. 试述肝小叶的组织结构和功能。
3. 试述肝内的血液及胆汁的流经途径。
4. 名词解释：泡心细胞　胰岛　肝板　窦周间隙　贮脂细胞　胆小管

拓展阅读

中国人工合成牛胰岛素成果与诺贝尔奖擦肩而过

第 15 章　呼吸系统

Respiratory System

■ 鼻腔与气管　　■ 肺

Outline

The respiratory system is composed of the lung and a series of tracts linking the pulmonary tissue with the external environment. This system is customarily divided into two principal subdivisions; a conducting portion, including the nasal cavity, nasopharynx, larynx, trachea, bronchi, and bronchioles; and a respiratory portion, including the alveoli and their associated structures. The important function of the respiratory system is gas exchange.

The nasal cavity mucosa is composed of endepidermis and lamina propria. The nasal cavity can be separated into vestibular portion, respiratory region and olfactory region. The first portion is the intumescence of ingressing nose. The respiratory region is the main portion. The mucosa is pink in the normal physiological condition and the behind anodic is the olfactory region.

The walls of trachea and bronchus become arranged in concentric layers of mucosa, submucosa and adventitia. The mucosa is lined with ciliated pseudostratified columnar epithelium that contains lots of goblet cells. The submucosa is composed of loose connective tissue. The adventitia consists of hyaline cartilage and fibers.

The surface of lung is serosa named ectoptygma or viseral pleura. The lung can be separated into parenchyma and interstitium. The parenchyma consists of branch and terminal alveoli pulmonis. The interstitium includes connective tissue, blood vessel, lymphatic vessel, nerves and so on. The parenchyma includes two subdivisions: air-conducting portion and respiratory portion. The air-conducting portion contains bronchus, segmental bronchus, small bronchus, bronchiole and terminal bronchiole. The respiratory portion is composed of respiratory bronchiole, alveolar duct, alveolar sac and pulmonary alveoli. In order to adapt the respiratory function, the epithelium of bronchus has a great change. In the larger bronchioles, the epithelium is ciliated pseudostratified columnar, which decreases in height and complexity to become ciliated simple columnar or cuboidal epithelium in the smaller terminal bronchioles. Alveoli are specialized sac-like structures that make up the greater part of the lung. Only within them do the O_2 and CO_2 exchange between the air and the blood. Alveolar epithelium includes type I cells and type II cells. The former, squamous alveolar cells, make up 97% of the alveolar surfaces. The latter, cuboidal cells, make up the remaining 3% of the alveolar surfaces. They can secret surfactant which decreases alveolar surface tension. The alveolar septum serves as the site of the blood-air barrier. The blood-air barrier refers to the cells and cell products. Across them, gases diffuse between the alveolar compartment and the capillary compartment.

呼吸系统（respiratory system）包括鼻、咽、喉、气管、支气管和肺。从鼻腔到肺终末细支气管主要是输送气体、温暖和净化空气。肺内呼吸性细支气管到肺泡主要进行气体交换。此外，鼻还有嗅觉功能，喉与发音有关，肺还参与生物活性物质的合成与代谢过程。

15.1 鼻腔与气管

15.1.1 鼻腔

鼻腔（nasal cavity）以骨、软骨为支架，鼻腔内表面衬以黏膜。黏膜包括上皮和固有层。根据其结构和功能的不同，分为前庭部、呼吸部和嗅部。

15.1.1.1 **前庭部**（vestibular region） 为鼻腔入口处的膨大部，表面有鼻毛，可阻挡空气中的灰尘和异物。黏膜与鼻孔边缘的皮肤相连续。

（1）*上皮* 鼻孔边缘是角化的复层扁平上皮，向内逐渐过渡为未角化的复层扁平上皮。

（2）*固有层* 由致密结缔组织构成，其中含有毛囊、皮脂腺、血管、神经、浆液性腺和弥散性淋巴组织等。

15.1.1.2 **呼吸部**（respiratory region） 面积较大。因毛细血管丰富，健康状态下黏膜呈粉红色。

（1）*上皮* 为假复层纤毛柱状上皮，其间夹有许多杯状细胞。纤毛不断向咽部做节律性摆动，将粘有灰尘、异物等的黏液推向咽喉，随痰排出体外。

（2）*固有层* 由疏松结缔组织构成，内含毛细血管和静脉丛，可温暖和湿润吸入的冷空气。另外还有黏液腺、浆液腺和混合腺。狗鼻腔呼吸部腺体发达，在夏季或剧烈运动后，可通过分泌物中水分蒸发达到降温目的。腺体分泌鼻液，可湿润鼻黏膜、黏附吸入空气中的灰尘和异物。

15.1.1.3 **嗅部**（olfactory region） 位于鼻腔后上方。健康状态下，黏膜颜色在牛、马呈浅黄色；山羊呈黑色；绵羊呈黄色；猪呈棕色；肉食兽呈灰白色。

（1）*上皮* 为假复层纤毛柱状上皮，包括以下几种细胞（图 15-1）：

① 嗅细胞（olfactory cell） 为双极感觉神经元，执行嗅觉机能。细胞呈梭形，核呈圆形，位于细胞中部，核仁明显。树突伸向上皮表面，末端膨大，称嗅泡（olfactory vesicle）。从嗅泡发出数条纤毛，称嗅毛（olfactory cilium）。嗅毛是静止的，能感受有

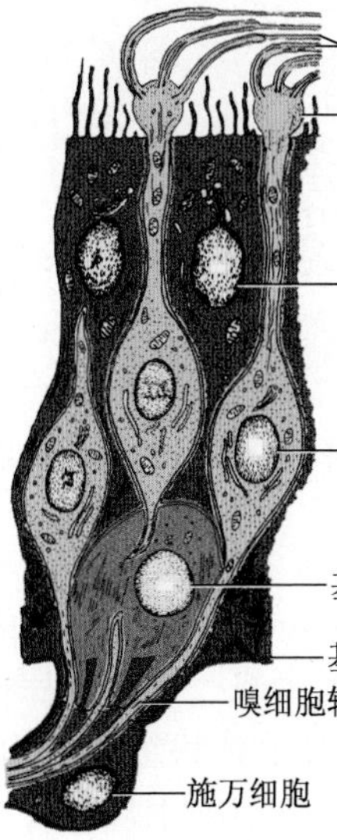

图 15-1 嗅上皮结构模式图

气味物质的刺激。从细胞基部伸出一条细长轴突，穿过基膜，在固有层内形成无髓神经纤维，组成嗅神经。嗅神经集合成若干小束，称嗅丝。嗅丝通过筛孔进入颅腔，与嗅球相连。

狗的嗅黏膜表面有许多皱褶，其面积约为人类的 4 倍；嗅黏膜内有 2 亿多个嗅细胞，为人类的 40 倍，嗅细胞游离面有许多微绒毛，大大增加了与气味物质的接触面积。因此，狗的嗅觉非常灵敏，而且辨别气味的能力相当强，可在诸多的气味当中嗅出特定的味道。警犬能辨别 10 万种以上的不同气味。

② 支持细胞（sustentacular cell） 呈高柱状，基部较细，常见有分支。核呈卵圆形，位于细胞上部。细胞游离面有许多微绒毛。细胞质内含有黄色素颗粒。支持细胞包绕嗅细胞，两者之间形成连接复合体，对嗅细胞起支持和营养作用。

③ 基细胞（basal cell） 呈锥形或圆形，位于上皮深部，核小呈圆形。细胞基底面有许多突起。基细胞有分裂和分化能力，能分裂分化成支持细胞和嗅细胞。

（2）*固有层* 为薄层结缔组织，与深部骨膜相连续。内含丰富的毛细血管、淋巴管、神经和弥散性淋巴组织等。并含有许多浆液性嗅腺，其分泌物经导管排至黏膜表面，以溶解空气中有气味的化学物质，刺激嗅毛。嗅腺不断分泌浆液，以清洗上皮表面，从而保持嗅觉的敏感性。

15.1.2 气管和支气管

气管（trachea）和支气管（bronchus）两者结构相似，管壁由内向外为黏膜、黏膜下层和外膜（图 15-2，图 15-3）。

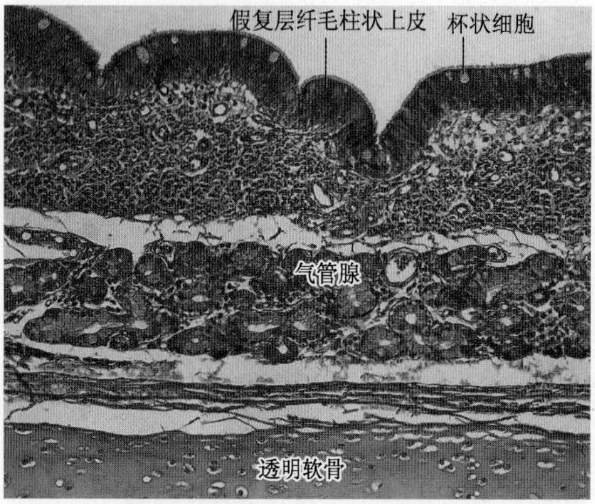

图 15-2 气管光镜结构像（HE 染色）

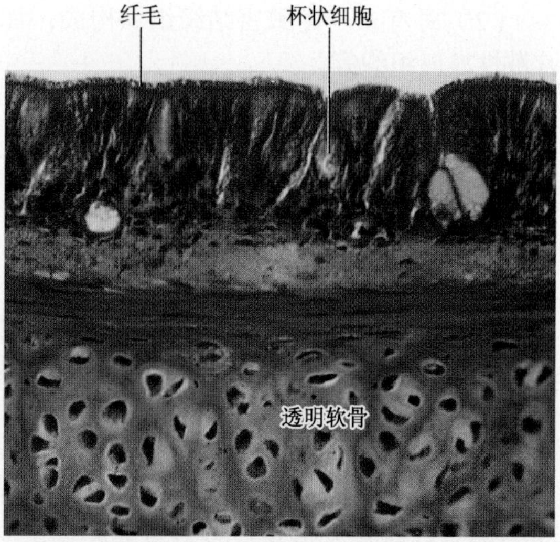

图 15-3 气管壁的光镜结构像（HE 染色）

15.1.2.1 **黏膜**（mucosa） 由上皮和固有层构成。

（1）*上皮* 为假复层纤毛柱状上皮，电镜下可见五种细胞：

① 纤毛柱状细胞（ciliated cell） 数量最多，呈柱状，游离面有许多纤毛和微绒毛，核卵圆形，位于细胞中部。纤毛向咽部做定向节律性摆动，将粘有灰尘、异物等的黏液推向咽喉部，随痰排出体外，使吸入的空气得以净化。机体在遭受细菌、病毒侵害或吸入有害气体时，

纤毛变形、膨胀或消失，痰液不能及时排除，阻塞气道，导致呼吸困难。

② 杯状细胞（goblet cell） 数量较多，夹在纤毛柱状细胞之间。杯状细胞顶部胞质内含有大量黏原颗粒，分泌后涂布于黏膜表面形成一层黏液性屏障，黏附吸入空气中的异物，溶解吸入的 CO、SO_2 等有害气体。

③ 基细胞（basal cell） 体积较小，呈锥形或三棱形，沿基膜排列，顶部不到达腔面。核大，核仁明显。细胞之间以桥粒相连。该细胞是一种低分化细胞，可分化成纤毛柱状细胞和杯状细胞等。在一定条件下，可使黏膜上皮转变为复层扁平上皮。

④ 刷细胞（brush cell） 呈柱状，自基膜达腔面。光镜下难以分辨，电镜下细胞游离面有紧密排列、形如毛刷状的微绒毛。细胞基部有与感觉神经末梢形成的突触，可能有感觉刺激的作用。

⑤ 小颗粒细胞（small granule cell） 数量少，属 APUD 系统，细胞呈锥体形，单个或成群分布在上皮深部，也叫 k 细胞或内分泌细胞。广泛存在于呼吸系统的上皮和腺体内。在基部胞质内有嗜银颗粒，内含多种胺类或肽类物质，如 5- 羟色胺等。其分泌物参与调节呼吸道平滑肌和肺血管平滑肌的收缩以及腺体的分泌。

（2）固有层 由疏松结缔组织构成，与上皮细胞之间有明显的基膜，内含较多的弹性纤维、弥散性淋巴组织、浆细胞等。在抗原刺激下，可产生免疫球蛋白，经黏膜上皮排入气管腔后称为分泌性免疫球蛋白，具有局部免疫功能，可抑制病原微生物的繁殖。

15.1.2.2 **黏膜下层（submucosa）** 为疏松结缔组织，与固有层和外膜无明显分界。内含较多的胶原纤维、血管、淋巴管、神经、气管腺（混合腺）。腺体经导管开口于黏膜表面，腺细胞分泌的黏液涂布于黏膜表面，使黏膜表面保持湿润，同时还分泌溶菌酶，具有溶菌、抑菌作用。当气管有炎症时，黏液型腺体数量增多，分泌量增加。气管腺的浆液型腺泡分泌稀薄水样成分，分布于黏液层下方，有利于纤毛摆动。

15.1.2.3 **外膜（adventitia）** 由“C”形透明软骨环和纤维性结缔组织构成。软骨环为支架结构，可保持气管畅通。软骨之间以环状韧带相连接。在软骨环缺口处有富含弹性纤维的结缔组织相连，内含平滑肌束，可调节气管的管径。肉食动物的平滑肌位于软骨环缺口的外侧，反刍动物、马和猪的则位于内侧。

15.2 肺

15.2.1 肺的组织结构

肺（lung）表面覆以浆膜（胸膜脏层），亦称肺胸膜。浆膜表面光滑、湿润，有利于呼吸运动，减少肺在呼吸运动时的摩擦。肺组织分为实质和间质，实质即肺内支气管的各级分支及终末大量肺泡，间质为分布于实质之间的结缔组织及其内的血管、淋巴管和神经等。

肺实质按其功能分为导气部和呼吸部。左右支气管自肺门入肺后，分支成叶支气管、段支气管、小支气管。当其管径在 1 mm 以下时，称细支气管。细支气管再分支至管径在 0.5 mm 以下时，称终末细支气管。从叶支气管到终末细支气管，均为肺内气体进出的通道，故称为导气部。终末细支气管继续分支，依次为呼吸性细支气管、肺泡管、肺泡囊和肺泡。其各级结构均有肺泡开口，可进行气体交换，故称为呼吸部。肺内支气管呈树枝状反复分支，称为支气管树（bronchial tree）。

每个细支气管连同其所属分支和终末的肺泡构成一个肺小叶（pulmonary lobule），肺小叶是肺的结构单位（图 15-4）。肺小叶呈锥体形，锥尖指向肺门，锥底朝向肺表面。临床上的小叶性肺炎即肺小叶的局部性炎症。肺小叶周围的结缔组织称为小叶间结缔组织。牛、猪、绵羊的小叶间结缔组织较发达，马的次之，肉食动物的较少。

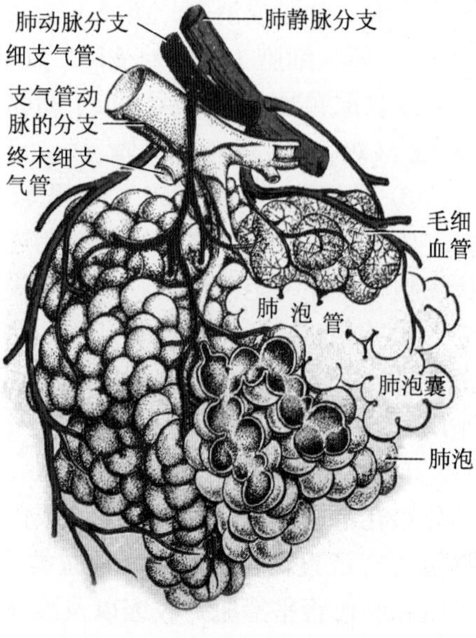

图 15–4　肺小叶结构模式图

15.2.1.1　**肺导气部**　肺内导气部包括各级支气管，随着不断分支，其管径逐渐变细，管壁逐渐变薄，结构由复杂变简单。

（1）叶支气管至小支气管　结构与支气管相似，上皮为假复层纤毛柱状上皮，但杯状细胞和腺体逐渐减少。固有层内含有较多的弹性纤维、淋巴组织。平滑肌相对增多，呈现为不成层的环形平滑肌束。外膜的软骨环逐渐变成软骨片，并且逐渐减少。

（2）细支气管（bronchiole）　上皮由假复层纤毛柱状上皮逐渐变为单层纤毛柱状上皮。管壁的三层结构不明显，杯状细胞、腺体和软骨片逐渐减少甚至消失。环行平滑肌则相对增多，因此，黏膜皱襞较多。

（3）终末细支气管（terminal bronchiole）　上皮为单层纤毛柱状上皮，杯状细胞、腺体和软骨片均消失。环行平滑肌增多形成完整的肌层，因此，黏膜皱襞非常明显。

电镜下，细支气管和终末细支气管的上皮中，除少量纤毛柱状细胞外，主要为无纤毛的分泌细胞，又称克拉拉细胞（Clara cell）。该细胞呈柱状，细胞顶部呈圆顶状凸向管腔，顶部细胞质内含较多的分泌颗粒，其分泌物中含有蛋白水解酶，可分解管腔内的黏液，从而降低呼吸道中分泌物的黏度，有利于黏液排出以保持气道通畅。细胞内还含有较多的氧化酶系，可对吸收的毒物、某些药物进行生物转化，使其毒性减弱便于排出体外。细胞游离面有少量微绒毛，细胞器发达。在纤毛柱状上皮或柱状上皮受到损害时，这种分泌细胞可转变成纤毛柱状细胞或其他细胞。

由于细支气管的后段和终末细支气管失去软骨的支撑，管壁环行平滑肌的舒缩，可改变管径的大小，以此调节进出肺泡的气流量。正常情况下，吸气时平滑肌松弛，管腔扩大。呼气时平滑肌收缩，管腔变小。在支气管哮喘等病理情况下，因平滑肌发生痉挛性收缩，加上黏膜水肿，分泌物增多，使管腔狭窄，造成呼吸困难。

15.2.1.2　**肺呼吸部**（respiratory region）　肺呼吸部是肺内气体交换的功能部位，包括呼吸性细支气管、肺泡管、肺泡囊和肺泡（图 15-5，图 15-6）。

（1）呼吸性细支气管（respiratory bronchiole）　为终末细支气管的分支，很短，管腔较小。结构特点为管壁上出现少量肺泡，故具有换气功能。管壁上皮由单层纤毛柱状上皮逐渐移行为单层柱状或单层立方上皮，近肺泡开口处移行为单层扁平上皮。上皮下结缔组织内有少量的环形平滑肌，黏膜皱襞消失。狗的呼吸性细支气管很发达，而牛、马、猪的呼吸性细支气管较少，常以终末细支气管直接连在肺泡管上。

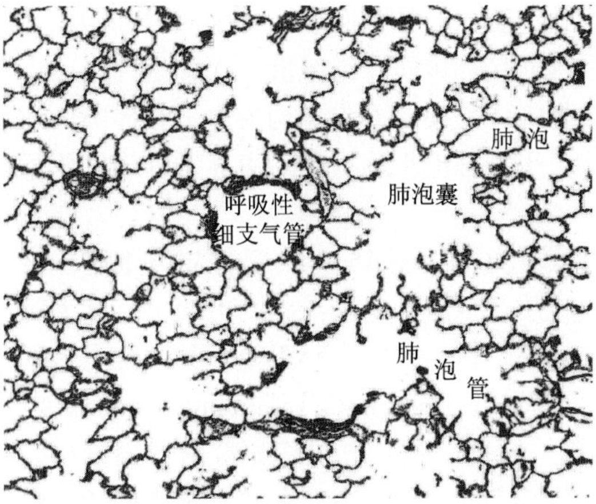

图 15-5　肺呼吸部光镜结构低倍像（HE 染色）

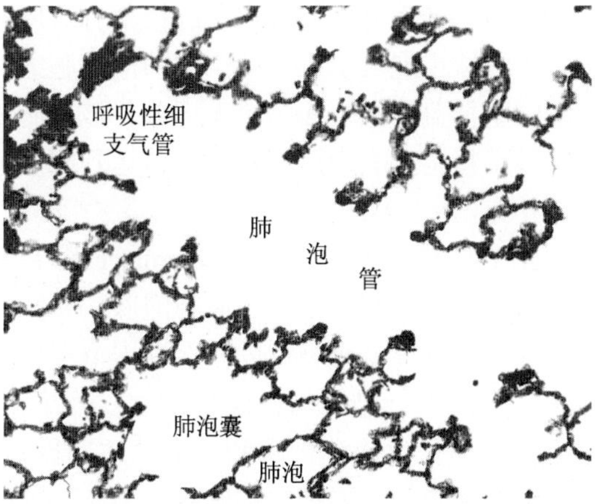

图 15-6　肺呼吸部光镜结构高倍像（HE 染色）

（2）肺泡管（alveolar duct）　是呼吸性细支气管的分支，管壁上有许多肺泡和肺泡囊的开口，管壁极不完整，仅存在于相邻肺泡开口之间。切片上，肺泡管呈现为一系列结节状膨大，表面有单层立方上皮或单层扁平上皮，上皮下方有薄层结缔组织和少量环绕肺泡开口的平滑肌纤维。故在肺泡管的断面上，相邻肺泡开口处的肺泡隔末端呈结节状。

（3）肺泡囊（alveolar sac）　与肺泡管相连续，是若干肺泡共同开口所围成的囊状结构。在相邻肺泡之间为薄层结缔组织，此处无环行平滑肌，有较多的胶原纤维和弹性纤维，故在相邻肺泡开口处无结节状膨大（图 15-5，图 15-6）。

（4）肺泡（pulmonary alveolus）　为半球形，直接开口于肺泡囊、肺泡管、呼吸性细支气管。肺泡是进行气体交换的场所。肺泡壁由单层肺泡上皮和基膜构成。相邻肺泡之间有薄层结缔组织，称肺泡隔（图 15-7，图 15-8）。

① 肺泡上皮　由Ⅰ型肺泡细胞（扁平细胞）和Ⅱ型肺泡细胞（分泌细胞）构成。

Ⅰ型肺泡细胞（type Ⅰ alveolar cell）：呈扁平状，又称扁平细胞。该细胞表面光滑，无核

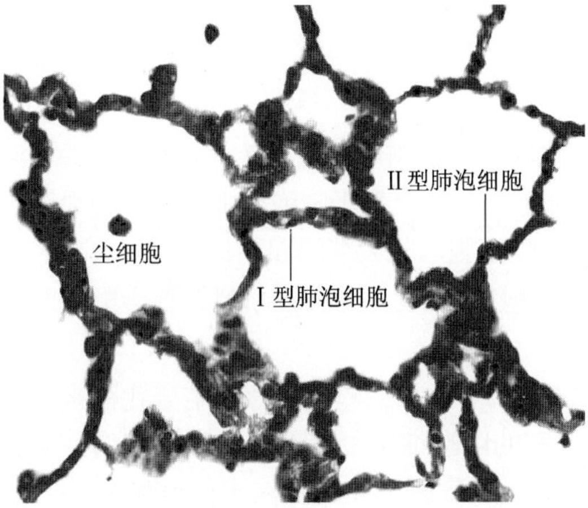

图 15-7　肺泡光镜高倍像（HE 染色）

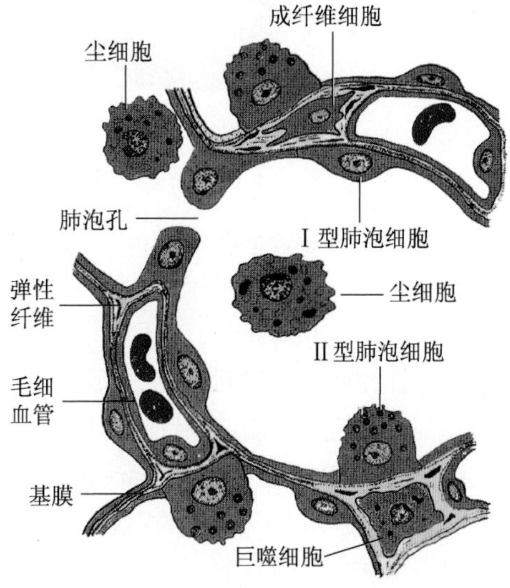

图 15-8　肺泡与肺泡隔模式图

部分极薄，光镜下不易分辨。有核部分略厚，突入肺泡腔内，核扁圆形。细胞质内细胞器不发达，含吞饮小泡较多。相邻Ⅰ型肺泡细胞之间有紧密连接，可防止组织液渗入肺泡腔内。Ⅰ型肺泡细胞覆盖肺泡表面的绝大部分，该细胞主要参与气体交换，并参与构成血－气屏障。还可吞入微小粉尘和表面活性物质，转运到间质内清除。Ⅰ型肺泡细胞损伤后由Ⅱ型肺泡细胞增殖分化补充。

Ⅱ型肺泡细胞（type Ⅱ alveolar cell）：呈圆形或立方形（图 15-9），又称立方细胞。嵌于Ⅰ型肺泡细胞之间。细胞凸向肺泡腔，核圆形，细胞质着色浅，呈泡沫状。电镜下，Ⅱ型肺泡细胞的主要特征是细胞质内含有许多电子密度高的分泌颗粒，颗粒大小不等，其中含有呈同心圆状排列或平行排列的板层状结构，称嗜锇性板层小体（osmiophilic multilamellar body）。小体内的主要化学成分为磷脂、蛋白质和糖胺多糖等。细胞以胞吐方式将颗粒内容物排出，分泌物中的磷脂（主要是二棕榈酰卵磷脂）涂布于肺泡腔表面，形成一层薄膜，称表面活性物质（surfactant）。该物质具有降低肺泡表面张力，稳定肺泡直径的作用。当吸气时，肺泡扩张，肺泡表面活性物质分布稀薄，降低表面张力的作用减小，肺泡表面张力增大，促使肺泡回缩。呼气末时，肺泡缩小，单位面积内的表面活性物质增厚，降低表面张力的作用增强，肺泡回缩力减小，避免肺泡塌陷。当机体发生创伤、休克、中毒时，表面活性物质的合成与分泌受到抑制或破坏，可导致肺泡萎缩。某些早产儿因Ⅱ型肺泡细胞尚未发育完善，不能产生表面活性物质，出生后肺泡不能扩张，则出现新生儿呼吸窘迫症（透明膜病），常致夭折。Ⅱ型肺泡细胞可增殖分化为Ⅰ型肺泡细胞，起修复作用。

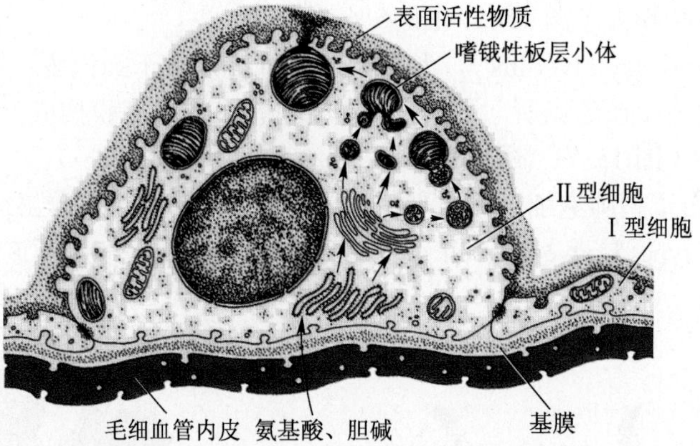

图 15-9 肺泡Ⅱ型细胞超微结构模式图

② 肺泡隔（alveolar septum） 是指相邻肺泡之间的薄层结缔组织，其中含有丰富的毛细血管网（图 15-8）。这些毛细血管是连续型的，紧贴肺泡上皮，有利于肺泡腔中的气体与血液内的气体进行交换。肺泡隔内还含有大量的弹性纤维、巨噬细胞、肥大细胞和少量的网状纤维、胶原纤维。大量的弹性纤维与肺泡扩张后的回缩有关，若弹性纤维发生变性或断裂，则会影响肺泡回缩而持续处于扩张状态，导致肺气肿。

③ 肺泡巨噬细胞（pulmonary alveolar macrophage） 巨噬细胞由单核细胞分化而来，广泛分布于肺间质中，尤以肺泡隔内较多（图 15-8）。有的巨噬细胞可游走进入肺泡腔内，称肺泡巨噬细胞。肺泡巨噬细胞可大量吞噬进入肺内的灰尘、病菌、异物及渗出的红细胞等。吞入了大量尘粒后的巨噬细胞又称尘细胞（dust cell）（图 15-7，图 15-8，图 15-10）。尘细胞常游

走到导气部，随纤毛摆动被排出体外，也可经淋巴管进入肺门淋巴结，或沉积于肺间质。随着动物年龄的增大，肺间质灰尘增多，肺颜色变为暗红色。当动物患心力衰竭而出现肺淤血时，大量的红细胞从毛细血管溢出，被巨噬细胞吞噬后，在其细胞质内出现许多血红蛋白的分解产物含铁血黄素颗粒，该细胞又称心力衰竭细胞（heart failure cell）。

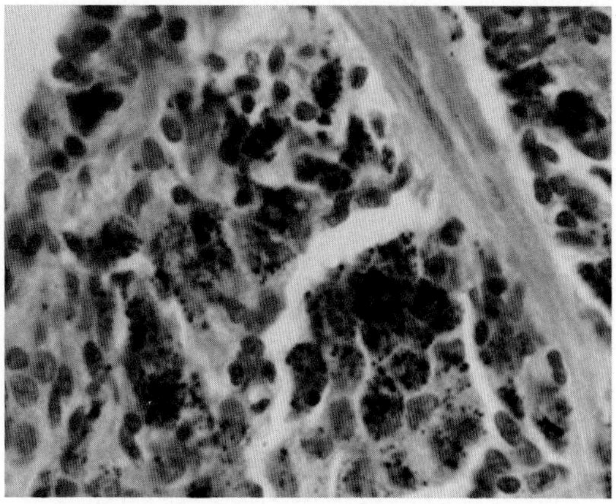

图 15–10 尘细胞光镜像（HE 染色）

④ 肺泡孔（alveolar pore） 是位于相邻肺泡之间的小孔，直径 10 ~ 15 μm。一个肺泡可有一至数个肺泡孔，肺泡孔可以沟通相邻肺泡，平衡肺泡间气压。当局部终末细支气管或呼吸性细支气管阻塞时，肺泡孔可作为气体的侧支通道。但当肺部受感染时，病原微生物亦可经肺泡孔扩散，使炎症蔓延。牛的肺泡孔小而且数量很少，故侧支通气量有限。

（5）血 - 气屏障（blood-air barrier） 又称呼吸膜（respiratory membrane），是肺泡与肺泡隔内毛细血管之间进行气体交换所通过的屏障结构，包括肺泡表面活性物质、Ⅰ型肺泡细胞与基膜、薄层结缔组织、毛细血管基膜与内皮。大部分区域肺泡上皮与血管内皮之间无结缔组织，两层基膜直接融合。血气屏障很薄，厚 0.2 ~ 0.5 μm，若结构中任何一层发生病变，均会影响气体交换，如间质性肺炎、肺水肿等可导致血气屏障增厚，而降低气体交换速率。

15.2.2 肺的血管

肺有两组血液循环的管道：肺循环和支气管循环。

15.2.2.1 **肺循环** 是指肺的功能性血循环。包括肺动脉与肺静脉及其间的血液循环。肺动脉为弹性动脉，自肺门入肺，将含有大量 CO_2 的血液输送到肺内。肺动脉入肺后不断分支，与各级支气管伴行，至呼吸性细支气管以下，在肺泡隔内形成密集的毛细血管网，分布于肺泡周围，通过血 - 气屏障进行气体交换，即肺动脉血液中的 CO_2 进入肺泡腔，肺泡腔中的 O_2 进入血液。此后，含 O_2 高的血液汇入小叶间静脉，最后汇入肺静脉自肺门出肺。

15.2.2.2 **支气管循环** 是肺的营养性血循环。包括支气管动脉与支气管静脉及其间的血液循环。支气管动脉分布在支气管壁中，自胸主动脉分支，与支气管伴行入肺，沿各级支气管分支至呼吸性细支气管时形成毛细血管网，将营养物质输送给肺组织。支气管动脉也有分支参与形成肺泡隔内的毛细血管网。然后，一部分毛细血管汇入肺静脉，另一部分汇入支气管静脉自肺门出肺。

机体全身血液均通过肺循环血管，因此肺血管内皮细胞的代谢作用对机体的影响很大，内皮细胞具有激活、合成和灭活流经肺循环的各种生物活性物质的作用。

复习思考题

1. 家畜肺的小支气管、细支气管、终末细支气管在光镜下有何区别？
2. 试述家畜肺呼吸部的组织结构特点。
3. 名词解释：血 - 气屏障　尘细胞　肺泡隔　肺泡孔

拓展阅读

肺气肿

第 16 章　泌尿系统

Urinary System

- 肾
- 排尿管道
- 尿道

Outline

Urinary system include two kidneys, two ureters, a bladder, and a urethra. Kidneys are the important organ of the urinary system, which elaborate a fluid product called urine; the ureters, two fibromuscular tubes, conduct the urine to a single urinary bladder where the fluid accumulates for periodic evacuation via the single urethra that connects the bladder to the exterior.

The kidneys are respectively wrapped by a capsule of dense connective tissue. The parenchyma of kidney consists of an outer cortex and an inner medulla. The functional unit of the kidney is the uriniferous tubule. The uriniferous tubule is composed of a long convoluted portion called the nephron and a system of intrarenal collecting ducts. The nephron is composed of several regions of diversified morphology, but all of them are characterized by cells that have an elaborate shape with numerous lateral interdigitating processes. The blind end of the nephron is indented by a network of capillaries and supporting cells to form a filtering body called the renal corpuscle. In addition, the nephron consists of a proximal convoluted tubule, a straight region of the proximal tubule, a thin limb, a straight region of the distal tubule, a macula densa region of the distal tubule, and a distal convoluted tubule. Nephrons are situated within the kidney in a characteristic position with the renal corpuscle and proximal convoluted tubules located in the cortex. The straight portion of the proximal tubule, the thin limb segment, and the straight portion of the distal tubule form a looping structure called the loop of Henle, which enters into the medullary pyramid by way of a medullary ray, forms a hairpin loop within the medulla, and returns to the cortex via the same medullary ray. Nephrons are classified as superficial or juxtamedullary by the position of their renal corpuscles within the superficial or juxtamedullary region of the cortex. The nephron begins with a renal corpuscle located in the cortex and is roughly oval in shape. Each renal corpuscle consists of tufts of capillaries and their supporting cells, which have developed within a double-walled capsule in one end of the developing renal tubule. The outer wall of the capsule is called the parietal layer; the inner wall is the visceral (podocyte) layer. The space between the two walls of the capsule is called Bowman's space. The epithelium of this visceral wall covers the tufts of capillaries much like a glove covers each fingers of a hand. Between the epithelium and the capillaries is an extracellular layer, the glomerular basement membrane. The parietal layer of capsular epithelium is continuous with the epithelium of the neck of the tubule. Bowman's space is therefore continuous with the lumen of the remaining nephron, so that fluid formed by filtration within the renal corpuscle enters the lumen of the proximal convoluted tubule. The nephrons empty into a complex system of collecting ducts. Urine is conveyed from the kidney to the bladder where it is stored. The juxtaglomerular complex is the structure adjacent to the renal corpuscle, which consists of juxtaglomerular cells, macula densa and extraglomerular mesangial cells. The function of these apparatuses relates to the maintenance of blood pressure by producing and secreting hormones.

The walls of ureter, bladder and urethra are similar in their basic structure, being composed of an inner mucosal layer, a middle muscular layer, and an external adventitial coat of connective tissue that binds the structure to the surrounding connective tissue.

泌尿系统（urinary system）包括肾、输尿管、膀胱和尿道，其主要机能是生成、储存和排出尿液。

16.1 肾

16.1.1 肾的一般结构

肾（kidney）（图 16-1）的形态随动物种属不同而异，如牛肾为表面有沟的多乳头肾，猪肾为表面平滑的多乳头肾，羊、犬和马肾为表面平滑的单乳头肾。尽管各种动物肾的形态不同，但肾均由被膜和实质构成。单肾的内侧缘均有一个凹陷部，称肾门（renal hilus）。肾门是血管、神经、输尿管和淋巴管的出入通路。肾门内有肾窦，肾窦中一般含有肾盂（renal pelvis）。

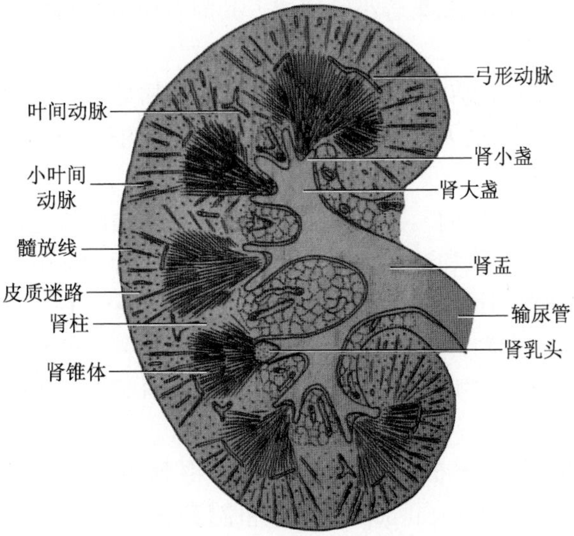

图 16-1 猪肾纵切面模式图

16.1.1.1 **被膜** 是包在肾外面的结缔组织膜，分内、外两层。外层为含有胶原纤维和弹性纤维的致密层；内层由疏松结缔组织构成，其中含有纤细的网状纤维。马、犬和猪肾被膜的内层，常含有一些散在的平滑肌纤维；反刍动物被膜内的平滑肌纤维则形成平滑肌层，其中绵羊和山羊的平滑肌最厚；猫的被膜中没有平滑肌。被膜的结缔组织在肾门处伸入肾窦，形成肾盂的外膜，有少量结缔组织伸入肾的实质，形成肾的间质。健康状态时，肾的被膜易于剥离。

16.1.1.2 **实质** 肾实质可分为肾皮质（renal cortex）和肾髓质（renal medulla）。皮质大部分位于肾的外周，富有血管，色暗红（图 16-2）。髓质位于皮质深部，血管较少，色浅。牛和猪肾的髓质形成许多明显的锥体，称肾锥体（renal pyramid）。在马和羊中，因为在动物进化过程中，数个肾锥体融合在一起，所以锥体不明显。肾锥体的底部较宽大，邻接皮质；锥体的顶部钝圆，称肾乳头（renal papilla），伸入肾盏或肾盂。肾锥体之间的皮质部分，称为肾柱（renal column）。每个肾锥体及其周围的皮质构成肾叶。肾的髓质由许多直行的管道组成，故呈条纹状。髓质可分为内、外两区：内区较窄，条纹较稀；外区较宽，条纹较密。从肾锥体底呈辐射状深入皮质的条纹，称髓放线（medullary ray）。髓放线之间的皮质呈颗粒状，称为皮质迷路（cortical labyrinth）。每个髓放线及其周围的皮质迷路构成一个肾小叶，小叶之间有小叶间动脉和静脉（图 16-1）。

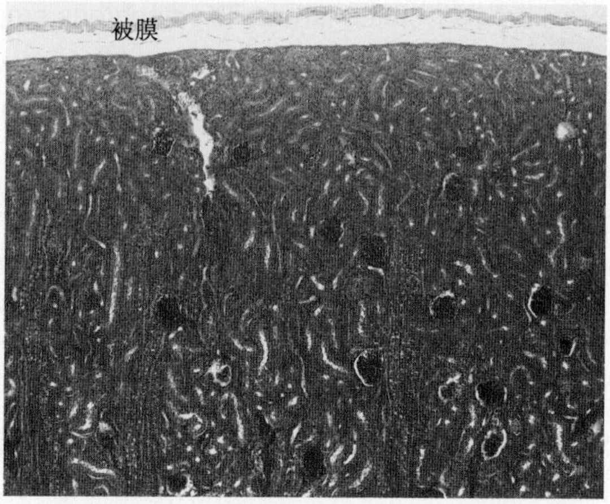

图 16-2 肾皮质光镜低倍像（HE 染色）

16.1.2 肾单位

肾实质主要是由许多肾单位和集合小管组成，其间有少量结缔组织以及血管、神经等构成的肾间质。

肾单位（nephron）是肾的结构与功能单位。肾单位的数量依据动物种属等的不同而异，如大鼠约有 30 万个，猫约有 18 万个，兔约有 20 万个，牛约有 800 万个，象约有 1 500 万个。肾单位由肾小体和肾小管构成。

肾小体位于皮质迷路和肾柱内。肾小管是一条细长而弯曲的管道，根据其结构和功能的差异，可依次分为近端小管、细段和远端小管三部分。近端小管和远端小管均又分为曲部和直部两段。近端小管直部、细段和远端小管直部三者共同组成一个“U”字形的袢状结构，称为髓袢（medullary loop），又称亨勒袢（Henle’s loop）或肾单位袢（nephron loop）。髓袢可分为降支和升支两部分（图 16-3）。除哺乳类肾单位有髓袢外，两栖类和爬行类的肾单位无髓袢，鸟类则有的有髓袢，有的无髓袢。

根据肾小体在肾皮质内分布的部位不同，可将肾单位分为浅表肾单位［superficial nephron，或称皮质肾单位（cortical nephron）］和髓旁肾单位（juxtamedullary nephron）（图 16-3）。浅表肾单位的肾小体分布于皮质中部和浅表部，其肾小体较小，髓袢短，只伸至髓质

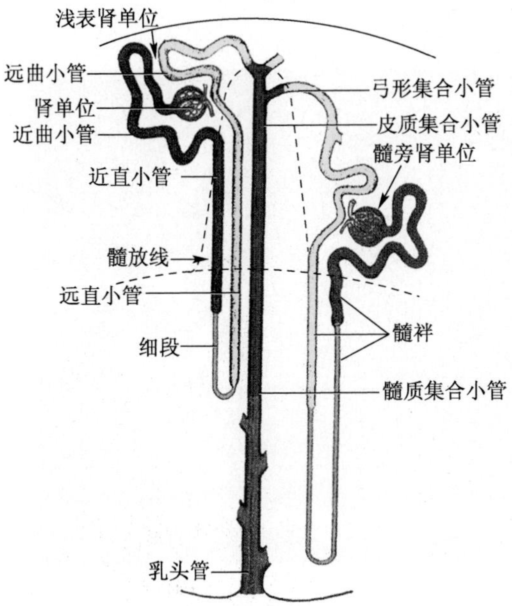

图 16–3 泌尿小管模式图

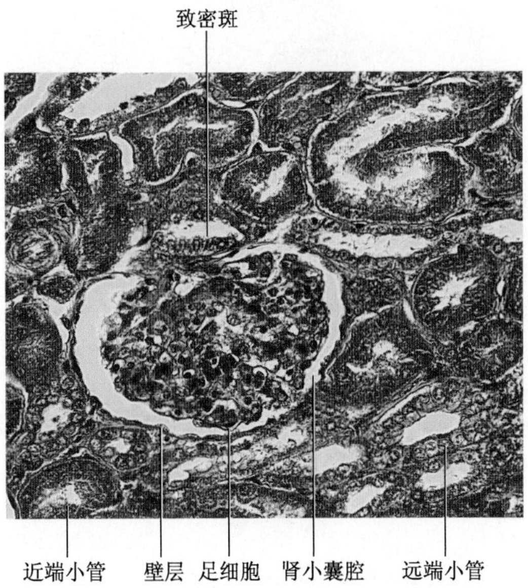

图 16–4 肾皮质光镜高倍像（HE 染色）

外区，有的甚至不进入髓质，髓袢中的细段很短或阙如（图 16–4）。这种肾单位发生较晚。髓旁肾单位的肾小体位于近髓质的皮质内，其肾小体较大，髓袢长，伸至髓质内区，有的伸至乳头部，髓袢中的细段较长。这种肾单位发生较早。

16.1.2.1 **肾小体**（renal corpuscle） 由肾小球和肾小囊组成，呈圆形或卵圆形（图 16–5）。肾小体的一侧是微动脉出入处，称血管极。在血管极的对侧称尿极，近端小管与肾小囊在此相接。

（1）肾小球（renal glomerulus） 是一团毛细血管盘曲而成的血管簇，其周围有肾小囊包裹。肾动脉在肾内反复分支形成入球微动脉（输入小动脉），入球微动脉由血管极进入肾小体内，分成数支。每支又继续分成许多毛细血管袢，这些毛细血管袢盘曲成分叶状。毛细血管袢以后又逐步汇合成出球微动脉（输出小动脉），从血管极离开肾小体（图 16–5）。电镜下，肾小球毛细血管为有孔型，小孔无隔膜，孔径较大，数量较多，排列成筛状（图 16–6）。这些结构特点均有利于肾小体的滤过性能。

肾小体血管极处有肾小球系膜（glomerular mesangium），广泛地联系着每根毛细血管，与毛细血管共同悬吊于肾小体血管极处。肾小球系膜实际包括球外系膜和球内系膜两部分，但通常所说的肾小球系膜是指球内系膜而言。球内系膜位于血管球毛细血管小叶中间，属毛细血管的支持成分。球内系膜由球内系膜细胞（intraglomerular mesangial cell）和系膜基质组成。球内系膜细胞形态不规则，胞核圆而小，染色深，细胞质内含 PAS 反应阳性物质。电镜下，此种细胞呈星形，表面有许多长短不一的突起，有的突起较长，可伸到内皮细胞与基膜之间，或经内皮细胞间伸入毛细血管腔内。这种突起的功能不详，有人认为伸至血管腔中的突起可能与摄取营养物质有关。当患有肾小球肾炎时，球内系膜细胞增生，可引起血管球的纤维化。目前认为，球内系膜细胞除形成基质外，还有吞噬作用，能清除血液滤过时滞留在血管球基膜上的大分子物质，并参与基膜的更新。此种细胞内有肌动蛋白组成的微丝，故具

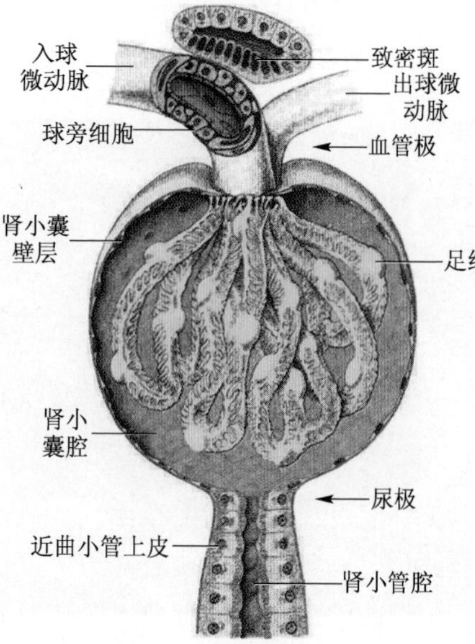

图 16–5 肾小体结构模式图

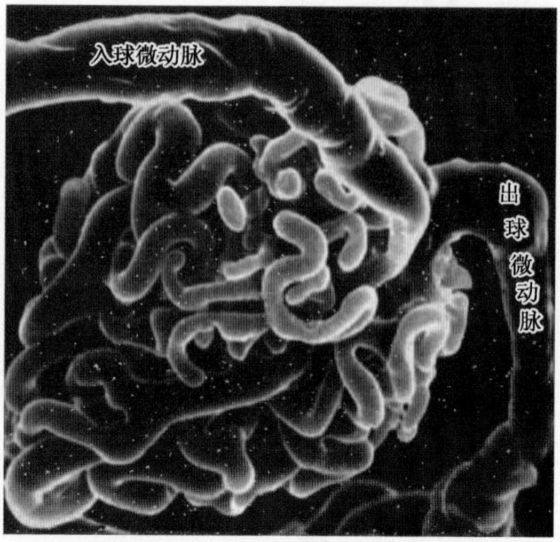

图 16–6 肾小球血管扫描电镜像

有收缩能力。

（2）肾小囊（renal capsule） 又称鲍曼囊（Bowman's capsule），是肾小管起始端膨大凹陷形成的杯状囊，囊内容纳着肾小球。肾小囊囊壁分内、外两层，外层称壁层，内层称脏层，内、外两层间的腔隙称肾小囊腔（图 16-4，图 16-5）。

肾小囊的壁层由单层扁平上皮组成，在肾小体尿极处与近端小管上皮相延续。在血管极处，壁层细胞反折延续为肾小囊的脏层，脏层紧包在每一毛细血管袢的外表面。

肾小囊脏层的细胞形态特殊，是一种特殊分化的单层扁平上皮。这种细胞具有许多突起，称为足细胞（podocyte）（图 16-4，图 16-5，图 16-7）。足细胞的胞体较大，凸向肾小囊腔，胞质中富有粗面内质网、高尔基复合体以及大泡和小泡等。足细胞内还有大量的微丝和微管，这些结构与它能形成复杂的突起，以及调整突起间的距离有关。足细胞的突起多而分支繁复，先由胞体发出数个大而长的突起，称为初级突起。初级突起再发出许多呈羽状排列的次级突起，又称足突。同一个足细胞的足突以及相邻足细胞的足突有规律地相互嵌合，形成栅栏状，

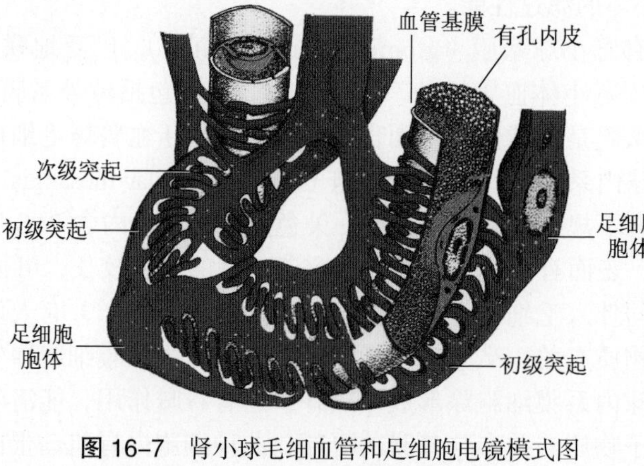

图 16–7 肾小球毛细血管和足细胞电镜模式图

并贴附在毛细血管外的基膜上。整个足细胞仅足突贴在基膜上，而细胞体与初级突起均不与基膜相接触。足突与足突之间有狭窄的裂隙，称裂孔（slit pore）。裂孔处覆有薄层隔膜，称裂孔膜（slit diaphragm）。裂孔膜的厚度随动物种属不同而异，一般为 4 ~ 6 nm。足突中除有微丝和微管外，一般没有其他细胞器，这些微丝和微管与改变裂孔的大小有关。

在毛细血管内皮细胞与足细胞之间有一层厚的基膜，电镜下可将其分为内、中、外三层，中层为电子密度高的致密层，内、外两层为电子密度低的透明层。基膜是由纤维状及颗粒状物质构成，其主要化学成分为胶原蛋白和糖胺聚糖，它们构成一种网格状的分子筛，可允许一定大小的物质透过。一般认为，基膜由足细胞和内皮细胞共同产生，而陈旧的基膜则由球内系膜细胞不断清除，使之不断更新。

肾小体以滤过方式形成滤液。当血液流经血管球毛细血管时，由于毛细血管内血压较高，可促使血浆内的物质滤入肾小囊腔。毛细血管内的物质滤入肾小囊腔必须经过三层结构——有孔内皮细胞、内皮细胞与足细胞之间的基膜、足细胞足突之间的裂孔膜，这三层结构总称为滤过膜（filtration membrane）或原尿形成滤过屏障（filtration barrier），也有人称之为血 - 尿屏障（blood-urine barrier）。滤过膜的三层结构分别对大小不同分子的滤过起限制作用。一般情况下，肾小体滤过膜只能通过分子量 70 000 以下的物质。肾小囊腔内的滤液称为原尿。原尿除不含大分子蛋白质外，其余成分与血浆基本相似。在某些疾病情况下，滤过屏障受损，通透性增高，一些生理情况下不能滤过的大分子蛋白质，甚至血细胞均可漏出，导致蛋白尿或血尿。

关于足细胞裂孔膜的结构问题，有人认为裂孔膜的结构与一般毛细血管内皮细胞小孔上的薄膜相同，也有人认为与核孔隔膜的结构相似。Rodewald 和 Karnovsky 把裂孔膜的结构设想成“拉链状”模型。在高分辨率电镜下，裂孔膜由中间层和两边的横桥排列组成。中间层位于两排横桥之间，与足细胞的足突膜平行排列。横桥的内侧附着于中间层，外侧附着于足细胞的足突膜上。横桥在中间层两侧呈规则地间隔排列，相邻两个横桥之间，有一个长方形的孔，一些小分子物质即由此孔滤过。裂孔膜是原尿形成滤过屏障三层结构中最难以通过的一层，是限制大分子物质通过的关键性结构。

16.1.2.2 **肾小管（renal tubule）**

（1）近端小管（proximal tubule） 与肾小囊相连。根据其走行，近端小管可分为两段：与肾小囊相连并盘曲走行于肾小体附近的一段，称为近端小管曲部或近曲小管（proximal convoluted tubule）；近端小管离开皮质迷路进入髓放线，直行到达髓质的部分，称为近端小管直部或近直小管（proximal straight tubule）。近直小管构成髓袢降支的第一段（图 16-3，图 16-8）。

① 近曲小管是肾小管最长、最弯曲的一段。它的管径较粗，管腔小而不规则。管壁由单层锥体形上皮细胞组成，光镜下细胞界线不清，胞质嗜酸性较强，胞核大而圆，位于细胞的基部，细胞的游离面有明显的刷状缘（brush border），基底部有基底纵纹（basal striation）。

在电镜下，刷状缘由许多紧密排列的微绒毛组成，借以增加细胞的表面积。在微绒毛根部，细胞膜内陷形成顶浆小管和顶浆小泡，这种结构是近曲小管重吸收蛋白质的一种方式。细胞基底部的纵纹，在电镜下是细胞基底面的细胞膜向细胞内凹陷形成的胞膜内褶，又称基底褶（basal infolding），此处有许多纵行排列的杆状线粒体。在细胞的侧面还伸出许多突起，称为侧突（lateral process）。相邻细胞的侧突呈指状交叉，故在光镜下细胞界线不清。侧突中有线粒

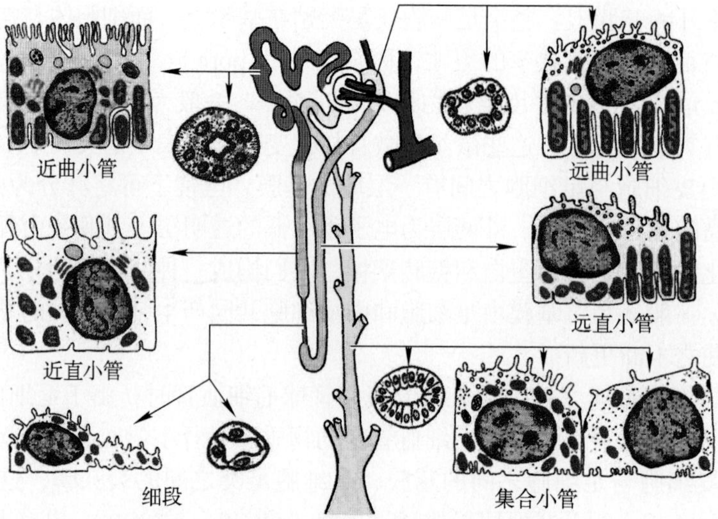

图 16-8 泌尿小管各段上皮细胞电镜结构模式图

体，其排列方向与细胞的纵轴相一致（图 16-9）。在侧突细胞膜上有钠泵，存在于该处的线粒体可为钠泵提供能量，因此管腔内原尿中的钠离子通过主动运输而进入细胞间隙，同时氯离子伴随钠离子也进入间隙。间隙内离子浓度增加，渗透压随之升高，以致原尿中的水分大量吸收到相邻细胞的间隙中，然后经由肾间质进入毛细血管。近曲小管在重吸收方面起主要作用。

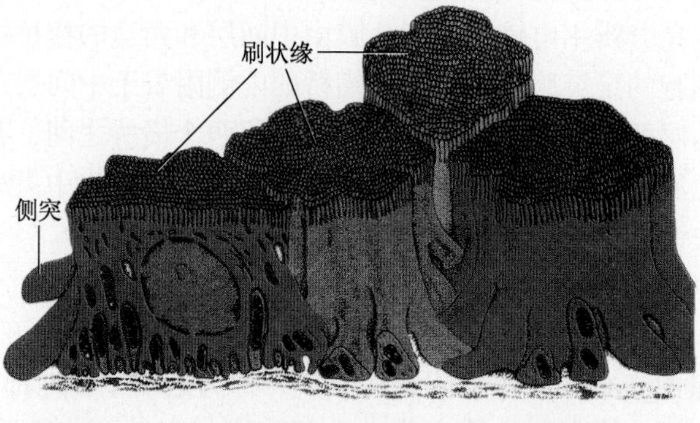

图 16-9 近曲小管上皮细胞立体结构模式图

② 近直小管与近曲小管的结构基本相同。近直小管部的上皮细胞比近曲小管的略矮，胞膜基底褶和侧突均不如近曲小管的明显，顶浆小管及小泡不发达，线粒体等较少，说明其重吸收作用较曲部差。

犬和猫的近端小管上皮细胞中含有脂滴，其意义尚不明了。

近端小管是重吸收的主要部位，一般情况下可吸收原尿中全部葡萄糖、氨基酸、蛋白质、维生素、65% 以上的钠离子、50% 的尿素和 65% ~ 70% 的水分等。此外，近端小管上皮细胞还有向管腔内排出和分泌某些物质（如氨、肌酐、马尿酸和氢离子等）的功能。

在近端小管上皮细胞间的闭锁小带和细胞之间的间隙，形成一个低阻力的分流小道（low-resistance shunt pathway）。用冰冻蚀刻法研究小鼠近端小管上皮细胞间的闭锁小带，发现此处并不是完全封闭的，嵴的层次少，并且嵴不是完全连续的，在嵴中有分离的裂缝。因此，形态学和生理学的研究表明，哺乳类动物的近端小管上皮细胞间存在有细胞旁分流小道（paracellular shunt pathway），这种小道在调节水和溶质的通透性中起重要作用。

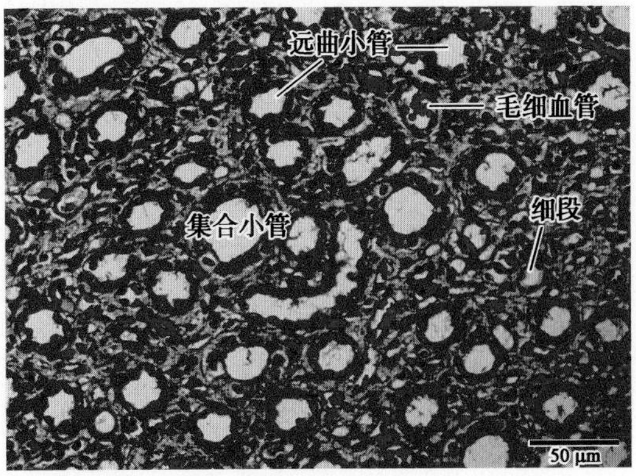

图 16–10 肾髓质光镜结构像（HE 染色）

（2）细段（thin segment） 构成髓袢的第二段，其中大部分在髓袢的降支侧，小部分在髓袢的升支侧（图 16–8，图 16–10）。细段管径小，由单层扁平细胞构成；细胞质染色浅，细胞核突向管腔；细胞表面无刷状缘。在电镜下，腔面有少量排列不规则的微绒毛。此段上皮甚薄，有利于水和离子透过。

（3）远端小管（distal tubule） 包括远端小管直部［即远直小管（distal straight tubule）］和远端小管曲部［即远曲小管（distal convoluted tubule）］。远直小管构成髓袢的第三段，经髓质和髓放线又返回所属肾小体附近，盘曲走行形成远曲小管部。远曲小管和近曲小管相毗邻，位于皮质迷路。

远直小管管壁上皮细胞为立方形，较近直小管的细胞矮小，着色也浅。细胞核位于中央或近腔面。细胞表面无刷状缘，基底纵纹较明显。电镜下，细胞游离面有少量微绒毛（图 16–8），基底面有发达的基底褶，有的基底褶可伸达细胞顶部。褶间胞质内线粒体细长，数量多。基底褶上有许多钠泵，能主动向间质泵出钠离子，因此造成从肾锥体底至肾乳头间质内的渗透压逐渐增高，有利于集合小管形成浓缩尿，起到保留体内水分的作用。

远曲小管弯曲程度不及近曲小管。管壁上皮细胞比直部略高，着色浅，基底纵纹不如直部明显。电镜下，远曲小管上皮细胞的线粒体和基底褶均不如直部发达。远曲小管是离子交换的重要部位，可以主动吸收钠离子，并且以钾离子与钠离子交换方式排出钾。远曲小管还可分泌氢离子和氨，并继续吸收滤液中的水分。

16.1.3 集合管系

集合管系（collecting duct system）分为弓形集合小管、直集合小管和乳头管三段（图 16–3）。

弓形集合小管（arched collecting tubule）是直集合小管的侧支，与远曲小管相接。该段由皮质迷路走向髓放线，因其呈弓状而得名。直集合小管（straight collecting tubule）在髓放线和肾锥体内下行，至肾乳头处改称乳头管。乳头管（papillary duct）由数根直集合小管汇合而成，开口于肾乳头。

从弓形集合小管到肾乳头，管径由细逐渐变粗，随管径增大其上皮细胞由单层立方逐渐增高，到乳头管成为高柱状上皮。构成集合小管管壁的细胞可分两型：暗细胞和亮细胞。暗细胞着色深，电镜下游离面有许多短小的微绒毛样突起，胞质内有大量小的卵圆形线粒体和丰富的核糖体，细胞质电子密度较大，内有碳酸酐酶（与细胞分泌 H^+ 或 HCO_3^- 有关），基底部有许多短小的基底褶。亮细胞着色浅，电镜下游离面仅有少许微绒毛样突起，胞质中线粒体等细胞器较少，细胞质电子密度较小，基底褶不发达。暗细胞数量少，夹杂于亮细胞之间，常分布于集合小管近端，尤以弓形集合小管中最多，随着直集合小管下行，暗细胞的数量逐渐减少，至肾乳头暗细胞消失，全由亮细胞组成。在靠近肾乳头的开口处，上皮转变为变移上皮。一般认为暗细胞代表功能活跃的细胞。

肾小体形成的原尿，经过肾小管和集合管系的重吸收、分泌和排泄作用，其中有用的物质大部分或全部被重吸收入血，并把无用的物质分泌和排泄到管腔，最后形成终尿。

16.1.4 球旁复合体

球旁复合体（juxtaglomerular complex）是指位于肾小体血管极附近的某些结构的总称，又称肾小球旁器（juxtaglomerular apparatus）。球旁复合体由球旁细胞、致密斑、球外系膜细胞和极周细胞等组成（图 16-11）。它不仅存在于哺乳类中，亦存在于鸟类、爬行类、两栖类中。

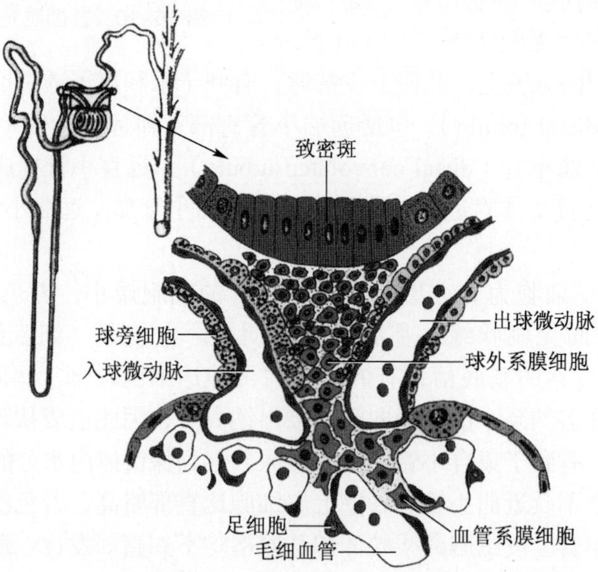

图 16-11　球旁复合体模式图

16.1.4.1　**球旁细胞（juxtaglomerular cell）**　入球微动脉在进入肾小囊处，动脉管壁中膜的平滑肌细胞变态为上皮样细胞，称为球旁细胞（图 16-11，图 16-12）。它们与普通平滑肌细胞不同，细胞体积较大，呈立方形或多边形；核较大，呈圆形或卵圆形，着色浅；细胞质丰富，呈弱嗜碱性。电镜下，胞质中肌丝少，粗面内质网和核蛋白体丰富，高尔基复合体发达。细胞内充满许多特殊的分泌颗粒，PAS 反应阳性。多数颗粒呈均质状，内含电子密度中等的致密物质；少数颗粒可显示结晶状结构，这可能是新形成的未成熟颗粒。用免疫荧光法证明颗粒内含有肾素。

球旁细胞的主要功能是产生和分泌肾素。肾素（renin）是一种蛋白水解酶，它催化血浆中的血管紧张素原（肝产生的多肽）分解为血管紧张素Ⅰ，后者可在血管紧张素Ⅰ转换酶的催化下转变成血管紧张素Ⅱ，血管紧张素Ⅱ具有升高血压的作用。肾素的分泌途径有二：少部分肾素经入球微动脉内皮直接被释放入血液中，大部分肾素则由球旁细胞分泌入肾间质，再经肾间质内毛细血管进入血液。球旁细胞除产生肾素外，还可能产生肾性红细胞生成因子（renal erythropoietic factor）或称红细胞生成素（erythropoietin），是调节骨髓生成红细胞的一种重要物质。此外，在球旁细胞膜上和溶酶体中存在有氨基肽酶 A（aminopeptidase A），即为血管紧张素酶（angiotensinase），能降解血管紧张素，以调节肾小体血流量及肾素的产生和分泌。

16.1.4.2　**致密斑**（macula densa）　远曲小管在接近肾小体的血管极处，其紧靠肾小体一侧的上皮细胞，由立方形转变为柱状。这些增高的上皮细胞紧密排列，在小管壁上形成一个椭圆形斑，称为致密斑（图 16-11，图 16-13）。构成致密斑的细胞染色浅，核呈椭圆形，排列紧密，细胞表面盖有一层黏蛋白。电镜下，细胞表面具有微绒毛和短而不规则的皱襞，犬的还具有纤毛，相邻细胞的近腔面有紧密连接，侧面有指状镶嵌连接，基底面有指状突起伸至球旁细胞，二者之间的基膜常不完整，提示两者间关系密切。一般认为，致密斑是一个化学感受器，对肾小管内滤液中钠离子的浓度变化十分敏感。钠离子浓度降低或升高时，由致密斑传递信息，使球旁细胞分泌的肾素增多或减少。

16.1.4.3　**球外系膜细胞**（extraglomerular mesangial cell）　又称极垫细胞（polar cushion cell），是位于入球微动脉、出球微动脉与致密斑之间的一群细胞（图 16-11，图 16-13）。它们与球内系膜细胞相连续。细胞体积小，具有突起，胞质内有时可见有分泌颗粒。球外系膜细胞的功能尚不十分清楚。当球内系膜细胞内含有吞噬的异物时，球外系膜细胞中也可以找到少许同样的异物，因此推测它们可能也有吞噬作用。此外，有人依据球外系膜细胞中可出现类似球旁细胞所含的颗粒，推测它可转变为球旁细胞。也有人认为它可能起信息传导作用。

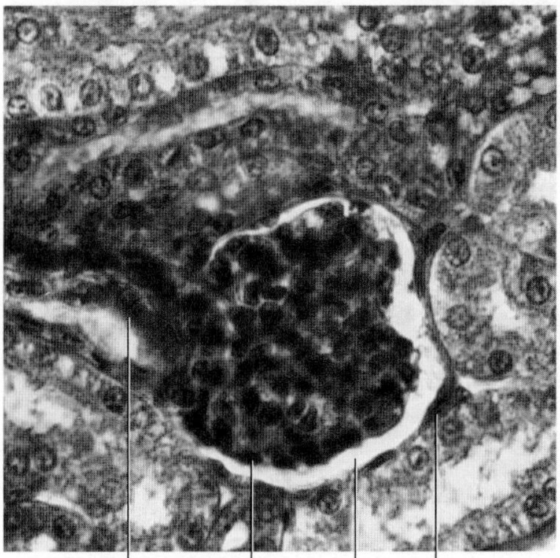

图 16-12　球旁细胞光镜结构像

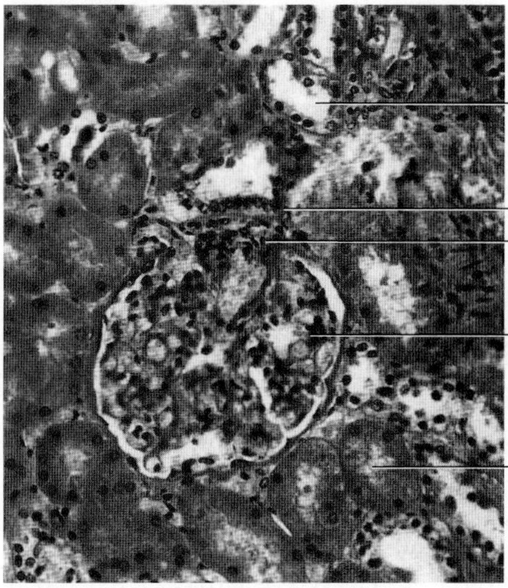

图 16-13　致密斑和球外系膜细胞光镜结构像

16.1.5　肾间质

肾间质为分布于肾单位、集合管系之间的结缔组织、血管和神经等。肾间质中的结缔组织在皮质很少，从肾皮质到髓质肾乳头逐渐增多。电镜观察，兔肾皮质间质中的细胞可分为两种：一种是成纤维细胞，另一种属于单核吞噬系统的大单核细胞。据报道，哺乳动物的皮质和髓质之间还有特殊的网篮状结缔组织带，称为结缔组织“骨骼”。在肾髓质的间质中，除一般结缔组织细胞外，尚有一种特殊的细胞，称间质细胞（interstitial cell）。间质细胞具有长短不等的突起，胞质内含有较多的脂滴、发达的内质网和高尔基复合体。间质细胞除能形成基质外，还可合成髓脂Ⅰ（medullipin-Ⅰ），分泌后在肝中转化为髓脂Ⅱ（medullipin-Ⅱ），它是一种血管舒张剂，可降低血压。此外，肾小管周围的血管内皮细胞可产生红细胞生成素，刺激骨髓中红细胞生成。肾病晚期可造成肾性贫血。

16.1.6 肾的血管、淋巴管和神经

16.1.6.1 **肾的血管** 肾动脉由肾门入肾，在肾窦处分支后走行于肾锥体之间，称叶间动脉。叶间动脉行至皮、髓质交界处，发出与肾表面平行的分支，称弓形动脉（图 16-14，图 16-15）。

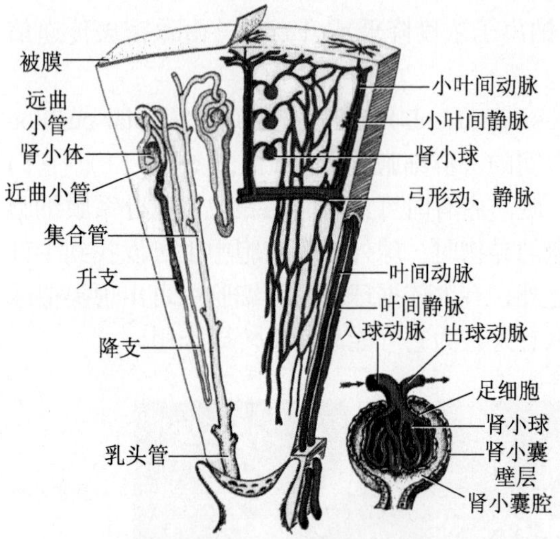

图 16-14 肾叶构造模式图

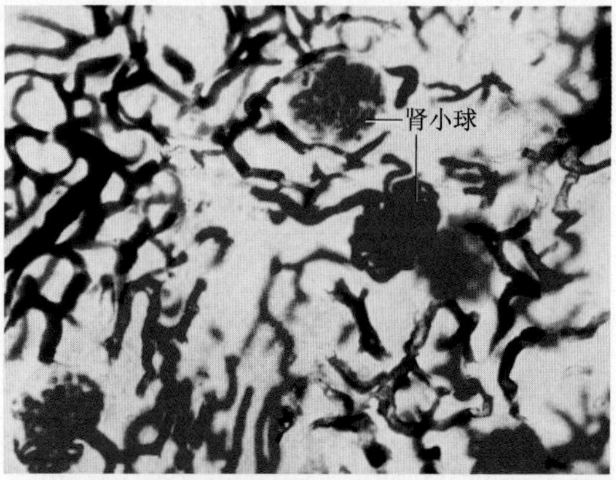

图 16-15 肾血管（红色为动脉，墨绿色为静脉）

弓形动脉分出许多小分支，呈放射状进入皮质迷路，称小叶间动脉。小叶间动脉的末端分支进入肾被膜并形成被膜及皮质表面的毛细血管网，它们汇合成为星形静脉，再汇入小叶间静脉。在小叶间动脉走向皮质表面时，沿途不断向周围分出许多侧支，进入肾小体，即为入球微动脉。入球微动脉进入肾小体后形成血管球，然后汇合成出球微动脉离开肾小体。浅表肾单位的出球微动脉离开肾小体后，再形成毛细血管网，称球后毛细血管网，分布于相应的肾小管周围。球后毛细血管网汇入小叶间静脉，并依次汇入弓形静脉、叶间静脉，最后由肾静脉出肾。髓旁肾单位的出球微动脉离开肾小体后，分成两种小血管：一种形成球后毛细血管网，环绕于邻近的肾小管周围；另一种形成直小动脉，伴随髓袢入髓质，继而返折移行为直小静脉，汇入小叶间静脉或弓形静脉。直小动脉除来自髓旁肾单位的出球微动脉外，还可来自弓形动脉和小叶间动脉。直小动脉与直小静脉在髓质内形成许多 U 形血管袢，其管壁结构与毛细血管相似。这些直小血管与髓袢、集合小管紧密平行排列，与尿液浓缩有密切关系。

16.1.6.2 **肾的淋巴管和神经** 肾的淋巴管有深浅两组。浅组在被膜内形成淋巴管丛，与邻近器官的淋巴管相连通；深组分布于肾小管之间，以后汇成较粗的淋巴管与血管伴行，经肾门离肾后，与邻近淋巴结相连通。

肾的神经主要为自主神经，其中交感神经主要来自腹腔神经丛，副交感神经主要来自迷走神经。它们在肾门附近形成肾丛，分支伴随血管伸入肾内，分布于肾间质和球旁复合体。至于肾小体和肾小管中是否有神经支配，尚有争议。

16.2 排尿管道

排尿管道包括肾盏、肾盂、输尿管、膀胱和尿道。除尿道外，其他各部的组织结构均可分为黏膜、肌层和外膜三层。

16.2.1 肾盏和肾盂

肾盏（renal calyx）**和肾盂**（renal pelvis）是输尿管前端的膨大部。由于动物种类不同，或二者同时出现，或只见其一。其结构如下：

16.2.1.1 **黏膜** 肾盏和肾盂的黏膜上皮均为变移上皮，单蹄兽的上皮内夹有杯状细胞。固有膜由疏松结缔组织构成，马肾盂的固有膜内有许多管泡状黏液腺分布。

16.2.1.2 **肌层** 由平滑肌构成。仅在马和牛中可分出内纵、中环和外纵三层平滑肌。

16.2.1.3 **外膜** 较薄，由疏松结缔组织构成。其内含有血管、神经和脂肪细胞等。

16.2.2 输尿管

输尿管（ureter）为细长的管道，起于肾盂，止于膀胱。其结构如下：

16.2.2.1 **黏膜** 有纵走皱襞，因而管腔的横断面呈星形。黏膜上皮为变移上皮，其厚度随动物的种类不同而异。固有膜由疏松结缔组织构成，在马、骡和驴中，其内含有管泡状黏液腺。

16.2.2.2 **肌层** 由平滑肌构成。一般可分为内纵、中环和薄而分散的外纵肌层三层。

16.2.2.3 **外膜** 由疏松结缔组织构成。其内含有血管、神经和散在的神经节细胞等。

16.2.3 膀胱

膀胱（urinary bladder）是一个贮尿器官，其结构如下（图 16-16）：

16.2.3.1 **黏膜** 膀胱黏膜形成许多不规则的皱襞。黏膜上皮为变移上皮，其厚度随动物种类和膀胱膨胀程度的不同而异。固有膜由富有弹性纤维的疏松结缔组织构成，常有淋巴小结分布。黏膜肌层因动物的种类不同而异，马的较发达，反刍动物、犬和猪的特别薄，常常仅见

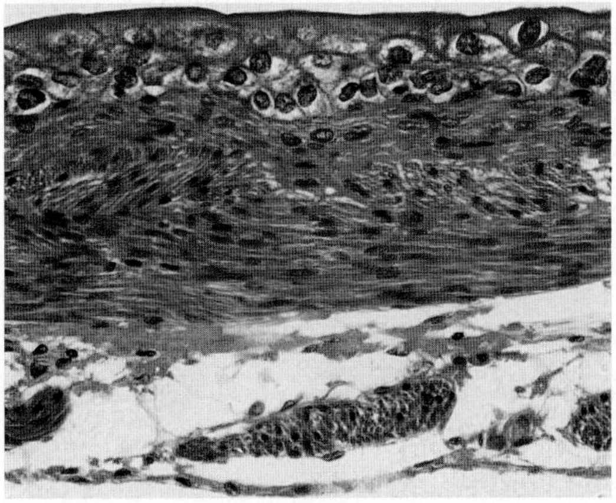

图 16-16 膀胱壁的光镜像（HE 染色）

有散在的平滑肌细胞，猫的无黏膜肌层。黏膜下层亦为疏松结缔组织，内含较大的血管及小神经节。

16.2.3.2 **肌层** 膀胱的肌层特别发达，但分层不太规则，一般可分为内纵、中环和外纵三层。中层最厚，在膀胱颈部形成括约肌。

16.2.3.3 **外膜** 随部位不同而异，膀胱体和膀胱顶部为浆膜，膀胱颈部为疏松结缔组织所构成的外膜。

16.3 尿道

尿道（urethra）有公畜和母畜之别。

16.3.1 公畜尿道

公畜的尿道兼有排尿和排精的功能，故又称尿生殖道。可区分为骨盆部和阴茎部。

16.3.1.1 **骨盆部** 是指自膀胱颈到坐骨弓的一段。管壁分为黏膜、血管层（尿道海绵体层）、前列腺组织层和肌层。

（1）*黏膜* 有纵走皱襞。黏膜上皮为变移上皮，固有膜很薄。

（2）*血管层* 位于黏膜外侧。其发育程度随动物种属不同而异，由含有密集静脉丛的致密结缔组织构成，具有勃起组织的性质，静脉间的结缔组织小梁内含有许多平滑肌纤维。

（3）*前列腺组织层* 位于血管层外侧，为含有前列腺（或尿道腺）的腺组织，其发达程度随动物种属不同而异，牛和羊较发达。

（4）*肌层* 紧靠前列腺组织层外面有一薄层平滑肌，在平滑肌外还有环形的横纹肌层（尿道肌）。

16.3.1.2 **阴茎部** 为骨盆部尿道的延续，位于阴茎的尿道海绵体内。分为黏膜、海绵体层及白膜三层。

（1）*黏膜* 黏膜上皮为变移上皮，尿道口处为复层扁平上皮。固有膜厚薄不一。牛的固有膜中含有淋巴组织，猪和马的则含有分散的尿道腺。

（2）*海绵体层* 此层中有很多结缔组织构成的小梁，小梁内含有弹性纤维和血管。在马和牛中，小梁还含有平滑肌纤维。小梁纵横交织成网，网眼内面覆有内皮，形成有内皮衬覆的窦隙，称为海绵体腔隙或海绵窦。海绵窦相互连通并与动、静脉直接相通，因此，海绵窦实际上就是血窦。

（3）*白膜* 是致密的结缔组织，包围着海绵体层。

16.3.2 母畜尿道

母畜的尿道较短。管壁由黏膜、肌层和外膜组成。

16.3.2.1 **黏膜** 衬以复层扁平上皮，固有层由疏松结缔组织组成，其内含有淋巴小结、尿道腺（牛）和稠密的静脉丛，形成所谓的海绵状结构。

16.3.2.2 **肌层** 很薄。分内环、外纵两层。靠近尿道外口处，附加一层环行横纹肌，形成尿道外括约肌，并与前庭缩肌连续。

16.3.2.3 **外膜** 为疏松结缔组织，含有丰富的血管和神经丛。

复习思考题

1. 试述肾小体的结构及其与原尿形成的关系。
2. 比较肾小管和集合小管各段的结构特点、功能和在肾内的分布。
3. 说明肾血液循环的特点。
4. 名词解释：肾小球旁器　原尿滤过膜　球内系膜细胞

拓展阅读

泌尿系统结石

第 17 章　雌性生殖系统

Female Reproductive System

- 卵巢
- 输卵管
- 子宫
- 阴道

Outline

The female reproductive system of domestic animals consists of two ovaries, two oviducts, one uterus, one vagina, and the external genitalia.

The ovary is the female genital gland that produces ova and estrogen during reproductive period. There is a simple squamous or cuboidal epithelium, the germinal epithelium, wrapping the ovary surface. The dense connective tissue, named the tunica albuginea, locates the next layer. The parenchyma can be divided into the peripheral cortex region and the central medulla region. In the peripheral cortex, there are a lot of different ovarian follicles, corpus luteum, atretic follicles, which are embedded in stroma. The principal component of the medulla is loose connective tissue with plentiful blood vessels, lymphatic vessels and nerves. The follicles, in the light of their structure, can be divided into primodial, growing and mature ones, and the growing follicles can be further classified into the primary and second follicles. When the follicles matured, they deliver the ova and the remains of them develop into corpus luteum. The process that sexually mature mammals release their ova, is called ovulation. The corpus luteum comprises the granulosa lutein cells and the theca lutein cells from the theca interna of the ovulated follicle to form a temporary endocrine gland with rich blood capillaries. The cells of the corpus luteum secrete progesterone and estrogens. The atretic follicles originate from the degeneration of follicles in various developing stages. Both ovulation and ovarian hormone production are controlled by the cyclical release of the gonadotrophic hormones, luteinizing hormone (LH) and follicle stimulating hormone (FSH) from the anterior pituitary.

The uterus is the pregnant organ which separates into the corner, body and cervix. The wall of uterus consists of three layers: endometrium, myometrium and perimetrium. There are uterine glands in the lamina propria of the endometrium. The structure of the endometrium can change periodically following the estrous cycle.

雌性生殖系统（female reproductive system）包括卵巢、输卵管、子宫、阴道和外生殖器。

卵巢产生的卵子在输卵管中受精后，输送到子宫。子宫是孕育胎儿的器官。

17.1 卵巢

卵巢（ovary）是产生卵子及分泌激素的器官（图 17-1），其组织结构因动物种类、年龄、性周期的不同而异。

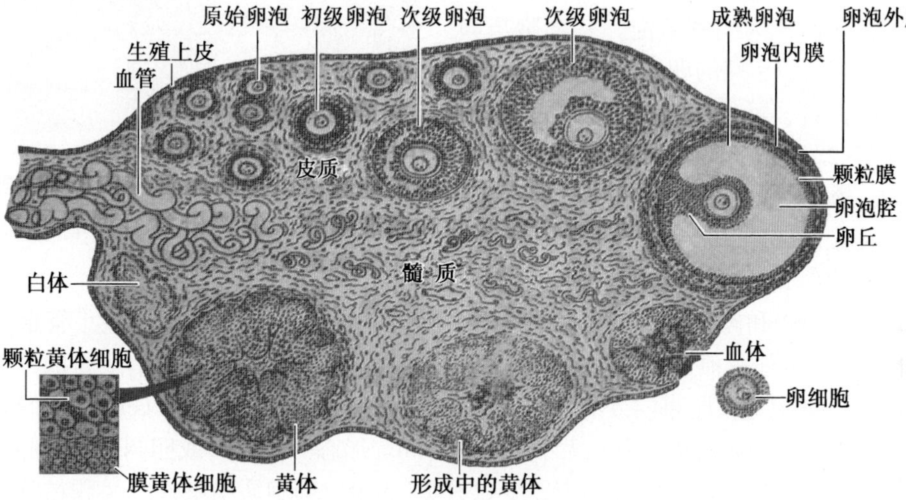

图 17-1　卵巢结构模式图

17.1.1　一般结构

卵巢属实质性器官，分为被膜、实质两部分，实质部分由皮质和髓质构成（图 17-1，图 17-2）。皮质位于外周，体积大，内含许多卵泡。髓质体积小，位于中央，由疏松结缔组织构成。血管、神经等由卵巢门部先进入髓质，再分支到皮质。在门部还有一类特殊的细胞，称门细胞，有内分泌的功能。成年马卵巢的皮质与髓质的位置颠倒，即皮质在内部，髓质在外周，卵巢表面大部分覆盖的是浆膜，只有一小部分是生殖上皮，此处称排卵窝。

17.1.1.1　**被膜**　卵巢的被膜外表除卵巢系膜附着部以外，均被覆有单层扁平或立方细胞组成的上皮，称表面上皮（superficial epithelium）。表面上皮在幼年及成年动物多呈立方状或柱状，而在老龄动物中则变为扁平状。上皮的内侧是结缔组织构成的白膜。

马卵巢的表面上皮仅位于排卵窝处，其余部分均被覆浆膜。

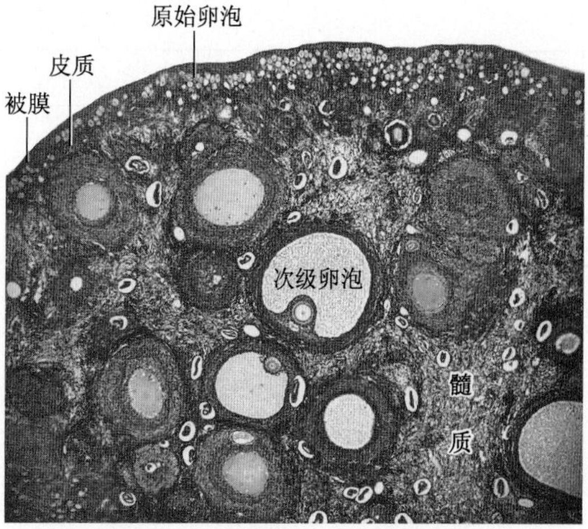

图 17-2　卵巢低倍像（HE 染色）

17.1.1.2　**皮质**　位于白膜的内侧，由发育不同阶段的卵泡、黄体、白体、闭锁卵泡及特殊的结缔组织构成。结缔组织内含有低分化的基细胞、网状纤维及散在的平滑肌纤维等。基细胞呈梭形，类似于平滑肌细胞，但不含肌原纤维，细胞核长杆状。结缔组织中胶原纤维较少，网状纤维多。皮质中的卵泡大小形态各不相同，是卵泡发育的不同阶段。通常在外周的卵泡较小而多，朝向髓质的较大。有的发育到一定阶段即退化而成为闭锁卵泡。基细胞与卵泡膜的形成有关。幼年期的卵巢含许多小卵泡，性成熟后卵泡发育，可见到许多不同发育阶段的卵泡（图 17-2，图 17-3）。

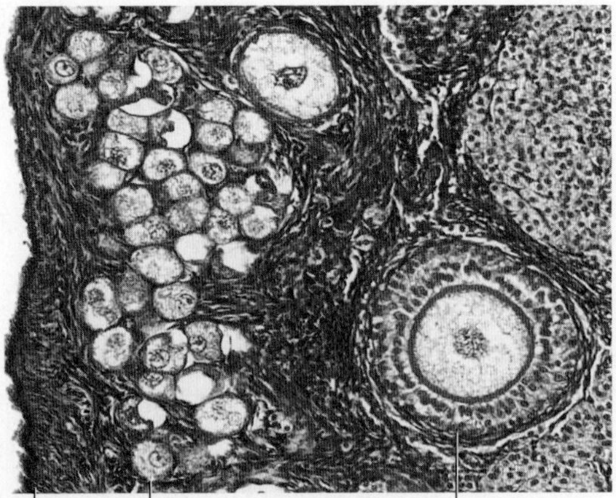

图 17–3　卵巢皮质（HE 染色）

17.1.1.3　**髓质**　位于卵巢中部，占小部分。含有较多的疏松结缔组织，弹性纤维丰富。其中有许多大的血管、神经及淋巴管。

在一些反刍动物和肉食动物卵巢髓质内，可见有由立方上皮形成的一些小管道，称卵巢网，是胚胎发育中的残留痕迹，相当于雄性动物的睾丸网。在近卵巢门处有少量的平滑肌束。

17.1.1.4　**门细胞**　在卵巢门处有一类特殊的细胞称为门细胞（hilus cell）。它们靠近卵巢系膜并沿着卵巢门的长轴成丛排列，大小 14 ~ 25 μm。形态为多角形或卵圆形，细胞核圆形呈泡状，染色质粗而分散，核一般有 1 个，少数有 2 ~ 3 个。细胞质嗜酸性，呈颗粒状，细胞质有丰富的脂滴，内含有胆固醇酯、脂色素及蛋白质晶体。一般认为门细胞有分泌雄激素的功能。其形态结构与生化特点与睾丸间质细胞相似。

17.1.2　卵泡的发育

卵泡（ovarian follicle）是由中央的一个卵母细胞及其周围的卵泡细胞组成的一个球状结构。卵泡的发育是一个连续过程，无严格的阶段可分。根据某些结构特点，人为地把卵泡分为原始卵泡、生长卵泡（初级卵泡和次级卵泡）、成熟卵泡三个阶段（表 17-1）。

表 17–1　各级卵泡发育特点的比较

卵泡名称	卵母细胞	透明带	放射冠	颗粒层	卵泡细胞	卵泡腔	卵泡膜
原始卵泡	初级卵母细胞	无	无	无	扁平形状，单层	无	无
初级卵泡	体积大，初级卵母细胞	开始产生，但较薄	无	无	由扁平变为立方或增生为多层	无	开始显现
次级卵泡	初级卵母细胞，体积更大	透明带逐渐增厚	出现放射冠	无 – 有	出现卵丘和颗粒层	出现，由小到大	出现，有内外膜之分
成熟卵泡	次级卵母细胞	最厚，最明显	最明显	明显	颗粒层变薄，细胞排列变松散	最大	最厚，内外膜最明显

17.1.2.1　**原始卵泡**（primordial follicle）　在胚胎时期就已发育好，一般有几万到几十万个。极易退化，只有少数能进入下一发育阶段。原始卵泡体积较小，数量极多，位于皮质的浅层。由中央一个初级卵母细胞或卵原细胞（初生猪）及周围单层扁平的卵泡细胞组成（图 17-2，图 17-3）。

卵母细胞一般已处于初级卵母细胞阶段，体积较一般细胞大得多，直径 30 ~ 40 μm，呈圆球形，细胞质嗜酸性。电镜下，初级卵母细胞质中有大而圆形的线粒体，板层状排列的滑面内质网和高尔基复合体及大量空泡、脂滴等。细胞核圆，偏于一侧，异染色质少，细小分散，核仁大而明显。初级卵母细胞可以长期（几年至几十年）处于第一次成熟分裂前期。大多数动物直至性成熟排卵前才完成第一次成熟分裂。

卵泡细胞单层扁平，数量少，细胞核扁圆形，染色较深。卵泡细胞外有一层较薄的基膜。卵母细胞与卵泡细胞之间以桥粒连接，而且各自表面平滑。

17.1.2.2　**生长卵泡**（growing follicle）　在性成熟后，卵巢中的部分原始卵泡开始生长发育，称为生长卵泡。此时原始卵泡的卵泡细胞从扁平变为立方或柱状，进而数量、层次也明显增多，这是卵泡开始生长的标志。生长卵泡根据其有无卵泡腔之分而分为初级卵泡和次级卵泡。

（1）*初级卵泡*（primary follicle）　属生长卵泡的早期阶段，由原始卵泡发育而成，指的是从卵泡开始生长到出现卵泡腔之前这一段时期的卵泡（图 17-4）。

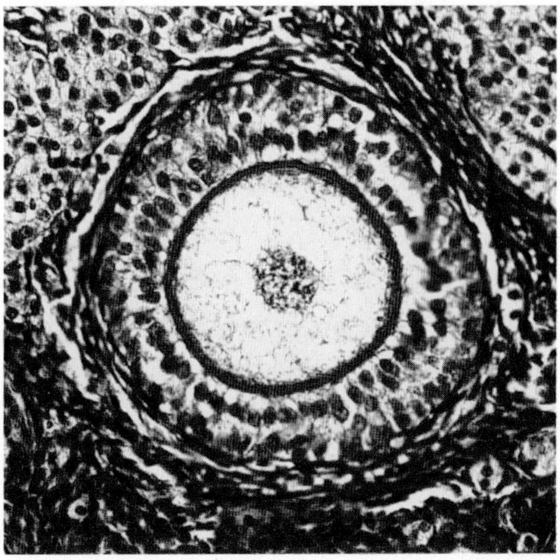

图 17-4　初级卵泡（HE 染色）

卵泡细胞由单层扁平变为单层立方或增生至 5 ~ 6 层。此时卵泡细胞又称颗粒细胞，而卵母细胞仍为初级卵母细胞。

在卵母细胞表面和颗粒细胞间出现一层富含糖蛋白的嗜酸性膜，称为透明带（zona pellucida），而且随卵泡增长而加厚。它是颗粒细胞与初级卵母细胞共同产生的。电镜下，初级卵母细胞表面向透明带中伸出指状突起，即长的微绒毛。颗粒细胞也有些突起伸入透明带中，有利于卵母细胞获得营养和彼此之间的物质交换。

卵母细胞核大而明显，呈空泡状，染色质细小分散。细胞核仁大而明显。初级卵母细胞质中出现较大的卵黄颗粒。高尔基复合体增多，在核周围并逐渐向外迁移。粗面内质网、核糖体也明显增多。

随着卵泡的变大，在卵泡周围的基质细胞向卵泡聚集，并增殖分化为膜细胞（theca cell），形成卵泡膜。但此时与周围的组织界限不明显。初级卵泡进一步变大向皮质深部移动，成为次级卵泡。

（2）*次级卵泡*（secondary follicle）　这时除卵泡体积增大外，卵泡中的颗粒细胞间由于分泌作用出现大小不等的腔隙，并进一步扩大相互融合最终成为一个大的半月形的腔，称卵泡腔。卵泡腔中充满的液体称卵泡液。卵泡液的成分除水外，还有透明质酸、雌激素等，它是由颗粒细胞分泌和从血管渗透而来的。

卵泡腔的扩大及卵泡液的增多，使卵母细胞及其外包的卵泡细胞在卵泡腔的一侧形成一个凸入卵泡腔的丘状隆起，称为卵丘（cumulus oophorus）。卵丘中紧贴透明带外表面的一层颗粒细胞，随卵泡发育而变为高柱状，而且看起来排列较松散，呈放射状，此层细胞称放射冠（corona radiata）。

除初级卵母细胞周围的卵泡细胞外，其余的卵泡细胞密集，层数增多，衬于卵泡腔的四周，构成卵泡壁，又称颗粒层（图 17-5）。最外层的颗粒层细胞外有完整基膜，并与卵泡膜相连续。

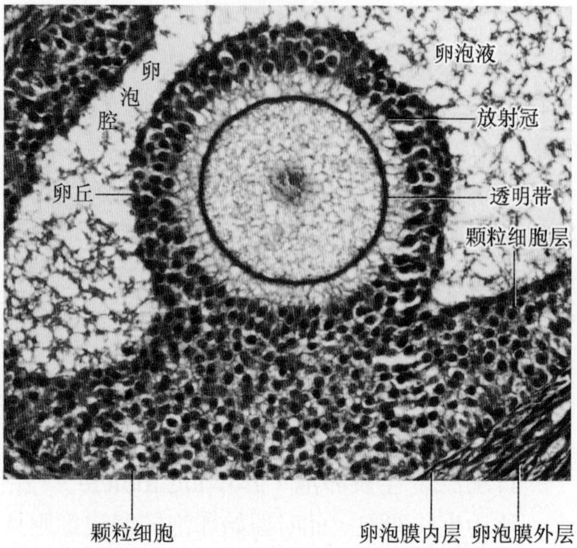

图 17-5 次级卵泡局部高倍像（HE 染色）

卵泡膜在次级卵泡时变得很明显，而且随着卵泡发育分为内外两层，内层含有较多的多边形或梭形的膜细胞和丰富的毛细血管，称卵泡膜内层，膜细胞具有分泌雌激素的功能。外层中的细胞及毛细血管相对较少，纤维较多，称为卵泡膜外层，其与周围结缔组织的分界不明显。卵泡腔很大的次级卵泡又称囊状卵泡（vesicular follicle）。卵泡腔产生之前的卵泡称为腔前卵泡（pre-antral follicle）。

次级卵泡中的卵母细胞仍为初级卵母细胞，但此时其体积进一步加大，外边的透明带更加厚，在卵泡腔形成后，卵母细胞一般不再长大。但卵泡体积可增大。电镜下，卵母细胞在生长卵泡的后期，其细胞质中产生了由单位膜包围的电子密度较高的颗粒，称皮质颗粒，并从中央逐渐向四周移动。线粒体发达，多聚集成群，有的变为帽状（牛、羊等）。微绒毛更长，垂直伸入透明带中。放射冠细胞突起可达卵母细胞膜表面，有的还伸入到卵母细胞质中，二者紧密连接并进行物质交换。晚期卵泡中的初级卵母细胞的核大而呈泡状，核仁明显，又称生发泡（germinal vesicle，GV）。

17.1.2.3 **成熟卵泡**（mature follicle） 次级卵泡发育到最后阶段即为成熟卵泡（图 17-1）。卵泡体积显著增大，而且从卵巢的表面凸出来。成熟卵泡大小因动物不同而异：牛的为 12 ~ 19 mm，马为 5 ~ 7 mm，羊为 5 ~ 8 mm，猪为 8 ~ 12 mm。由于卵泡腔扩大及卵泡颗粒细胞分裂增生逐渐停止，而使颗粒层（卵泡壁）变薄，仅有 2 ~ 3 层细胞。成熟卵泡的透明带达到最厚。卵泡的其他结构与次级卵泡后期相似。电镜下，成熟卵泡中卵母细胞外表面的微绒毛仍很长，皮质颗粒在卵母细胞膜内侧排列为一层，线粒体、高尔基复合体、内质网等同次级生长卵泡时的相似。许多动物的卵母细胞在成熟卵泡阶段，进行第一次成熟分裂，细胞核破裂，称生发泡破裂（GVBD）。卵母细胞释放出一个很小的第一极体，进入到卵母细胞质膜与透明带之间的空隙内。释放出极体后的卵母细胞称次级卵母细胞，次级卵母细胞进入第二次成熟分裂，停留在分裂中期阶段。第二次成熟分裂以后阶段通常在卵子受精时进行，卵子才真正达到成熟并释放出第二极体。此时已不是卵子，而是一个孕育着新生命的受精卵了。

17.1.3 卵泡的募集、选择及其优势化

在自然状态下，能发育到成熟、排卵阶段的卵泡只占卵泡的极少部分，绝大多数卵泡在

发育过程中将退化，即所谓的闭锁。能越过闭锁这道墙的卵泡才有机会被选择为优势卵泡。卵泡通过闭锁墙的过程，即对卵泡进行选择。只有这些被选中的小部分卵泡才有机会成为优势卵泡。卵泡能否继续发育，取决于动物的生殖生理状态，只有处于特定的繁殖状态/繁殖周期的特定时间才能继续其发育过程。大量卵泡被进行选择或淘汰的过程称为卵泡的募集（recruitment）。在募集中不是随机地被单独分离，而是以群或组的方式募集，并受血液中 FSH 的调节作用。被募集的卵泡形成一个发育基本同步的卵泡群，即所谓的卵泡波。在牛的一个发情周期中，可见有 2 ~ 3 次，每次有 3 ~ 6 个为一群的卵泡同期生长到 5 mm 以上，即有 2 ~ 3 个卵泡波出现。而母马则在一个发情周期中一般只有一个卵泡波，约 1/3 的母马可选出 2 个发育的卵泡波。

尽管被募集的卵泡以组群出现，但能发育成排卵卵泡的数量极其有限，存在有种间差别。如牛在一个卵泡波中，一般仅 1 ~ 2 个卵泡可发育到排卵。

在卵泡波中能发育到排卵的卵泡称为优势卵泡。一旦被选择为优势卵泡，它就会抑制同组非优势卵泡的生长和分化。这就是牛为什么在一个发情周期中仅有 1 ~ 2 个卵泡排卵的原因。

17.1.4 排卵

卵泡破裂，卵细胞自卵巢排出的过程称为排卵。这是成熟卵泡发育到一定阶段的必然结果。在成熟卵泡发育到即将排卵时，明显地突出于卵巢表面。卵丘的颗粒细胞与卵泡壁细胞变得松散，此时卵泡液增长很快。突出部分的卵巢表面上皮变得不连续，间质组织也极薄，几乎近于透明状。于是出现一个卵圆形的透明小区，称小斑（stigma），此区血流缓慢，同时卵泡液及卵泡壁中胶原酶、透明质酸酶活性增强，分解卵巢白膜及卵泡壁使卵泡破裂，卵丘断裂，进而使卵母细胞、放射冠及周围的卵泡细胞随同卵泡液一同流出。排出的卵被吸入输卵管内。

每个性周期中，单胎动物一般只排 1 个（偶尔 2 个）卵，而多胎动物可排多个卵，如猪、兔、鼠等一个性周期中能排 10 ~ 26 个卵。

17.1.5 黄体形成和发育

17.1.5.1 黄体（corpus luteum）的生成

排卵后，卵泡壁塌陷形成皱襞（猪、牛在排卵前，成熟卵泡壁就已出现皱襞），卵泡膜毛细血管破裂，基膜破碎，因此卵泡腔内含有血液，称血体（红体）。同时卵泡膜伸入腔内，二者在黄体生成素（LH）的作用下，颗粒层细胞及膜细胞增生分化，血液很快被吸收，形成一个体积很大又富有血管的内分泌细胞团，新鲜时呈黄色，称为黄体（图 17-6，图 17-7）。颗粒细胞和膜细胞体积都增大呈多角形，细胞质具有分泌固醇类激素的结构特征。如有丰富的滑面内质网和管状嵴的线粒体等。细胞质中还有丰富的脂滴及脂色素。由颗粒细胞分化来的黄体细胞称颗粒黄体细胞（granulosa lutein

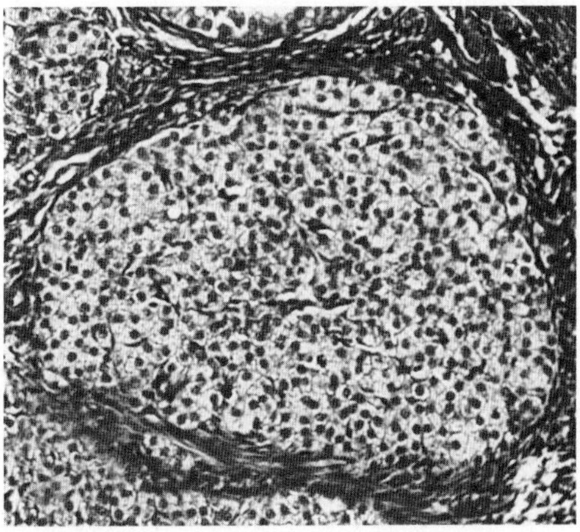

图 17-6 黄体低倍像（HE 染色）

cell），而由膜细胞分化而来的黄体细胞称膜黄体细胞（theca lutein cell）。颗粒黄体细胞体积大，染色较浅，数量较多，又称大黄体细胞。主要分泌大量孕酮（又称黄体酮）及松弛素，后者可抑制妊娠子宫的收缩，促进分娩时子宫颈的扩张和耻骨联合的松弛。而膜黄体细胞体积稍小，多位于黄体周边，染色较深，数量少，又称小黄体细胞。主要分泌雌激素。

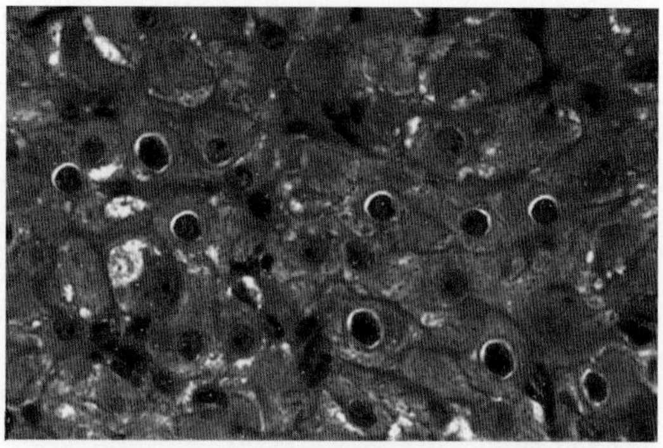

图 17–7　黄体细胞高倍像（HE 染色）

当黄体的两种细胞分化产生后，原来的卵泡膜外层则包在黄体外而形成黄体的被膜。马、牛、肉食动物的黄体细胞内含有一种黄色的脂色素，称黄体素，所以整个黄体呈黄色。羊和猪的黄体缺少这种色素，所以黄体色淡，呈肉色。牛、羊黄体有一部分突出于卵巢表面，马的黄体则完全埋于结缔组织之中。

17.1.5.2　**黄体的发育**　黄体的大小、持续存在时间的长短完全取决于卵细胞是否受精、母体是否妊娠等。如果未妊娠，黄体则逐渐退化，此种黄体称为假黄体（corpus luteum spurium）。退化的黄体成为结缔组织斑痕，称为白体。如果动物已妊娠，黄体在整个妊娠期继续维持其大小和分泌功能（马除外），这种黄体就称为真黄体（corpus luteum verum）。妊娠母马的妊娠黄体有 40 ~ 60 天能起作用，只是短时间存在。而此后妊娠黄体消失。由胎盘分泌孕酮而维持妊娠。

17.1.6　卵泡的闭锁与间质腺

卵巢内的卵泡在正常情况下，由于卵泡的募集及选择作用，绝大多数都不能发育成熟，而在各发育阶段中逐渐退化。这些退化的卵泡统称为闭锁卵泡（atretic follicle）。闭锁卵泡是一种细胞凋亡过程，可在卵泡发育的任何阶段发生。原始卵泡闭锁时，卵母细胞和卵泡细胞皱缩并退变，最后被吸收，不留下痕迹。生长卵泡和接近成熟的卵泡闭锁时，卵泡失去圆形，并发生皱缩。卵母细胞死亡，染色质粗糙呈致密颗粒状。电镜下，细胞质中充满细小颗粒和游离核蛋白体，内质网膨大，线粒体退化，空泡增多，整个细胞质呈溶解状态。在卵细胞退变的同时，透明带塌陷，放射冠游离扩散，卵泡壁颗粒细胞松散脱落入卵泡腔。卵泡腔内有白细胞及巨噬细胞浸润。退变的残留物很快被其吞噬，透明带最终被吸收。同时，卵泡膜内层细胞变为多角形，细胞质充满脂滴，并被结缔组织、毛细血管分隔成辐射状排列的细胞索。有些动物，如啮齿类、食肉类等，这些细胞变为间质腺或间质细胞，这种细胞可分泌雌激素、孕酮、雄激素。

卵泡闭锁与丘脑下部及垂体的分泌有一定关系。垂体中的促性腺激素细胞分泌卵泡刺激素（FSH），可促进卵泡的生长发育，当缺少时，卵泡发育将受到阻滞而闭锁。利用这一原理，可以对动物进行超数排卵处理，以使那些闭锁的卵泡发育下去，进而得到更多的成熟卵子。

17.1.7　卵巢的内分泌功能

卵巢具有内分泌功能，其分泌的激素包括雌激素、孕酮、松弛素、生长因子、抑制素、雄激素、活化素等，具体来源、功能见表 17–2。

表 17-2 卵巢的内分泌激素

激素名称	产生部位	主要功能及作用的靶细胞或靶器官
雌激素	卵泡膜及颗粒细胞二者协同产生。间质腺细胞也产生	促进雌性生殖器官（特别是子宫）的发育及第二性征的发育，产生性行为
孕酮	黄体粒性细胞	促进子宫内膜的增生及子宫腺的分泌
松弛素	妊娠黄体粒细胞	使子宫平滑肌松弛，利于妊娠及分娩
生长因子	颗粒细胞、内膜细胞	促进颗粒细胞的增殖及细胞 DNA 的合成
抑制素	颗粒细胞或黄体细胞	具有抑制非优势卵泡的作用
活化素	颗粒细胞或黄体细胞	活化素与维持卵泡成熟有关
雄激素	卵巢门细胞	在雌性体内具体功能不清

17.2 输卵管

输卵管（oviduct uterine tube）为输送卵子和受精的管道。分漏斗部、壶腹部、峡部。管壁组织结构为黏膜、肌层、浆膜三层组成。

17.2.1 黏膜层

黏膜的表面有许多纵行皱襞。是由固有层及上皮向腔内突入形成的。上皮为单层柱状。猪及反刍动物有的部分是假复层柱状上皮。上皮细胞有两种类型：游离面带有可动纤毛的柱状细胞和不带有纤毛的柱状细胞。两种细胞的游离面均有微绒毛。但只有不带纤毛的细胞具有明显的分泌活动。不同发情时期，其纤毛细胞和非纤毛细胞比例不同，牛发情时，纤毛细胞多。此外，输卵管黏膜层中无黏膜肌层，因而固有层与黏膜下层二者是连续的。黏膜下层无腺体，由一薄层疏松结缔组织构成，其中含有许多浆细胞、肥大细胞和嗜酸性粒细胞。

壶腹部的黏膜层和黏膜下层的混合层发生高度皱褶，特别是在猪和马。牛的输卵管壶腹部大约有 40 个初级纵褶，每个纵褶又具有次级和三级褶。

峡部的只有初级褶，没有次级和三级褶。

17.2.2 肌层和浆膜

肌层主要由环形平滑肌构成。极少数纵行或斜行平滑肌存在于环形肌外。肌层外为浆膜。

17.3 子宫

子宫（uterus）是胎儿附植及孕育的地方。在发情和生殖周期中，子宫经历一系列明显的变化。子宫包括三部分：一对子宫角、一个子宫体、一个子宫颈。从腔内至外可分为内膜、肌层和外膜三层（图 17-8，图 17-9）。

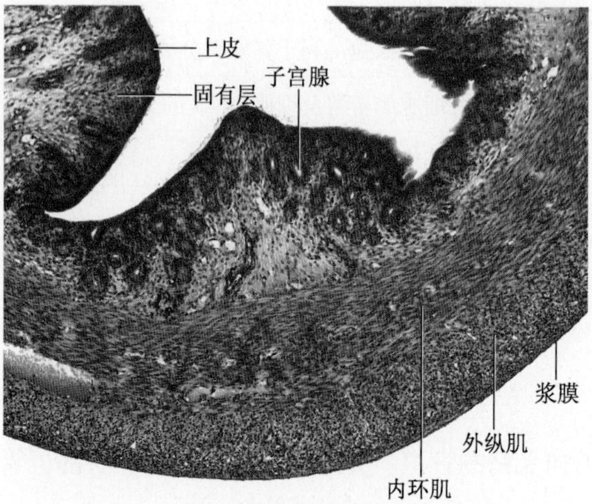

图 17–8　子宫光镜结构低倍像（HE 染色）

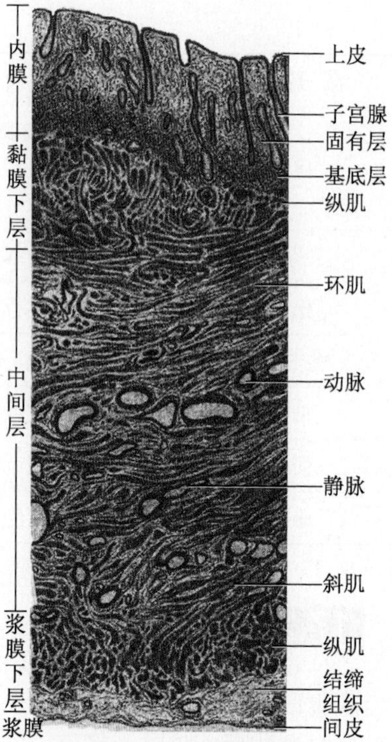

图 17–9　子宫壁结构模式图

17.3.1　子宫组织结构

（1）子宫内膜　由上皮和固有层构成。上皮随动物种类和发情周期而不同，驼、猫等为单层柱状上皮。猪、反刍动物为单层柱状或假复层柱状上皮。上皮有分泌性质，游离面有暂时的纤毛。

固有层的浅层有较多的细胞成分及子宫腺导管。细胞以梭形或星形的胚性结缔组织细胞为主，细胞突起相互连接。还含有巨噬细胞、肥大细胞、淋巴细胞、白细胞和浆细胞等。固有层的深层中细胞成分少，布满了分支管状的子宫腺及其导管（肉阜处除外）。腺壁由有纤毛或无纤毛的单层柱状上皮组成。子宫腺分泌物为富含糖原等营养物质的浓稠黏液，称子宫乳，可供给着床前附植阶段早期胚胎所需营养。

子宫肉阜（caruncle）是反刍动物固有层深层形成的圆形加厚部分，有数十个乃至上百个。其内有丰富的成纤维细胞和大量的血管。羊的子宫肉阜中心凹陷，牛的子宫肉阜为圆形隆突。子宫肉阜参与胎盘的形成，属胎盘的母体部分。

（2）肌层和外膜　子宫肌层由发达的内环、外纵两层平滑肌组成。在两层间或内层深部存在有大的血管及淋巴管，这些血管主要是供应子宫内膜营养，在反刍动物子宫肉阜区特别发达。

子宫外膜由疏松结缔组织构成，其外覆盖间皮。属浆膜性结构。在子宫外膜中有时可见少数平滑肌细胞存在。

17.3.2　子宫内膜的周期性变化

子宫内膜的组织结构随动物所处的发情周期阶段不同而不同。动物发情周期一般分为下列连续的五个阶段，即发情前期、发情期、发情后期、发情间期、休情期。发情周期与卵巢的卵泡发育密切相关。在一个发情周期中，子宫内膜有如下的变化：

（1）发情前期　卵巢中卵泡开始生长。在雌激素作用下，子宫开始发育，内膜胚性结缔组织迅速增生变厚。此时子宫腺生长，分泌能力逐渐加强，血管在内膜分布增多。内膜水肿、充血甚至出血。

（2）发情期　卵巢中卵泡成熟并排卵，雌激素水平达高峰。动物出现性行为。子宫内膜继续增生并充血、水肿、红细胞渗出。子宫腺分泌旺盛，为接纳胎儿的附植做准备。

（3）发情后期　卵巢形成黄体，开始分泌孕酮。固有膜毛细血管少量出血，但会被吞噬吸收。如果发情后不妊娠，则子宫内膜开始退化。对于牛来说，则发生子宫固有层的微出血，固有层的毛细血管破裂，在表面上皮下面蓄积成血疱。后来血疱破裂，血液及黏膜一起脱落入子宫腔中，被吞噬和吸收。

（4）发情间期　黄体大量分泌孕酮，子宫腺大量分泌，可维持妊娠。若未妊娠，子宫内膜随黄体退化而变薄。

（5）休情期　在非妊娠状态下，黄体完全退化，子宫腺体恢复原状，分泌停止。随着下一批卵泡生长又进入一个新的发情周期。

子宫颈（cervix）短而壁厚，黏膜和黏膜下层的混合层形成高的纵行皱襞，并具有二级和三级小皱襞。上皮为单层柱状上皮，只有狗为复层扁平上皮，夹有杯状细胞，可分泌黏液。在发情期及妊娠期，分泌量增加，并流入阴道。固有层中一般无子宫腺，但肉食动物有子宫腺。子宫颈的肌层发达，由内环、外纵平滑肌构成，内环肌特别厚，并含有大量弹性纤维。外附纤维膜。

17.4 阴道

阴道（vagina）是从子宫颈延伸到前庭的管道。也由黏膜层、肌层和外膜组成。

17.4.1 黏膜层

形成很多纵走皱襞。表面被以复层扁平上皮。表层细胞角化不明显。细胞内含有脂滴及糖原。随着上皮脱落，糖原游离于阴道中，在阴道杆菌作用下转变为乳酸，使阴道保持酸性，以防止其他细菌在子宫中繁殖。上皮下为一层疏松结缔组织，无腺体，内含有弥散的淋巴组织和血管。

17.4.2 肌层

环行、纵行的平滑肌排列不规则，相互交错。外口变为阴道括约肌。

17.4.3 外膜

疏松结缔组织构成，与相邻器官的结缔组织相连。

各种动物的阴道黏膜上皮随发情周期的变化而出现有规律的增生、角化和脱落。可以根据阴道涂片的细胞学变化来确定发情周期的各个阶段，从而掌握配种、受精的最佳时机。如狗的各阶段阴道涂片呈下列图像：

休情期：有许多不着色的未角化上皮细胞；少数几个大的着色细胞，其核发生固缩；还有少数中性粒细胞和淋巴细胞。

发情前期：有许多红细胞（来自子宫）；许多大而角化的细胞构成角化层。

发情期：有一些红细胞和许多角化细胞，随着发情进展，角化层崩解，角化细胞发生皱缩、变形，并常常有细菌侵入。

发情后期和发情间期：上皮细胞角化程度低，外观很像未染色的活细胞；在发情后期的第三天，中性粒细胞最多，而后逐渐消失直到发情后期的第 10 ~ 20 天再重新出现。

复习思考题

1. 试述卵泡的生长、发育、成熟的过程。
2. 试述黄体的形成、退化过程和黄体的功能。
3. 试述子宫壁的结构。
4. 名词解释：原始卵泡　闭锁卵泡　透明带　放射冠　排卵

拓展阅读

子宫肌瘤

第 18 章　雄性生殖系统

Male Reproductive System

- 睾丸
- 附睾
- 输精管
- 副性腺
- 阴茎

Outline

The male reproductive system consists of the testes, genital ducts, accessory sex glands and external genital organs. The testes or male gonads are paired organs that lie in the scrotum, have a dual function for production of the male gametes, spermatozoa, and secretion of male sex hormones, principally testosterone. The testes are composed of parenchyma and interstitium. They are respectively wrapped by a thick capsule of dense connective tissue, namely the tunica albuginea, from which the connective tissue forms the mediastinum testis and septa. The septa separate the parenchyma into many testicular lobules, which is occupied by 1-4 long, thin and coiled seminiferous tubules. Near the mediastinum, they transform into the straight seminiferous tubules and enter the mediastinum testis and form the rete testis. The parenchyma of the testis consists of the convoluted, straight seminiferous tubules and rete testis. The stroma includes the connective tissue filling between the parenchyma. The seminiferous tubules is the site of spermatogenesis and composed of the spermatogenous epithelium, which comprises the spermatogonia, primary and second spermatocytes, spermatids and spermatozoa. The processes of spermatozoa arising from spermatogonia are referred to as spermatogenesis. The interstitial cells of the testis distribute in the stroma and can produce androgen.

The epididymis attaches on the one side of testis and can be separated into three parts: the head, body and tail, covered with tunica albuginea consisting of dense connective tissue. The parenchyma comprises the efferent ductules of testis and duct of epididymis. The latter is a long, convoluted tube connected with ductus deferens at the end. The secretions of the epithelium lining in the duct play a fundamental role for the development and maturation of spermatozoa. Ampullae of deferent duct and accessory sex glands i.e, seminal vesicles, prostate, bulbourethral glands, contribute to the formation of seminal plasma.

雄性生殖系统（male reproductive system）包括成对的睾丸、附睾、输精管、副性腺及单一的尿生殖道、阴茎等器官。其主要功能是产生、储存、运送精子。此外，睾丸还具有分泌雄性激素的功能。

18.1 睾丸

18.1.1 睾丸的一般结构

睾丸（testis）除附睾缘外，均被覆一层浆膜。浆膜下方是致密结缔组织构成的白膜，浆膜、白膜构成睾丸的被膜（图18-1）。白膜厚而坚韧，含有大量的胶原纤维和少量的弹性纤维。在马的睾丸白膜中还有少量的平滑肌细胞。在白膜中，许多睾丸动脉、静脉的分支集中形成血管层。马和猪的血管层位于白膜的深层，而狗和羊的血管层在白膜的浅层。在睾丸头处，白膜的结缔组织伸入睾丸内部形成结缔组织纵隔，称睾丸纵隔（mediastinum testis）。马的睾丸纵隔仅限于睾丸前端。自睾丸纵隔上分出呈放射状排列的结缔组织隔，并与白膜相连，称睾丸小隔（septula testis）。它们将睾丸分成许多睾丸小叶。肉食动物、马和猪的睾丸小隔发达，牛、羊的薄而不完整。小叶内有1～4条精小管。精小管分为曲精小管和直精小管两段。曲精小管以盲端起自小叶边缘，在小叶内盘曲折叠，末端变为短而直的直精小管。直精小管通入睾丸纵隔内，互相交叉吻合形成睾丸网。此外，在曲精小管间的疏松结缔组织称为睾丸间质，间质中还有一种特殊的内分泌细胞，即睾丸间质细胞（图18-1，图18-2）。

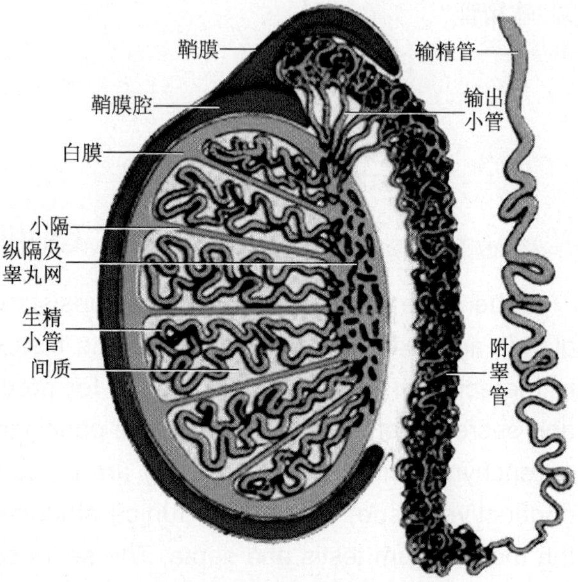

图18-1　睾丸与附睾模式图

18.1.2 睾丸实质

18.1.2.1　**曲精小管**（seminiferous tubule）　每条为长50～80 cm，直径150～250 μm的小管。构成曲精小管的上皮是一种特殊的复层的生精上皮，细胞分两类：支持细胞和生精细胞。上皮外有一薄层基膜，基膜外为一层肌样细胞。其结构与平滑肌细胞相近，可收缩，有助于曲精小管内精子的排出（图18-2）。

（1）**生精细胞与精子发生**　性成熟家畜的睾丸曲精小管的管壁中，可见许多不同发育阶段的生精细胞（spermatogenic cell）。其形态多样，即精原细胞、初级精母细胞、次级精母细胞、精子细胞和精子（图18-3）。从精原细胞到精子形成的过程，称精子发生。

① 精原细胞（spermatogonia）　在胚胎时已经分化形成，是精子形成过程中的最幼稚的生精细胞。细胞紧贴基膜，圆形，较小，直径约12 μm，核圆，染色质细密。可分为A、I、B三种类型，I型又称中间型。A型细胞核染色质细小，核仁常靠近核膜。根据核的结构和着色

深浅不同，A 型又分明 A 型和暗 A 型两种。暗 A 型细胞核着色深，常呈空泡状。它不断分裂增殖。分裂后，一半仍为暗 A 型细胞自身，另一半为明 A 型精原细胞。明 A 型细胞着色浅，核不呈空泡状，它再分裂增殖产生 B 型精原细胞。B 型精原细胞的核膜内侧附有粗大异染色质粒，核仁位于中央。数次分裂后，体积增大，分化为初级精母细胞。

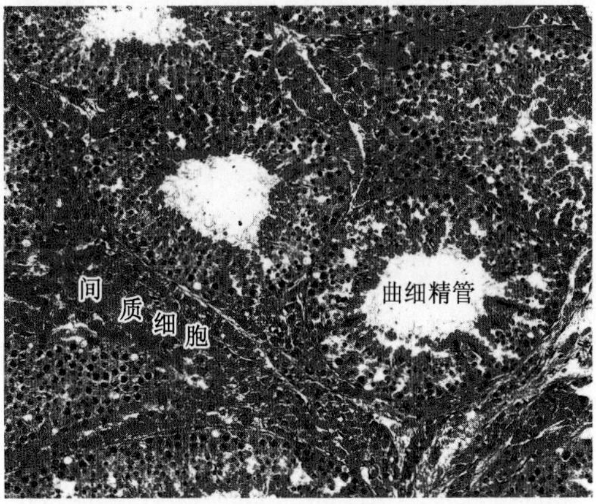

图 18–2 睾丸光镜结构低倍像（HE 染色）

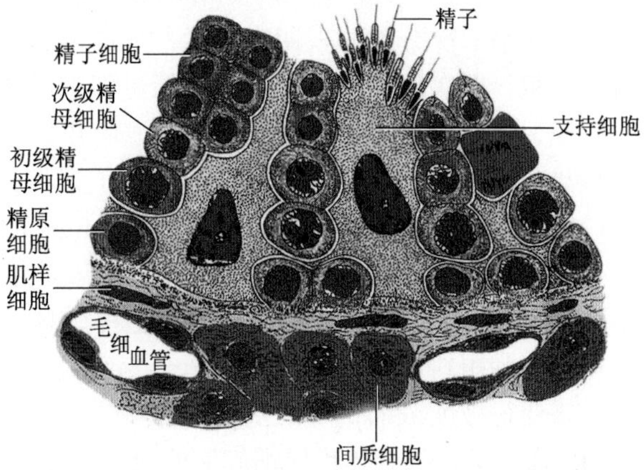

图 18–3 生精小管上皮和睾丸间质模式图

② 初级精母细胞（primary spermatocyte） 多位于精原细胞内侧，有 2 ~ 3 层，是生精细胞中最大的细胞，胞核大而圆，处于第一次减数分裂的各个时期，因此，核染色体形状有细线、珠状到粗线状而各不相同。初级精母细胞经第一次成熟分裂后，产生两个次级精母细胞。

③ 次级精母细胞（secondary spermatocyte） 次级精母细胞多位于初级精母细胞内侧，靠近管腔。细胞体积较初级精母细胞小，呈圆球形，细胞质染色较深，核圆形，染色质呈细粒状，不见核仁。存在时间很短，它很快进行第二次成熟分裂（DNA 减半），产生精子细胞，所以切片上很难见到该细胞。

④ 精子细胞（spermatid） 精子细胞体积更小，呈圆球形，位于曲精小管管壁浅层。常排成数层。核小而圆，深染，核仁明显。有的精子细胞中常有红色斑块状物质，是开始变态的标志。它不再分裂，而是经过复杂的形态变化而形成精子。此过程称为精子形成期或变态期（图 18–4）。

减数分裂（meiosis）又称成熟分裂，只在生殖细胞中发生，使最终形成的精子（卵子）

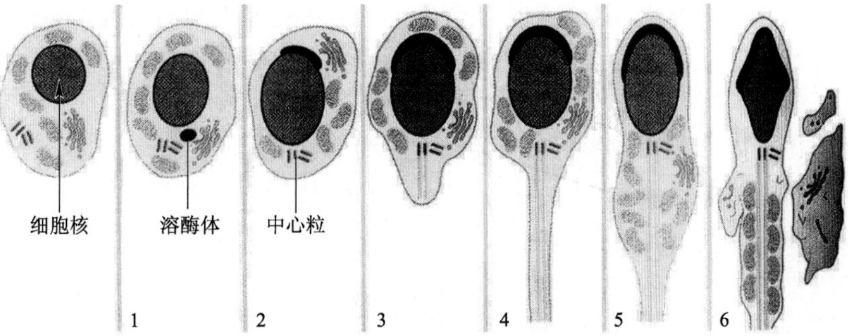

图 18–4 精子形成模式图

的染色体数目减半。减数分裂包括两次分裂。第一次减数分裂指的是初级精母细胞产生次级精母细胞的分裂。在此分裂开始前，细胞已复制了 DNA，然后进入前期、中期、后期、末期。前期历时很长，又可以分为五个时期：细线期、合线期、粗线期、双线期、终变期。在第一次分裂的末期完成后，形成两个新的单倍体细胞，即次级精母细胞。次级精母细胞经历很短的间期，没有进行 DNA 的再复制，很快开始了第二次减数分裂，即次级精母细胞分裂为精子细胞，产生的精子细胞仍为单倍体。细胞内 DAN 数量也减为一半。

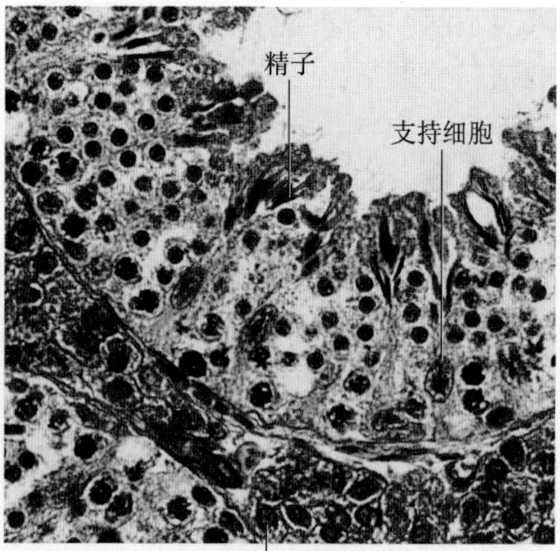

图 18–5　睾丸生精小管和睾丸间质（HE 染色）

⑤ 精子（spermatozoon）　形似蝌蚪，是精子细胞经变态而成的（图 18-4）。精子细胞由圆球形逐渐分化转变为蝌蚪形精子的过程称精子变态。主要变化是：核变得极度浓缩，高尔基复合体特化为顶体，多余的胞质丢失，线粒体形成螺旋形的线粒体鞘。在睾丸的切片上可见到精子细胞正在变态为精子的过渡阶段。精子形成之初，它的头部仍嵌在支持细胞腔面的凹陷中。

（2）支持细胞（sustentacular cell）　又称塞托利细胞（Sertoli cell），呈不规则的高柱状或锥状（图 18-3，图 18-5）。细胞底部附着在基膜上，顶部伸达腔面。在相邻支持细胞的侧面之间，镶嵌有许多精原细胞和各级精母细胞。在游离端，多个变态中的精子细胞以头部嵌附其上。由于各类生精细胞的嵌入，使支持细胞在光镜下难辨其轮廓。支持细胞核为椭圆形或不规则形，核仁明显，异染色质较少。电镜下细胞质中有丰富的滑面内质网、高尔基复合体、线粒体、溶酶体等细胞器，类脂、糖原也较多。

支持细胞的功能：① 支持营养生精细胞；② 合成雄激素结合蛋白，分泌入管腔中，并与雄激素结合，提高曲精小管内雄激素含量，促进精子的发生；③ 吞噬精子在变态成熟过程中遗弃的残余体；④ 参与血 – 睾屏障的形成；⑤ 分泌少量液体，有助于精子的运动。

血 - 睾屏障（blood-testis barrier）存在于生精小管与血液之间，其组成包括睾丸间质的毛细血管内皮及其基膜、结缔组织、生精上皮基膜和支持细胞间的紧密连接，其中紧密连接是血睾屏障的主要结构。电镜下，相邻支持细胞侧面近基底部之间有呈环形带状的紧密连接，将生精上皮分成基底室和近腔室两部分。基底室位于生精上皮基膜和支持细胞紧密连接之间，内有精原细胞；近腔室位于紧密连接近腔侧，与曲精小管管腔相通，内有初级精母细胞、次级精母细胞、精子细胞和精子。因此，支持细胞的紧密连接可将精原细胞与其他生精细胞分隔在不同微环境中。这种紧密连接和支持细胞的基膜一起可阻挡自毛细血管进入细胞间隙内的一些大分子物质，使其不能进入管腔，起屏障作用，称之为血 – 睾屏障。该屏障可以保证生精上皮产生精子的微环境，也可以防止一些精子抗原物质逸出到小管外而发生自体免疫。当精原细胞转化为初级精母细胞时，紧密连接会暂时开放，让其通过后又在该部位迅速恢复新的紧密连接。在屏障内的生精细胞所需的营养物由支持细胞来提供。

（3）曲精小管的周期性活动

① 同源细胞群现象　在生精过程中，从精原细胞开始到精子形成为止，中间要经过数次分裂，在分裂过程中，除早期的几次精原细胞分裂是完全以细胞分裂而产生完全独立的子细胞

外，其余的多次细胞分裂都不是完全分割开来，两个子细胞间仍然有 2 ~ 3 μm 宽的胞质沟通桥相连，这种结构称为胞质桥。该桥将来自于同一个母细胞的同族细胞联成一个整体细胞群，它们同步分裂、分化，并不断向管腔移动，最终同步发育变态为同一批精子。这种同族细胞间有胞质桥相连，同步发育，同时成熟释放的现象，称同源细胞群现象或克隆现象。

② 生精上皮周期　在曲精小管的管壁上，当一群同族细胞同步发育并同步向管腔方向推移时，另一群同族细胞群也在深层同步发育，其发育阶段稍落后。而更迟的第三群同族细胞在更深层同步发育，依次类推。因而在生精小管的管壁横断面上，各级生精细胞的存在数目和排布形式出现一定的规律性，形成一定的细胞组合图像。同种动物，所出现细胞组合图像的数目是一定的，而且有一定的顺序性。从某一细胞组合图像的出现，到这个细胞组合图像再次出现，称为一个生精上皮周期（cycle of seminiferous epithelium）。同种动物，每个生精上皮周期所经历的时间是一定的，称周期时长（duration）。周期中的每个细胞组合图像称为一个时相。

③ 生精上皮波　在生精小管的纵切长轴上，并非同时出现同一个细胞组合图像，而是在各不同阶段上同时出现不同的细胞组合图像。每个节段长度大致都相同，而且各段排列顺序与生精上皮周期中各时相的出现顺序相同，并且周而复始、循环往复。可见在长轴纵切面上，生精上皮周期变化并不同步进行，而呈波浪状。人们把这种现象称为生精上皮波（seminiferous epithelium wave）。在曲精小管的长轴纵切面上，从某一时相的出现到该时相再次出现，二者之间所占的一段曲精小管，即为一个生精上皮波。

18.1.2.2　**直精小管**　曲精小管在近睾丸纵隔处变成短而直的管道，即为直精小管（tubulus rectus）。其管径细，管壁无生精细胞，仅由单层立方或柱状细胞组成。

18.1.2.3　**睾丸网**（rete testis）　位于睾丸纵隔之中，是一个相互沟通、交织成网的管道系统（图 18-1）。管腔大小不等，也不规则，管壁衬以单层立方或低柱状上皮，上皮下有完整基膜。包围睾丸网的结缔组织中血管丰富。睾丸网的一侧与直精小管相接；另外一侧与输出小管相连。牛的睾丸网为双层立方上皮，细胞的游离面有微绒毛或纤毛，具有分泌功能，对精子的运动、成熟有较大的作用。马、禽的睾丸网可穿出白膜，形成睾丸外的睾丸网。睾丸网最后可汇成数条睾丸输出小管（图 18-1）。

直精小管和睾丸网是输送精子的管道。管道内流动着少量液体，对精子运动和存活有较大作用。

18.1.3　睾丸间质

睾丸间质是指在曲精小管间的疏松结缔组织，除含有丰富的血管、淋巴管外，还有一种内分泌细胞，即睾丸间质细胞。它们成群分布于曲精小管之间（图 18-2，图 18-3，图 18-5）。在 HE 染色切片上，细胞较大，呈圆形或不规则状，胞质强嗜酸性。核为圆形或卵圆形，常偏位，异染色质少，染色较淡。电镜下，胞质中有丰富的滑面内质网、高尔基复合体及线粒体，还有许多脂滴、脂褐素。睾丸间质细胞的主要作用是合成并分泌雄性激素——睾酮。其功能是：① 维持正常性欲；② 促进副性腺发育及第二性征的出现；③ 对精子的发生和成熟起促进作用。

18.2 附睾

附睾（epididymis）位于睾丸的后外侧，可分头、体、尾三部分。睾丸输出小管及部分附睾管构成附睾头部，其余部分附睾管构成附睾的体部与尾部。生精小管产生的精子经直精小管、睾丸网进入附睾。精子在附睾内停留，并经历一系列成熟变化，才能获得运动能力，达到功能上的成熟。

18.2.1 睾丸输出小管

睾丸输出小管（efferent duct）是从睾丸网发出的小管（图 18-1），有 12～25 条。一端连于睾丸网，另一端通入附睾管。壁管上皮由单层高柱状纤毛细胞群与低柱状无纤毛细胞群相间排列而成。两种细胞都具有分泌机能，分泌物在上皮表面形成泡样物。有纤毛的柱状细胞除有分泌机能外，还可以吸收管腔内液体。纤毛的摆动有利于腔内精子的运送。

18.2.2 附睾管

附睾管（epididymal duct）是一条长而弯曲的细管（图 18-1，图 18-6），管壁有较多的平滑肌。附睾管的黏膜上皮为假复层柱状上皮，由两类细胞组成。一类称纤毛细胞，数目多，呈高柱状，游离面有成簇的静纤毛，其主要功能是吞饮吸收破碎的精子和脱落下来的残余小体，此外还有分泌甘油磷酸胆碱、唾液酸蛋白等功能。另一类细胞称基细胞，位于上皮细胞的基部，胞体小而呈椭圆形，胞质染色淡，可分裂增生来补充纤毛细胞。

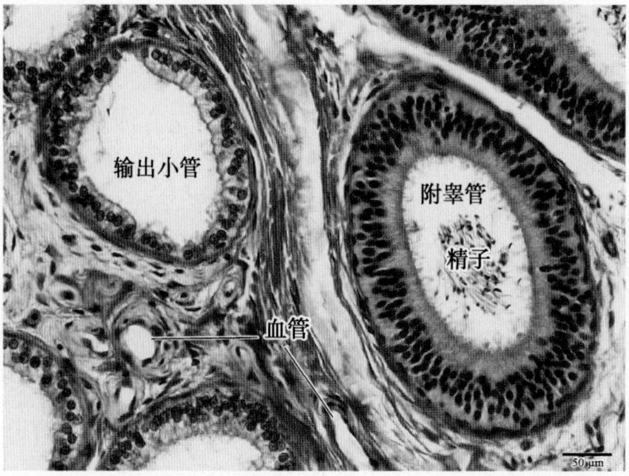

图 18-6　附睾管光镜结构（HE 染色）

18.3 输精管

输精管（ductus deferens）是附睾管的延续，管腔小而管壁厚（图 18-1）。管壁由内至外可分为三层，即黏膜层、肌层和外膜。

18.3.1 黏膜层

黏膜层表面有纵行的皱襞，上皮在输精管起始段为假复层柱状上皮，然后逐渐转变为单层柱状上皮。上皮下为固有层。输精管的膨大部固有层中有分支管泡状腺。其分泌物参与精液形成，猪缺乏该腺体。

18.3.2 肌层

肌层厚而发达。马、牛、猪为内环、中纵、外斜的平滑肌，分层不明显；羊为内环、外纵二层平滑肌。

18.3.3 外膜

外膜主要由浆膜构成，末端为血管化的疏松结缔组织的外膜。

雄性生殖管道各段的组织结构特点见表 18-1。

表 18-1 雄性生殖系统管道组织结构的主要特点

名 称	管 腔	上 皮 细 胞	肌 层	功 能
曲精小管	不规则	生精细胞和支持细胞形成特殊生精上皮	无肌层，有肌样细胞	精子生成
直精小管	规则，细	单层柱状或立方	无	运输精子
睾丸网	网状，大而不规则	单层立方	无	分泌、营养
输出小管	不规则	假复层柱状纤毛上皮	少量平滑肌	分泌、营养
附睾管	大而规则	假复层柱状纤毛上皮	环形平滑肌	吸收、分泌，储存、成熟精子
输精管	管腔小而管壁厚	假复层柱状纤毛上皮或单层柱状	平滑肌层厚	运输、储存精子

18.4 副性腺

副性腺包括成对的精囊腺和尿道球腺，以及单个的前列腺。

18.4.1 精囊腺

精囊腺（vesicular gland）为分叶状的分支管状腺或复管泡状腺。腺上皮为假复层柱状上皮，由高柱状细胞及小而圆的基底细胞构成。叶内导管和排泄管衬以单层立方上皮。肉食动物无精囊腺，猪的精囊腺发达，马属动物呈囊状。

精囊腺的分泌物呈弱碱性，含丰富果糖，有营养精子和稀释精液的作用。

18.4.2 前列腺

前列腺（prostate gland）为复管泡状腺（反刍类）或复管状腺。腺体外包以较厚的结缔组织被膜，被膜伸入实质形成小梁。被膜及小梁内均有平滑肌纤维。前列腺分腺体部和扩散部。马、狗、猫腺体部大、扩散部小，牛、猪则相反，羊无腺体部。

腺体分泌部的腔较大。腺上皮呈单层扁平、立方、柱状或假复层柱状，与腺体分泌状态有关。导管部细小，上皮为单层柱状或扁平，最大导管的开口部为变移上皮，开口于尿生殖道内。

18.4.3 尿道球腺

尿道球腺（bulbourethral gland）为复管状腺（猪、猫）或复管泡状腺（马、牛、羊），外被结缔组织的被膜，马的被膜内含平滑肌纤维。被膜伸入实质将尿道球腺分成若干小叶。腺泡衬以单层柱状上皮，腺内导管衬以假复层柱状上皮，腺导管则衬以变移上皮。

尿道球腺分泌黏滑液体，参与精液组成。

附睾、输精管和副性腺的分泌物称精清，精清与睾丸产生的精子共同组成精液。精清略呈碱性，适合精子生存，其中含有为精子运动提供能源的果糖及脱落的上皮细胞、类脂颗粒、脂肪、蛋白质和色素等。

18.5 阴茎

阴茎（penis）为交媾器官，由阴茎体、阴茎头两部分构成。

18.5.1 阴茎体

阴茎体（corpus penis）外包皮肤，皮肤下为外膜，由疏松结缔组织构成。外膜包着海绵体，海绵体一般有三个，其中两个在背侧，称为阴茎海绵体，另一个在腹侧称为尿道海绵体。海绵体与勃起有关，又称勃起组织。

18.5.1.1 **阴茎海绵体（corpus cavernosum penis）** 外为致密结缔组织的白膜，白膜伸入组织内形成小梁，小梁相互交织成网，小梁内有纵走的平滑肌、血管、神经和脂肪组织。小梁网形成的网腔内衬以内皮，并与血管内皮连续，其腔与血管腔相通。白膜组织在两个阴茎海绵体之间形成正中隔。反刍动物在阴茎基部有此隔，其余部没有。狗的阴茎全部都有。但马、猫的正中隔不连续，因此，横切面上背侧的两个阴茎海绵体似乎合并为一个。

18.5.1.2 **尿道海绵体（corpus cavernosum urethrae）** 结构与阴茎海绵体相似，但白膜薄，海绵体腔小。其中央有阴茎部尿道通过。

18.5.2 阴茎头

马、狗的阴茎头（glans penis）发达，狗还具有阴茎骨。阴茎头表面盖以复层扁平上皮，其海绵体与尿道海绵体相连。在阴茎头处，皮肤叠成双层，称为包皮。包皮内层的皮肤表皮薄，无皮脂腺及汗腺，阴茎头上皮下的固有膜中有多种感觉神经末梢。

复习思考题

1. 简述精子的发生过程。
2. 简述血－睾屏障的构成及功能。
3. 简述睾丸间质细胞的位置、形态及功能。
4. 名词解释：生精细胞　支持细胞　睾丸间质细胞

拓展阅读

前列腺素的发现

第 19 章　被皮系统

Integumentary System

■ 皮肤

■ 皮肤的衍生物

Outline

The integumentary system consists of the skin and epidermal derivatives. The epidermal derivatives include hairs, feather, horn, beak, crest, squama and sebaceous, sweat glands and mammary glands in different surfaces of the animal body.

The skin is the largest organ of the creature, covering the outer surface of the body. It consists of the epidermis, the surface epithelial layer, and the dermis, the subjacent layer of connective tissue. The hypodermis, a loose connective tissue and adipose tissue lies beneath the dermis and binds skin loosely to the subjacent tissue.The epidermis consists of a stratified squamous keratinized epithelium. The cells of the epidermis can be classified into two types: keratinocytes and nonkeratinocytes. Keratinocytes are main cells of the epidermis. Nonkeratinocytes are less abundant and found between keratinocytes. They include melanocytes, Langerhans cells and Merkel's cells. The thickness of the epidermis varies in the light of the region of the body. The epidermis of the palms and soles is the thickest and has the most typical structure, in which five layers can be distinguished: the stratum basale, stratum spinosum, stratum granulosum, stratum lucidum and stratum corneum. Other epidermises of the body are thin, in which the stratum lucidum is not always present. The dermis can be subdivided into two layers: the papillary layer and the reticular layer. The papillary layer which is thinner, consists of loose connective tissue and has many dermal papillae. The reticular layer is thicker and composed of irregular dense connective tissue. Its bundles of coarse collagenous fibers and elastic fibers run in various directions and form a fiber network. The network is responsible for the flexibility and elasticity of the skin. The skin possesses many functions, such as protection, sensory, absorption, excretion, thermoregulation and participates in immune responses and material metabolism of the body.

被皮系统由皮肤及其衍生物构成。皮肤（skin）被覆于动物的体表，具有感受外界的各种刺激、抵御外界机械和化学的伤害、防止外界物质的侵入、排泄废物、调节体温和储藏吸收某些营养物质等功能。此外，皮肤还参与免疫应答，是免疫系统的重要组成部分。皮肤衍生物由皮肤演变而来，位于动物的某些部位，如毛、蹄、枕、角、冠、肉髯、喙、爪、鳞片及汗腺、皮脂腺、乳腺等。

19.1 皮肤

皮肤的厚薄随动物的种类、年龄、性别及分布的部位不同而异，如躯体背侧和四肢外侧的皮肤厚，躯体腹侧和四肢内侧的皮肤薄。在家畜中，牛比羊的皮肤厚，老龄动物比幼龄的皮肤厚，雄性动物比雌性的厚。皮肤的厚薄虽有差异，但其组织结构基本相似，由表皮和真皮组成，借皮下组织与深部组织相连（图 19-1）。

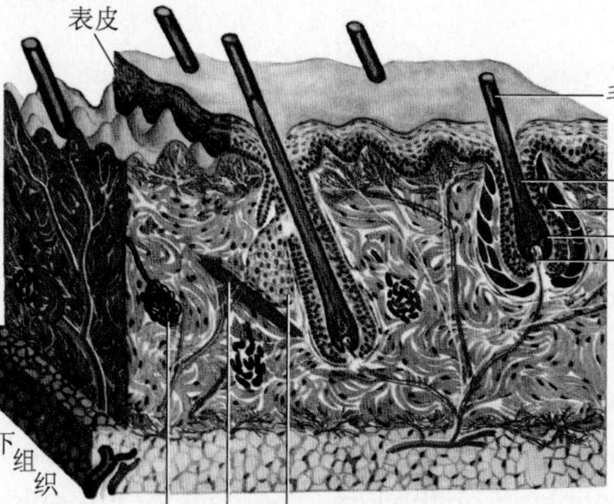

图 19-1　皮肤结构模式图

19.1.1　表皮

表皮（epidermis）是皮肤的最外层，由角化的复层扁平上皮构成，厚薄不一。动物长期受摩擦和压力的部位表皮较厚，角化也明显。构成表皮的细胞可分为两大类：一类为角质形成细胞，排列成多层，是组成表皮的主要细胞成分；另一类为非角质形成细胞，数量较少，散在于前者之间。

19.1.1.1　**角质形成细胞**　哺乳动物表皮由深层到浅层可分为基底层、棘细胞层、颗粒层和角质层，无毛皮肤在颗粒层与角质层之间还有透明层。

（1）基底层（stratum basale）位于表皮的最深层，借基膜与真皮相连接。基底层为一层低柱状细胞，细胞增殖能力很强，不断产生新的细胞补充角化脱落的细胞。基底层细胞排列整齐，胞核为卵圆形，胞质较少，呈嗜碱性。电镜下，细胞质内有丰富的游离核糖体，含许多张力丝（tonofilament），成束时即为光镜下所见的张力原纤维。基底层细胞侧面有桥粒相连，基底面有半桥粒与基膜相连。

（2）*棘细胞层*（stratum spinosum）位于基底层的浅层，由数层多边形细胞构成。从细胞表面伸出许多棘状突起，故称棘细胞（spinous cell）。相邻棘细胞突起以桥粒相接，形成细胞间桥（intercellular bridge）。棘细胞核圆形，胞质丰富，呈弱嗜碱性，有的可见少数黑色素颗粒。电镜下，核糖体较多，张力丝交织分布，并伸到桥粒。此外，在棘细胞中有电子致密的卵圆形膜被颗粒，内有板层结构。组织化学研究显示，颗粒内含有磷脂和酸性黏多糖。表皮中处于分裂状态的细胞，70% 位于基底层，说明基底层细胞分裂增殖能力旺盛。棘细胞层深部的细胞也有有丝分裂像，因此，一般将这两层合称为生发层（stratum germinativum）。

（3）颗粒层（stratum granulosum） 位于棘细胞层的表面，由 2 ~ 3 层梭形细胞组成。细胞核固缩，甚至退化消失。此层细胞最明显的特点是细胞质中有许多大小不一、形态各异的嗜碱性的透明角质颗粒（keratohyalin granule）。电镜下，透明角质颗粒无膜包裹，呈致密的均质状。膜被颗粒以胞吐方式将其内容物排入细胞间隙，使细胞间隙变窄，是阻止某些物质透过皮肤的主要屏障。

（4）透明层（stratum lucidum） 是无毛皮肤特有的一层，由 2 ~ 3 层界线不清的扁平细胞构成。在 HE 染色标本中，细胞为均质透明状，界线不清，呈嗜酸性，细胞核与细胞器均已消失。电镜下，可见细胞质中充满由透明角质颗粒转化而来的角母蛋白（eleidin）和埋在其中的张力丝，细胞膜增厚并有少量的桥粒。此层仅存在于乳头、牛的鼻镜、食肉动物的足垫等无毛的部位，有毛皮肤此层不明显。

（5）角质层（stratum corneum） 为表皮的最外层，一般由已经死亡的多层扁平无核的角质细胞（horny cell）组成，细胞器、细胞核均已消失，细胞轮廓不清，均质嗜酸性。电镜下，细胞质中充满角蛋白丝和均质状物质，胞膜明显增厚，细胞相互嵌合有桥粒。最表层的角质细胞连接疏松，解体脱落形成皮屑。角质层构成皮肤重要的保护层，其保护作用表现在角质细胞所含的角蛋白、加厚的细胞膜以及细胞间隙充填的物质，它们能阻挡体外物质的侵害和体内水分的蒸发。

19.1.1.2 **非角质形成细胞** 也称树状突细胞。此类细胞数量较少，通常分散在表皮的深部，具有细胞突起。主要有以下几种：

（1）黑素细胞（melanocyte） 黑素细胞主要散在于表皮基底层和毛囊，因其能产生黑色素，故称此名（图 19-2）。此细胞的主要特点是含黑色素生成所需的酪氨酸酶。在普通染色的标本中不易辨认，特殊染色法可见细胞体积大且有多个突起伸向基底细胞和棘细胞之间，胞核圆形，胞质含少许黑素颗粒。电镜下，胞质中含丰富游离核糖体和粗面内质网，高尔基复合体

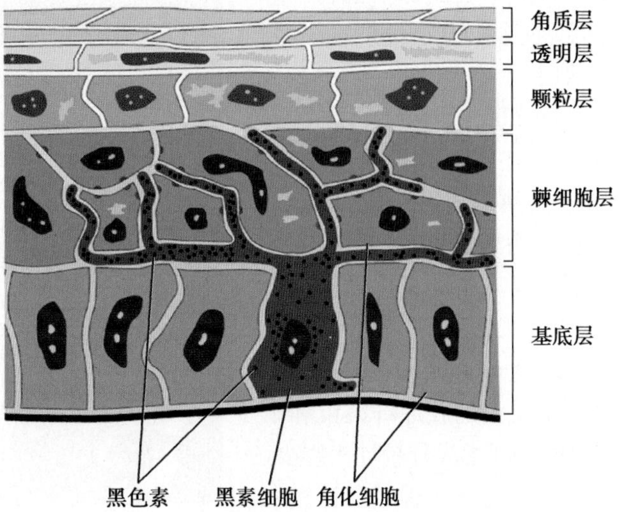

图 19-2 表皮结构模式图（示黑素细胞）

明显，其主要形态特征是胞质中含有膜被黑素小体。一个黑素细胞与一定数目上皮细胞建立功能的联系，向它们供应黑色素，称表皮－黑色素单位。表皮－黑色素单位的多少取决于皮肤中色素的含量。细胞内的黑色素除决定皮肤和毛的颜色外，还能防止紫外线的照射，以免损伤深部组织。

（2）朗格汉斯细胞（Langerhans cell） 是有树状突起的细胞，主要散在于棘细胞层内。在 HE 染色的标本中，其核深染，胞质很淡，不易辨认。氯化金染色可显示多个突起的细胞形态。电镜下，细胞核不规则，溶酶体较多，其他细胞器少，游离核糖体丰富。细胞的主要形态特征是胞质中含有特殊形态的颗粒，称伯贝克颗粒（Birbeck granule）。此种颗粒有界膜包裹，大小不等，呈盘状或浅杯状，有的一端或两端有泡。经过颗粒中部的切面呈杆状，若一端有泡，则成网球拍形，泡内有规则排列的板层状结构。

近年研究表明，朗格汉斯细胞是一种来源于骨髓的树突状细胞，在某些皮肤病的表皮和真皮中，此种细胞增多。它们能接受和处理侵入皮肤的抗原，并将信息传递给皮下的淋巴细胞，从而激起一系列的免疫反应。

（3）梅克尔细胞（Merkel's cell） 呈卵圆形或圆形，有短的指状突起，胞核卵圆或弯曲。散在于表皮基底层内。HE 染色难以辨认，但用锇酸侵染能清楚显示。用氯化金或硝酸银浸染，可见有髓神经纤维形成盘状末梢包围细胞基部。电镜下，可见梅克尔细胞与相邻细胞间有桥粒连接，此种细胞的明显特征是基部胞质中含许多圆形有界膜的电子致密颗粒，称梅克尔颗粒，颗粒内有致密核斑。细胞基部有与附着的神经末梢共同构成的触盘。细胞在感受刺激中的确切功能尚不十分清楚，有些学者根据其所含颗粒的特点，将其列入 APUD 系统。

19.1.2 真皮

真皮（dermis）位于表皮下，由不规则的致密结缔组织构成（图 19-1，图 19-3），深部与皮下组织相连，二者之间无明显界线。真皮内含有大量的胶原纤维和弹性纤维，细胞成分少。因此，皮肤的韧性和弹性较强，皮革是由真皮鞣制而成的。此外，真皮有毛囊、汗腺、皮脂腺、血管、淋巴管和神经等分布，具有感觉和输送营养的作用。真皮可分为乳头层和网状层。

19.1.2.1 乳头层（papillary layer） 紧靠表皮，形成许多乳头状突起。在无毛或少毛皮肤中，乳头高而细；在多毛或表皮薄的皮肤中乳头很小，不明显。此层内含有丰富的毛细血管、淋巴管和神经末梢（如触觉小体）等。马和牛的真皮乳头层较厚，乳头也较发达。

19.1.2.2 网状层（reticular layer） 位于乳头层深部。一般此层较厚，由粗大的胶原纤维束和丰富的弹性纤维交织排列而成，细胞成分较乳头层少。网状层内常有较大的血管、淋巴管、神经及神经末梢分布。毛囊、皮脂腺、汗腺也多存在于网状层内。

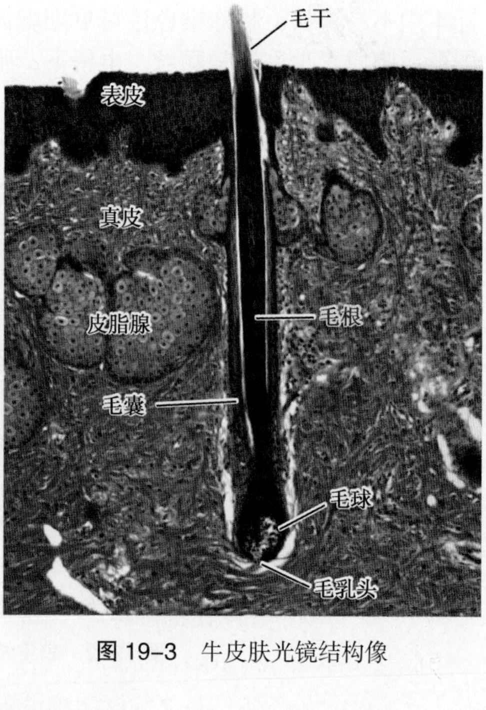

图 19-3 牛皮肤光镜结构像

19.1.3 皮下组织

皮下组织（hypodermis）位于真皮网状层的深部，由疏松结缔组织和脂肪组织构成（图 19-1，19-3），皮下组织将皮肤和深部的组织连接在一起，使皮肤有一定的可动性。皮肤的毛囊和汗腺延伸到此层，有血管和神经分布。皮下组织中脂肪组织的多少是动物营养状况的标志，脂肪含量的多少因动物种类、营养、性别和部位而异。猪的皮下脂肪特别发达，形成很厚的皮下脂肪层。

19.2 皮肤的衍生物

19.2.1 毛

毛（hair）是哺乳动物特有的构造，体表除鼻镜、足垫及黏膜与皮肤的连接处等部位外，都有毛生长。它有保护身体和防御寒冷的作用，有些动物的毛或皮毛有很高的经济价值。

毛是一种角化的丝状物，可分为针毛和绒毛两种类型。针毛长而粗硬，有一定的毛向，数目比较少。绒毛短而柔软，无毛向，数目多而密，常位于针毛之下。大多数动物如水獭、虎、豹和家兔等的毛，兼有针毛和绒毛两种。但猪只有针毛，细毛羊只有绒毛。此外，在哺乳动物的上唇、颊等处还有刺状的窦毛，它是由针毛转化而成，毛囊富含神经末梢，是一种感触器。

19.2.1.1 **毛的结构** 毛由毛干、毛根和毛球构成（图 19-1，图 19-3）。突出体表的游离部分称毛干（hair shaft），位于皮肤内的部分称毛根（hair root），包在毛根外的上皮和结缔组织构成的鞘称为毛囊（hair follicle）。毛根和毛囊末端膨大的部分称毛球（hair bulb）。

（1）毛干 毛干由角质化的上皮细胞有规则地排列构成，中央为髓质，是由一至数行疏松排列的扁平或立方形角化细胞构成，细胞排列比较疏松，细胞间和细胞内常有一些空隙可储藏空气。髓质的发达程度随动物的种类而异。由于毛干内的空气对毛的保温力有很大影响，因此，生活在寒带的动物，其毛干的髓质特别发达。髓质的周围是皮质，由数行多边形或梭形角化细胞构成，细胞顺着毛的长轴紧密排列。皮质细胞内含有色素，决定毛的颜色。毛的最外层为毛小皮，由一层扁平、透明、高度角化的细胞组成。它们彼此叠置排列如覆瓦状，细胞游离缘向上。位于毛根部的毛小皮细胞有细胞核，毛干部的细胞核消失。

（2）毛根 毛根包在毛囊内，其髓质细胞角质化程度较低，皮质细胞排列紧密。

（3）毛球 毛球的上皮细胞为较幼稚的细胞，称毛母质（hair matrix）细胞。毛母质细胞不断分裂，向上迁移，逐渐角化形成毛的角质细胞，分布在毛母质细胞间的黑素细胞生成色素，进入新生毛根的上皮细胞中，影响新生毛的颜色。毛球底部有一陷凹，内含真皮的结缔组织，称毛乳头（hair papilla）。毛球是毛和毛囊的生长点，毛乳头对毛的生长起诱导作用，毛可通过毛乳头获得营养物质。

19.2.1.2 **毛囊的结构** 毛根的周围包有毛囊（hair follicle）。毛囊是表皮向真皮下陷而成。毛囊底部可达皮下组织内。毛囊由内层的毛根鞘和外层的结缔组织鞘构成（图 19-4）。毛根鞘又称上皮鞘，包绕毛根，与表皮相连续，其形态与表皮相似。毛根鞘又分内根鞘和外根鞘，内根鞘（internal root sheath）不包围整个毛根，向上仅包到皮脂腺开口处。内根鞘的细胞从毛乳头周围向上生长，自内向外分别为内鞘小皮、赫氏层和亨氏层。① 内鞘小皮（cuticle）为单层扁平角化细胞，呈覆瓦状排列，但细胞游离缘的方向与毛小皮恰好相反，朝向下方，与毛小皮交错排列。在毛根部鞘小皮具有细胞结构，向上则逐渐角化。② 赫氏层由 1 ~ 3 层角化细胞构成，细胞内含有透明角质颗粒。③ 亨氏层是内根鞘的最外层，仅有一层角化细胞构成，细胞内也含有透明角质颗粒。外根鞘（external root sheath）是表皮生发层的延续，包围整个毛根。在毛根基部为一层扁平细胞，到毛根中部则变为复层。结缔组织鞘主要由环状纵行的胶原纤维、弹性纤维及成纤维细胞组成，富有血管及神经纤维。

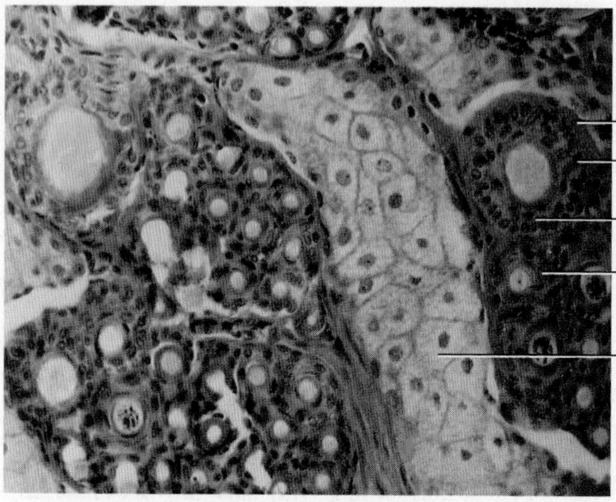

图 19–4　毛囊的光镜结构（HE 染色）

19.2.1.3　**毛囊的类型**　毛囊有初级毛囊、次级毛囊和复合毛囊之分。

初级毛囊是粗而长的毛囊，伴有皮脂腺、汗腺和一束立毛肌。次级毛囊较初级毛囊细小，在真皮内分布较浅，可伴有皮脂腺，缺少汗腺和立毛肌。复合毛囊是指在皮肤表面只有一个毛囊外口，但内有数个毛干发出。复合毛囊内每根毛都有独立的毛乳头和毛囊，只是在皮脂腺开口的水平线上，许多独立的毛囊才融合成一个共同的毛囊外口。除上述毛囊之外，还有一种触毛囊。触毛囊实为高度分化的初级毛囊，其结构特点是：在结缔组织鞘内有一充满血液的环状突；有骨骼肌纤维抵达触毛囊的结缔组织鞘，从而使触毛囊能接受随意控制；有许多神经纤维分布于结缔组织鞘。

家畜在毛囊排列上存在着许多差异。马和牛的毛囊均匀分布；猪的由 2 ~ 4 个毛囊聚集成一个毛囊群，其中由 3 个毛囊组成的毛囊群最为常见。犬为复合毛囊，并且复合毛囊成群存在，通常每群由 3 个复合毛囊构成。猫的毛囊排列方式是一个大的初级毛囊被 2 ~ 3 个复合毛囊围绕成复合毛囊群。山羊的初级毛囊通常以 3 个为一组，每组附有 3 ~ 6 个次级毛囊。

19.2.1.4　**立毛肌**　立毛肌（arrector pili muscle）为一束平滑肌，斜位于毛根的旁侧，起于毛囊中部的结缔组织鞘，斜向上行，止于真皮乳头层。犬脊背部立毛肌特别发达，收缩时可引起毛“竖立”。

19.2.2　皮肤腺

皮肤腺是表皮的产物，由生发层细胞转化而来。鸟类缺乏皮肤腺，仅在尾部有一对尾脂腺，能分泌油脂涂抹羽毛，水鸟的尾脂腺特别发达。

哺乳类的皮肤腺数目很多，可归纳为皮脂腺和汗腺两大类。皮脂腺是由两栖类继承而来，汗腺是哺乳类的新生产物。其他各种腺体都是由上述两大类腺体分化而来，乳腺是由汗腺演变而成。

19.2.2.1 **汗腺**（sweat gland） 为单管状腺（图 19-1），大多数哺乳动物都有汗腺。汗腺可以调节体温，也可以排泄废物。汗腺由分泌部和导管部构成。分泌部较粗，常深入到真皮网状层，有时可直达皮下组织内。在马、猪、猫和绵羊中，分泌部卷曲成小球状，而在牛、山羊和犬中则迂曲成波浪形。分泌部的腺上皮呈矮柱状或立方形，在上皮细胞和基膜之间，有一层梭形的肌上皮细胞分布，当肌上皮细胞收缩时，有助于分泌物的排出。导管部为细长且较直的上皮管道，管壁由两层立方形上皮细胞构成，由真皮部上行，穿过表皮，开口于毛囊或直接开口于体表。

汗腺在动物体上并非均匀地分布，如猫、鼠的汗腺集中在鼻尖及足跖部，兔在唇边，鹿在尾基等。根据汗腺的形态和功能特点，可分为顶浆分泌和局浆分泌两种类型。顶浆分泌型汗腺在家畜中存在极广，其分泌部呈松散的波状卷曲，管腔较大，故又称大汗腺。分泌部随汗腺分泌活动时期的不同，衬以立方形或低柱状上皮细胞。细胞质内含有糖原、脂质和色素颗粒。顶浆分泌型汗腺在细胞的游离面有胞质突起，其中充满分泌颗粒和部分胞浆。最后突起与胞体断离，成为分泌物进入管腔。此型汗腺导管一般开口于毛囊。家畜绝大部分的皮肤都有顶浆分泌型汗腺分布。局浆分泌型汗腺也是盘曲的单管状腺，在马、驴、黄牛、骆驼中比较发达，分布也较广泛。在其他哺乳类中，此型汗腺常集中分布在某些部位，例如，犬和猫的足枕、猪的腕部、猪和反刍动物的唇部、鹿的四肢和腹部等处。分泌部由立方形上皮细胞组成，分泌细胞外有肌上皮细胞分布。导管比较直，直接开口于皮肤的表面。

19.2.2.2 **皮脂腺**（sebaceous gland） 分支泡状腺或复泡状腺（图 19-1）。在有毛皮肤，它位于毛囊与主毛肌之间。无毛的部分如鼻尖、唇和生殖孔的周围也有皮脂腺。皮脂腺能分泌皮脂对皮肤和毛发有润滑作用。皮脂腺由分泌部和导管部构成。分泌部较特殊，几乎没有腺腔，周围为较小的基细胞，是一种幼稚型的细胞，胞质内含较多的游离核糖体、滑面内质网和高尔基复合体等。腺泡中央部的细胞为多角形，由于胞质内所含脂滴大而多，故细胞体积较大而且透明；胞核较小位于细胞中央，呈固缩状态。皮脂腺属全浆分泌，腺细胞逐渐长大、崩解破裂，细胞碎片连同细胞内含的脂质一起排出，形成皮脂（sebum）。腺泡中央丧失的细胞，由周围的基细胞不断增殖补充。导管部很短，由复层扁平上皮构成，在有毛皮肤中直接开口于毛囊颈部，在无毛皮肤中则直接开口于皮肤表面。

19.2.2.3 **乳腺**（mammary gland）

（1）乳腺的组织结构　乳腺为复管泡状腺。由被膜、间质和腺实质组成。被膜被覆于腺体表面，是富有脂肪的结缔组织膜。被膜的结缔组织深入实质内，将其分为许多小叶。腺实质包括分泌部与导管部两部分（图 19-5）。

① 分泌部　由腺泡组成。腺泡形态不规则，呈卵圆形或球形。腺上皮为单层，细胞的形态随分泌活动而变化。当细胞内聚集脂滴和蛋白颗粒时，细胞呈高柱状或锥状，顶端突入腺泡腔内，胞核为球形，多位于细胞的基部，此时腺泡腔较小。随着分泌物排出，细胞变成立方形，腺泡腔增大，并充满分泌物。在腺上皮细胞与基膜之间有肌上皮细胞，腺细胞的分泌和乳汁的排出，与肌上皮细胞的收缩有关。在一个腺小叶内的各腺泡，其分泌活动并不完全一致。因此，可见某些腺泡的上皮细胞为高柱状，而另一些细胞为立方形。

② 导管部　乳腺的导管自小叶内导管开始，其上皮为单层立方上皮，有肌上皮细胞。小

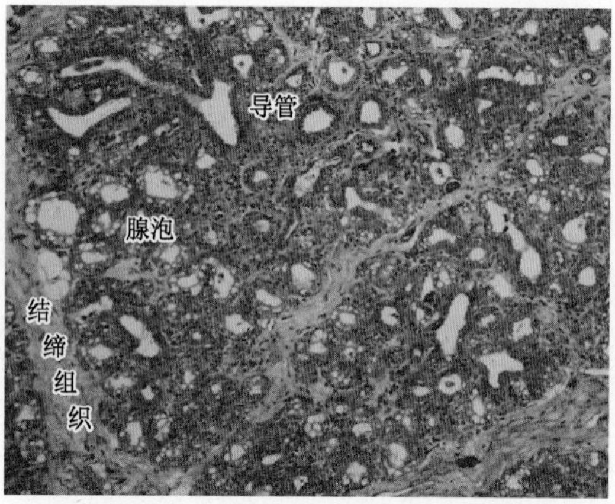

图 19-5　泌乳期乳腺光镜像（HE 染色）

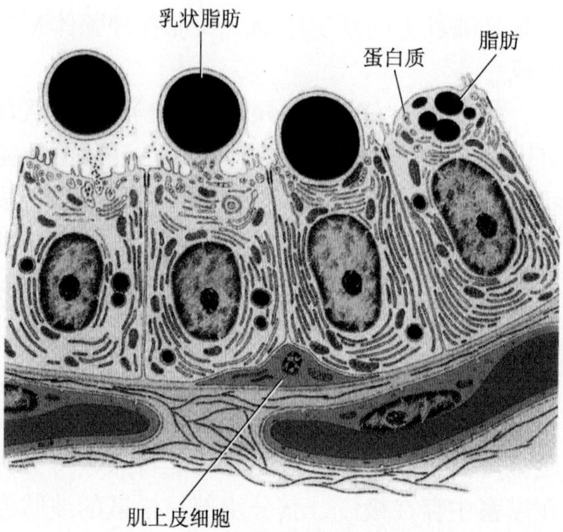

图 19-6　授乳期乳腺细胞电镜结构模式图

叶内导管与很多腺泡相连，进入叶间结缔组织后，汇入小叶间导管，管壁为单层柱状上皮或双层立方上皮。由小叶间导管集合成输乳管，输导整个腺叶的乳汁。在反刍动物中，数条输乳管汇入乳头基部的乳窦内。乳窦延续为乳头窦，乳头窦经乳头管与外界相通。其他家畜的输乳管分别开口于乳头，猫的每一个乳头表面有 4 ~ 7 个开口，犬有 7 ~ 16 个，猪和马有 2 ~ 3 个。输乳管等大型导管的管壁为双层的矮柱状上皮，并有纵行的平滑肌纤维。乳头管的上皮为复层扁平上皮。

乳腺间质由富含血管、淋巴管和神经纤维的疏松结缔组织构成，具有极为重要的营养支持、保护作用。在间质内，除成纤维细胞外，还见有浆细胞和淋巴细胞。

乳腺的分泌物称乳汁，主要含有蛋白质、脂肪、乳糖及无机盐等。在分娩后不久，乳腺分泌的乳汁叫初乳。初乳的成分及生物学特性均与哺乳期乳汁有所不同，特别是乳糖及脂肪含量较少，蛋白质（尤其是球蛋白）维生素 A 含量丰富。初乳中还有初乳小体、酶、溶菌素等。初乳小体为圆形或卵圆形的有核细胞，胞质中充满脂滴（图 19-6）。

（2）乳腺的生长发育和泌乳的变化　乳腺的结构一直处在变化过程中，主要表现在分泌部的新生或吸收，间质的增多或减少。动物体在性成熟前和两个泌乳期之间的乳腺静止期中，乳腺内主要是结缔组织、分散的输乳管和一些萎缩塌陷的腺泡或细胞索。腺泡和小的导管均为单层立方上皮或扁平上皮。性成熟后，乳腺开始发育。特别在妊娠期间，在激素的影响下，腺组织的发育尤为迅速，腺泡显著增生，间质相对明显减少，妊娠后期，在催乳激素的作用下，腺细胞增高呈锥形甚至高柱状，胞质内聚集了大量的脂滴和蛋白颗粒，以顶质分泌的形式排出分泌物。分娩后，进入哺乳时期，乳腺发育达到全面活动期，乳腺细胞分泌后细胞变低呈立方或扁平形，腺泡腔增大，其中含有乳汁，哺乳期腺泡更发达，腺泡腔扩大，结缔组织和脂肪组织更少，腺泡腔内充满乳汁。到哺乳后期，催乳激素水平下降，腺组织逐渐缩小以至停止分泌活动，腺泡腔内乳汁被吸收，腺组织逐渐萎缩，结缔组织和脂肪增多，乳腺转入静止期（图 19-7）。

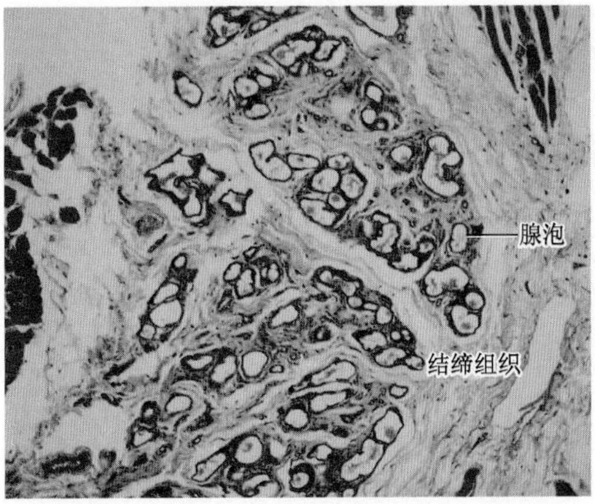

图 19-7　静止期乳腺光镜像（HE 染色）

复习思考题

1. 试述被皮系统的组成。

2. 联系真皮与皮下组织的组织学结构，分析皮内注射与皮下注射的局部表现有何不同。

3. 试述皮肤的功能有哪些？

4. 试述皮肤及其附属器的结构与皮肤功能间的联系。

拓展阅读

世界上最珍贵的皮草

第 20 章　感觉器官

Sensory Organ

■ 眼　　■ 耳

Outline

The sensory organs include eye, ear, gustatory and olfactory organs, etc. The main contents of this chapter comprise eye and ear.

The eye is a photosensitive organ which contains an eyeball and its accessory structures. It permits an accurate analysis of the form, light intensity and color reflected from objects. The eye of vertebrate has similar basic structure but different in shape and structure. The eye contains eyeball and accessory structure. The eyeball is located in protective bony structures of the skull, namely, the orbits. Each eyeball includes a tough, fibrous globe to maintain its shape, eyeball wall and contents. The eyeball wall is composed of three concentric layers from outer to inter, which are a fibrous layer that consists of the sclera and the cornea, a middle layer-also called the vascular layer consisting of the choroid, ciliary body and iris, and an inner layer of nerve tissue, the retina that consists of an outer pigment epithelium and an inner retina proper. The transparent structure of eyeball contains aqueous humor, lens and vitreous body, which form the lens system with the cornea. The accessory structure is composed of eyeball muscle, lacrimal gland, eyelids and periorbita.

The ear is responsible for body equilibrium and hearing. This organ comprises three components: the external ear, the middle ear and the internal ear. The external ear includes auricle, external auditory meatus, which receives auditory stimuli, sound waves. The middle ear includes tympanic cavity and pharyngotympanic tube, in which sound waves are transmitted from air to the internal ear. The internal ear of mammalian comprises two labyrinths, the osseous labyrinth and the membranous labyrinth. The former includes vestibule, osseous semicircular ducts and cochlea; the latter consists of three subcompartments: utricle and saccule, membranous semicircular ducts and membranous cochlea. The membranous labyrinth is permeated inner lymph.The outer lymph is filled between the osseous labyrinth and the membranous labyrinth. The function of the lymph is to supply nutrition for internal ear and convey sound waves.

感觉器官由感受器及其辅助装置构成。感受器是感觉神经末梢形成的特殊装置，是机体与外界环境发生联系，感知周围事物变化的一类器官。机体通过接受内、外环境的刺激，并把这些刺激转变为神经冲动，经感觉神经传到中枢神经系统，引起各种感觉。哺乳动物的感觉器官主要包括眼、耳、鼻、舌等。本章主要介绍视觉器官——眼和听觉器官——耳。

20.1 眼

眼（eye）由眼球和附属器官组成。

20.1.1 眼球

眼球由眼球壁和内容物组成。

20.1.1.1 **眼球壁** 构成眼球的外壳，由外向内依次为纤维膜、血管膜和视网膜（图 20-1）。

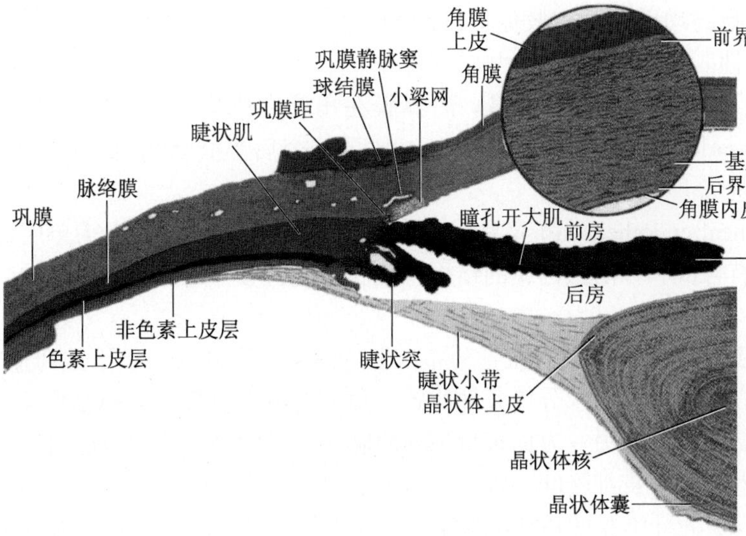

图 20-1 眼球前半部结构模式图

（1）纤维膜 纤维膜（fibrous tunic）为眼球的最外层。主要由致密结缔组织构成，保护眼球内部结构和维持眼球形态。纤维膜前方 1/6 为角膜，后 5/6 为巩膜，两者交界处成角膜缘。

① 角膜（cornea）位于眼球前方，为突出于眼球前方的透明膜，占眼球前部约 1/6，边缘与巩膜相连。各种动物角膜厚薄不一，食肉动物的中央较厚，边缘较薄，草食动物恰好相反。角膜内不含血管，由房水和角膜缘的血管供应其营养，其组织结构，由外向内可分为五层（图 20-2）。

角膜上皮（corneal epithelium）又称前上皮（anterior epithelium），为未角化的复层扁平上皮，细胞排列紧密整齐，互相嵌合，并通过桥粒互相连接。扫描电镜下可见表层细胞具有许多大小均一、间距一致、迂曲走行的微皱褶，这种微皱褶对泪液膜的形成具有重要作用。泪液膜可维持角膜光滑和湿润。角膜上皮基底细胞内无色素，有旺盛的分裂能力，上皮约 4～8 天更新一次。

前界膜（anterior limiting lamina）又称鲍曼膜（Bowman's lamina），是一层无细胞的透明

均质膜，主要由胶原原纤维和基质构成，抗感染能力较强，但损伤后不能再生。

角膜基质（corneal limiting）又称固有层，是角膜最厚的一层，约占角膜全厚的90%。角膜固有层是由层数不定的胶原原纤维板层所组成。相邻板层纤维的排列方向互相垂直，板层间有扁平的成纤维细胞。成纤维细胞和纤维均埋藏于无定型基质中，基质因含硫酸软骨素、硫酸角质素等硫酸化的胺基已糖多糖而呈异染性。基质不含血管，营养来源于房水及角膜缘的血管供应。基质中的适量水分对角膜的透明起主要作用，如果水分过多则会使角膜发生混浊。

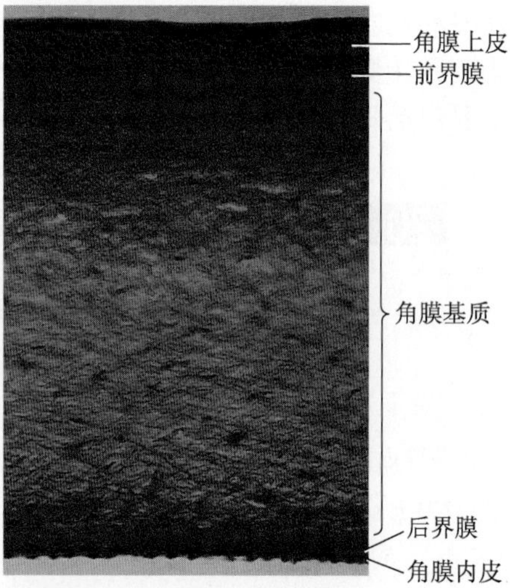

图 20–2 角膜光镜结构图（HE 染色）

后界膜（posterior limiting lamina）又称 Descement 膜，也是一层无细胞的均质膜，由胶原原纤维和基质组成，有一定的弹性。后界膜由角膜内皮分泌形成，损伤后能再生，也可随年龄增长而变厚。后界膜在角膜周围常增厚突向前方，形成圆顶状隆起，呈 Hassal-Henle 体，此为生理性变化。如果整个后界膜都出现这种变化，则属病理现象。

角膜内皮（corneal endothelium）又称后上皮（posterior epithelium），为单层扁平上皮或立方上皮。上皮细胞有合成和分泌蛋白质的结构特征和功能，参与后界膜的形成和维持自我更新的能力。

角膜之所以透明，是由于它没有血管分布，上皮细胞不含色素，纤维排列整齐而有规律，膜内富含透明质酸以及含有适量水分等条件所致。角膜内虽无血管，但神经纤维丰富。它的营养供给，一方面来自前房水，另一方面来自环状静脉丛。感觉神经在固有层内反复分支，其末梢终止于结缔组织及角膜上皮细胞间，因此，角膜的感觉非常敏锐。

② 巩膜（sclera）为纤维膜的后5/6部分，呈乳白色，坚韧而不透明，由致密结缔组织构成，粗大的胶原纤维束交织成网，内含少量成纤维细胞、色素细胞、血管和神经等。巩膜厚而坚韧，既是维持眼球形态结构的支架，同时也具有保护功能。巩膜于眼球后方被视神经纤维穿过处变薄而且多孔，称为筛板。当眼内压增高时，巩膜即在此处后退，引起视神经乳头凹陷。自外向内巩膜可分为3层：

巩膜上层（episclera）由疏松结缔组织和丰富的血管构成，发生炎症时可见充血。

巩膜固有层（sclera lamina propria）较厚，由致密结缔组织构成，大量胶原纤维交织而成，其间有成纤维细胞、少量弹性纤维，基质含水分较少。

棕黑膜（lamina fusca）此层富含黑色素和载黑素细胞，故呈棕黑色，含有少量的胶原纤维和弹性纤维。

角膜缘（limbus cornea）角膜和巩膜的移行缘称为角膜缘或角巩膜缘，角膜缘内血管丰富，外伤时易出血。角膜的营养也是由此处的血管和房水供应。在巩膜与角膜移行处的内侧，巩膜稍向内侧突出，形成一环隆起的脊，称为巩膜距（scleral spur）。巩膜距前方为小梁网所附着，后方为睫状肌的起点。在食肉动物此处非常明显。角膜内侧缘的巩膜静脉窦（scleral venous sinus）和小梁网（trabecular meshwork）是房水循环的重要结构。

（2）血管膜（vascular tunic） 位于纤维膜的内侧，是眼球壁的中间层，由疏松结缔组织、丰富的血管和色素细胞构成，故又称色素膜（uvea），司营养功能。血管膜自前向后分为虹膜、睫状体和脉络膜。

① 虹膜（iris） 是血管膜最前部的一环状薄膜，由睫状体前缘伸出，环绕形成圆孔，称为瞳孔（pupil）。瞳孔能够透过光线，调节进入眼球的光线量，猪的瞳孔为圆形，其他家畜的为椭圆形，马瞳孔的游离缘上有颗粒状突出物，称为虹膜粒（granulairidis）。虹膜与角膜之间的腔隙为眼前房，虹膜与玻璃体之间的腔隙称眼后房，前房和后房内均有房水，通过瞳孔相通。虹膜由前缘层、巩膜基质层、平滑肌层和色素上皮四层构成。

前缘层（anterior border layer）由成纤维细胞、色素细胞和少量胶原原纤维组成，与角膜内皮相连。

虹膜基质（iris stroma）此层较厚，由富含血管和色素细胞的疏松结缔组织构成。虹膜呈黑、蓝或褐色，其颜色主要由此层色素细胞的决定。

平滑肌层由含有血管、色素细胞和平滑肌的疏松结缔组织构成。平滑肌分瞳孔括约肌和瞳孔开大肌。前者为薄层环形平滑肌，绕于瞳孔边缘，受副交感神经支配，司瞳孔缩小；后者是由瞳孔边缘向内缘呈螺旋状排列的平滑肌纤维，受交感神经支配，司瞳孔开大。

色素上皮层盖在虹膜的内表面，也称视网膜虹膜部（pars iridica retinae），延续于视网膜睫状体部。为单层立方色素上皮，胞质内富含黑素颗粒。在虹膜基部，此层由两层色素细胞组成，表层为立方形色素上皮，深层特化为肌上皮细胞。

虹膜角（iris angle），是指眼前房的周缘，角膜、巩膜和虹膜三者相连的夹角，是房水循环的重要结构。

② 睫状体（ciliary body）是虹膜后外方增厚的环状结构，前面与虹膜根部相连，后面延续为脉络膜。睫状体上有 60 ~ 70 个睫状突，其上有胶原纤维形成的睫状小带与晶状体相连。睫状体的结构自外向内可分为睫状肌、睫状基质和睫状体上皮三层。

睫状肌（ciliary muscle）为平滑肌，起始于巩膜距。纤维走行方向有三种，外侧为纵行肌，紧贴巩膜，中间呈放射状走行，内侧为环行，均受副交感神经支配。马、猪、猫、犬的环行肌较发达。

睫状基质（ciliary matrix）又称血管层，为富含血管的疏松结缔组织。前部较厚，构成睫状突的中轴成分，后部较薄，与脉络膜血管层相延续。

睫状体上皮（ciliary epithelium）由两层上皮细胞组成，均为立方上皮。深层上皮细胞内有粗大的色素颗粒；表层细胞靠近玻璃体，没有色素颗粒，具有分泌房水、形成玻璃体和睫状小带的功能。

③ 脉络膜（choroid）为血管膜的后 2/3 部分，夹于巩膜与视网膜之间，为富含血管和色素细胞的疏松结缔组织所组成。脉络膜的最内层为玻璃膜，是由纤细的胶原纤维、弹性纤维和基质组成的薄层无定形的透明膜。脉络膜的毛细血管为有孔的毛细血管，供应视网膜外 1/3 营养。

照膜（tapetum lucidum）又称明毯，位于视神经乳头的上方，为具有金属光泽的半月状区。根据明毯的结构可区分为纤维性照膜和细胞性照膜两种：马和反刍动物为纤维性照膜，由胶原纤维束组成，纤维束之间有成纤维细胞及色素细胞；食肉动物为细胞性照膜，由 10 ~ 15 层扁平的多角形细胞构成，猫的照膜细胞还含有规则排列的针状晶体，而猪缺乏照膜。照膜的作用是将外来的光线反射于视网膜内，以加强其刺激，有助于眼在暗光下借其反射的光线，明视物体。

（3）视网膜（retina） 是眼球壁的最内层，柔软而透明，分为视部和盲部。视部衬于脉络膜内面，薄而柔软，有感光作用。盲部衬于睫状体和虹膜内面，没有感光作用的外层为色素细胞，内层无神经元。视网膜的视部生活时略成淡红色，死后浑浊，变为灰白色，易脱落。视部和盲部在锯齿缘相移行。一般所说的视网膜就是指视部而言。

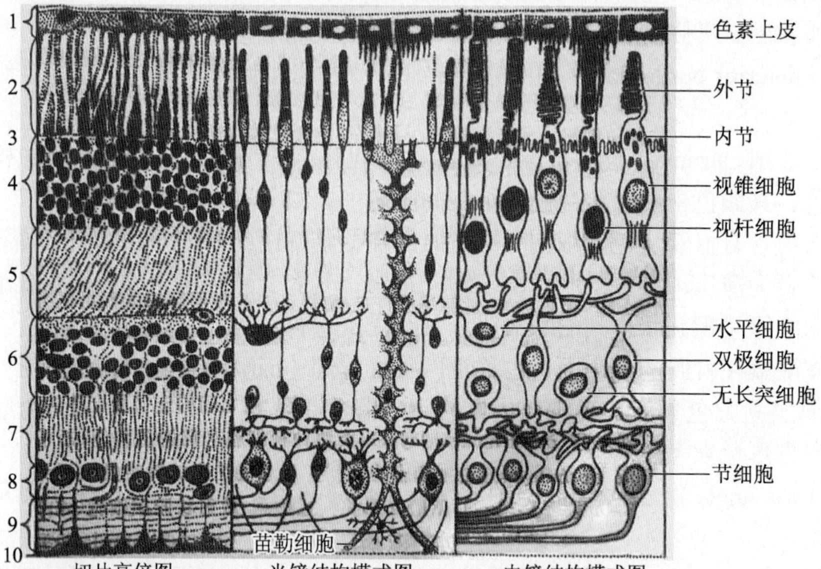

图 20-3 视网膜结构模式图

视网膜属高度特化的神经组织。在 HE 染色切片上可分为十层，而这十层结构，是由四种细胞形成，即色素上皮细胞、视细胞、双极细胞和节细胞（图 20-3）。

① 色素上皮细胞（pigment epithelial cell）位于视网膜的最外层，由一层矮柱状细胞构成。细胞核靠近细胞基部；胞质含有大量黑色素颗粒、溶酶体、吞饮小泡和板层样小体等；细胞膜在基部形成许多内褶，褶间含有大量的线粒体；细胞顶部除有较多滑面内质网外，并有许多舌状突起，伸向视细胞的外节之间。色素颗粒进入突起内，以保护视细胞的感光部分不被强光所破坏。此层细胞排列紧密，细胞之间有连接复合体，构成血液与视网膜之间的屏障。色素上皮细胞除具有保护和营养视细胞功能外，还参与视杆细胞外节膜盘的更新。衰老的膜盘被上皮细胞吞噬到胞质内，形成含有膜盘碎片的板层样小体。膜盘上的感光物质被溶酶体消化后，仍可重新作为形成感光物质的原料，并残留有脂褐素。

② 视细胞（visual cell）又称感光细胞（photoreceptor cell），是视网膜的感光神经元，分视杆细胞和视锥细胞两种，均属于双极神经元。它们的结构可分为树突、轴突和胞体三部分。树突由较细的外节和稍膨大的内节组成：外节为感光部分，电镜下可见许多平行排列的膜盘（membranous disc），它是由外节的一侧细胞膜内陷折叠而成；内节中含许多线粒体、粗面内质网、核糖体和高尔基复合体，是合成感光物质和供能的部分。内、外节之间有细茎相连。两种感光细胞各有其结构和功能特点。

视杆细胞（rod cell）胞体椭圆形，内有深染的球形核，核外绕以少量胞质。由胞体向外伸出的突起，相当于树突，呈杆状，称为视杆。视杆又分为内节和外节，内、外节之间有连接纤毛（图 20-4）。外节的膜盘除基部少数仍和细胞膜相连外，其他多数膜盘均与细胞膜分离，形成独立的膜盘（500～600 个），它的更新是由基部不断产生，而在顶端不断被色素上皮所吞噬。膜盘上镶嵌有感光物质，称视紫红质（rhodopsin），能感受暗光和弱光。猫、犬和猫头鹰等动物，此种细胞占多数。视紫红质是由 11- 顺视黄醛和视蛋白（opsin）构成，前者是维生素 A 的衍生物，当维生素 A 缺乏时，视紫红质合成不足，会患夜盲症。

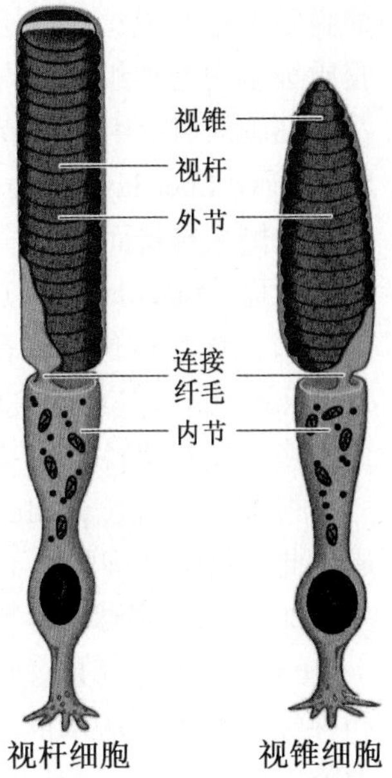

图 20-4　感光细胞模式图

视锥细胞（cone cell）多分布于黄斑处，而向周围逐渐减少。其树突为锥体形，称为视锥。内、外节之间亦有连接纤毛（图 20-4）。外节上的膜盘大部分不与细胞膜分离，亦不脱落，只是其上面的感光物质不断更新。膜盘上的感光物质称视色素，能感受强光和颜色。大多数的哺乳动物和人具有感受红、绿和蓝光的三种视锥细胞，分别感受不同颜色，如缺少感受红光的视锥细胞，则不能分辨红色，称红色盲等。

③ 双极细胞（bipolar cell）是视觉的第二级神经元，属于联合神经元，分为两类：一类的树突只与一个视细胞相连，另一类的树突可与多个视细胞形成突触。与双极细胞同居一层内的还有两种横向联系的神经元：

水平细胞（horizontal cell）胞体靠近视细胞层，向外发出数条短而成簇的树突和一条细长的轴突。水平细胞可与多个视细胞和双极细胞形成三联体突触复合体，相邻的水平细胞之间形成突触。

无长突细胞（amacrine cell）胞体为锥体形，较大，靠近节细胞层，向内发出一个或多个突起，与双极细胞的轴突、节细胞的树突及胞体均可形成突触。

以上两种细胞在视觉调节中起抑制作用。

④ 节细胞（ganglion cell）是视觉的第三级神经元，位于视网膜最内层，是较大的多极神经元。节细胞胞体大，核大着色浅，其轴突很长，在视网膜的视神经乳头部集中形成视神经。节细胞有两种类型：一种大的节细胞，其树突可与多个双极细胞形成突触；另一种较小的节细胞，存在黄斑处，与视锥细胞形成一对一的联系，构成精确的视觉传导。

放射状胶质细胞（radial neuroglial cell）又称米勒细胞（Müller's cell），是视网膜内的一种神经胶质细胞，其胞核位于双极细胞层，胞体向内、外伸延分别形成内、外界膜，沿途向侧面发出许多放射状突起，形成网架，填充在各种神经元之间。有支持、营养、保护和绝缘作用。

视网膜的四种细胞和神经胶质细胞在视网膜内有规则地成层排列，光镜观察切片标本，视网膜由外向内可分为十层结构：色素上皮层（pigment epithelium layer）为一层矮柱状细胞，胞质内含大量黑色素颗粒；视杆视锥层（layer of rods and cones）由感光细胞的内、外节形成。内节排列较密，染色较深，外节排列较稀，淡染；外界膜（outer limiting membrane）由放射状胶质细胞的外侧游离缘及其与视细胞之间的连接组成；外核层（outer nuclear layer）由两种视细胞的胞体构成；外网层（outer plexiform layer）由视细胞的轴突与双极细胞的树突以及水平细胞的突起组成；内核层（inner nuclear layer）由双极细胞、水平细胞、无长突细胞及放射状胶质细胞的胞体组成；内网层（inner plexiform layer）由双极细胞的轴突、无长突细胞的突起及节细胞的树突组成；节细胞层（layer of ganglion cells）主要由节细胞的胞体组成；神经纤维层（nerve fiber layer）由节细胞的轴突组成；内界膜（inner limiting membrane）由放射状胶质细胞内侧缘连接而成。

黄斑（macula lutea）在人的眼球后壁正对瞳孔的视网膜上，有一直径约 3 ～ 4mm 的淡黄色区域，称为黄斑。家畜的视网膜没有黄斑，但有一个类似的区域，叫视网膜中央区（area centralis retina）。其特点是视锥细胞增多，视杆细胞甚少或完全缺乏，内网层加厚，节细胞数目增多，没有神经纤维层和大血管。此区为视觉最精确敏锐的部位。

视神经乳头（papilla of optic nerve）又称视盘（optic disk），由视网膜的神经纤维集聚而成。此处没有视细胞，不能感光，故称盲点。

20.1.1.2　**眼球内容物**

（1）晶状体（lens） 是有弹性的双凸透明体，借睫状小带连于睫状体。晶状体内无血管和神经，营养靠房水供应。晶状体的弹性随年龄的衰老而减弱，透明度降低而浑浊，造成白内障。

（2）玻璃体（vitreous body） 是位于晶状体和视网膜之间的无色透明胶状体，其中含水 99%，少量透明质酸、玻璃蛋白和胶原纤维。玻璃体可折光和支持视网膜。如发生浑浊即影响视力，玻璃体流失后不能再生，由房水填充。

（3）房水（aqueous humor）和眼房（comeraoculi） 眼房位于角膜和晶状体之间的腔隙，被虹膜分为前房和后房。房水为含蛋白质的无色透明液体，由睫状体的血管渗透和上皮分泌，可营养角膜和晶状体，并维持眼内压。房水由眼后房经瞳孔进入前房，从虹膜角流入巩膜静脉窦回到血液。当房水产生过多或回流受阻，可引起眼内压升高，视力减退，称为青光眼。

眼的视觉传导通路是：光线→角膜→房水→瞳孔→晶状体→玻璃体→视网膜的视细胞双极细胞→节细胞→视神经→视觉中枢，产生视觉。

20.1.2　眼的附属器官

眼的附属器官包括眼睑、泪器和眼球肌等，对眼球有保护、运动和支持作用。

20.1.2.1　**眼睑**（eyelid） 是眼前方的皮肤褶，眼的保护器官，包括上眼睑和下眼睑。眼睑外面为皮肤，内面为黏膜，又称睑结膜，中间为眼轮匝肌。睑结膜富含血管，正常为粉色，其上皮为复层扁平或复层柱状，有时为变移上皮，并含有杯状细胞。睑结膜的表皮和固有层之间，是致密结缔组织构成的睑板（tarsus），睑板内有大而分页明显的睑板腺（tarsal gland），是复管泡状腺。睑板腺分泌睑脂，以润泽眼睑。

在内眼角处有半月形的结膜褶称为第三眼睑，又称瞬膜。瞬膜内有色素和软骨，在犬和反刍动物中为透明软骨，在马、猫和猪中为弹性软骨。在眼球腹侧和后内侧的筋膜内有哈德腺（Harder’s gland），又称瞬膜腺。哈德腺是一个外分泌腺，有导管开口于瞬膜与巩膜间形成的穹窿内角，其分泌物有湿润和清洗角膜的作用，呈淡红色或褐红色，表面有分叶状结构，为复管泡状腺，腺体表面的结缔组织被膜伸入实质，分割成大小不同的腺小叶，切面呈圆形或多边形，腺泡汇集成三级和次级收集管，然后通入单一的主导管，主导管延伸于腺体全长。腺泡和导管的上皮均为柱状上皮。腺泡和各级导管（排泄管）周围富含淋巴细胞，形成弥散淋巴组织。

20.1.2.2 **泪腺**（lacrimal gland） 位于眼球背外侧，一般为复管泡状腺，猫为浆液性腺体，猪为黏液性腺体，马、反刍动物和犬为混合性腺体。腺细胞核圆形，位于细胞中央，腺体有较长的闰管与排泄管相连，闰管和排泄管的上皮分别为单层立方和柱状上皮。泪腺的作用是起湿润眼球的结膜和角膜的作用，其分泌物含多种盐类、蛋白质和溶菌酶，后者有杀菌作用。

20.1.2.3 **眼球肌**（musculi bulbi） 眼球肌属于横纹肌，是支配眼球活动的中轴肌，对眼球有保护、运动和支持作用，一端附着在视神经周围的骨上，另一端附着在眼球巩膜上，全部由眶骨膜所被包，能使眼球随意转动。

20.2 耳

耳（ear）是听觉和平衡觉器官，由外耳、中耳和内耳三部分组成（图 20-5）。外耳收集和传递声波，中耳将声波传入内耳，内耳是位置觉和听觉感受器。

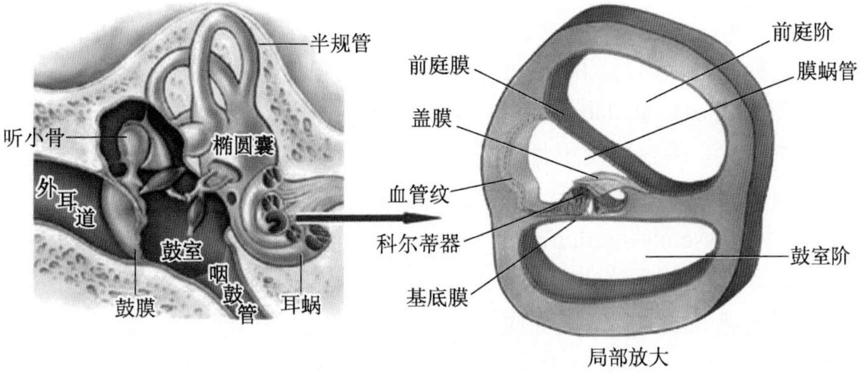

图 20-5 耳的结构模式图

20.2.1 外耳

外耳（external ear）包括耳郭、外耳道和鼓膜。耳郭收集声波，外耳道传导声波到鼓膜。

20.2.1.1 **耳郭**（auricle） 耳郭主要以不规则的弹性软骨为支架，表面覆盖着软骨膜和皮肤，皮肤与软骨膜粘连甚紧密，其间少有脂肪组织。

20.2.1.2 **外耳道**（external auditory canal） 外耳道是从耳郭基部到鼓膜的管道，表面有薄层皮肤，有毛、皮脂腺和耵聍腺。耵聍腺是一种大汗腺，与皮脂腺共同开口于毛囊，腺细胞的分泌物与皮脂及脱落的上皮细胞共同构成耵聍（耳蜡），以保护外耳道和鼓膜外部。外耳道由两部分组成，外侧部为软骨性外耳道，由软骨作为支架；内侧部为骨性外耳道，以骨作为支架。

20.2.1.3 **鼓膜**（tympanic membrane） 鼓膜位于外耳道和中耳之间，为圆形或卵圆形的薄膜。外表面为复层扁平上皮，与外耳道的表皮相延续；中间为薄层结缔组织，主要由胶原纤维束组成；内表面为单层扁平上皮，与鼓室黏膜相连续。

20.2.2 中耳

中耳（middle ear）包括鼓室、听骨和咽鼓管，将声波传到内耳。

20.2.2.1 **鼓室**（tympanic cavity） 鼓室是位于颞骨岩部的一个不规则腔室，腔内充满空气，鼓室的骨壁在马、牛和猪中为松质骨，在山羊、绵羊和犬中则为密质骨。鼓室黏膜由上皮和固有层组成，外侧壁和内侧壁为单层扁平上皮，后壁为单层立方或单层纤毛柱状上皮，前壁和下壁为单层纤毛柱状上皮。固有层为致密结缔组织，内含血管、淋巴和神经纤维。

20.2.2.2 **听骨**（auditory ossicle） 听骨是横贯鼓室的三块听小骨，由锤骨、砧骨和镫骨构成，彼此连接成听骨链。听小骨为密质骨，由哈弗氏系统组成，外包骨膜，锤骨头和砧骨体内有骨髓腔，表面覆有单层扁平上皮。

20.2.2.3 **咽鼓管**（auditory tube） 又称听管，是连接鼓室和鼻咽部的管道，开口于鼓室前部，与鼻咽相通。近鼓室部黏膜上皮为单层纤维柱状上皮，有杯状细胞，近咽部黏膜上皮假复层柱状纤毛上皮。

20.2.3 内耳

内耳（internal ear）是位置觉和听觉感受器，位于头颞骨岩部，为一些弯曲的管状系统，由于结构复杂，又称迷路。内耳的结构可分为骨迷路和膜迷路两部分。

20.2.3.1 **骨迷路**（osseous labyrinth） 实系颞骨内不规则的腔隙和隧道，腔面覆以骨膜，表面衬以单层扁平上皮。膜迷路位于骨迷路内，两者之间有间隙，其中充满外淋巴。外淋巴间隙借耳蜗导水管与蛛网膜下腔相通连。骨迷路分为骨半规管、前庭和耳蜗（蜗牛）。

（1）骨半规管（osseous semicircular canal） 可分为外半规管、前半规管和后半规管三个，相互垂直，位于前庭的后方并开口于此。骨半规管内悬有膜迷路，其间连以薄层胶原纤维。半规管与前庭相连处形成膨大的壶腹。

（2）前庭（vestibule） 为骨迷路中间部的扩大部分。后方通于半规管，外侧壁借前庭窗（卵圆窗）与鼓室相接，前部有椭圆形小孔与耳蜗管的前庭阶相通。

（3）耳蜗（cochlea） 耳蜗由中央的蜗轴和绕轴旋转的螺旋管（即骨耳蜗管）组成（图20-5，图20-6）。蜗轴为松质骨，螺旋管由蜗底绕蜗轴至轴顶。蜗底位于内耳道的底部，耳蜗神经及血管均由蜗底出入蜗轴，螺旋管外侧壁骨膜局部增厚，称为螺旋韧带，其与骨螺旋板之间，连以由结缔组织形成的膜，称为膜螺旋板或称基底膜。从骨螺旋板上部内侧面的骨膜增厚并伸向螺旋韧带上部的结缔组织薄膜称前庭膜。因此，通过蜗轴的垂直切面上有三个腔：上为前庭阶，与前庭相通；中间为三角形的耳蜗管；下为鼓室阶（鼓阶），借正圆窗与鼓室相隔。前庭阶与鼓室阶表面均被以单层扁平上皮，内腔充以外淋巴。

20.2.3.2 **膜迷路**（membranous labyrinth） 为位置觉感受器和听觉感受器，是一系列的膜性管和囊，悬于骨迷路内。骨半规管内有膜半规管；前庭内有球囊和椭圆囊，二者借“Y”字形小管相连；耳蜗内有膜蜗管。

膜半规管、球囊和椭圆囊壁的结构基本相同，都是由上皮和固有层构成。上皮为单层扁平上皮，固有层为纤维性结缔组织。膜半规管只有一侧借增厚的固有层结缔组织附着在骨半规管的壁上，其他部位则借结缔组织性小梁连于骨膜上。每个膜半规管在壶腹处的一侧黏膜增厚，突向腔内形成嵴状隆起，称壶腹嵴，其上皮转化为位觉感受器。在球囊前壁和椭圆囊的侧壁，各有圆斑状黏膜增厚区，也为位觉感受器，分别称为球囊斑和椭圆囊斑。

（1）壶腹嵴（crista ampullaris） 是膜壶腹内局部黏膜增厚，呈嵴样突起，表面被以高柱状上皮，内含支持细胞和毛细胞。

① 支持细胞呈高柱状，基部较宽位于基膜上，游离面有微绒毛，顶部胞质内有分泌颗粒，能分泌糖蛋白，形成胶质的壶腹帽盖于嵴的表面。

② 毛细胞（hair cell）为感觉细胞，夹于支持细胞之间，基部不达基膜。毛细胞分为Ⅰ型毛细胞和Ⅱ型毛细胞。Ⅰ型毛细胞多位于嵴的顶部，呈圆底烧瓶状，细胞核下方有许多清亮小泡。前庭神经传入纤维的终支，大部分呈杯状膨大与Ⅰ型毛细胞基底部形成突触。Ⅱ型毛细胞多位于嵴的周边部，呈圆柱形，胞质内有更多的清亮小泡。前庭神经传入纤维终支的另一小部分呈扣状膨大与Ⅱ型毛细胞基部形成突触。当头旋转或偏斜时，内淋巴流动，使毛细胞受刺激，产生神经冲动，因此，壶腹嵴是接受旋转运动的感受器。

（2）椭圆囊斑（macula utriculi）和球囊斑（macula sacculi） 为位觉感受器，其形态比壶腹嵴平坦，结构则与其相似。上皮也是由支持细胞及两种类型的毛细胞构成，只是毛细胞顶端的静纤毛少而短。在椭圆囊斑的表面有耳石膜（otolithic membrane），在平坦的耳石膜表面，附着许多小的碳酸钙结晶，称为耳石（otoliths）。前庭神经传入纤维的终末分支与毛细胞形成突触。两个囊斑感受机体直线变速运动和直线加速运动开始和终止时的位置，以及头部静止时的位置。由于两个斑互相垂直分布，耳石的比重大于内淋巴，所以无论头处在何位置，耳石膜都可受地心引力的作用而刺激毛细胞上的静纤毛向动纤毛侧弯曲，发生神经冲动频率的变化，经前庭神经传入纤维传脑。

（3）耳蜗管与螺旋器

① 耳蜗管（cochlear duct）在横切面上呈三角形，由上、下和外侧三个壁组成。（图 20-6）上壁为前庭膜（vestibular membrane），膜的两面都衬以单层扁平上皮，中间为薄层结缔组织。外侧壁为螺旋韧带（spiral ligament），是由耳蜗管外侧壁的骨膜增厚而成。表面为复层柱状上皮，上皮内含有自固有层伸入的小血管，故称此上皮为血管纹（striavascularis），一般认为它可分泌内淋巴，是体内少有的具有血管的上皮组织。下壁是由内侧的骨螺旋板和外侧的膜螺旋板组成。膜螺旋板的鼓室阶面衬有单层扁平上皮，而耳蜗管面的上皮经特殊分化成为螺旋器。下壁中间层内含有胶原样细丝束，称为听弦（auditory string）。

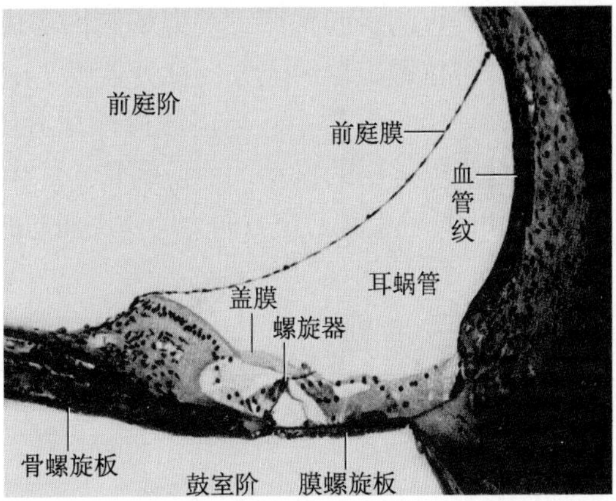

图 20-6 耳蜗、耳蜗管与螺旋器（HE 染色）

② 螺旋器（spiral organ）也称科蒂器（organ of Corti），是听觉感受器，位于耳蜗管的基底膜上，其上皮由支持细胞和毛细胞组成（图 20-7）。

支持细胞形态多样，种类繁多，可归纳为如下五种：

柱细胞（pillar cell）在螺旋器的中央，排成两行，内侧为内柱细胞，外侧为外柱细胞。内、外柱细胞的底部较宽，位于基底膜上；中间部较细，互相分离而形成一个三角形的内隧道，两个柱细胞的顶部形成方形头板，互相镶嵌。这类细胞质内富含张力细丝，主要起支持作用。

指细胞（phalangeal cell）分为内指细胞和外指细胞两类。内指细胞为一列，位于内柱细胞的内侧。外指细胞为3～5列，位于外柱细胞的外侧。细胞为高柱状，底部位于基底膜上，顶部伸出细长的指状突起。所有指细胞的指状突起在顶部互相连接成一个网状膜。指细胞具有支持毛细胞的作用。

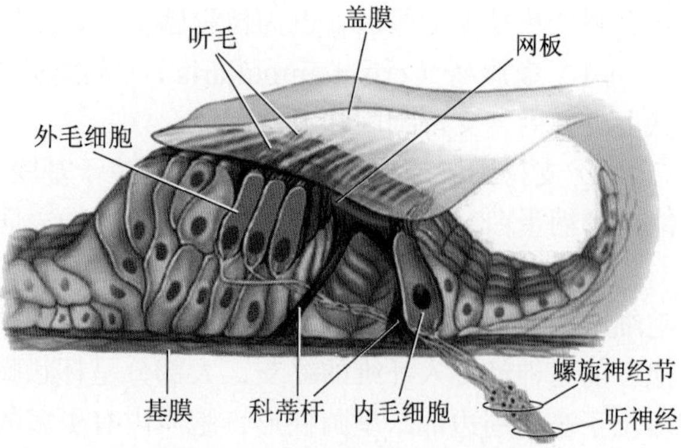

图 20–7　耳蜗管结构模式图

边缘细胞（border cell）也是柱状，只位于内毛细胞的内侧，延续为内螺旋沟的上皮。猪和食肉动物只有一列，马和反刍动物则有数列。

汉森细胞（Hensen's cell）高柱状细胞，位于外指细胞的外侧，排列数列，细胞基部较宽，胞核位于此部。细胞的高度向外逐渐变低。

克劳迪乌斯细胞（Claudius cell）呈立方形，胞质透明，位于基底膜上。居螺旋器外侧的最外缘。毛细胞是感觉细胞，分内毛细胞和外毛细胞两组。内毛细胞为一列，胞体为烧瓶形，位于内指细胞的胞体上，毛细胞的游离面有数十根静纤毛。外毛细胞为三列（犬有四列），胞体呈柱状，位于外指细胞的胞体上，游离面也有静纤毛分布。毛细胞的顶端从指细胞突起形成的网孔中穿出。蜗轴内的螺旋神经节中的双极神经元的周围突穿过内隧道，其终末分支与毛细胞的基底部形成突触，也有传出神经纤维的终支与毛细胞形成突触。

骨螺旋板的骨膜增厚，突向蜗管内形成螺旋缘（spiral limbus）。螺旋缘表面的细胞分泌胶质膜，覆盖在螺旋器的上方，称为盖膜（tectorial membrane）（图 20–7）。毛细胞的毛与盖膜相接触，并埋植于胶质中。当声波自外耳道传至鼓膜时，引起鼓膜振动，经听小骨传至前庭窗，引起前庭阶外淋巴的振动，而使蜗管中的内淋巴振动，从而振动了基底膜，而使埋植于盖膜内的毛细胞的纤毛受到一定方向力的作用而弯曲，刺激毛细胞产生兴奋并转变为神经冲动传入中枢。

复习思考题

1. 试述感觉器官的组成。
2. 试述眼球壁的组织结构。
3. 试述内耳的组织结构。
4. 名词解释：晶状体　房水　鼓膜　耳蜗

拓展阅读

阿尔瓦·古尔斯特兰德

第 21 章　禽类组织学的结构特点

Structural Characteristics of Avian Histology

- 血液
- 免疫系统
- 内分泌系统
- 消化管
- 消化腺
- 呼吸系统
- 泌尿系统
- 雌性生殖系统
- 雄性生殖系统
- 被皮系统

Outline

The microscopic structures of avian tissues are basically similar to that of mammals. This chapter shows the main structural features of poultry.

The erythrocytes of birds are elliptic with oval nuclei. The structural characteristics of avian leukocytes are heterophilic granulocytes, which are equivalent to mammalian neutrophils. Avian thrombocytes are equivalent to mammalian platelets and have a complete cellular structure.

The lymphocytes in the thymus cortex of birds are closely arranged and the germinal center is not obvious. Lymphocytes in the medulla are few, and the distribution is relatively rare. The nuclei of epithelial reticular cells are clearly visible and lightly stained. Thymus corpuscles are small and diffuse.

Bursa of Fabricius is a unique central immune organ of poultry. The bursa of young birds are developed, and the volume of the bursa is the largest when sexually mature. It gradually shrinks and degenerates later. The structure of bursa of Fabricius is similar to that of the digestive tract, with a 4-layer of mucosa, submucosa, muscularis and tunica adventitia. The mucous membrane formed large longitudinal plica to the lumen, and the mucous epithelium was pseudostratified columnar epithelium or monolayer columnar epithelium. Lamina propria is thick, with many densely arranged bursal nodules. Each nodule is composed of the peripheral cortex and the central medulla. The medulla is composed of epithelial reticular cells, large and medium-sized lymphocytes, and macrophages.

The spleen of poultry is small and the tissue structure is characterized by an indistinct boundary between the red and white pulp. The spleen has no blood storage effect due to its small size.

Avian lymph nodes are found only in waterfowls, and the larger ones include cervical and thoracic lymph nodes and lumbar lymph nodes. Its structure is characterized by no hilum, no cortex and no medulla.

The cervical segment of the poultry esophagus is long, and there are esophageal glands in the wall of the esophagus. The esophagus of chicken and pigeon forms enlarged ingluvies on the ventral side before entering the thorax. Ducks and geese do not form ingluvies, but form a spindle-shaped bulge in the rear of the esophagus neck. The ingluvies is similar in structure to the esophagus.

The bird's glandular stomach is fusiform, with a thick wall and four layers of structure. There are many round nipples on the mucosal surface, and the epithelium is single columnar epithelium, which can secrete mucus. The lamina propria contains many tubular glands and more immune tissues. There is a developed glandular stomach gland in the submucosa, which is equivalent to the fundus gland of mammals.

The muscular stomach also has four layers. The surface of mucous membrane is covered with a thick and rough keratin-like membrane. It is formed by the combination of secretions from myogastric glands, epithelial secretions and exfoliated epithelial cells in the acidic environment to protect the mucosa. The epithelium is simple, columnar and depressions form many infundibular crypts. There are many parallel branching tubular glands in the lamina propria, namely the myogastric glands.

The large intestine of birds has a pair of cecum, no colon, and the end of the rectum expands into a cloaca. Both small intestine and large intestine have intestinal villi, but there is no central chylous duct in the villi. There is no duodenal gland in the submucosa of the duodenum. The entire intestinal wall is rich in diffuse lymphoid tissue or lymph nodules.

Poultry liver has three characteristics: the connective tissue between the lobules is not well developed, so the boundary between the lobules is unclear, with the central vein as the center, liver cells are arranged into hepatocyte tubes, arranged in a radial pattern, there are lymphoid tissues in the liver lobules, and the pigeon liver has no gallbladder.

The various bronchi in the lungs of the bird communicate with the air sac. The pulmonary parenchyma is composed of bronchi, pulmonary chambers and pulmonary capillaries. After entering the lung, the bronchus forms a primary bronchus that runs through the entire lung. The diameter of the bronchus gradually narrows, and the end of the bronchus passes through the abdominal airbag. Secondary bronchus of varying thickness are issued along the way. The tertiary bronchi spread throughout the lung, forming loops with each other and communicating with the secondary and primary bronchi. Therefore, the lungs of birds don't form bronchial trees.

The kidney of birds is located between the sacrum and ilium, with anterior, middle and posterior segments. The cortex and medulla are unclearly demarcated, and there is no calyces, renal pelvis and hilum. There is lymphoid tissue in the renal parenchyma.

The testis of birds is located in the abdominal cavity throughout life, without mediastinum or septum, and no lobular structure. The convoluted tubules are slender and curved, branching, and anastomose into a net, so the shape of the cross section is very irregular. The tissue structure is similar to that of mammals.

The female reproductive organs in birds have ovaries and oviducts, only the left side develops normally, and the right side degrades in the embryo period. There are several large follicles and many small follicles on the surface of the ovary during the spawning period. The ovaries retract after spawning stops. Structural characteristics of poultry ovary: there is no follicular cavity or follicular fluid in the follicles, the follicle wall quickly degenerates after ovulation, and no corpus luteum is formed.

Poultry oviduct is long and curved, thickening during the laying period, and shortening and thinning during the rest period. The oviduct is divided into five sections according to structure and function: funnel, dilatation, isthmus, uterus and vagina. The mucosal surface of each segment has plica, the mucosal epithelium has cilia, and most of the lamina propria has glands and lymph tissues.

The spinal cord of birds extends to the cauda bone in the spinal canal, without forming the "cauda equina" . The dorsal part of the lumbar enlargement splits to form a rhomboid sinus with glial cell clusters, also known as glycogen. In the cervical and lumbar enlargements, some neurons in the ventral gray column migrate to the peripheral white matter and form the limbic nucleus.

The brainstem of the bird includes the developed medulla oblongata and midbrain without obvious pons. The dorsolateral part of the midbrain has a well-developed optic lobe that corresponds to the mammalian anterior colliculus. There is a lateral midbrain nucleus behind the optic lobes, which is equivalent to the caudal colliculus of mammals. The diencephalon is shorter and has no mamillary body. Cerebellum is well developed, among them vermis is particularly developed, flanking is fluff ball. The main structure of the brain is the basal ganglia, and the striatum is developed, which is an important motor integration center. The cerebral cortex is thin and smooth without sulci and gyri.

The comb is a special skin fold with a thin, dermal layer rich in capillary plexus. The capillaries of sexually mature roosters and laying hens are highly congested and the crowns are bright red and thick. The deep dermal connective tissue is rich in fibers and mucinous material fills the gaps, keeping the crown upright.

Preen gland is the only skin gland of poultry, located under the skin of the dorsal part of the cauda heald bone. It is small in chicken and developed in waterfowl. There is a connective tissue capsule on the surface and it penetrates inward to divide the parenchyma into left and right lobes. In the center of each lobe, there is a large glandular cavity, which is full of secretions, containing fat, lecithin, advanced alcohol and glycogen, etc. Coated on the feathers through the beak, which can moisten the feather and avoid flooding. It is very important for waterfowl.

21.1 血液

禽类的血细胞包括红细胞、白细胞和血栓细胞（图 21-1），与哺乳动物的血细胞比较，具有以下结构特点：

（1）红细胞　禽类的红细胞比哺乳动物的体积大，呈椭圆形，平均长径为 12.5 μm，横径约 7 μm。细胞核椭圆形，染色质呈颗粒状。细胞质中含有大量的血红蛋白、线粒体和高尔基复合体。禽类红细胞的寿命为 30 ~ 40 天。

（2）异嗜性粒细胞（heterophilic granulocyte）　禽类的白细胞比红细胞略小，通常为圆形，白细胞的分类与哺乳动物的相同。禽类的中性粒细胞形态比较特殊，称为异嗜性粒细胞。其他的白细胞与哺乳动物的相似。禽类的异嗜性粒细胞相当于哺乳动物的中性粒细胞，呈球形，直径 8 ~ 10 μm，胞质中含有杆状或纺锤形颗粒，鸭为圆形颗粒，染成暗红色，故又称为假嗜酸性粒细胞。血液中异嗜性粒细胞的数量少于淋巴细胞，在白细胞中位居第二。

（3）血栓细胞（凝血细胞）（thrombocyte）　呈椭圆形，长径 8 ~ 10 μm，横径 5 ~ 6 μm，细胞核圆形或椭圆形，位于细胞中央，细胞质嗜碱性，染成淡蓝色，在细胞质的一侧有少量的

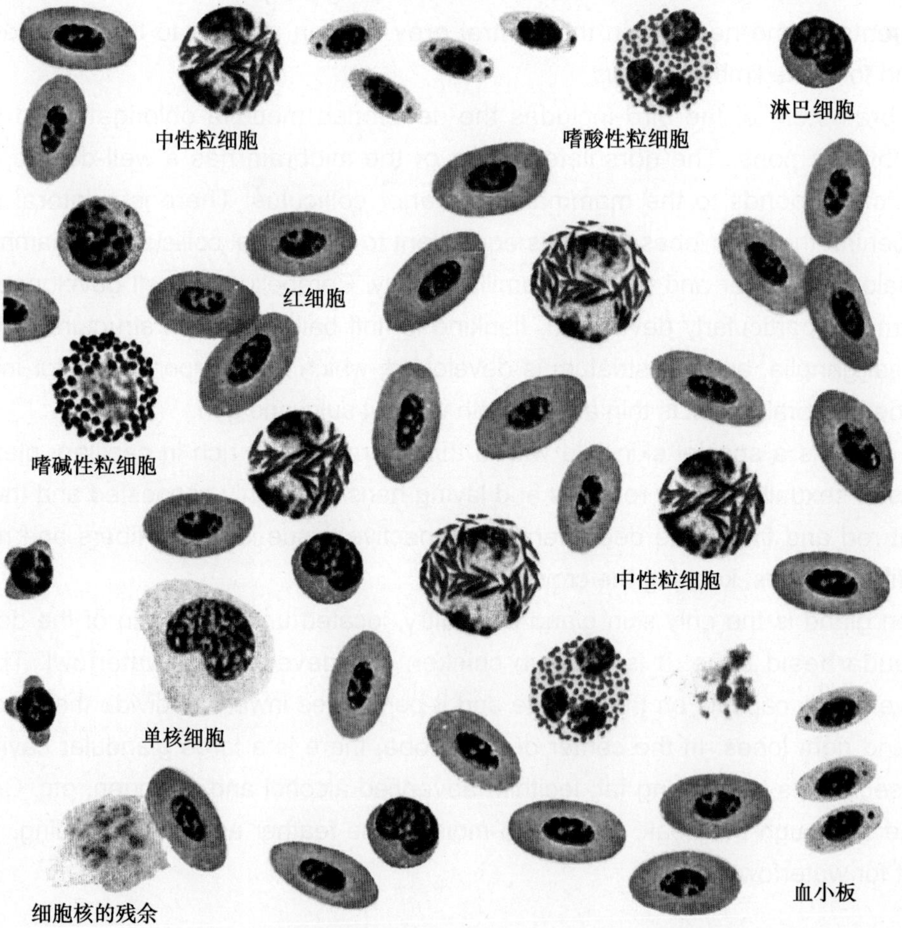

图 21-1　鸡血液涂片模式图

嗜天青颗粒。在血涂片中，血栓细胞常成群聚集在一起。电镜下，细胞表面不光滑，胞质内有大量粗面内质网、高尔基复合体和少量颗粒。血栓细胞的功能类似于哺乳动物的血小板，参与止血和凝血。

21.2 免疫系统

21.2.1 胸腺

家禽的胸腺呈黄色或灰红色，分叶，分布于整个颈部的两侧，紧靠颈静脉和迷走神经。家禽的胸腺在性成熟前体积最大，而后逐渐减小，在一年左右的成鸡中，仅留有残迹。

每叶胸腺外表面均覆有一层结缔组织被膜，被膜伸入腺内，将实质分隔为许多不完全的小叶，每一小叶又分为着色较深的皮质和着色较浅的髓质。皮质主要由排列紧密的小淋巴细胞和少量中淋巴细胞组成。髓质的淋巴细胞较少，分布也较稀疏。胸腺髓质区不易见到典型的胸腺小体，此外，在髓质区还可见有粒白细胞、浆细胞等。禽类胸腺的功能和家畜类似，可产生 T 细胞，T 细胞进而转移至脾、盲肠扁桃体等淋巴组织和淋巴器官中定殖、分化，并参与细胞免疫应答。

21.2.2 腔上囊

腔上囊（cloacal bursa）又叫法氏囊（bursa of Fabricius），为鸟类特有的淋巴器官（图 21-2）。鸡的呈球形，鸭的长椭圆形。位于泄殖腔背侧，与肛道相通。幼龄至性成熟阶段逐渐增大，以后逐渐萎缩、退化至消失。鸡十月龄时腔上囊消失，鸭一年时消失，而鹅则需更长时间才消失。

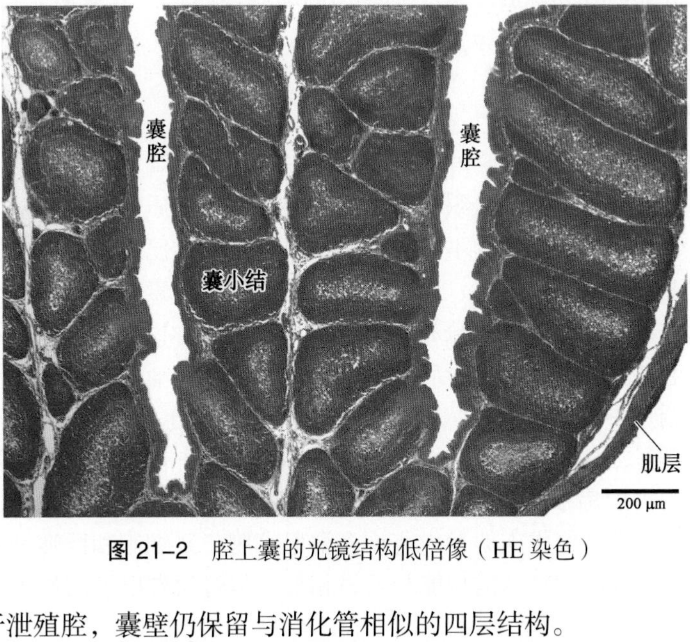

图 21-2 腔上囊的光镜结构低倍像（HE 染色）

腔上囊起源于泄殖腔，囊壁仍保留与消化管相似的四层结构。

（1）黏膜（mucosa） 为最内层，具有富含淋巴小结的纵行皱襞，该皱襞由黏膜层和黏膜下层共同凸向腔面构成。不同禽类皱襞数量不同，如鸡发育良好时有 12 ~ 14 条皱襞，鸭只有 2 条。有时，在大的纵行皱襞之间，有许多小皱襞。该层又分上皮和固有层。

①上皮大部分为假复层柱状纤毛上皮，有的部分为单层柱状上皮和单层立方上皮。柱状上皮的表面有微绒毛。

②固有层为腔上囊各层中最厚的一层，疏松结缔组织中含有大量腔上囊小结（淋巴上皮小结）。一个皱襞中有时可多达 40 ~ 50 个，由于排列紧密，在切片上呈多边形。其结构与普通淋巴小结不同，由皮质、中间层和髓质构成。

皮质 HE 染色较深，由密集的中、小淋巴细胞、巨噬细胞和上皮网状细胞支架构成。淋巴细胞在网眼内不断分裂分化，大部分具有 B 细胞的膜抗体，是较成熟的 B 淋巴细胞。皮质有少量毛细血管，这种毛细血管是淋巴细胞由髓质迁出的重要通道。

中间层位于皮质和髓质交界处，细胞呈立方形或柱状，是一层未分化的上皮网状细胞，胞质嗜酸性，细胞排列整齐，具有完整的基膜。基膜靠近皮质，不完整地包绕髓质。该层和腔上囊的黏膜上皮及基膜相连续，HE 染色不易见到。

髓质 HE 染色较浅，由大、中淋巴细胞、巨噬细胞和上皮网状细胞支架构成。淋巴细胞排列疏松，正在分裂分化，部分淋巴细胞具有 B 细胞的膜抗体，属较幼稚的淋巴细胞。

（2）黏膜下层（submucosa） 由疏松结缔组织构成，与固有膜无明显界线，参与构成黏膜皱襞中的小梁成分。

（3）肌层（muscular layer） 一般由内环、外纵两层平滑肌构成。

（4）外膜（tunica adventitia） 为浆膜。

腔上囊是鸟类培育和产生各种特异性 B 淋巴细胞的器官。干细胞在胚胎时期通过血液循环进入腔上囊髓质部，分裂分化，形成各种 B 淋巴细胞，迁移至皮质的毛细血管处并进入毛细血管，随血液循环到全身的淋巴组织和淋巴器官的非胸腺依赖区，遇有抗原刺激即参加体液免疫应答。如果在胚胎时期切除腔上囊，则孵出的幼雏体内缺少 B 细胞，影响体液免疫应答，当感染疾病时，常因抗病力低下而导致死亡。

21.2.3 淋巴结

淋巴结仅见于水禽，水禽的颈胸淋巴结和腰淋巴结较大。鸡没有淋巴结。

水禽淋巴结的表面有薄层结缔组织被膜，结缔组织伸入实质形成不明显的小梁。水禽淋巴结无门部结构，血管和神经从被膜的不同部位进出淋巴结。淋巴结也无皮、髓质之分，其实质由淋巴小结、弥散淋巴组织、中央窦、周围淋巴窦和淋巴组织索等结构组成。淋巴小结主要分布于中央窦周围。弥散淋巴组织主要分布于淋巴小结周围，由网状细胞、T 细胞和巨噬细胞等构成，内有丰富的毛细血管及毛细血管后微静脉，此区相当于哺乳类的副皮质区。中央窦形状不规则，位于淋巴结近中央区，有输入和输出淋巴管与其相连，并有分支与周围淋巴窦相通。周围淋巴窦有被膜下窦、索间淋巴窦和小结周边淋巴窦，其中被膜下窦较为发达。中央窦和周围淋巴窦的窦壁均有一层扁平的内皮细胞分布，窦腔内流动淋巴液。淋巴组织索由网状细胞、成纤维细胞和结缔组织纤维构成支架，内有许多淋巴细胞、浆细胞和巨噬细胞等，该结构相当于家畜淋巴结的髓索。家禽淋巴结的功能与家畜相似，但过滤淋巴液的作用不强。

21.2.4 脾

家禽的脾呈棕红色或紫红色，球形或扁卵圆形。家禽脾的组织结构基本与家畜类似。被膜结缔组织和平滑肌纤维伸入脾内形成不发达的小梁。脾的实质也分为白髓和红髓，但红髓与白髓的分界不如家畜明显，无明显的边缘区。白髓由动脉周围淋巴鞘和淋巴小结构成的，与家畜相比，动脉周围淋巴鞘的分布范围广更广，淋巴小结的数目相对较少。红髓疏松，血窦发达。家禽脾的功能与家畜基本相同，但无储血和调血作用。

21.3 内分泌系统

21.3.1 垂体

家禽的垂体由腺垂体和神经垂体组成。腺垂体的体积较大，由远侧部（前叶）和结节部组成。神经垂体较小，由漏斗柄和神经叶组成。结节部与漏斗柄共同形成垂体柄与间脑连接。家禽的垂体无中间部和垂体腔。远侧部位于神经垂体腹侧，分为头区和尾区，含有嗜色细胞和嫌色细胞，细胞排列成团块状或滤泡状，滤泡腔内含有胶状物质。结节部发达，主要由嫌色细胞构成。家禽的垂体功能和家畜类似，能分泌多种激素，对家禽的生长、发育、生殖和代谢有重要的调节作用。

21.3.2 甲状腺

家禽有一对甲状腺，呈圆形成椭圆形，暗红色而有光泽，分别位于左右颈总动脉和骨下动脉汇合处的前方。腺实质亦由大小不等的滤泡构成，滤泡腔内含有胶质，滤泡间结缔组织较少，不形成分叶。在滤泡上皮和滤泡间未见滤泡旁细胞。肉鸡甲状腺实质内常有胸腺组织穿入，该特点体现了禽类内分泌系统和免疫系统之间功能联系的组织学结构基础。家禽甲状腺的功能主要是调节机体生长发育和新陈代谢，此外，还与产蛋、换羽等家禽活动密切相关。摘除甲状腺可导致幼禽生长缓慢，母鸡产蛋量降低，生殖腺萎缩，换羽停止或延缓。

21.3.3 肾上腺

肾上腺位于肾的前方，表面有结缔组织被膜，实质由肾间组织和嗜铬组织混合排列构成。肾间组织相当于哺乳动物的皮质，但无分带结构。腺细胞呈索状排列，细胞索纵切面由两列细胞组成，横切面由 6 ~ 9 个细胞呈放射状排列构成。被膜下的细胞索粗大，腺细胞呈高柱状，胞质嗜酸性，内含颗粒和脂滴。深部的细胞体积较小，形态不规则，细胞索互相连成网，或团块状排列。嗜铬组织相当于哺乳动物肾上腺的髓质，分布于肾间组织的细胞索之间。腺细胞有嗜铬性，呈多角形，聚集成团，胞质嗜碱性，胞核呈圆形，位于细胞中央。肾上腺是维持家禽生命活动不可缺少的内分泌器官，分泌多种激素。肾间组织分泌的激素具有调节电解质平衡、促进糖和蛋白质代谢等作用，嗜铬组织分泌肾上腺素和去甲肾上腺素。此外，肾上腺还会影响性腺、胸腺和腔上囊的活动。

21.4 消化管

21.4.1 食管和嗉囊

家禽的食管分为颈段和胸段。颈段长，管径易扩张。鸡、鸽等的食管在进入胸腔前形成一囊状膨大的憩室，称嗉囊（ingluvies）。鸭、鹅无真正的嗉囊，只在食管的相应部位有纺锤形膨大。

食管和嗉囊的组织学结构相似，分为黏膜、黏膜下层、肌层和外膜 4 层（图 21–3）。食管黏膜固有层内有较大的黏液腺，即食管腺。食管后段黏膜内有滤泡状淋巴组织，称食管扁桃体。

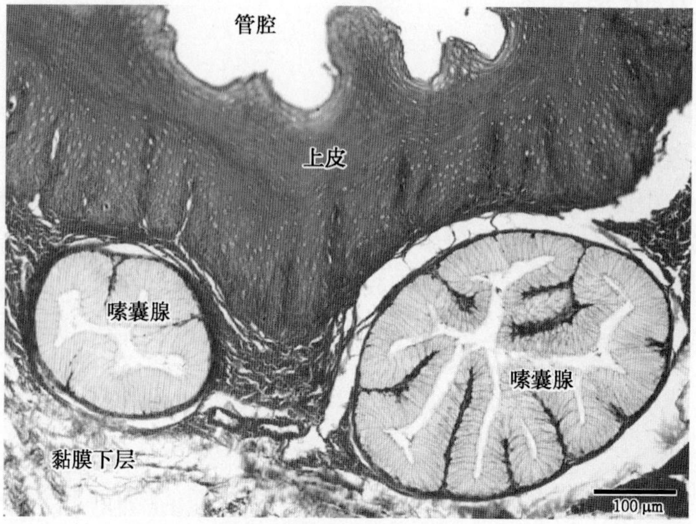

图 21–3　嗉囊的光镜结构中倍像（HE 染色）

禽类嗉囊可暂时储存食物，食物在嗉囊中停留 3 ~ 4 h，最长可达 16 ~ 18 h。鸽的嗉囊是两个对称的囊状结构，黏膜内有混合腺，腺体分泌物中含有淀粉酶、转化酶和蛋白酶，对食物具有一定的消化功能。在家鸽抱窝期和育雏早期，雌鸽和雄鸽嗉囊的黏膜上皮均迅速增生，浅层细胞聚集大量脂肪后脱落到嗉囊腔中，与嗉囊分泌物共同形成所谓“鸽乳”，家鸽通过逆呕“鸽乳”哺育幼鸽。

21.4.2　腺胃

腺胃（glandular stomach）亦称前胃，纺锤形（图 21–4，图 21–5）。其壁分为 4 层。

21.4.2.1　**黏膜**　在黏膜表面有许多圆形乳头。乳头的中央有深层复管腺的开口，孔的周围有呈同心圆排列的皱襞和沟，乳头之间的皱襞和沟不规则。鸡的腺胃乳头较大，有 30 ~ 40 个，鸭、鹅的体积较小，数量较多。

（1）*上皮*　为单层柱状上皮，分泌黏液。胞质弱嗜碱性。上皮与固有层共同形成黏膜皱襞。

（2）*固有层*　内含大量腺体和较多的淋巴组织。腺体分浅层单管腺和深层复管腺。浅层单管腺较短，由黏膜上皮向固有层下陷形成，管壁衬以单层立方或柱状上皮。腺管开口于黏膜皱襞之间的凹陷处。该腺可分泌黏液。深层复管腺体积大，位于黏膜肌的两层之间。腺体呈圆形或椭圆形，中央为集合窦，窦的周围有呈辐射状排列的腺小管。腺小管由单层腺细胞构成，腺细胞的形状与其功能状态有关，当细胞内贮存大量分泌颗粒时呈立方形，而颗粒排空时则变为柱状。胞质嗜酸性，胞核呈圆形或卵圆形，位于细胞基部。腺细胞的分泌物进入腺小管腔，然后汇入集合窦，经导管排至黏膜乳头表面。深层复管腺相当于家畜的胃底腺，腺细胞兼有分

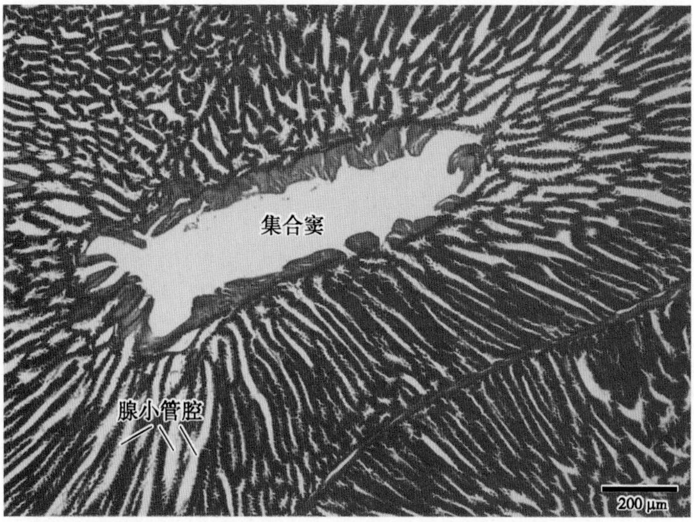

图 21-4 腺胃的光镜结构中倍像（HE 染色）

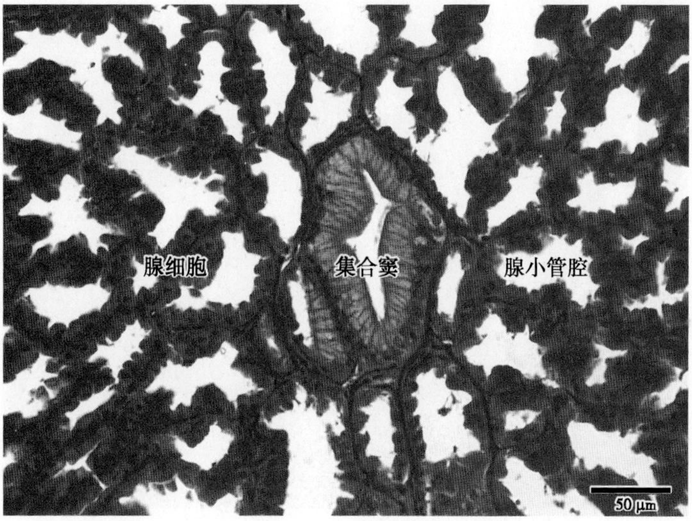

图 21-5 腺胃的光镜结构高倍像（HE 染色）

泌胃蛋白酶和盐酸的功能。

（3）黏膜肌层 有深、浅两层纵行平滑肌。浅层黏膜肌较薄，分布于浅层单管腺的下方；深层黏膜肌较厚，位于深层复管腺的下方。

21.4.2.2 **其他各层结构特点** 黏膜下层不显著，局部阙如。肌层为 2 层平滑肌，内环肌较厚，外纵肌较薄。外膜为浆膜。

21.4.3 肌胃

肌胃（muscular stomach）内含砂砾，故又称砂囊（gizzard）（图 21-6，图 21-7）。其胃壁分 4 层。

21.4.3.1 **黏膜** 由上皮和固有层构成，无黏膜肌。在黏膜的表面覆盖一层厚而多皱襞的

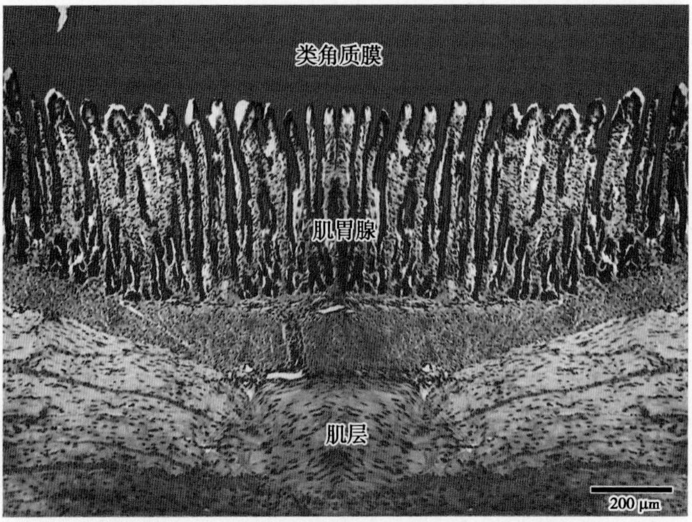

图 21-6　肌胃的光镜结构低倍像（HE 染色）

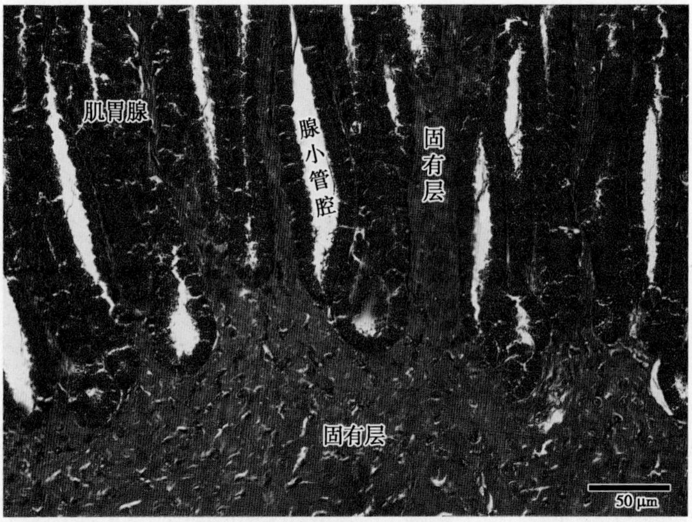

图 21-7　肌胃腺的光镜结构高倍像（HE 染色）

类角质膜（keratinoid layer），又称鸡内金。它是由肌胃腺的分泌物、黏膜上皮的分泌物和脱落的上皮共同在酸性环境下黏合硬化而成，具有保护黏膜的作用，并可抵抗蛋白酶、稀酸和弱碱的作用。

（1）上皮　为单层柱状上皮。由上皮下陷形成许多漏斗状的隐窝，隐窝底为肌胃腺的开口处。

（2）固有层　由结缔组织构成，内有许多呈单管状的肌胃腺。鸡的肌胃腺由 10 ~ 30 个组成一簇，共同开口于隐窝。肌胃腺由单层上皮构成，位于腺上部的细胞呈矮柱状，腺中部的呈立方形，近腺底部的呈立方形或矮柱状。胞核均呈球形，位于细胞基部；胞质嗜酸性，内含许多细小颗粒。腺腔狭小，充满腺细胞分泌的液态物质，经隐窝流出，遍布于黏膜上皮表面，位于已形成的类角质膜的下方。来自腺胃的盐酸可透过类角质膜进入黏膜表面，使液态物质的

pH 值降低而硬化，形成新的类角质膜，以补充表面被磨损的部分。腺体底部的细胞有增殖能力，并不断向表面移行以补充脱落的黏膜上。

肌胃类角质膜的形成过程：由肌胃腺体部和颈部细胞的分泌物形成丝状结构，覆盖于黏膜上皮，并相互聚集成束；相邻腺体的丝状束在隐窝处集结成大束，突出于黏膜表面，形成类角质膜垂直杆。其末端突出于类角质膜的表面，成为齿状突。由隐窝上皮和黏膜上皮的分泌物及脱落的黏膜上皮细胞黏合成水平基质，位于垂直杆之间。由于水平基质的生成具有周期性，因而呈现水平纹带。相邻的垂直杆构成三维空间，水平基质嵌入其中，经酸化共同形成类角质膜。类角质膜虽然坚硬，但不具角蛋白的特性，经 X 射线和组化研究表明，实际上是一种黏多糖 - 蛋白质复合物。

21.4.3.2　**黏膜下层**　很薄，为致密结缔组织，内含较多的胶原纤维和弹性纤维。少数肌胃腺的底部可延伸到黏膜下层。

21.4.3.3　**肌层**　平滑肌很发达，深红色。主要为环行肌，有少量斜行肌，无纵行肌。肌层由两块很厚的侧肌和两块较薄的中间肌构成。连接四肌的腱组织，在肌胃两侧形成中央腱膜，称腱镜。在腱镜的中央部分无肌层，此处黏膜下层直接与腱组织相连。

21.4.3.4　**外膜**　为浆膜，内含神经丛。肌胃通过发达的肌层、胃内的砂砾及粗糙而坚硬的类角质膜，对食物进行机械性的消化。

21.4.4　肠

家禽的肠也分为小肠和大肠。小肠由前向后分为十二指肠、空肠和回肠，大肠包括一对盲肠和一条短而直的直肠，无结肠。肠管末端膨大形成泄殖腔。

小肠和大肠的结构相似，管壁均由黏膜、黏膜下层、肌层和外膜 4 层结构构成。黏膜形成绒毛结构，十二指肠的绒毛最长且有分支，空肠和回肠的绒毛逐渐变宽变短，分支也随之减少。黏膜上皮为单层柱状上皮，由柱状细胞、内分泌细胞和杯状细胞组成。肠腺为单管状腺或分支管状腺，短而直，细胞成分同黏膜上皮。黏膜上皮和肠腺内杯状细胞的数量由前向后无明显增多。与家畜相比，家禽肠的绒毛内无中央无乳糜管，黏膜上皮吸收的甘油一酯和脂肪酸等物质被重新合成为乳糜微粒，经毛细血管吸收。家禽十二指肠的黏膜下层内无十二指肠腺。整个肠的固有层和黏膜下层内富含弥散淋巴组织，局部形成淋巴小结或淋巴集结，盲肠基部形成盲肠扁桃体。黏膜下层很薄，局部缺如。肌层和外膜结构与家畜类似。

21.4.5　泄殖腔

泄殖腔（cloaca）是禽类消化、泌尿和生殖三个系统末端的共同信道。内有前后两个不完全的永久性环行皱襞，将其分隔成粪道、泄殖道和肛道。粪道（coprodeum）接直肠，贮存粪便；泄殖道（urodeum）居中，内有输尿管和输精管（或输卵管）的开口；肛道（proctodeum）靠后，以泄殖孔通外界，其顶壁有腔上囊的开口。

泄殖腔的组织结构与大肠相似。黏膜上皮为单层柱状上皮，内有较多的杯状细胞，在泄殖孔的背唇和腹唇的内侧突然转为复层扁平上皮。黏膜表面也有绒毛。黏膜肌在泄殖孔附近消失。在肛道的黏膜内有黏液腺。固有层和黏膜下层内含有大量淋巴组织。肌层由内环、外纵平滑肌构成，至泄殖孔转为骨骼肌。外膜为纤维膜。

21.5 消化腺

21.5.1 肝

家禽肝的体积相对较大，左右分叶，左叶略小于右叶，每叶各有一个肝门，肝动脉、门静脉和肝管由此进出。左叶的肝管直接开口于十二指肠，右叶的脏面有胆囊，肝管先通过胆囊，再开口于十二指肠。

家禽肝的表面覆有浆膜，与深层的结缔组织共同构成肝被膜，结缔组织在肝门处显著增厚，并伸向肝内形成小叶间结缔组织，将肝实质分成许多肝小叶（图 21-8）。由于小叶间结缔组织很不发达，故其边界不明显，鸡尤不明显，鹅较明显。根据门管区和中央静脉的位置，可大致判断肝小叶的位置。肝内淋巴组织较丰富，在小叶间结缔组织和肝小叶内常见弥散淋巴组织或淋巴小结。肝小叶内，以中央静脉为中心，由一层肝细胞排列成的肝细胞管呈辐射状排列，且相互吻合。肝细胞管的中央形成的小管即胆小管，其管壁由肝细胞游离面的细胞膜构成。相邻肝细胞管之间的间隙为肝血窦，呈交错辐射状排列于中央静脉周围，窦壁由内皮构成。窦周隙位于肝细胞管与内皮之间。

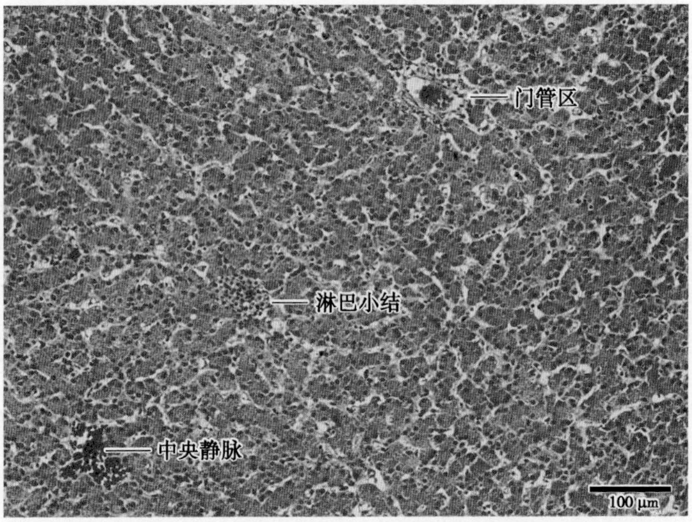

图 21-8　禽肝的光镜结构中倍像（HE 染色）

21.5.2 胰腺

家禽的胰腺表面覆有浆膜，与深层的结缔组织共同构成胰腺被膜，结缔组织深入实质，将胰腺分成许多分界不清的小叶。胰腺实质由内分泌部（胰岛）和外分部组成。外分泌部结构与家畜相近，占据胰腺大部分，主要由腺细胞构成，染色较深，分泌胰液，参与消化吸收。内分部即胰岛，散在于胰腺外分泌部之间。胰岛主要由 A、B 和 D 细胞构成，但由于细胞种类的不均匀分布，家禽胰岛可分成亮、暗两种类型。亮胰岛体积较小，染色浅，主要由多边形的 B 细胞和少量的 D 细胞构成，分泌胰岛素。暗胰岛体积稍大，染色较深，主要由柱状的 A 细胞和少量 D 细胞构成，分泌胰高血糖素。

21.6 呼吸系统

21.6.1 气管

家禽的气管与家畜相似，也由黏膜、黏膜下层和外膜构成。黏膜的假复层纤毛柱状上皮上分布有许多黏液性隐窝，是气管腺（单泡状黏液腺）的开口，腺泡位于黏膜下层内，腺细胞呈柱状，胞质内充满黏原颗粒。气管腺的数量随家禽的年龄增长而逐渐增多。外膜主要由透明软骨环和致密结缔组织构成。幼禽的气管软骨呈片状，随其年龄增长逐渐愈合成完整的环状，前后相邻软骨环的边缘相互重叠。气管透明软骨随着家禽年龄增长骨化越来越严重。

21.6.2 肺

禽肺的组织结构特点：禽肺不分叶，紧贴胸腔背侧，肺的背侧面嵌入肋间隙，使肺的扩张受到限制。正常肺呈鲜红色，相对体积小，弹性较差。肺内各级支气管不形成支气管树，而是形成相互通连的迷路状结构，并与气囊相通。禽肺表面有一层浆膜，内含较多弹性纤维。浆膜内的结缔组织伸入肺实质，形成小叶间结缔组织和呼吸毛细管间结缔组织及肺的支架（图 21-9）。

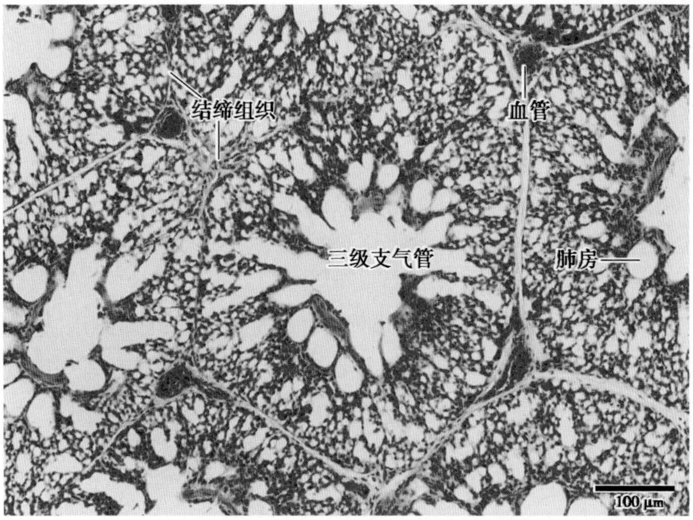

图 21-9 禽肺的光镜结构中倍像（HE 染色）

禽肺的实质也分为导气部和呼吸部，但结构与家畜的不同，不形成支气管树，而是形成相互通连的迷路状结构。肺的实质由各级支气管、肺房及呼吸毛细管组成。支气管入肺后形成纵贯全肺的初级支气管，其管径逐渐变细，末端与腹气囊相通。初级支气管沿途发出 4 组粗细不等的次级支气管，次级支气管除了与颈部和胸部的气囊相通外，还发出许多分支，称三级支气管。三级支气管遍布全肺，相互吻合，与次级支气管相通，少数直接与初级支气管相通，三级支气管与周围呈辐射状排列的肺房相通，管壁被肺房所中断，因而三级支气管的管壁不完整，形似家畜的肺泡管。每一肺房又连着很多个呼吸毛细管。三级支气管与肺房、呼吸毛细管共同组成肺小叶（图 21-10）。肺小叶是肺的结构单位，横断面呈多边形，中央是三级支气管的管腔，管壁不完整，周围有许多肺房开口。因相邻肺小叶的呼吸毛细管互相吻合，致使小叶间结缔组织不完整。

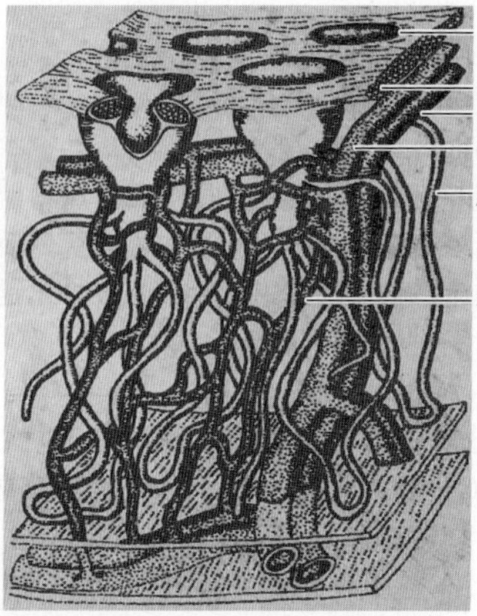

图 21-10　禽肺毛细管和毛细血管模式图

初级支气管（primary bronchus）　由上皮和固有层构成，黏膜形成许多永久性皱襞，表面为假复层纤毛柱状上皮，其中含有杯状细胞和泡状黏液腺，腺体随管径变细而减少，而杯状细胞逐渐增多。固有层含有大量弹性纤维和淋巴组织，有时可见淋巴小结。起始部含有软骨片，向后逐渐消失。

次级支气管（secondary bronchus）　黏膜上皮逐渐移行为单层柱状纤毛上皮，腺体减少至消失，杯状细胞与淋巴组织均减少。平滑肌逐渐增多，呈螺旋状交织排列，至后段形成完整的一层。

三级支气管（tertiary bronchus）　亦称副支气管（parabronchus），相当于家畜的肺泡管。上皮为单层立方或单层扁平上皮。固有层内主要是弹性纤维。在肺房开口处有短肌束环绕。有人统计，鸡肺中有 300～500 条三级支气管，鸭的更多。

各级支气管及肺房开口处平滑肌的舒缩，能改变其管径的大小，从而改变肺内气流量及流程。

肺房（atrium）直径 100～200 μm，相当于家畜的肺泡囊，上皮为单层扁平上皮，外包弹性纤维网，可使肺房被动扩大和缩小，肺房底部形成 2～3 个漏斗，与呼吸毛细管相通。

呼吸毛细管（respiratory capillary）直径 7～12 μm，相当于家畜的肺泡，是气体交换的场所。呼吸毛细管上皮为单层扁平上皮，上皮外为网状纤维和大量毛细血管，有利于气体交换。

家禽的血－气屏障较薄，厚 0.1～0.2 μm，由呼吸毛细管上皮、毛细血管内皮及共同的基膜构成。组织化学和电镜研究证明，三级支气管、肺房和呼吸毛细管的上皮及其表面分布有嗜锇性板层结构，其功能与家畜的肺表面活性物质相同。

21.6.3 气囊

家禽的气囊是由初级支气管或次级支气管的黏膜向外生长并膨大形成的。气囊壁很薄，内衬单层扁平上皮，仅在开口处移形为纤毛柱状上皮。气囊外覆浆膜，内有少量胶原纤维和弹性纤维。气囊具有储存气体、减小比重、增大发声气流和散发体温等作用。

21.7 泌尿系统

家禽肾的体积较大，位于脊柱和髂骨所形成的凹陷处，呈暗棕色，质软而脆，易于破碎。由前、中、后三部分组成，无明显的肾门，血管、神经和输尿管等不从同一地方进出肾。

21.7.1 肾的组织结构

（1）被膜　肾表面覆有很薄的结缔组织被膜，部分区域还包有浆膜。结缔组织伸入肾实质形成小叶间结缔组织和肾小管间结缔组织，但均不发达，仅可见比较明显的小叶间静脉和分布于肾小管之间的毛细血管。

（2）实质　由许多皮质小叶（cortical lobule）和髓质小叶（medullary lobule）构成（图 21-11）。皮质小叶的中央纵贯有中央静脉，环绕中央静脉分布着许多肾单位，其中大部分肾单位无髓袢。肾小体、近曲小管和远曲小管，即整个肾单位全都盘曲回绕在皮质小叶内，其远曲小管最后分别汇集于集合管，分布于肾小叶周缘，而后集合管再向下延伸通向髓质小叶。另一些肾单位则具有髓袢，其肾小体、近曲小管和远曲小管也分布于皮质小叶，而髓袢的薄壁部则一直延伸至髓质小叶，以后过渡为厚壁部，并折返回皮质小叶与远曲小管相接，由远曲小管再汇集于集合管，通入髓质小叶。髓质小叶主要由髓袢和集合管构成。每一髓质小叶接受数个皮质小叶的髓袢和集合管，集合管在髓质小叶中不断汇合，其管径逐渐变粗，而数量逐渐减少，最后穿

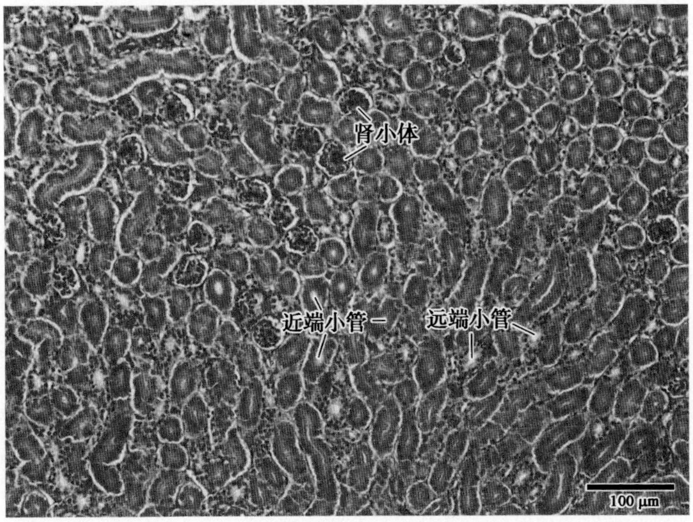

图 21-11　禽肾的光镜结构中倍像（HE 染色）

出髓质小叶，并与其他髓质小叶的集合管汇合形成输尿管。因此，家禽的肾没有肾盂，其输尿管是一个树状分支系统，与家畜相比，显然有很大差异。

家禽的肾小体分布颇有规律，通常是在皮质小叶半径1/2处环绕中央静脉排列成马蹄铁形，其数量较多，体积小，一般只比近曲小管的断面积稍大，但具有髓袢的肾小体体积较大。肾小体也由肾小球和肾小囊构成。肾小球和肾小囊的微细结构与家畜基本相似，只不过家禽的出球微动脉和入球微动脉粗细差不多。近曲小管、髓袢、远曲小管和集合管的组织构造与家畜的相似，只是由于家禽的肾单位在皮质肾小叶的分布常有一定方向性，故在切片标本上，虽然在皮质小叶的各个部分均可见到远曲小管的断面，但多数集中于小叶内中央静脉周围。

21.7.2 肾的功能

肾的主要功能是泌尿，这一点与家畜基本相似。此外，在一定情况下，肾门静脉可以暂时封闭，提供额外的体循环血容量以满足机体的紧急需要。此时，由出球微动脉保证整个皮质小叶的营养，使其不致因此受到损伤。关于家禽肾小球旁细胞和致密斑的作用报道不多，有人认为致密斑能产生肾素。

21.8 雌性生殖系统

家禽的雌性生殖器官包括卵巢和输卵管，且只有左侧的发育正常，右侧于胚胎时期退化，当幼雏出壳时，右侧卵巢和输卵管只留若干遗迹。

21.8.1 卵巢

卵巢位于肾前端的腹侧，由卵巢系膜韧带悬挂于腹腔背壁。性成熟前，卵巢小而扁平，呈黄白色桑葚状。产卵期的卵巢体积很大，表面常见有4～6个体积依次递增的黄色或橙色的大卵泡和许多乳白色的小卵泡，形似葡萄状（图21-12）。产卵停止后卵巢回缩，又恢复到产卵

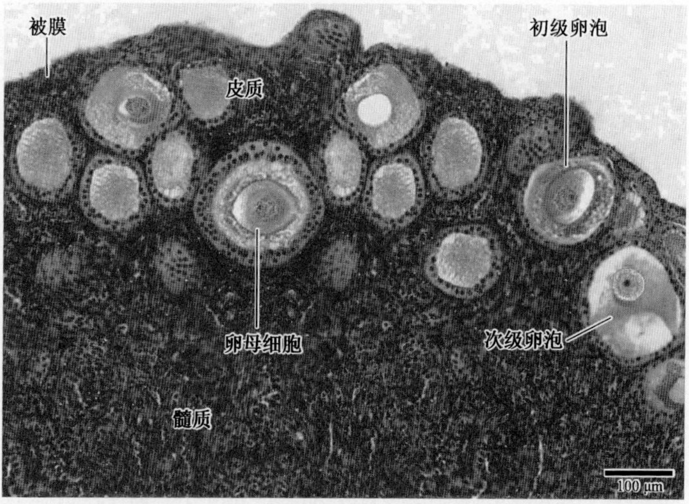

图21-12　禽卵巢的光镜中倍像（HE染色）

前的形状及大小。家禽出壳时卵巢内有上百万个原始卵泡，但仅有少数发育成熟并排卵，其余则在不同时期退化，成为闭锁卵泡。

家禽卵巢与家畜的组织结构基本相似，但有其结构特点：①表面上皮向实质内凹陷形成许多深浅不一的沟，沟的底部有时可见分支。②育成期和产卵期卵巢形成隆起的卵巢小叶，致使卵巢表面凹凸不平。每个卵巢小叶的表层为表面上皮和白膜，周边是皮质，中间为髓质，不同小叶的髓质与卵巢中央的髓质相通连。③晚期次级卵泡和成熟卵泡完全突出于卵巢表面，仅借卵泡柄与其相连。④成熟卵泡内无卵泡腔，无卵泡液、放射冠和卵丘，也无明显的透明带，在卵泡膜中存在有大量毛细血管。⑤排卵后的卵泡壁很快退化，不形成黄体。⑥卵巢皮质的基质内有间质细胞，髓质内有弥散淋巴组织或淋巴小结发育（图 21-13）。

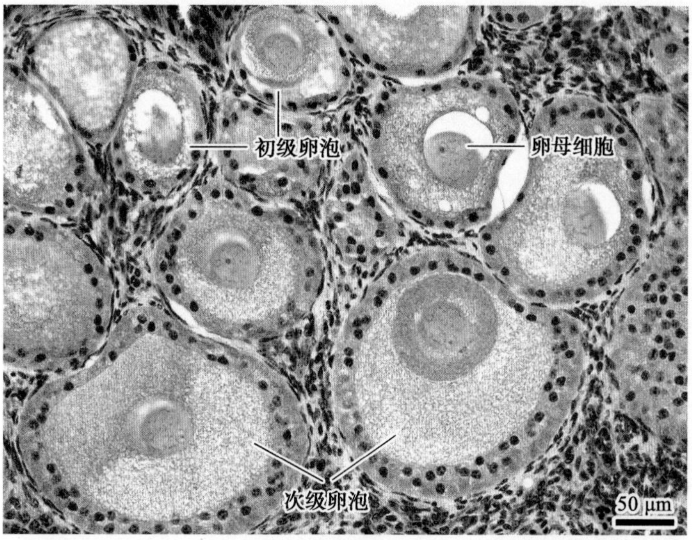

图 21-13　禽卵巢的光镜高倍像（免疫组化）

21.8.2　输卵管

家禽左侧输卵管发育良好，产蛋期长且粗，管壁厚，休产期的较短且细。根据输卵管的结构和功能不同，可将其分为 5 段，从前向后依次为漏斗部、膨大部、峡部、子宫部和阴道部。管壁结构由内向外分为黏膜、肌层和外膜 3 层，黏膜由上皮和固有层构成，缺黏膜肌，上皮表面有纤毛，黏膜表面有皱襞。肌层由平滑肌构成，多为内环外纵两层。外膜为浆膜。

（1）漏斗部（infundibulum）　为输卵管的起始部。前端扩展成漏斗状，称输卵管伞，其游离缘有薄而柔软的皱襞，向后逐渐过渡为狭窄的漏斗管，黏膜表面形成纵行皱襞，可出现次级及三级皱襞。漏斗的中央为输卵管的腹腔口，当卵细胞自卵巢排出时，伞部可将其卷入，并在此受精。不管受精与否，蛋均可形成，漏斗部的黏膜上皮为单层纤毛柱状上皮，由纤毛细胞和分泌细胞组成，漏斗管的固有层内有管状腺，其分泌物参与形成系带。伞部的肌层为平滑肌束，至漏斗管形成内环、外纵两层。

（2）膨大部（magnum）　也称蛋白分泌部，是输卵管最长且弯曲度最大的一段，其特点是管径大，管壁厚，腔面皱襞发达。黏膜上皮为单层纤毛柱状或假复层纤毛柱状上皮，也由纤毛细胞和分泌细胞组成，固有层内分布大量管状腺，其分泌物形成系带和蛋白（图 21-14）。

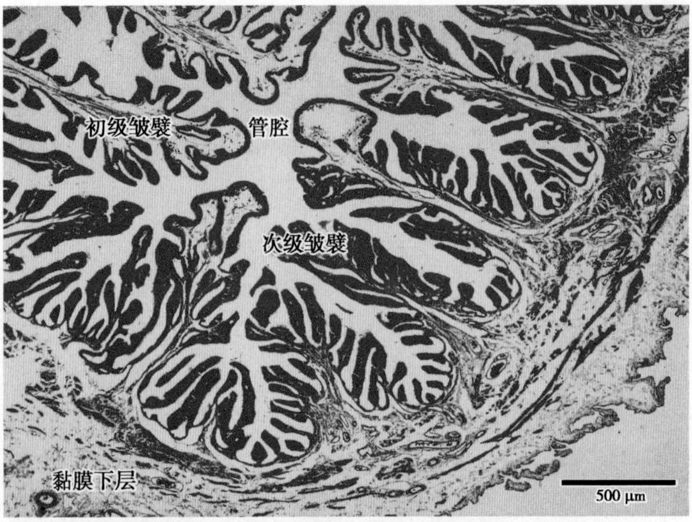

图 21-14　输卵管膨大部低倍像（HE 染色）

（3）峡部（isthmus）　短且细，管壁比较薄，结构与膨大部相似。固有层内分布有丰富的腺体，其分泌物是一种角蛋白，参与形成蛋的内、外壳膜。

（4）子宫部　呈囊状，腔面形成长而弯的叶状皱襞，多呈纵行。黏膜上皮为假复层纤毛柱状上皮，也是由纤毛细胞和分泌细胞组成的。固有层内有短而细的分支管状腺，称壳腺，其分泌物形成蛋壳，因此子宫部又称为壳腺部（shell gland）。子宫部肌层发达。蛋在子宫部停留的时间可长达 18 ~ 20 h（图 21-15）。

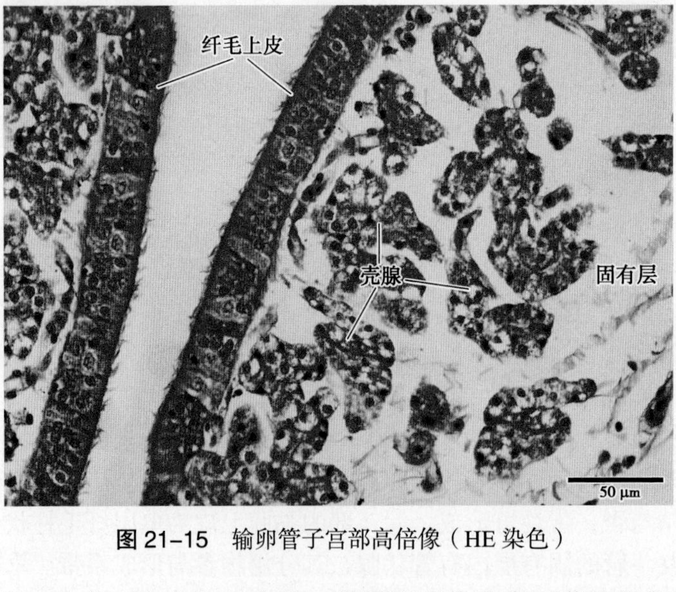

图 21-15　输卵管子宫部高倍像（HE 染色）

（5）阴道部（vagina）　呈“S”状弯曲。黏膜形成许多高而薄的纵行皱襞。固有层内有少量的单管状腺，也称阴道腺，其分泌物为某些糖类和脂类物质。阴道腺的腺腔具有储存精子的作用，其分泌物有营养精子的作用，精子在此能存活 2 ~ 3 周。阴道部的肌层较厚，内环肌尤为发达。

21.9 雄性生殖系统

家禽有一对睾丸，由短的睾丸系膜将其悬在肾前端的腹侧面，紧贴腹气囊，此处温度稍低于腹腔温度，有利于精子的发生。睾丸的形状、大小和颜色因家禽的种类、年龄以及功能状态不同而变化：一般呈长椭圆形，在性成熟前体积甚小，呈淡红色或深黄色；性成熟后，特别在繁殖季节，睾丸体积显著增大，颜色也变为乳白色。左侧睾丸比右侧的稍大。睾丸表面被覆浆膜和薄层白膜，白膜的结缔组织伸入睾丸内部，分布于曲精小管之间，形成不发达的间质。睾丸内无睾丸纵隔和睾丸小隔，因此也无睾丸小叶结构，加之曲精小管的管腔较大，内含较多的液态物质，故家禽睾丸质地脆弱。

家禽的睾丸和家畜的相似，分实质和间质两部分。实质主要由曲精小管组成，曲精小管长而弯曲。性成熟前，曲精小管管径较小，内衬单层上皮。性成熟后，曲精小管的结构与家畜的相似。即每个支持细胞的顶端有许多精子头部插入，侧面有各级生精细胞嵌入，形成一条条垂直于基膜且界线较为明显的细胞柱。曲精小管的末端延续为直精小管，其管壁衬以支持细胞。直精小管在睾丸背侧穿过白膜，与睾丸网相通连。睾丸网的管壁由单层立方或单层扁平上皮构成。家禽的睾丸间质不发达，其中除血管、淋巴管和神经外，主要还有间质细胞。间质细胞呈多边形，具有球形细胞核和嗜酸性细胞质，常含有脂滴。间质细胞常成群存在，能分泌雄激素。在生殖期家禽的睾丸标本上很难找到间质细胞，推测是由于曲精小管在此期已极度扩大，将间质细胞挤散所致。

21.10 被皮系统

家禽体表被覆皮肤，皮肤的行生物主要包括羽毛、喙、冠、肉髯、耳垂、鳞片、爪和尾脂腺等。皮肤和羽的颜色、冠的大小和形状均可作为家禽品种、性别及生产性能的标志。

21.10.1 尾脂腺

尾脂腺（glandulae uropyrous）是家禽唯一的皮肤腺体，呈卵圆形，位于尾综骨背侧皮肤下，被覆结缔组织被膜，被膜的结缔组织伸入腺体内，形成发达的叶间隔，将腺体分为左右两叶。每叶腺体的中央有初级腺腔，其内充满分泌物。在初级腺腔的周围有呈辐射状排列的分支腺小管，每一腺小管的盲端位于近被膜或叶间隔的两侧，其另一端开口于初级腺腔，相邻腺小管之间有结缔组织伸入。腺小管分皮脂区和糖原区，皮脂区在外，位于腺小管的外 2/3，糖原区在内，位于腺小管的内 1/3。皮脂区腺小管的中央有一次级腺腔，内有分泌物，管壁由角化的复层扁平上皮构成。近管腔为几层已角化的扁平细胞；中间为多层多边形细胞，胞质内含许多脂滴；基部为几层稍扁平的细胞，胞质内含致密颗粒，最外侧一层基底层细胞的基底面附于基膜上。皮脂区腺小管的分泌方式与家畜的皮脂腺相似，为含脂性全浆分泌，近腔面的细胞不断脱落、解体，基底层细胞不断增殖分化予以补充。在糖原区腺小管的横切面上，基底层细胞与皮脂区相似；中间层细胞增厚，胞质呈嗜酸性，内含糖原颗粒，构成一厚层的糖原带；近管腔的细胞层数较少（图 21-16）。

家禽皮脂腺腺小管的分泌物经次级腺腔排至初级腺腔，再经 1 ~ 2 条初级导管开口于尾根

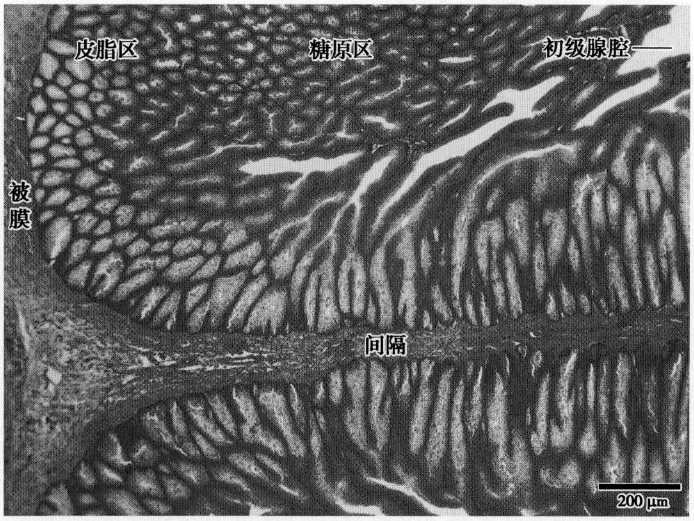

图 21-16　尾脂腺的光镜低倍像（HE 染色）

背侧的尾脂腺乳头。连接腺小管的排泄管为单层扁平或单层立方上皮，至初级导管移行为复层扁平上皮，在管壁周围的结缔组织内有环行平滑肌和感觉神经末梢分布。皮脂腺的分泌物含脂肪、卵磷脂、糖原等成分，家禽以喙将分泌物涂至羽毛，具有润泽羽毛，免其被水浸湿的作用，对水禽尤为重要。

21.10.2　冠

冠（comb）的结构与皮肤相似，表皮较薄，真皮厚。真皮浅层内富含毛细血管丛，性成熟的公鸡和产卵期母鸡因毛细血管极度充血使冠的颜色鲜红且肥厚；真皮深层的结缔组织间隙内有许多富含纤维的黏液性结构，使冠直立。冠的中央层由致密结缔组织构成，内有较大的血管和由颅骨骨膜延伸来的胶原纤维。冠的大小及颜色与性激素关系密切，性激素缺乏者毛细血管萎缩、黏液性结构减少，使冠变软，体积缩小，颜色苍白。

复习思考题

1. 试述家禽腺胃和肌胃的位置关系和组织结构特点。
2. 试述家禽肺和家畜肺的组织结构特点和功能。
3. 比较家禽输卵管各段的位置关系和结构特点、功能。
4. 名词解释：嗉囊　泄殖腔　尾脂腺

拓展阅读

禽类形态学领域的著名科学家

第 22 章　畜禽胚胎学

Animal Embryology

- 概述
- 配子的发生和形态结构
- 受精
- 卵裂
- 囊胚形成与附植
- 原肠胚和胚层形成
- 神经胚形成
- 胚层分化和中轴器官形成
- 家畜主要器官系统的发生
- 哺乳动物的胚胎发育进程
- 胎膜和胎盘
- 胚胎工程简介

Outline

Animal embryology is a science that studies the processes and the regulations of the development of the creature fetus from the moment of its inception up to the time when it is born as an infant. Animal embryological development can be divided into three stages which are pre-embryo, embryo and post-embryo.

The pre-embryo stage is the period before embryo genesis including the structure and genesis of gamete. Sperm is the male gamete, which goes through the reproductive period, development period, maturation period and figuration period. At last it changes into the sperm which has flagellum and can moves in testis. Ovum is the female gamete, which comes through the reproductive period, development period and maturation period and finally becomes to the ovum with abundant nutrition.

Embryo stage is the period form impregnation to parturition or hatching. This stage includes impregnation, cleavage, formation of blastula, gastrulae and neurula and formation of organs. Impregnation is the process of sperm and ovum combining into zygote. Through impregnation, cell comebacks to diploid karyotype, and germ plasm recombines. This process not only maintains the stability and continuity of species but also promotes the evolution of species. Cleavage represents the course of successive mitosis of zygote that forms some blastomeres. Egg cleavage can be classified into complete egg cleavage and incomplete egg cleavage. Along with egg cleavage, embryo becomes blastula gradually. Blastula is an embryo of multiple cells which originate from the many times′ zygote cleavage. Blastula is separated into five kinds in accordance with the presence or absence of blastocele and the blastocele’s location. Fish mostly has two kinds, multilayer blastula and discoblasula. Poultry has discoblastula. Mammalian has blastocyst. Through gastrulation, some cells on the outer surface of blastula make use of all kinds of means such as invagination and ingression in order to get inside and form a gastrulae that has two germlayers: endoderm and ectoderm or a gastrulae that has three germlayers: endoderm, mesoderm and ectoderm. Neurula is an important development stage after gastrulae, beginning with the formation of neural board and stopping with the folding of neural tube. At this stage, primordium appears in each germlayer, but tissue is not differentiated. Primordium differentiates further until into corresponding tissues, organs and systems--a process called organogenesis.

Fetal membrane is an accessorial structure which forms in the progress of embryonic development. It is not composed of embryo directly but provides protection, nutrition, breath and drainage for the embryo. There are four kinds of fetal membrane: yolk sac, amnion, serosa (birds) or chorion (mammals) and allantois. Placenta of mammalians is allantois chorion together with uterine inner membrane, which can ensure the successful exchanges of matters between embryo and matrix. In the light of the different conjoint modes of caul and uterine inside membrane, placenta can be classified into four types: epitheliochorial placenta, syndesmochorial placenta, endotheliochorial placenta and hemochorial placenta.

22.1 概述

胚胎学是研究生物个体发生和发育的科学。畜禽的个体发育，一般分为胚前发育、胚胎发育和胚后发育三个时期。胚前发育是指在受精以前两性配子的发生和成熟过程，胚胎发育是指从受精到分娩或孵出前的胚胎在母体子宫或卵膜内的发育过程，胚后发育则是指动物从出生到性成熟前的发育阶段。学习和研究胚胎发育的客观规律及其所需要的环境条件，有效地利用和控制胚胎发育过程，是我们学习和研究胚胎学的主要目的。本章主要讨论胚前发育和胚胎发育。

胚胎发育是一个连续不断的过程，并伴随着细胞和组织渐进性的结构和机能变化。为了便于研究和阐述这些变化，一般把胚胎发育分为若干阶段，每一个发育阶段，代表着一段具有特征性发育变化的时间，例如囊胚期的主要特征是囊胚腔的出现。这一特定阶段发生在特定时候，并持续一定时间。上一阶段的变化，往往是下一阶段变化的基础，也就是说胚胎发育是一个动态的连续变化过程，各个阶段都有着天然的联系。动物的胚前发育和胚胎发育可以归纳如右：

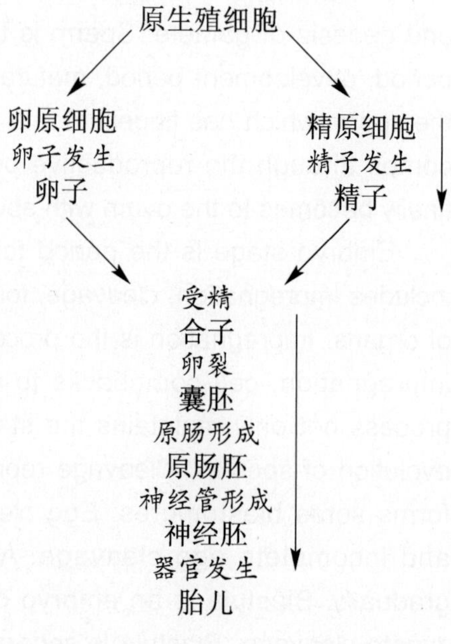

22.2 配子的发生和形态结构

22.2.1 配子的发生

配子（gamete）是性细胞的简称，它们是延续生物世代的桥梁，包括精子和卵子。配子在性腺中形成，但不起源于性腺内部，其祖先原生殖细胞（primordial germ cell，PGC）是在胚胎发育过程中由其他部位的胚体细胞产生而迁移到性腺里来的。配子是动物有机体内特殊分化的一种细胞，是个体发生的基础。

鸟类的原生殖细胞起源于早期胚胎的外胚层细胞，后来迁移到明区前缘处的内胚层（仍为卵黄囊内胚层）中，增殖形成一条月牙状带，称之为生殖新月。

哺乳动物原生殖细胞最早是在原条尾部形成，后来又随原条细胞内卷而到达尿囊附近的卵黄囊背侧，定居于卵黄囊内胚层。

22.2.2 原生殖细胞的形态特征

原生殖细胞具有某些不同于其他胚胎细胞的特征。它呈圆形，体积较大，具有许多伪足状突起；核特别大，呈泡状。胞质往往具有特殊的染色特性。哺乳动物原生殖细胞的胞质内含有大量的碱性磷酸酶；禽类的原生殖细胞为兼性着色，而体细胞则为嗜酸性着色。

22.2.3 减数分裂

尽管生殖干细胞的染色体是双倍体，但最终产生的生殖细胞却是单倍体，染色体数目减少一半，两个单倍体配子融合便恢复了体细胞染色体数目。在生殖细胞发生过程中，精（卵）原细胞经过两次特殊的细胞分裂，使染色体数目减少一半，这两次特殊分裂叫减数分裂（meiosis）或成熟分裂（maturation division），每次分裂均包括前期、中期、后期和末期。在这两次减数分裂过程中，染色体仅复制一次，于是两次分裂产生 4 个单倍体的子细胞。

22.2.3.1　**第一次减数分裂**　第一次减数分裂的前期很长，而且十分复杂，可分 5 个时期。

（1）细线期　染色质浓缩形成细而长的染色质丝。光镜下虽然看不出染色体是成对的，但事实上每一条染色体都含有两条染色质丝，因为在 DNA 合成期（S 期）已复制了一次。

（2）合线期　同源染色体开始配对并发生联会，每对同源染色体紧靠在一起平行排列，很像一条染色体，于是核内染色体数目似乎减少一半。

（3）粗线期　此期染色体进一步浓缩、变粗，每一对联会染色体称为双价体。每一个双价体由 4 条染色单体组成，形成所谓的四联体结构。

（4）双线期　双线期的每条染色单体看得更清楚。在合线期发生联会的同源染色体，相互平行紧密排列。而在双线期，虽然姊妹染色单体仍相互靠近，但父源和母源染色单体，则开始相互分开。然而，父、母染色单体的某些地方仍连在一起，此处称为交叉，是父母染色体发生基因交换的地方。

（5）终变期　染色体缩为最短、最粗，交叉点向染色体两端移动。核膜和核仁消失，纺锤体形成。

第一次减数分裂前期结束后，进入中期。染色体排列在纺锤体赤道板上，来自两极的纺锤丝连接到每条染色体的着丝点上。

在后期，由于纺锤丝牵拉，双价体的两条同源染色体分开，并移向细胞两极。后期结束时，细胞两端各含一套单倍体数目的染色体，但每条染色体却含有两条染色单体，称为二联体。

末期很短，在雄性，产生 2 个次级精母细胞；在雌性，则产生 1 个次级卵母细胞和 1 个第一极体。可见，第一次减数分裂后，产生的子细胞含有单倍数目的染色体，但每条染色体的 DNA 含量则是双倍的，相当于正常体细胞的 DNA 含量。

22.2.3.2 **第二次减数分裂** 尽管第二次减数分裂的间期很短，不发生 DNA 复制，但分裂过程本身却与一般有丝分裂相同。二联体直接排列到纺锤体赤道板上，此乃中期。在后期，染色体着丝点分裂，两条染色单体分开，由纺锤丝牵着分别移向细胞两极。到末期，核膜出现，细胞质一分为二，产生两个子细胞。

这样，经过两次减数分裂共产生 4 个子细胞，每个细胞都含有单倍数目的染色体。从数和量上看，第一次分裂是减“数”的，而第二次分裂则是减“量”的。两次分裂结果，产生含有正常体细胞 DNA 数量一半的生殖细胞（图 22-1）。

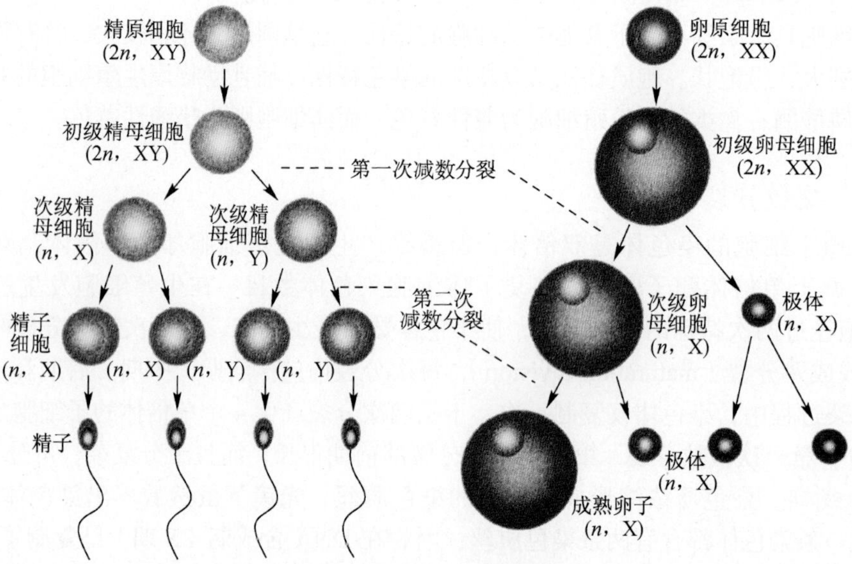

图 22-1 精子与卵子发生示意图

22.2.4 配子发生的一般规律

原生殖细胞迁移到生殖嵴后，按照其基因型（XX、XY）经过与生殖嵴体细胞相互作用，决定性腺分化为卵巢或睾丸。性腺分化后，原生殖细胞又分化为精（卵）原细胞，后者便开始向精子或卵子方向成熟。雌、雄生殖细胞的发生过程虽然有一定的差别，但是都经过增殖期、生长期和成熟期 3 个阶段的发育过程。

增殖期是精（卵）原细胞经过数次有丝分裂而使其数量不断增多的过程。在雌性哺乳动物，此过程在近胎儿出生前停止，以后卵原细胞的数目不再增多。

生长期是指部分精（卵）原细胞开始生长，体积增大而成为初级精（卵）母细胞。而在初级卵母细胞内开始大量积累卵黄颗粒等营养物质，合成、储备各种类型的核糖核酸、核糖体、蛋白质和准备胚胎发育的信息。

初级精（卵）母细胞，均必须经过两次减数分裂（成熟分裂）才能成为成熟的精子（卵子）。

22.2.5　精子的发生和形态结构

22.2.5.1　精子的发生

（1）增殖期　精原细胞（spermatogonia）是双倍体细胞，位于生精小管管壁的外周，紧靠基膜。在所有哺乳动物中，精原细胞都通过有丝分裂来增加数目，但不同动物的有丝分裂次数不同。对于牛、羊和猪，可分为 3 种类型的精原细胞：A 型、中间型（Ⅰ型）和 B 型。这 3 种类型精原细胞的形态差异很小。在一个增殖期内，牛精原细胞一共进行 6 次有丝分裂：A 型细胞 3 次，中间型细胞 1 次，B 型细胞 2 次。A 型干细胞分裂产生 2 个 A 型精原细胞，其中一个开始分化，另一个成为新的 A 型干细胞。这个新的干细胞停止发育直至其姊妹细胞分化产生出初级精母细胞时，它才再分裂，又产生 1 个新的 A 型干细胞和 1 个开始向下分化的 A 型精原细胞。这样，才能保证精子发生过程的连续性。A 型精原细胞分裂产生中间型精原细胞，中间型精原细胞再分裂产生 B 型精原细胞，后者又经两次分裂，产生了初级精母细胞（primary spermatocyte）。

（2）生长期　初级精母细胞起初形态与 B 型精原细胞差不多，但后来体积明显增大，可达 B 型细胞的二倍，成为生精细胞中体积最大的细胞，其位置也更接近生精小管管腔。

（3）成熟期　每个初级精母细胞都要经过两次减数分裂，第一次产生 2 个稍小一些的次级精母细胞（secondary spermatocyte），第二次由这 2 个次级精母细胞产生 4 个精子细胞（spermatid）。此时细胞的染色体数目是单倍的。由于次级精母细胞很快进行分裂，没有间期，故此在生精小管切片上很难见到。

（4）成形期　精子细胞经过变形过程，抛弃多余的胞质，生出可运动的尾巴，成为精子。

① 核的变化　在精子细胞变为精子的过程中，胞核因丢掉大量水分而浓缩，染色体紧缩为一团，核体积大大变小。这就极大地减轻了头部的重量，便于精子运动。此外，为减轻重量，精子还尽量去掉了核内那些与传递遗传信息无关的物质，包括核糖核酸。为了减少运动过程中的阻力，精子核的形状也发生了改变，由圆形变成了细长形。

② 顶体形成　精子顶体来源于高尔基复合体。早期精子细胞的高尔基复合体由许多小泡外包多层同心圆状排列的膜组成。一个或几个小泡扩大，内部产生一些致密颗粒，称前顶体颗粒。若几个前顶体颗粒同时形成，则这些小泡便相互融合，形成一个大泡，其中含有一个大的前顶体颗粒。然后，此大泡靠近到核的顶端，颗粒进一步增大变为顶体颗粒（acrosomic granule），大泡称为顶体泡。后来顶体泡失去水分并铺展到核的前半部表面上，形成所谓的顶体帽。高尔基复合体的其余部分逐渐退化并随同胞质一起丢掉。顶体内容物主要是水解酶和蛋白酶类，PAS 反应呈阳性。

③ 中心体的变化　第二次减数分裂以后，精子细胞的中心体含 2 个中心粒，并相互垂直排列。在精子分化的早期，两中心粒移到核的下方：其中一个中心粒嵌入核膜向内形成的凹陷中，其长轴与精子纵轴垂直，此乃近端中心粒；另一个中心粒位于近端中心粒的后方，其长轴与精子纵轴平行，为远端中心粒。由远端中心粒发出精子尾部的轴丝。

④ 线粒体重排　远端中心粒和轴丝根部都位于精子尾巴的中段，外包线粒体。这些线粒体是在精子形成过程中，由精子细胞其他部位集中到这里来的，并不同程度地相互融合，形成一条连续的带，盘绕在中心粒和轴丝外周。

⑤ 多余胞质的丢弃　随着顶体在精子核前端形成，胞质向核后流动，仅保留一薄层细胞质在顶体和核的外面，大部分细胞质都附着到未来中段处。当尾巴长出、线粒体围绕中段排列好以后，多余的细胞质形成残余体而被抛弃，仅留一薄层细胞质在中段线粒体周围，称之为精子颈带（manchette）。

22.2.5.2　**成熟精子的结构**　不同动物精子（鞭毛型）的形态、大小及内部结构有所不同，但大体上相似，包括头、颈和尾三部分，精子的结构是完全适应其机能需要的。要把父系基因带入卵子，精子必须有核；要达到卵子，精子必须能运动；要穿过卵质膜，精子必须含有水解酶以溶解之。因此，精子主要由以下几部分组成：头部、颈部和能运动的尾部（图 22-2）。

（1）头部　精子头部的形状因动物而异，哺乳类为椭圆形（有蹄类）或梨状（犬、人）。头部由细胞核和顶体组成。细胞核是构成头部的主要部分，由许多高度浓缩的染色质组成，核中含有全部父系遗传信息。在细胞核前端约三分之二的部分覆盖着帽状结构的顶体（acrosome），其中主要成分为水解酶类。在顶体后方的质膜内，有一个细胞质浓缩而成的薄层环状致密带，称为顶体后环。顶体帽的下缘变薄，靠近核的中部，称为顶体的赤道段（图 22-3）。

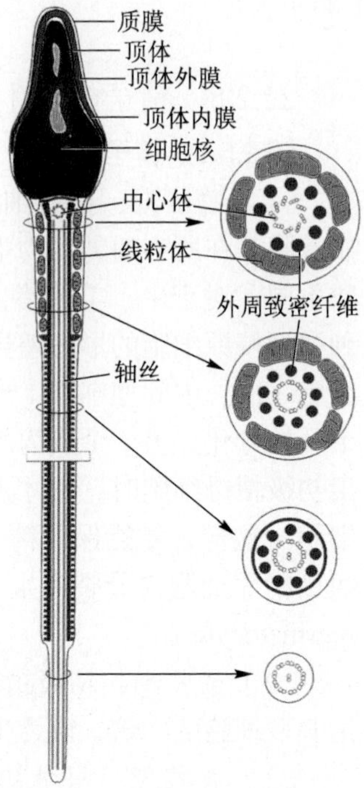

图 22-2　精子电镜结构模式图

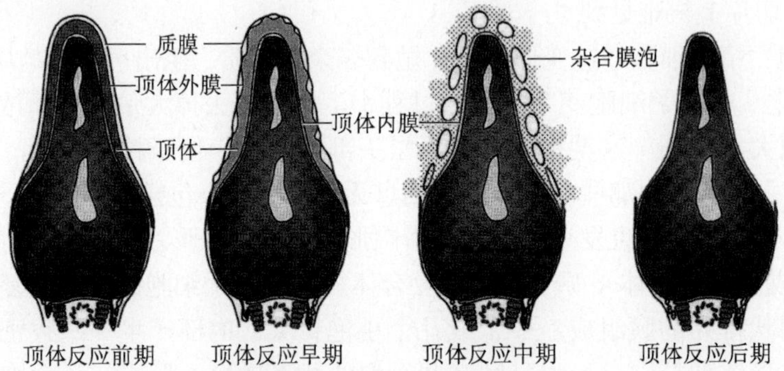

图 22-3　精子顶体反应模式图

（2）颈部　位于头部之后，很短，从近端中心粒起到远端中心粒止。近端中心粒固着于核底部，远端中心粒又称为基粒，精子尾部的轴丝就是从此发出的。中心粒的主要任务是受精后启动受精卵的卵裂。

（3）尾部　是精子的运动器官。精子尾部因其结构有所不同，可分为 3 段，即中段、主段和末段。

① 中段是尾部最粗的一段，主要由轴丝、纤维带和包在二者外面的呈螺旋状排列的线粒体环组成。轴丝的结构与细胞的鞭毛或纤毛结构相似，即由位于中央的一对中央微管和位于周

围的九对二联微管组成的“9+2”结构，中央微管起传导作用，二联微管可起收缩作用。轴丝的外面为由颈部延伸而来的九条粗纤维组成的周围束。线粒体壳包在轴丝和粗纤维束的外面，它是精子活动的能量工厂。终环位于中段与主段连接处，是细胞膜环绕而成的小密环，它可以防止线粒体向主段移位。

② 主段是尾部最长的一段，线粒体消失，而由一圆筒状致密的纤维鞘所包围，内部主要成分是轴丝。纤维鞘内残留 7 条粗纤维，呈左三右四排列，因此精子尾部只能作左右方向摆动，而且向右侧的力量大。随着主段向后延伸，粗纤维也逐渐变细。

③ 末段结构简单，短而细，长为 5 ~ 7 mm，仅有轴丝，外面包有精细胞膜。

22.2.6 卵子的发生和形态结构

22.2.6.1 **卵子发生** 卵子发生（oogenesis）是在雌性动物卵巢内进行的，分为增殖期、生长期和成熟期三个阶段。

（1）*增殖期* 早在哺乳动物胎儿时期，卵巢内就已有相当数量的卵原细胞（oogonium），它们来源于由性腺以外迁移的原生殖细胞。这些卵原细胞最初三五成群地被包围在卵泡细胞中，并不断地经有丝分裂增加数目。后来，由于卵泡细胞的增殖并介入其间，而将每个卵原细胞分开，形成由单层扁平卵泡细胞包围的原始卵泡（primordial follicle）。这时的卵原细胞核为圆形，有一至数个核仁。细胞质结构简单，细胞器主要有密集的线粒体、内质网、溶酶体和发达的高尔基复合体，分布在细胞核一侧，形成了所谓的核旁复合体。

（2）*生长期* 由单层立方卵泡细胞包围的卵泡叫初级卵泡（primary follicle）。初级卵泡内的卵原细胞核长大，发生减数分裂前期的一系列变化，即经过细线期、合线期、粗线期而到达双线期。此期内，卵母细胞核 DNA 含量增加一倍，而细胞体积不增大或增大不明显，这一时期可称为卵母细胞的小生长期。此时的卵原细胞改称为初级卵母细胞（primary oocyte），核特别大，充满核基质，异染色质很少，看上去很像泡状，称此时的卵母细胞核为生发泡（germinal vesicle，GV）。动物出生前后，所有处于减数分裂前期的卵母细胞都到达双线期，并停止发育，直到性成熟后排卵前才恢复减数分裂，进入大生长期。

性成熟以后，由于促性腺激素的作用，初级卵泡的卵泡细胞恢复有丝分裂，数量明显增多，由单层变为复层，这时卵泡仍叫初级卵泡或早期生长卵泡。此时卵泡内颗粒细胞继续增多并分泌卵泡液，使卵泡内出现腔隙，这种有腔卵泡叫次级卵泡或晚期生长卵泡或 Graff 卵泡。对于哺乳动物，在卵母细胞生长初期，由颗粒细胞和卵母细胞共同分泌形成了卵膜——透明带（zona pellucida）。透明带随卵母细胞发育而不断增厚。生长卵母细胞本身最早的变化是胞膜表面出现微绒毛，并逐渐加长，与颗粒细胞的突起建立广泛联系。细胞器不再局限于核一侧，其结构也发生了很大变化。线粒体数目增多，体积增大，并不断移向皮质区；而到卵母细胞生长末期，线粒体趋于退化并向整个胞质分布。内质网更发达，高尔基复合体分裂为数个，迁移到皮质区，产生皮质颗粒，并排列在卵质膜下。此外，细胞内含物明显增多。卵母细胞核的最明显变化是核仁。最初核仁是由颗粒和纤维所组成，形成网状结构，这一时期相当于双线期的初期，后来由于生长卵泡出现纤维中心，并逐渐增多；最后，核仁发生致密化。核仁致密化标志着卵母细胞即将恢复减数分裂，进入成熟期。

（3）*成熟期* 卵母细胞开始成熟的标志是减数分裂的恢复，也就是指停止在第一次减数分裂前期——双线期的卵母细胞核的苏醒，再继续进行减数分裂而排出第一极体的过程。

① 卵泡的变化　卵母细胞生长后期，卵泡液极度增多，将卵子连同一群颗粒细胞一起挤到卵泡一侧。这样的卵泡叫成熟卵泡（mature follicle），包围在卵母细胞周围的颗粒细胞形成丘状，称之为卵丘（cumulus oophorus）。

② 卵母细胞的变化　排卵前，LH 高峰的到来使卵母细胞与颗粒细胞联系中断，微绒毛和卵丘细胞突起分别撤回。LH 经过一系列复杂的生化过程，使卵母细胞恢复成熟分裂，使之进入终变期、后期和末期，最后完成第一次减数分裂。由于生发泡移向卵母细胞的动物极，所形成的纺锤体与表面垂直，故产生一个大的次级卵母细胞（secondary oocyte）和一个小的第一极体（first polar body）。也有人把第一次减数分裂过程中核膜消失叫生发泡破裂（GVBD）。第一次减数分裂后，次级卵母细胞马上进入第二次成熟分裂。但大多数脊椎动物卵母细胞第二次减数分裂只能进行到中期（Ⅱ），即停下来。直到有精子穿入时，卵母细胞才继续完成第二次减数分裂，产生第二极体（second polar body）和成熟的卵子（ovum）。因为在这种情况下，精子先进入卵母细胞，这时的卵子已是合子，也可称为原核卵（pronuclear egg）或卵细胞（ootid），故在这些动物中，事实上不存在真正的卵子，只有成熟的卵母细胞。

LH 高峰过后，卵母细胞内细胞器重排，直至排卵，处于受精前状态。

22.2.6.2　成熟卵母细胞的结构

除一般的细胞膜、细胞质和细胞核外，尚有如下结构（图 22-4）：

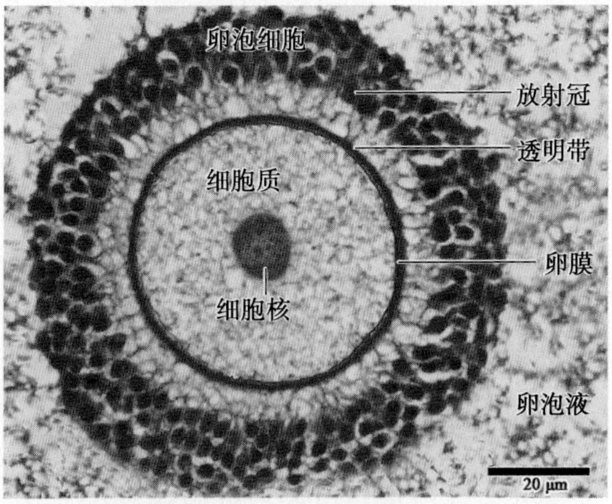

图 22-4　成熟卵母细胞的结构

（1）卵膜　成熟卵母细胞质膜的外面，都附着一些附属结构，称之为卵膜（egg envelope）。不同动物卵膜的层数、来源及名称都不相同，根据卵膜来源将其分为三类。

① 初级卵膜　由卵母细胞本身分泌，在卵巢内形成。如蛙类、鸟类的卵黄膜，哺乳动物卵的透明带。

② 次级卵膜　由卵巢内卵泡细胞分泌的物质形成，有的薄而柔软，有的厚而坚硬。其结构复杂，在一端表面通常有卵膜孔（micropyle），是精子穿入处。昆虫和鱼类卵的壳膜属于次级卵膜。

③ 三级卵膜　由输卵管或子宫分泌而包裹在卵外面的物质叫三级卵膜。如蛙卵的胶膜、鸟卵的蛋白、纤维膜和蛋壳。

卵膜的机能主要是保护卵子，为卵子提供营养物质，在受精过程中激活精子以及防止多精入卵等。

（2）微绒毛　是卵质膜向外伸出的许多突起状结构。在哺乳动物卵成熟前，微绒毛伸入到透明带内，并与颗粒细胞发出的突起形成指间相嵌。近排卵前，卵表面微绒毛自透明带中撤回，伏倒在卵表面。在哺乳动物卵母细胞第二次减数分裂中期，纺锤体上方的卵表面无微绒毛，称为秃区。微绒毛在受精时精卵融合过程中起着重要作用。

（3）皮质颗粒（cortical granule）　是由高尔基复合体或滑面内质网产生的。成熟卵的皮质颗粒在质膜下排成一行。皮质颗粒内容物中含有蛋白水解酶类，受精时，它的释放称为皮质反应，并引发卵质膜反应和透明带反应。

22.2.6.3 **卵的分类** 脊椎动物的卵，可以根据其卵黄的多少、分布情况分为三种类型，即均黄卵、中度端黄卵和极端端黄卵。

（1）均黄卵 也叫少黄卵。卵黄含量很少（或无），分布均匀。有些动物成体结构较简单，胚胎发育期短，无须更多营养物质维持胚胎发育，故其卵属于这一类，如头索动物和尾索动物。有些动物胚胎在母体内发育，胚胎发育早期就与母体建立血液循环关系，由母体提供营养维持胚胎发育，例如哺乳动物的卵。

（2）中度端黄卵 这类卵内有一定数量的卵黄，主要分布在植物极（vegetative pole），动物极（animal pole）较少，呈动、植物极梯度分布。蛙和蝾螈的卵子属于这一类，中等程度的卵黄足以维持胚胎发育到幼虫阶段，幼虫便可以自己采食，发育为成体。

（3）极端端黄卵 也叫多黄卵。这类卵的卵黄含量特别多，几乎占据整个卵，把含核的活细胞质挤到动物极一侧，形成一薄层盘状结构。鱼类、爬行类和鸟类的卵子都属于此类。

22.3 受精

22.3.1 受精的基本概念

受精（fertilization）是指精子和卵子融合形成一个新的细胞——合子（zygote）的过程（图 22-5）。它标志着胚胎发育的开始，是一个具有双亲遗传特性的新生命的起点。受精是有性生殖的特征和必不可少的步骤。受精本身要完成两个过程：一是性的问题，即双亲的基因相互结合的过程；二是生殖的问题，即产生新个体的过程。因此，受精的第一个作用是把父系基因传给下一代，第二个作用是激活卵子使之继续发育而成为新个体。

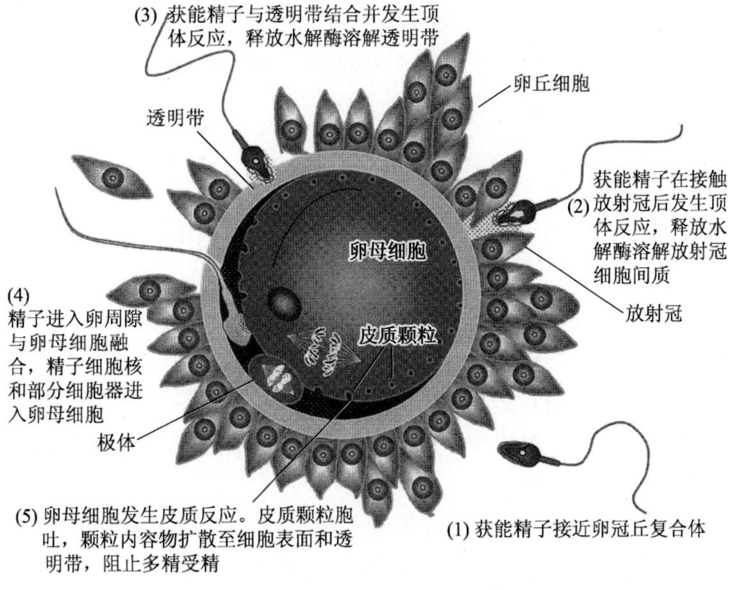

图 22–5 受精过程模式图

尽管不同动物受精的详细过程有很大差别，但大体包括以下四个步骤：① 精卵的接触与识别，它保证同种动物的精子和卵子相结合。② 精子入卵的控制，最终只允许一个或多个精子受精，而其他大量的精子被排斥。③ 精卵遗传物质的融合。④ 卵子代谢被激活，开始继续发育。

22.3.2 单精受精和多精受精

22.3.2.1 **单精入卵**（monospermy） 由一个精子穿入卵内而完成受精过程的称为单精受精。许多动物的卵子都是单精受精，这类卵子，一旦被第一个精子激活，就发生相应的变化，从而阻止其他精子入卵。如果多于一个精子入卵，该卵子就会产生多个星光，形成多个纺锤体而导致发育异常，称为病理性多精受精。

22.3.2.2 **多精入卵**（polyspermy） 受精时有多个精子进入卵内，但仅一个精子形成的雄原核与雌原核融合，参与发育，其余雄原核退化消失。这种现象称为生理性多精受精。多精受精的实质是多精入卵，单精受精。软骨鱼类、有尾两栖类、爬行类、鸟类和部分哺乳类都是这种情形。

22.3.3 受精发生的地点

根据胚胎发育的地点，可将脊椎动物分为卵生（oviparous）、卵胎生（ovoviviparous）和胎生（viviparous）三种类型。卵生动物是指胚胎发育在体外进行的动物，如蛙和鸟类。胎生动物是指胚胎发育在母体内进行而产出活幼子的动物，哺乳动物即属此类。在胎生动物中，经过一系列紧密联系的膜结构——胎盘进行着母体与胎儿血液间的物质交换。卵胎生动物的胚胎发育虽然在母体内进行，但母体与胎儿间并没有胎盘联系，母体仅为胎儿发育提供一个安全的场所，包括某些鲨鱼、硬骨鱼、两栖类和多种爬行类动物。

同样，根据受精发生的地点也可将动物分为两大类：内部受精动物和外部受精动物。内部受精动物包括胎生动物和卵胎生动物，只有部分卵生动物是外部受精动物。内部受精时，精卵一般在输卵管上 1/3 处相遇并受精；而外部受精动物，两性配子接触发生在体外，主要是水生动物，精子直接排到水中，便于游动找到卵子。

22.3.4 两性配子的相遇

22.3.4.1 **外部受精动物** 在外部受精的水生动物，精子和卵子都直接排到水里，主要借助以下三种方式之一来完成配子相遇。

（1）*增加每次排卵量* 某些动物，如鳕鱼繁殖时，精卵排放的距离相对较远，为了保证有些配子相遇受精，动物就大大增多排卵数，每次排卵上百万个。

（2）*雌雄动物紧密接触* 有些动物每次排卵数不太多，一般在 1 000 ~ 2 000 个。在这种情况下，为保证配子相遇受精，繁殖季节时，雌、雄性动物紧密接触，尽量使精子和卵子排放到一起。如青蛙繁殖时的抱对现象。

（3）*精子的趋化性* 鲱鱼精子在接近卵膜孔时，运动速度突然加快，这说明卵膜孔对精子有特殊的激活和吸引作用。实验分离、分析带有卵膜孔的壳片，证实了这种吸引精子的现象。

22.3.4.2 **内部受精动物** 内部受精动物以交媾的方式来保证精卵相遇。雄性动物将精子直接射入雌性动物生殖道内，在输卵管壶腹处精子与卵子相遇并受精。

22.3.5 到达受精地点时两性配子的一般状态

22.3.5.1 卵子

（1）发育阶段　各种动物排卵时卵子所处的成熟阶段不一样。卵子受精前核的成熟情况大致可分 4 类：① 受精发生在第一次减数分裂之前（生发泡破裂之前的初级卵母细胞阶段），精子入卵后才完成两次减数分裂。如狗和狐狸的卵子。② 受精发生在第一次减数分裂中期，精子入卵后再继续完成第一、第二次减数分裂。如软体动物和大多数昆虫的卵子。③ 受精发生在第二次减数分裂中期，精卵融合刺激完成第二次减数分裂。如文昌鱼和大多数脊椎动物的卵子。④ 受精发生在两次减数分裂之后的真正成熟卵子期。如海胆和腔肠动物的卵子。

卵母细胞减数分裂过程中产生两个极体，它们都位于卵周隙内。由于第一极体有时分裂，故在受精后脊椎动物卵周隙中往往可见到三个极体。那么，如何区分第一、二极体呢？因第一极体于受精前形成，故表面有微绒毛，胞质内有皮质颗粒；而第二极体于精子穿入后形成，缺少皮质颗粒。此外，第一极体缺少核膜，仅有分裂期染色体，而第二极体有一核膜完整的核。

（2）代谢情况　卵子到达受精地点时，正处于一种代谢和发育抑制状态。处于抑制状态的卵子，代谢率很低，耗氧量少。若不经自然受精或人工方法解除这种抑制状态，卵子就要老化、坏死。而受精后，卵子活化，代谢率升高，耗氧量增加。

22.3.5.2 精子　与卵子相反，精子在到达受精地点时，运动活跃、代谢旺盛。大多数动物的精子，自雄性生殖道射出后，就已完全具备使卵受精的能力；而哺乳动物则不然，刚射出的精子，不能使同种动物的卵子受精，只有在雌性生殖道内或类似于雌性生殖道的环境中停留一段时间，才具有使卵受精的能力，这种现象叫精子获能（capacitation）。自然情况下，此过程是精子沿雌性生殖道上行期间完成的。精子获能的实质是去掉精子在附睾内成熟期间及与精清接触后，吸收和整合到其头部质膜上的某些物质的过程。结果暴露出精子质膜上的受体部位，便于特异性地与卵质膜上的受体结合，诱发顶体反应。精子获能主要发生如下变化：① 精子膜的离子通透性发生改变；② 去掉了膜上的某些外在蛋白；③ 代谢增强、耗氧量增加；④ 精子活动力增强，出现了所谓超激活现象。其中①、②有利于顶体反应时膜的融合；③、④便于精子穿过透明带。获能后的精子到达受精地点，已完全做好了受精前的准备。

22.3.6 受精的基本过程

精子与卵子接触而进入卵内大致可分为三个阶段：① 绝大部分卵子外部都有各种卵膜，只有少数是裸卵，因此精子必须首先穿过这些卵膜；② 当精子与卵子表面接触后，发生质膜的融合；③ 精子的头部和中段被“拖入”卵内，而尾部有的进入，有的留在卵的外面。

22.3.6.1 顶体反应

（1）顶体反应的概念　顶体反应（acrosome reaction）是指当精子与卵膜接触时，精子质膜与顶体外膜之间发生点状融合，最后从融合处破裂，并释放出顶体内容物的过程（图 22-3）。

（2）顶体反应发生的时间和地点　有关这一问题的报道说法不一，而且不同动物有很大差异。但是，各种动物的精子都至少要到达或穿过卵丘后，才能开始发生顶体反应。精子的顶体反应并不是同步发生的，即使是同一批精子，发生顶体反应的时间也不一致。有的在卵丘中发生，有的接触透明带后才发生。接触卵丘就发生顶体反应的精子，属于开路精子，其释放的透明质酸酶可松解卵丘，便于后来精子顺利通过卵丘而到达透明带。只有到达透明带并在透明带表面上发生顶体反应的精子，才有可能穿过透明带进入卵内受精。

（3）顶体反应的机理　卵丘和透明带均可诱发精子的顶体反应。获能期间，质膜内固有蛋白被暴露出来；当获能的精子接触卵丘和透明带时，卵丘中的氨基己糖多糖便与精子质膜上相应的受体结合。目前认为，这种受体是一种 Ca^{2+} 运载蛋白，它的激活，促进 Ca^{2+} 进入细胞内。Ca^{2+} 的大量内流，使 Na^+-K^+-ATP 酶失活，导致细胞内 Na^+ 浓度升高，H^+ 外流，结果细胞内 pH 升高。进入质膜内侧的 Ca^{2+} 结合到质膜内面和顶体膜外面的阴离子磷脂上，引起膜磷脂破裂，从而促进两膜的融合。Ca^{2+} 还激活膜上的磷脂酶，产生花生四烯酸等促溶物质。在两膜即将融合或融合后，Ca^{2+} 进入顶体基质，同时 H^+ 离开基质。这样又激活前顶体蛋白酶转变为顶体蛋白酶，后者便分散顶体基质，使其他酶释放出来。

（4）顶体反应的作用　顶体反应的作用，在于释放出水解酶类。顶体内容物中含有多种酶，最主要的有三种：透明质酸酶、顶体蛋白酶和磷脂酶 A 。透明质酸酶可溶解卵丘基质中的透明质酸，使卵丘细胞松散，便于精子通过；顶体蛋白酶可溶解透明带中的糖蛋白，便于精子穿入；磷脂酶 A 的作用是改变精子赤道段质膜结构，使之能与卵质膜融合。

22.3.6.2　**精子附着和穿过透明带**　穿过卵丘的精子即到达透明带表面。精子最初是疏松地附着在透明带表面上，这是精子牢固结合到透明带上的准备阶段。精子与透明带牢固结合是靠透明带上的精子结合受体与精子表面的透明带受体相识别并结合来完成的。透明带上有三种精子结合受体，即糖蛋白 ZP_3、ZP_2 和 ZP_1 。ZP_3 是初级精子结合受体，它能结合尚未发生顶体反应的精子，并可诱发顶体反应；ZP_2 是次级精子结合受体，能结合顶体反应后的精子。这是因为精子表面上也有两种透明带受体，ZP_3 的受体存在于顶体上方质膜内，ZP_2 的受体存在于顶体反应后精子赤道段质膜和顶体内膜上。受精时精子先以其顶体上方质膜上受体与透明带 ZP_3 相结合，然后再以其顶体内膜或赤道段质膜与透明带 ZP_2 相结合，保证精子的牢固结合和释放水解酶溶解透明带。顶体反应后的精子便开始穿入透明带，其穿入机理有两种假说：一是机械学说，认为顶体反应后暴露出由顶体内膜和其下方物质构成的穿孔器，精子穿入主要依靠其本身的机械运动和穿孔器；二是酶学说，认为顶体反应释放出的酶类可溶解透明带。目前看来，精子是依靠这两种方式穿过透明带的。

22.3.6.3　**卵子的活化和皮质反应**　精卵融合时，精子质膜上的特殊蛋白质嵌入卵质膜而使后者的膜脂类发生局部重组，这时受精卵的膜就变成了嵌合膜。结果造成卵质膜通透性改变，Ca^{2+} 大量流入卵胞质内或自卵内钙库中释放出来。Ca^{2+} 的增多有两个作用：一是活化卵母细胞代谢，二是引发皮质反应。Ca^{2+} 的增多导致细胞内外 Na^+/H^+ 交换，使胞质内 pH 值升高，从而解除了卵内抑制蛋白的抑制作用，导致氧化途径、脂类代谢、烟酰胺核苷酸还原及蛋白质和 DNA 合成等途径发生不可逆性激活；于是处于休眠状态的卵母细胞开始了活跃代谢，合成新的蛋白质，为卵裂做准备。Ca^{2+} 浓度升高，还导致原来在卵质膜下规则排列的皮质颗粒发生胞吐作用。皮质颗粒膜与卵质膜融合并将其内容物排到卵周隙中，此过程叫作皮质反应（cortical reaction）。胞吐出的皮质颗粒内容物含有蛋白酶和糖苷酶，可溶解透明带上的 ZP_3，从而阻止多余的精子与透明带结合，此过程称为透明带反应（zona reaction）。外倾后，皮质颗粒的膜与卵质膜相融合，又改变了卵质膜的结构，从而阻止多余的精子入卵，此即所谓的卵质膜反应（egg plasma membrane reaction）。由此可见，动物阻止多精入卵的机制主要是透明带反应和卵质膜反应。

22.3.6.4 **原核形成与融合** 卵子活化最明显的标志有两点：一是皮质反应，二是减数分裂的恢复。受精前卵子核停止在第二次减数分裂中期。精卵融合后，卵子核恢复减数分裂，排出第二极体，剩下单倍数目染色体，后来有核膜形成，而成雌原核（female pronucleus）。同时，精子入卵后，核膨大，原有核膜溶解后，再形成新的核膜而成为雄原核（male pronucleus）。精子核在卵细胞质内的解聚，要靠精核解聚因子的作用。在某些动物，精核解聚因子虽然不存在于生发泡内，但依靠生发泡内的某种物质来激活，这是因为生发泡破裂前，细胞质不能引起精核解聚。而在另一些动物，生发泡破裂之前，胞质就能使精核解聚。原核的核膜主要来自内质网，但雄原核的核膜一部分来自未崩解的精子核膜。在原核发育期间，DNA大量合成；有些动物，RNA也开始转录并合成蛋白质。

未受精的卵母细胞皮质内存在大量的微丝，微丝在第二极体排出和原核迁移过程中起重要作用。微管也是原核迁移和第二极体排出必不可少的。两原核边向卵中央迁移，边发育成熟。当二者相会时，核膜破裂，染色体混合。雌雄原核染色体的混合标志着受精的结束、胚胎发育的开始。

22.3.6.5 **卵子受精后的生化变化**

（1）能量变化 海胆的卵受精以后其呼吸率明显增加，但有些动物的卵受精后呼吸率变化不明显，有的甚至降低。

（2）糖类代谢 糖原分解主要是以三羧酸循环的形式进行的，也有6-磷酸葡萄糖直接氧化为葡萄糖磷酸盐的途径。

（3）脂类代谢 卵皮质内脂类丰富，皮质反应使脂蛋白分解，其中磷脂类被分解产生溶血性的溶血磷脂，它是卵子激活的关键反应。

（4）蛋白质代谢 许多动物卵受精后，合成蛋白质能力加强；同时蛋白质本身的结构也发生变化，包括溶解度、泳动率、对蛋白水解酶的敏感性等。

（5）核酸代谢 受精后的卵很快重新复制DNA，但RNA到卵裂开始时才开始合成，而且所合成的大都是mRNA。

22.3.7 孤雌生殖

动物卵子在没有雄性配子参与的情况下进行自发发育的现象，叫孤雌生殖（parthenogenesis）。自然界中有许多动物是通过孤雌生殖来繁殖后代的，如蚜虫和蜜蜂。这些动物属于天然性孤雌生殖。还有一些动物的卵子，虽然正常情况下不能进行孤雌生殖，但是若经人为刺激便可使其活化并发育到一定阶段，这种现象叫人工孤雌生殖。

我国著名胚胎学家朱洗等用带血的玻璃针刺激蛙类卵子，结果都能发育，少数卵还可发育成蝌蚪；1961年他们成功地将人工孤雌生殖的蟾蜍，经冬眠、催情、产卵并正常受精，发育成为没有外祖父的蟾蜍。

火鸡卵也有自然孤雌生殖现象，少数卵能发育到孵化，但都是雄性。其中极少数可达到性成熟，并能使正常雌火鸡卵受精。

哺乳动物的卵，在进行体外刺激、体外受精或体外培养时，发现也有孤雌生殖的情况，但有的只能发育到胚泡时期就死亡，而兔可发育到11天胎儿，有的甚至可产出家兔后代。

22.4 卵裂

22.4.1 卵裂的概念

由一个单细胞的受精卵发育成多细胞的完整个体，受精卵必须进行多次的细胞分裂。受精卵的最初数次细胞分裂叫做卵裂（cleavage）（图22-6），所产生的子细胞叫卵裂球（blastomere）。卵裂类似于一般的有丝分裂，但又不同于体细胞的有丝分裂，后者细胞总是要经过生长期，而卵裂则没有生长期。这样分裂产生的子细胞（卵裂球）越来越小。动物体细胞都有一定的核质比例，而且具有种属特异性。受精卵的核质比例相当小，这是由于卵子发生过程中卵黄的积蓄和两次不均等的成熟分裂，使卵母细胞质极端增多造成的。为恢复到正常体细胞的核质比例，卵裂没有生长期。卵裂球体积逐渐减小，直至达到该种动物体细胞的核质比例为止，这时卵裂过程也就结束了。故此，在卵裂过程中，胚胎的体积没有明显的变化（图22-6，图22-7）。

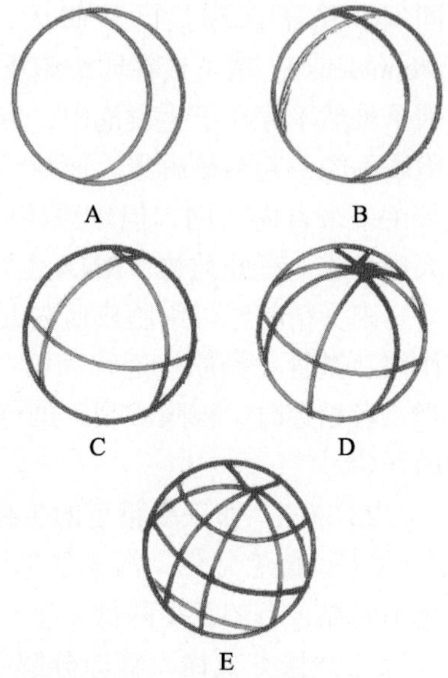

图22-6　五次卵裂面的模式图

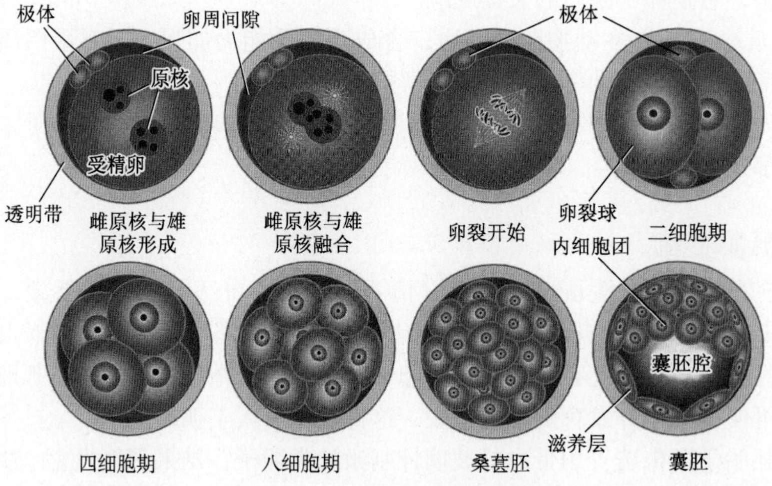

图22-7　卵裂和胚泡形成过程

22.4.2　卵裂的基本过程

大多数脊椎动物卵裂的卵裂球数目是呈几何级数增加的。第一次卵裂产生 2 个卵裂球，接下来出现 4、8、16、32 个。卵裂球有规律增加的卵裂，称为同时卵裂。大多数脊椎动物的胚胎在三十二细胞期以后，卵裂都变得极不规则，卵裂球有时呈单个的陆续分出，以算术级数增加，这样的卵裂叫作异时卵裂。典型卵的卵裂方式为：第一次卵裂的卵裂面自动物极开始，向下到达植物极，把受精卵分为 2 个相等的卵裂球。从动物极到植物极的卵裂通常称为经裂。第二次卵裂也是经裂，但卵裂面与第一次卵裂面垂直，结果产生 4 个卵裂球。第三次卵裂的卵裂面大致位于动、植物极之间，是一次横向分裂，叫纬裂，且该卵裂面与第一次和第二次卵裂面都垂直，把卵裂球分为动物极和植物极各 4 个。第四次卵裂实际上是 2 个卵裂面，都是经裂，将动、植物极的 8 个卵裂球分为 16 个卵裂球。第五次卵裂又同时出现 2 个卵裂面，都是纬裂，平行于第三卵裂面，结果产生 32 个卵裂球。五次卵裂面总结如下：一经、二经、三纬、四二经、五二纬。

需要指出的是，上述这种典型的卵裂方式仅发生于大多数无黄卵。由于脊椎动物卵胞质内或多或少都含有卵黄，所以只能见到在此基础上衍化而来的不典型卵裂方式，不典型程度主要取决于其卵黄的含量。

22.4.3　卵裂方式

动物的卵裂方式，具有种属特异性，这主要取决于受精卵中卵黄的含量和分布。卵黄是一种惰性物质，即所谓的滋养质，它的存在物理性地阻碍了核物质的重排和纺锤体的形成，因而影响卵裂过程。

卵黄在卵内分布具有动、植物极梯度的特点，植物极最多，动物极最少。由于卵黄对卵裂有阻碍作用，据此可以将脊椎动物的卵裂分为两种类型，即全裂和不全裂。

22.4.3.1　**全裂**　每一次卵裂的卵裂面都是完整的，把受精卵或卵裂球完全分开。全裂又分为等分全裂和不等分全裂两种。无黄卵或少黄卵的卵裂方式为等分全裂；卵黄含量中等的卵，则为不等分全裂，结果动物极卵裂球较小，植物极卵裂球较大。

（1）等分全裂　卵黄少的卵子，由于纺锤体的形成和细胞质分裂都很少受到阻碍，卵裂极规则。哺乳动物的卵是次生少黄卵，往往被看成是无黄卵，进行等分全裂式卵裂。

① 同时等分全裂　如文昌鱼的卵裂，卵裂球呈几何级数增加，大小基本相等，经 5 次分裂达到 32 个细胞。三十二细胞期以后，胚胎继续发育，其表面覆盖一层小的细胞，呈桑椹状，此时胚胎称为桑椹胚。

② 异时等分全裂　哺乳动物卵为次生少黄卵，其卵裂明显不同于其他少黄卵动物。卵裂速度慢；卵裂球分裂不同步，常见到三细胞、五细胞或七细胞胚胎；卵裂面不规则，第一次为经裂，但第二次卵裂时，一个卵裂球为经裂，另一个卵裂球则为纬裂。在猪，第一次卵裂后，有一个卵裂球要先发生卵裂，这就出现了三细胞胚胎。从这时起胚胎便分为两部分：一部分细胞分裂快，将来形成滋养层；另一部分分裂慢，将来形成内细胞团（inner cell mass，ICM）。卵裂的结果产生一个实心球体——桑葚胚（图 22-7）。

（2）不等全裂　两栖类卵子属于中等端黄卵，其卵黄呈动植物极梯度分布，受精卵的核偏于动物极，其卵裂面形成的规律与文昌鱼一样，但卵裂结果是动物极卵裂球小，植物极卵裂球大。

22.4.3.2 **不全卵裂** 又称局部卵裂，多黄卵行这种卵裂，卵裂面不能通过整个卵，卵裂仅在卵的细胞质部分进行。不全卵裂包括盘状卵裂和表面卵裂。盘状卵裂，发生在动物极胚盘上，胚盘下的卵黄不分裂，如硬骨鱼、爬行类和鸟类。表面卵裂，昆虫卵的大量卵黄集中于卵的中央，细胞核和少量细胞质位于中央，大部分细胞质分布在卵周，多次分裂后，卵裂环最终均位于卵的表面。禽类的卵为典型的极端端黄卵，卵裂在 3 mm 左右的胚盘区域内进行。卵子在输卵管上部受精后 3 ~ 5 h 开始第一次卵裂；第一次和第二次都是经裂，且相互垂直。第三次卵裂形成 2 个卵裂沟，与第一次卵裂沟平行。第四次卵裂仍为经裂，有多个卵裂面，把中央的 8 个卵裂球与边缘的卵裂球分开。这时的中央卵裂球尚无下表面，即还没有形成完整的细胞。从这时起卵裂就不同步了，并变得没有规律，但可见到三种类型的卵裂沟：向胚胎边缘延伸的经裂沟；切断向边缘延伸的经裂沟，产生中央卵裂球；平行于底面并建立起细胞下表面的纬裂沟，纬裂沟只有到三十二细胞期后才出现，此时中央卵裂球与下面的卵黄开始脱离，形成一个薄的腔，叫胚下腔。当卵裂结束时，胚盘中央有 5 ~ 6 层细胞，而边缘只有 2 层细胞。这时，在透射光显微镜下观察，可区分出中央的明区（area pellucida）和周围的暗区（area opaca）两部分（图 22-8）。

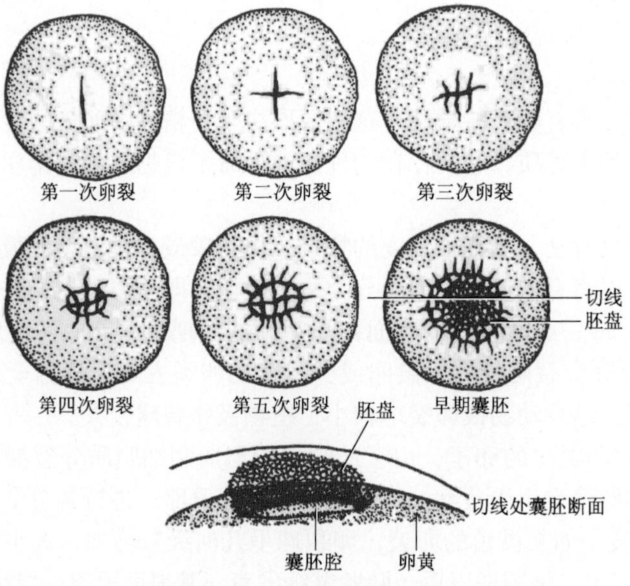

图 22-8 禽类卵裂和囊胚

22.5 囊胚形成与附植

22.5.1 囊胚形成

当受精卵达到 16 个细胞以后，由于卵裂球分泌液体，在细胞团中央开始出现不规则的裂隙。随着胚胎的继续发育，各裂隙不断扩大，并联合起来，形成一个大的圆形腔隙，叫囊胚腔，其内部充满液体，叫囊胚液。此时的胚胎叫囊胚或胚泡（哺乳动物）。由于卵子的类型不同，卵裂的类型也不同，因此，形成的囊胚也不一样。概括起来，可分为四种：

22.5.1.1 **腔囊胚** 均黄卵或少黄卵经过多次全裂，形成皮球状的囊胚，中间有较大的囊胚腔，这种囊胚叫腔囊胚。如文昌鱼、两栖类和哺乳动物都属于这一类型。

22.5.1.2 **实心胚** 有些动物的卵属于全裂型，由于分裂球排列紧密，中间没有腔隙或者分裂初期有裂隙，以后被卵裂球填充而消失，成为实心球体，这种胚胎称为实心囊胚，如水螅、水母类和软体动物等。

22.5.1.3 **表面囊胚** 中等端黄卵进行表面卵裂；到囊胚期，周围有一层卵裂球包在一团实体的卵黄外面，没有囊胚腔出现。如昆虫的囊胚。

22.5.1.4 **盘状囊胚** 进行盘状卵裂的极端端黄卵，形成盘状囊胚，上面的细胞层，覆盖于卵黄上，称为上胚层（epiblast），其下有一腔，叫胚下腔，其后，在上胚层下分出下胚层（hypoblast），上下胚层之间的腔，称为囊胚腔，下胚层与卵黄之间的腔仍称为胚下腔。硬骨鱼、爬行类和鸟类的囊胚为这种类型。

从囊胚的类型可以反映出动物进化的顺序：实心囊胚为低级类型，哺乳动物的腔囊胚则是高级类型。

22.5.2 胚胎附植

在哺乳动物中，随着胚胎不断发育，体积增大，透明带被涨变薄，最后破裂，胚胎孵出，这种现象有人称之为胚胎孵化（图 22-9）。进入子宫的胚泡，从子宫内膜分泌的子宫乳中，吸收营养而迅速发育，囊胚腔也迅速增大。此时细胞开始分化，位于囊胚顶端分裂慢的细胞构成内细胞团，胚内所有组织都是由内细胞团分化而来的。分裂快、包围成囊胚腔的细胞，变成扁平状，形成滋养层（trophoblast）。

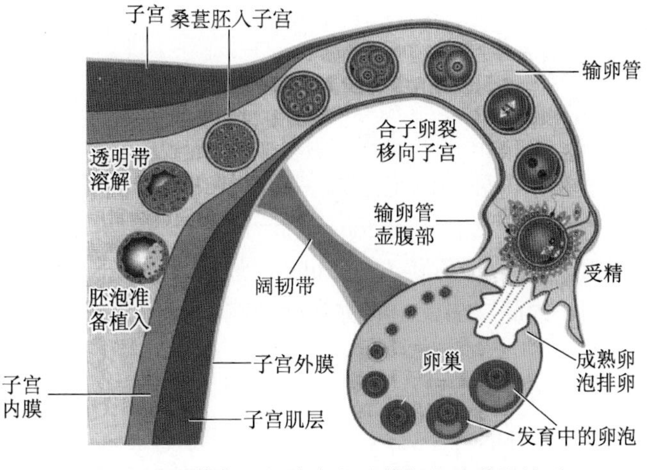

图 22-9 排卵、胚胎发生及其与生殖道的关系

最初，胚胎漂浮在子宫腔内，与子宫内膜并无联系。在神经内分泌系统的调节下，加之囊胚长大，制约了囊胚在子宫腔内运动，囊胚逐渐陷入子宫内膜中，此过程叫胚胎着床（nidation），也称为胚胎附植或种植（图 22-10）。不同动物的胚胎着床类型不同，牛、羊、马、狗、兔等为表面着床，大鼠和小鼠为嵌入着床，而灵长类则为侵入着床。着床的重要意义在于使胚胎停留在子宫内，与母体组织建立起物质交换结构——胎盘。

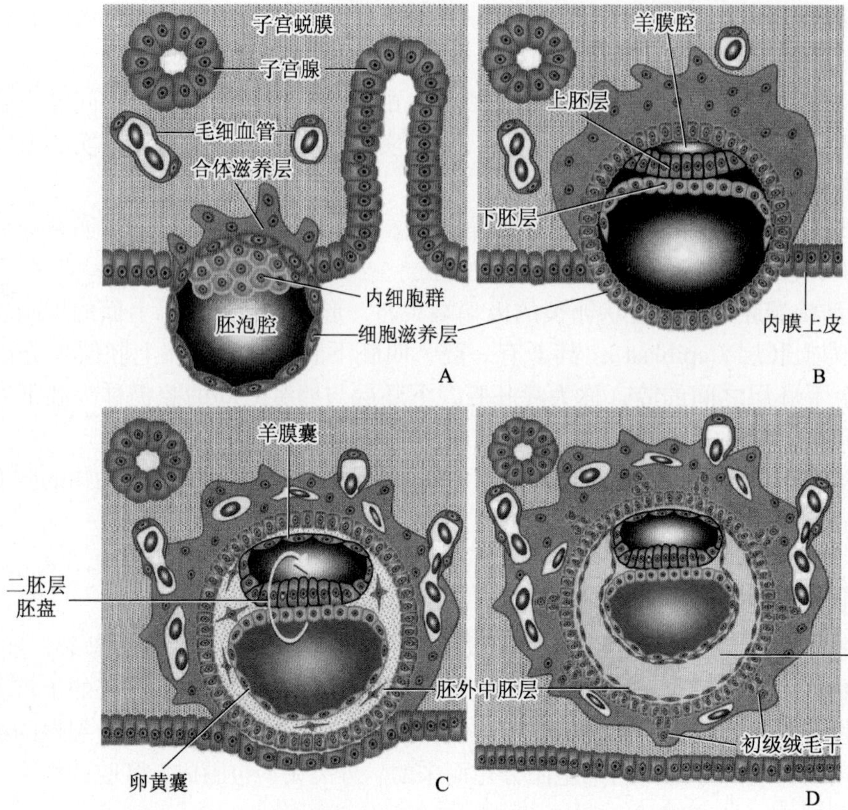

图 22–10 灵长类胚胎植入过程

22.6 原肠胚和胚层形成

胚胎到达囊胚阶段后，继续发育、分化，开始形成原肠，这在胚胎发生过程中是一个重要的阶段。在原肠形成过程中，胚胎细胞经过一系列的运动和变化，迁移到囊胚内部，形成内胚层（endoderm）或中内胚层（mesoendoderm），留在外面的叫外胚层（ectoderm）。具有内、外两个胚层结构的胚胎，叫原肠胚（gastrula）。原肠胚细胞迁移过程，称为原肠胚形成（gastrulation）或原肠作用，内胚层包围的腔称为原肠腔（archenteron）。

22.6.1 禽类的胚层形成

禽类继承了两栖类胚胎发育的许多特点，但由于禽卵中含有大量的卵黄，其所有胚胎细胞运动，都只能在片状的胚盘中进行（图 22–11）。禽卵为极端端黄卵，其原肠形成可分为两期：第一期为原肠形成早期，是为细胞运动做准备时期；第二期是原肠形成期。

在原肠形成早期，胚盘的主要细胞运动发生在明区后 2/3。位于明区前部和两侧的细胞，向中央和后部运动，结果在明区后 2/3 的中线上形成一条加厚的细胞带，该细胞带叫作原条（primitive streak）。原条中央向下凹陷，形成原沟（primitive groove），两边隆起，叫原褶（primitive fold）。原沟前端加深的部分叫原窝（primitive pit），原窝周围部分叫原结（primitive node）（图 22–11）。

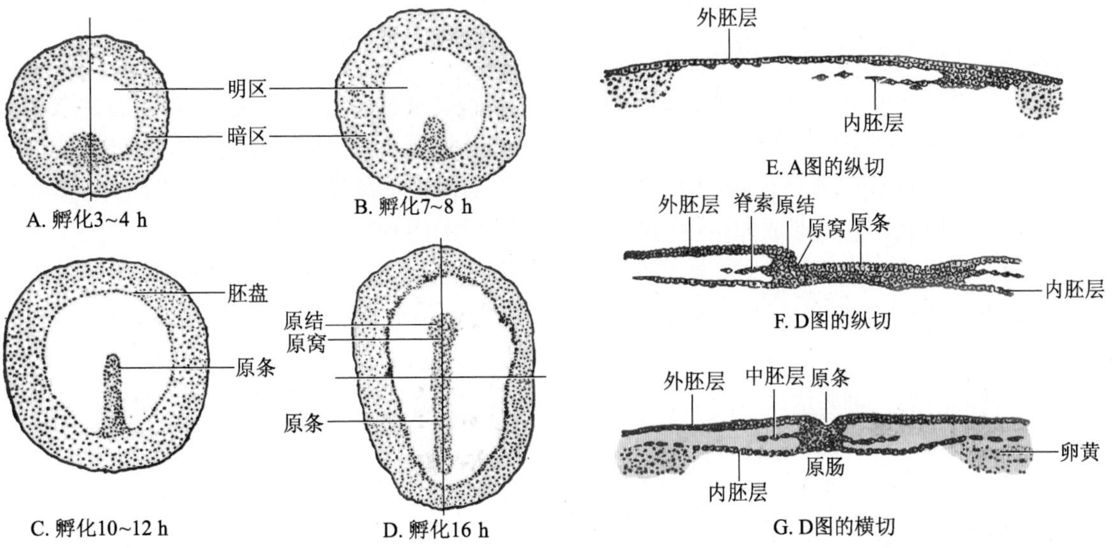

图 22-11　鸡胚原条形成和原肠形成

原肠形成期：原条刚形成后，由原条前部向内陷入一些细胞，加入到下胚层中间，形成一层并把下胚层向两侧和前方推开。这层由原条来的细胞将来形成胚内内胚层，而原来的下胚层则形成胚外内胚层。内胚层形成后，内胚层与卵黄所夹的腔改称为原肠。内、外两个胚层的形成，标志着原肠胚形成结束。

从原窝前壁原结处卷入的细胞向前延伸形成脊索和索前板，称为头突。与此同时向两侧和前方伸展，先形成中胚层的侧板，再形成上段和中段中胚层。随着脊索不断向后延伸，原条逐渐向后退缩，脊索完全形成，原条消失（图 22-12，图 22-13）。

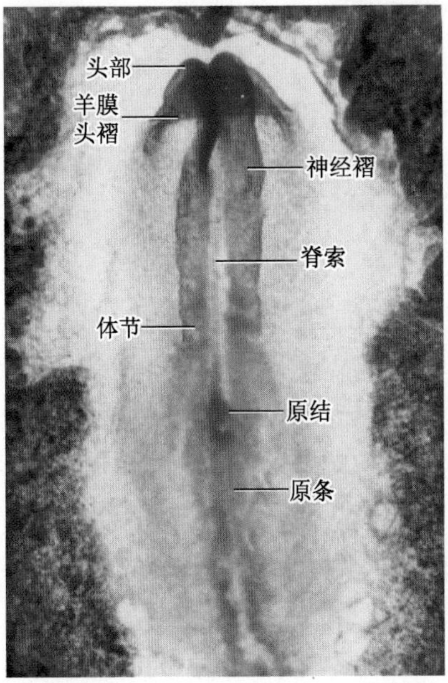

图 22-12　孵化 24 h 鸡胚装片背侧观

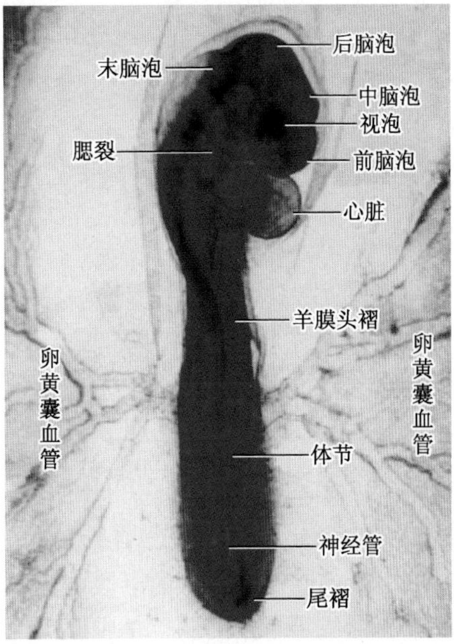

图 22-13　孵化 48 h 的鸡胚装片

22.6.2 哺乳动物胚层形成

哺乳动物的祖先也是爬行动物，因而哺乳动物胚胎发育过程与鸟类和爬行动物有许多相似之处。哺乳动物原肠形成开始时，先由内细胞团底部分离出一些细胞，沿滋养层内壁延伸形成新的一层，这层叫下胚层，也叫原始内胚层。下胚层所围成的新腔叫原肠腔。但下胚层不参与胚内内胚层的形成，它只形成卵黄囊内胚层。留在上面的内细胞团称为上胚层，由它产生所有胚内结构（包括胚内内胚层）。裂生羊膜动物，上胚层还产生羊膜。附着在内细胞团外的滋养层又称为 Rauber 层。很多动物，如有蹄类、兔等，这一层细胞消失，胚盘直接暴露。灵长类此层并不消失。

在上胚层后端，细胞集中加厚，形成原条。由原条处卷入内胚层和中胚层的细胞，其过程类似于鸟类胚胎发育过程。

22.7 神经胚形成

在神经胚形成的同时，其他过程也在进行着。所以，神经胚的概念是：具有神经管、中胚层和原始消化管的胚胎。

鸟类和哺乳动物的神经胚形成过程极其相似，其中包括脊索、中胚层的形成和神经管的形成。

脊索上方的外胚层细胞加厚形成神经板，其两侧上翘形成神经褶。神经褶闭合而成神经管和神经嵴。神经管完全形成后，神经胚如图 22-14 所示。

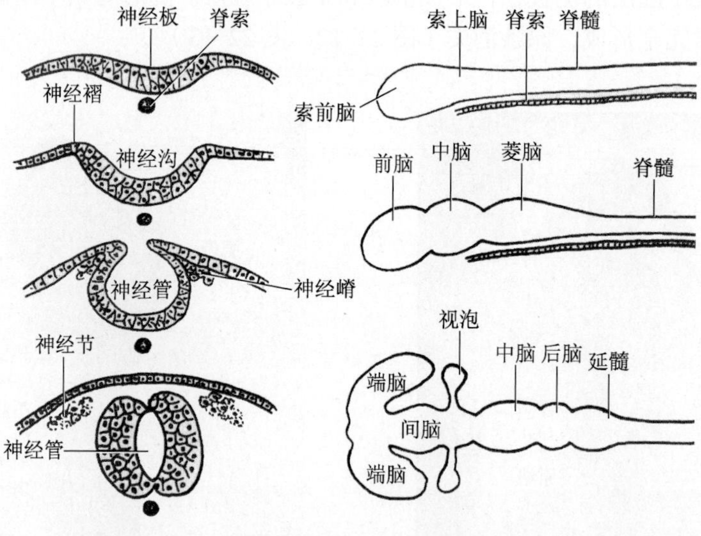

图 22-14 神经管的形成（左）脑泡的分化（右）

随着脊索和神经管的形成，脊索两侧的中胚层由内部向外部分化为明显增厚的上段中胚层、狭窄的中段中胚层和片状的下段中胚层三个部分。

上段中胚层位于脊索两侧，是中胚层细胞明显增殖形成的两条纵行排列的细胞柱。初呈长带状，随后由前向后分裂成节段，即体节。

中段中胚层位于体节和下段中胚层之间，又称间介中胚层（intermediate mesoderm），以后将发育为泌尿生殖器官。

下段中胚层分布于中胚层的最外侧，又称侧板中胚层（lateral plate mesoderm）。胚外区的侧板中胚层以后分裂为内外两层：外层的与外胚层相贴，称为体壁中胚层（somatic mesoderm），内层的与内胚层相贴，称为脏壁中胚层（splanchnic mesoderm），两层之间的腔叫胚外体腔（extra-embryonic coelom）。胚外体腔不断向胚内区发展，形成胚内体腔（intra-embryonic coelom）。原始胚内体腔将分化为心包腔、胸腔和腹腔三个独立的体腔。

22.8 胚层分化和中轴器官形成

三个胚层的建立，为胚胎进一步由简单的胚层结构而发育、分化成为复杂的组织器官奠定了物质和结构基础。

22.8.1 胚体的形成

当胚胎刚刚发育到三个胚层时，仍呈长泡状。扁盘状的胚盘经过复杂的变化形成胚体雏形。首先脊索背侧的外胚层细胞加厚形成神经板，神经板两侧隆起成神经褶，中央下陷成神经沟，神经褶在背侧合拢成两端开口的神经管。神经管的前、后开口，后来封闭，前端膨大形成脑的原基，后部形成脊髓（图 22-14）。整个脊索区的三个胚层都随着神经管的形成向背侧隆起，从而使前粗后细的圆筒状胚胎，在胚盘前部明显地突出出来。胚体前端发育成头部并向下弯曲，头部后方的中胚层分化成心脏。随着胚体伸长，原肠也相应地变长。后来原肠中部缩细，分为胚内和胚外两部分：胚内部分是原始消化管，分为前肠、中肠和后肠；胚外部分是卵黄囊。

22.8.2 中轴器官的形成

沿着胚体长轴有四套中轴器官形成，即脊索、神经管、体节和消化呼吸道，通常把这四种结构叫中轴器官。哺乳动物的脊索只在胚胎时期起作用，当中胚层体节形成椎骨时，脊索退化。神经管形成胚胎的中枢神经系统。体节是肌肉、皮肤以及脊索周围中轴骨骼的原基。中段中胚层和侧中胚层的一部分形成心脏、泌尿生殖系统和体壁皮肤真皮及肌肉。脊索腹侧内胚层形成原肠，以后分化为消化系统和呼吸系统的器官。

22.8.3 三个胚层的分化

动物机体的组织、器官都是由内胚层、中胚层和外胚层发育、分化而来。三个胚层首先分化形成胚性组织，继之分化为器官原基，由器官原基进一步分化为各种器官。表 22-1 列出了各组织器官的来源情况。

表 22-1　三胚层分化的组织和器官

组织器官		外　胚　层	中　胚　层	内　胚　层
基本组织	上皮组织	+	+	+
	结缔组织	-	+	-
	肌组织	+ 虹膜、汗腺、乳腺	+	-
	神经组织	+	+ 小神经胶质细胞	-
器官系统	消化器官	口腔及肛门上皮、釉质、味蕾、唾液腺上皮、神经成分	消化管的固有膜、结缔组织、脉管、肌层和浆膜	消化管上皮、肝、胰、胆囊的上皮
	呼吸器官	鼻腔上皮和腺体、神经成分	结缔组织、软骨和肌肉、肺胸膜	喉以下的上皮
	泌尿器官	神经和雄性尿道末端上皮	肾、输尿管、膀胱一部分上皮、结缔组织、浆膜及外膜、平滑肌	雌性尿道上皮、膀胱大部分上皮
	生殖器官	外生殖器及部分上皮、神经成分	内生殖器官的上皮、结缔组织、肌组织、浆膜	前列腺、尿道球腺、前庭腺的上皮
	神经系统	神经元及神经胶质	脉管及少量结缔组织、脑脊膜	
	感官	视网膜、角膜、结膜、泪腺及其导管上皮、膜迷路上皮和外耳上皮	结缔组织、脉管及大部分平滑肌	
	内分泌系统	脑垂体上皮及神经部、肾上腺髓质及松果体	肾上腺皮质、脉管和神经组织	甲状腺上皮及甲状旁腺
	心血管系统	神经成分	心脏、心包膜、血管和血液、骨髓	
	淋巴器官	神经成分	淋巴管、淋巴结、脾和淋巴组织	胸腺、法氏囊
	被皮系统	表皮、毛、蹄、角、皮质腺、汗腺、乳腺上皮	真皮、皮下组织、腺内结缔组织、竖毛肌、蹄和角的真皮、乳腺间质	

22.9 家畜主要器官系统的发生

中轴器官形成后，胚体内部器官继续发育分化，结果形成了完整的器官系统，同时胚体外部形态也发生了巨大的变化。

22.9.1　神经系统的发生

神经管前部较粗，逐渐增大发育成脑的原基，其余部分形成脊髓原基。脑原基继续发育，分化为前脑、中脑和菱脑三个脑泡。随后前脑分化为端脑和间脑，菱脑分化为后脑和延脑。随着胚胎发育的进行，端脑分化为大脑半球和嗅脑，间脑形成丘脑、垂体后叶和松果体，中脑分化为四叠体和大脑脚，后脑发育为小脑。神经管腔分别形成脑室、中脑导水管和脊髓中央管。神经嵴发育为成对的、相互分离的神经节及其他组织。

22.9.2 消化、呼吸系统的发生

消化系统和呼吸系统都是由原肠分化而来的，故此在胚胎发育过程中关系密切。其中，前肠分化为口腔的一部分、咽、食管、胃、十二指肠和消化腺等，中肠分化为十二指肠后段、空肠、回肠、盲肠和部分结肠，后肠分化为结肠和直肠（图 22-15）。

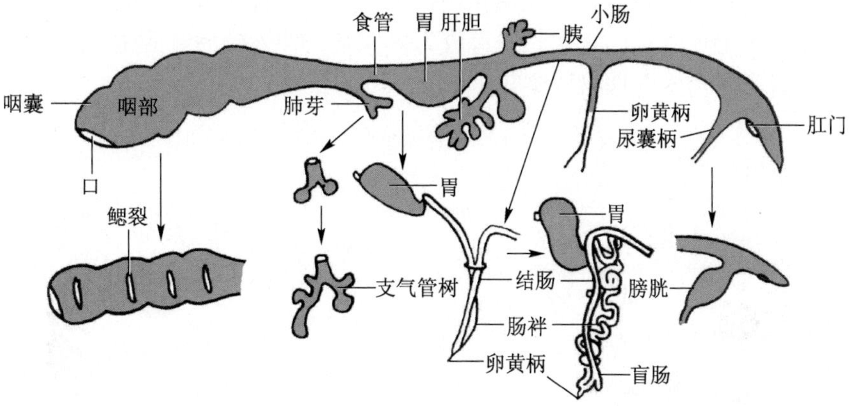

图 22-15 内胚层分化模式图

22.9.2.1 **咽的发生** 前肠前部膨大呈扁平囊状，中央主咽室发育成咽，两侧向外凸起，形成五对鳃囊，与鳃囊相对应的外胚层内陷形成鳃沟。在哺乳动物和禽类中，鳃无任何功能，只是重演其祖先的发育过程而已。第一鳃囊外侧膨大形成中耳鼓室，第一鳃沟形成外耳道；第二鳃囊内侧部形成咽扁桃体；第三、第四鳃囊向外形成甲状腺、胸腺和鳃后体；第五鳃囊退化。

22.9.2.2 **食管的发生** 咽后部的前肠明显变细，被隔分为 2 个管，背侧的是食管，腹侧的是气管。

22.9.2.3 **胃的发生** 原肠在食管末端膨大呈梭形，随着发育过程的进行，背侧壁发育快并突出形成胃大弯；腹侧壁发育慢并凹陷，形成胃小弯。

22.9.2.4 **肠的发生** 胃原基后方肠管形成原始肠袢，呈发夹状，降支在前，升支在后。在升支上，突起盲肠原基，盲肠原基前面分化为小肠，后面分化为大肠。小肠又演变为十二指肠、空肠和回肠。

22.9.2.5 **肝和胰的发生** 在胃和十二指肠交界处的内胚层向腹侧突出肝憩室，肝憩室分为前后两支，前支形成肝实质和导管，后支发育成胆囊和胆管。胰原基与肝原基在同一部位几乎同时出现，分背胰原基和腹胰原基。背胰原基由十二指肠内胚层发生，腹胰原基从肝憩室内胚层发生，二者相互靠近、融合。胰岛是从腺组织上分离出来的内胚层细胞分化而来的。

22.9.2.6 **喉、气管和肺的发生** 原始咽底部正中发生一条纵裂沟，称喉气管沟，此沟加深形成盲囊，并从咽腹侧突出，称喉气管憩室，其开口于咽的部分发育成喉，喉以下为气管。喉气管憩室末端膨大并向两侧分枝，形成肺芽。肺芽生长而发出分枝，形成气管、支气管树，末端上皮形成肺泡。

22.9.3 泌尿生殖系统的发生

22.9.3.1 **泌尿系统的发生** 脊椎动物泌尿系统在胚胎发育过程中，共发生前、中、后三代位置不同的肾，即前肾、中肾和后肾。这三种肾在某些脊椎动物的成体中还能够见到，因此泌尿系统的演化过程，反映了系统发生的真实情况。中段中胚层发育出生肾节后，在前部的生肾节形成许多前肾小管，它与其侧面的前肾管相连，并向胚体后部延伸到达泄殖腔。家畜的前肾不发生泌尿作用，很快退化。当前肾尚未完全退化时，中肾已开始发育，从中部的生肾节产生中肾小管，它的一端内陷形成肾小囊，另一端连在前肾管上，此时的前肾管改称为中肾管。中肾是胚胎早期和中期的泌尿器官，在猪胚还特别发达。中肾尚未退化时后肾已开始发育。在中肾管后端形成一个输尿管芽，它生长发育成为输尿管，伸入到后肾的生肾组织中，成为后肾的集合小管。后肾是畜禽永久性泌尿器官（图 22-16）。

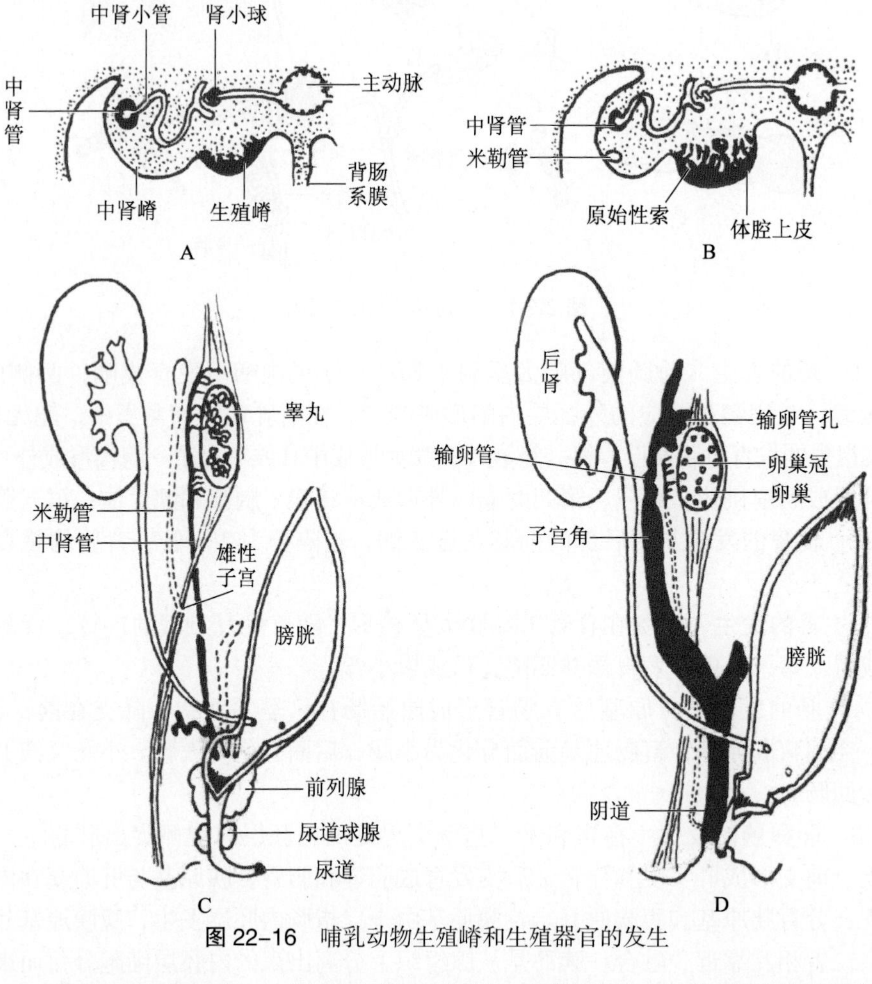

图 22-16 哺乳动物生殖嵴和生殖器官的发生

22.9.3.2 **生殖系统的发生** 原生殖细胞迁移到生殖嵴以后，在其基因型的控制下，进行性腺分化。如果原生殖细胞含有 Y 染色体，则发育成睾丸，否则发育成卵巢。当向睾丸发育时，生殖索增生，外周的生殖索分化为曲细精管，内部的生殖索分化为睾丸网。当向卵巢发育时，生殖腺发育较慢，从生殖上皮形成新的生殖索，并逐渐取代原有的生殖索。新的生殖索分离出一些细胞团，内包有原生殖细胞分化而来的卵原细胞，称为原始卵泡。

生殖道发生与泌尿器官发生密切相关。性腺分化前，有两套管道，一套是泌尿器官发生过程中形成的中肾管，另一套是紧位于中肾管外侧的副中肾管（米勒管）。如果胚胎向雄性发育，中肾管进一步发育，一部分中肾管与睾丸相连形成附睾，余下部分形成输精管，副中肾管退化。如果胚胎向雌性发育，中肾管退化，副中肾管发育成输卵管、子宫和阴道（图 22-16）。

22.9.4 循环系统的发生

心血管系统和淋巴系统都是由胚胎时期中胚层的间充质发育而来的。沿着主要血管发生的位置，间充质细胞集中成团索状，分化形成血岛。血岛内间充质细胞由不规则的多突起形状变为圆形，血岛周围细胞变扁平，成为血管内皮，而中间的细胞变成原始血细胞。众多的血岛联系起来，形成血管网。

心脏由一对位于咽下部的血管原基演化而来。在前肠门两侧，由胚脏壁中胚层分离出一些细胞，形成 2 条管道，称心内膜管。随着前肠的延长和前肠门的后移，这 2 条心内膜管相互靠近，并于前肠腹侧融合成一条心内膜管。靠近心内膜管处的胚脏壁中胚层加厚，并将心内膜管包围起来，形成心肌外膜管。将来，心内膜管分化为心内膜，心肌外膜管分化为心肌和心外膜。心肌外膜管外面的胚脏壁中胚层分化为心包（图 22-17）。

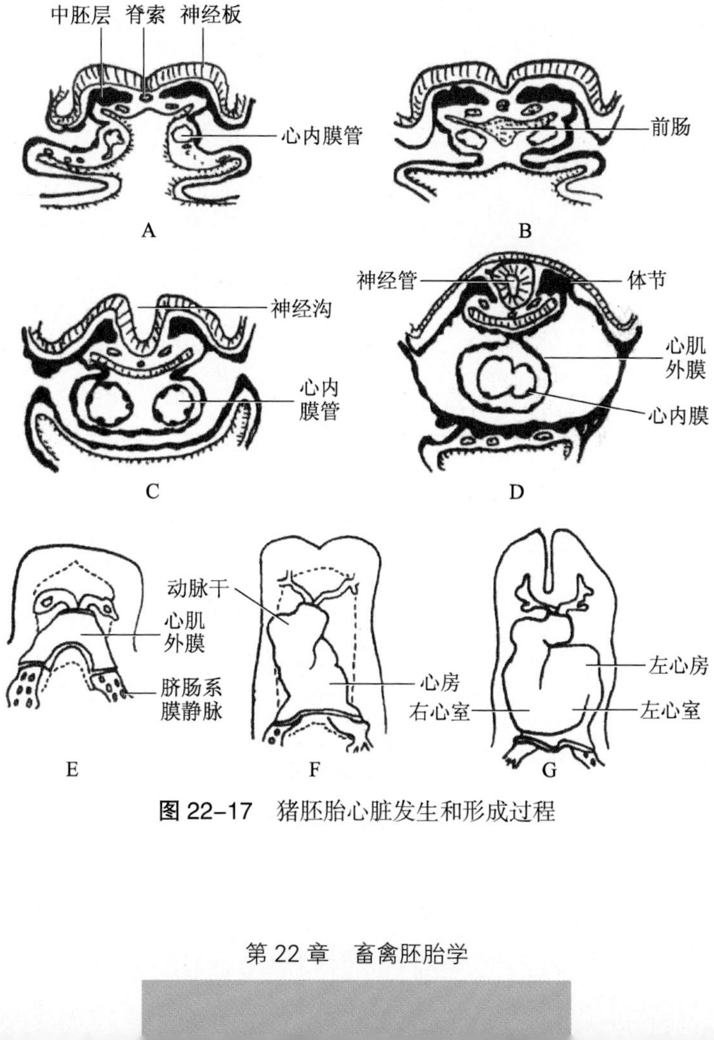

图 22-17　猪胚胎心脏发生和形成过程

22.9.5 面部的发生

7 mm 的猪胚，在胚体头部中央形成一个较大的圆形隆起，叫作额鼻隆起，它是由内部膨大的脑泡和局部间充质增生而形成的。额鼻隆起两侧为嗅窝，嗅窝下部为第一鳃弓部分，此时已分叉成上下两部，分别叫左、右上颌隆起和左、右下颌隆起。各隆起之间是一宽大的凹陷，为口腔板（原始口腔）。在额鼻隆起的下缘两侧、鼻窝内外两侧翼，分别称为内侧鼻隆起和外侧鼻隆起。由于内侧鼻隆起生长速度快，几乎与两侧的上额隆起接触，此时上颌基础已完全建立。两侧内侧鼻隆起在中线融合，在腹侧与上颌隆起融合，形成上颌弓。两侧下颌隆起在中央融合形成下颌弓。随着胚胎发育，逐渐呈现该种动物的面部特征。

22.10 哺乳动物的胚胎发育进程

鸟纲动物的解剖差异最小，而哺乳动物则不同，海豚、鲸和蝙蝠之间在解剖和外貌上的差别很大。如鸟类的孵化时间差异很小，胎膜和许多其他胚胎结构也很相似；哺乳动物的情况则不同，其胎膜的形成差异性很大，几乎每一目，甚至每一科都不相同，妊娠时间也不相同，小鼠短到 21 天，大象长达 21 个月（表 22–2）。然而，胚胎发育的方式是一样的，都要经过相同的步骤，只是发育进程不同罢了。表 22–3 列出了猪的胚胎发育进程。

表 22–2 哺乳动物妊娠期

动物名称	时间 /d	动物名称	时间 /d
仓鼠	14 ~ 18	绵羊	147 ~ 154
小鼠	21	山羊	147
大鼠	22	虎	155
家兔	34	恒河猴	180
大袋鼠	39	牛	270
豚鼠	62	鹿	300
狗	63	马	330
猫	63	象	600 ~ 630
猪	112 ~ 116		

表 22–3 猪的胚胎发育时期

发育时期	胚龄 /d	形态特征
卵裂	1 ~ 3.5	2 个卵裂球 4 个卵裂球（子宫） 8 ~ 12 个卵裂球 16 个卵裂球，桑葚胚
囊胚	4.75 ~ 5.7	囊胚 晚期囊胚
原肠胚	7 ~ 12	胚泡、胚盘都伸长，中胚层增生开始形成原条 原条形成终了，脊索形成，附植

续表

发育时期	胚龄 /d	形态特征
神经胚	13 ~ 16	前体节期，神经胚 枕部体节 1 ~ 4 对 颈部体节 5 ~ 12 对
尾芽期胚胎	17 ~ 20	胸部体节 21 ~ 24 对 腰部体节 30 ~ 31 对 荐部体节 36 ~ 37 对 尾部体节 38 ~ 40 对
后期胚胎	20 ~ 34.5	尾部体节 44 ~ 46 对，开始形成脐疝 尾部体节 50 ~ 52 对，最后一对体节形成 颈窦闭合，颌侧突出现，性分化，腭发育 第三、第四指突出，颌突愈合，面裂闭合，颌形成
胎儿	36 ~ 114	第一胎儿期：眼睑生长，肠管自脐带中缩回 第二胎儿期：眼睑闭合 第三胎儿期：眼睑开启

22.11 胎膜和胎盘

22.11.1 胎膜

22.11.1.1 **禽类的胎膜** 胎膜在禽类也可称为胚外膜。胚外膜是胚胎的辅助性结构，对胚胎起保护、营养和排泄作用；它们不参与胚体的形成，胚胎发育结束时大都消失。鸡的胚外膜有四种：卵黄囊（yolk sac）、羊膜（amnion）、浆膜（serosa）和尿囊（allantois）（图 22-18）。

（1）*体褶的形成* 在胚体四周边缘上，外胚层和体壁中胚层称为胚体壁，与称为胚脏壁的脏壁中胚层和内胚层，在近胚体处，自胚体四周向下向内折叠，而把胚体举起，而向内折形成的结构称为体褶（body fold）。孵化 24 h 鸡胚首先在头部形成一半月状体褶，称为头褶，褶中的囊称为头下囊。体褶不断加深并向后延伸到胚体两侧，形成侧褶。侧褶起初很浅，后来加深，使胚体与卵黄分离开来。到孵化第 3 天，在胚胎后部出现了尾褶，尾褶将胚体尾部与卵黄分开，形成尾下囊。头褶、侧褶和尾褶一起加深使胚体离开卵黄，并被举起。体褶的形成使胚内与胚外明显分开。

（2）*卵黄囊的形成* 禽类的四种胎膜中卵黄囊出现最早。鸡胚由于卵黄多，其胚脏壁不形成封闭的原肠，而是在卵黄表面上生长；其原肠只有顶壁为细胞结构，底壁暂时由卵黄充当。胚脏壁不断扩展，孵化 48 h 时已覆盖 1/3 卵黄，72 h 时覆盖 2/3 卵黄，到第 5 天末终于在卵黄周围形成一个囊状结构。由于头褶的出现和加深，原肠前端首先获得了细胞性底壁而变为前肠，第 3 天时出现了尾褶，形成了细胞性底壁的后肠。在前肠与后肠之间，仍暴露于卵黄的原肠部分为中肠。后来，随着头下褶和尾下褶的进一步加深，前肠和后肠也不断长长，中肠相应变细，中肠最后缩得很细而成为卵黄囊柄。以卵黄囊柄为界，其外的胚脏壁包在卵黄周围，为卵黄囊，其内构成体内原肠。

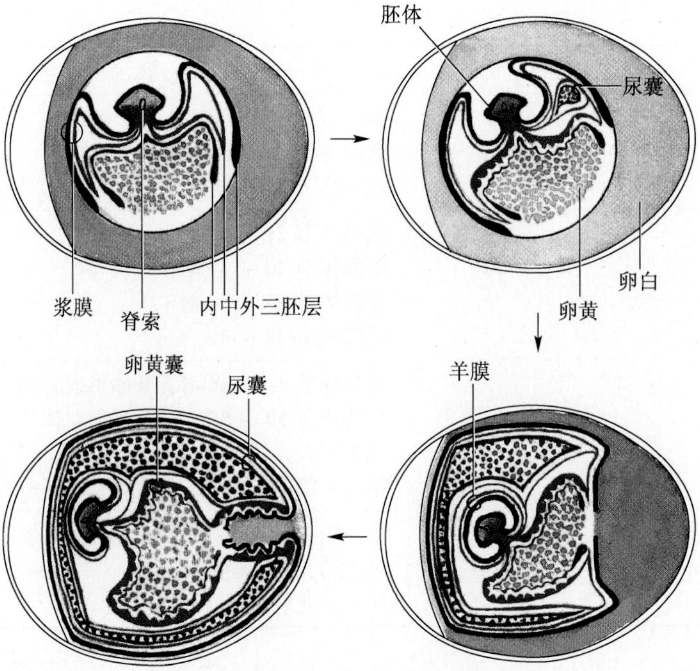

图 22-18　鸡胚胎膜形成模式图

卵黄囊柄不断缩细使脐肠系膜动脉和静脉都集中在一起。由于没有卵黄直接进入原肠，卵黄囊内胚层细胞分泌酶类降解卵黄，使之变为可溶性物质，经卵黄囊毛细血管和静脉运输到胚体内，以供给胚胎营养。当鸡胚临孵出以前，剩下少量的卵黄连同卵黄囊一起吸收进入腹腔，成为幼雏早期生长的营养来源之一。

在胚胎发育过程中，蛋白因水分的利用和丢失，体积迅速变小。又由于尿囊的排挤，使蛋白位于卵黄的远端，并由胚外膜包裹，形成蛋白囊，囊内的蛋白被运输到体内消化、吸收（图 22-18）。

（3）羊膜和浆膜的形成　鸡的羊膜和浆膜都来自胚外胚体壁，而且羊膜和浆膜是同时形成的。当体褶在胚胎腹侧不断加深时，胚外胚体壁沿着胚体四周上折，形成浆羊膜褶。浆羊膜褶在胚胎上方汇合并融合形成羊膜和浆膜。

孵化 30 h 左右的鸡胚，头前端的胚外胚体壁向上折起形成羊膜头褶。从背侧观察，羊膜头褶的边缘为新月状，凹面向胚体后端。随着胚胎生长，其头部不断伸入羊膜头褶中，羊膜头褶逐渐向后罩住胚胎头部。羊膜头褶与胚胎两侧的羊膜侧褶相连，后者逐渐上包，并在胚胎上方中央相遇。孵化第 3 天，在胚胎尾部周围发生羊膜尾褶。其形成方式类似于羊膜头褶，但生长方向向前。

羊膜头褶、侧褶和尾褶不断生长，最后在胚胎上方相遇并愈合。由于愈合处较厚称为浆羊膜嵴。不久，在浆羊膜嵴处融合的内、外两层胚体壁分开，外层是浆膜，内层为羊膜，二者之间为浆羊膜腔，它属于胚外体腔。羊膜的内面为外胚层，它在卵黄囊柄处与胚体表面外胚层相连；羊膜外面为体壁中胚层。浆羊膜腔内含有羊水，为胚胎发育提供水生环境。羊水的成分与海水非常接近。浆膜的外面是外胚层，内面是体壁中胚层。随着浆膜的迅速生长，最终将胚胎和其他胚外膜都包围起来。

（4）尿囊的形成　尿囊起源于胚体内部，其组成和卵黄囊一样，由胚脏壁构成。孵化约两天半时，后肠腹侧壁向胚外体腔伸出一囊状结构，即尿囊。到孵化第 4 天，尿囊进入胚外体腔，其远端膨大，内部充满液体，根部很细，称为尿囊柄，位于卵黄囊柄的后方。孵化第 4 天到第 10 天期间，尿囊在浆羊膜腔内迅速扩展，最后把羊膜和卵黄囊都包围起来。这时尿囊壁的脏壁中胚层和浆膜的体壁中胚层相融合在一起，形成双层中胚层，在其中发生丰富的血管网，汇集成尿囊动脉和尿囊静脉，后者与胚胎体循环血管相连，构成了尿囊循环，其主要作用是进行气体交换，其次是收集胚胎代谢产物于尿囊液中。鸡胚的尿囊与浆膜中胚层的结合和尿囊循环的建立，类似于哺乳动物的尿囊绒毛膜胎盘。

22.11.1.2 **哺乳动物的胎膜** 哺乳动物的胎膜（图 22-19）也包括四种：绒毛膜、羊膜、卵黄囊和尿囊。某些胎膜和母体子宫内膜一起形成哺乳动物胚胎发育所特有的结构——胎盘。

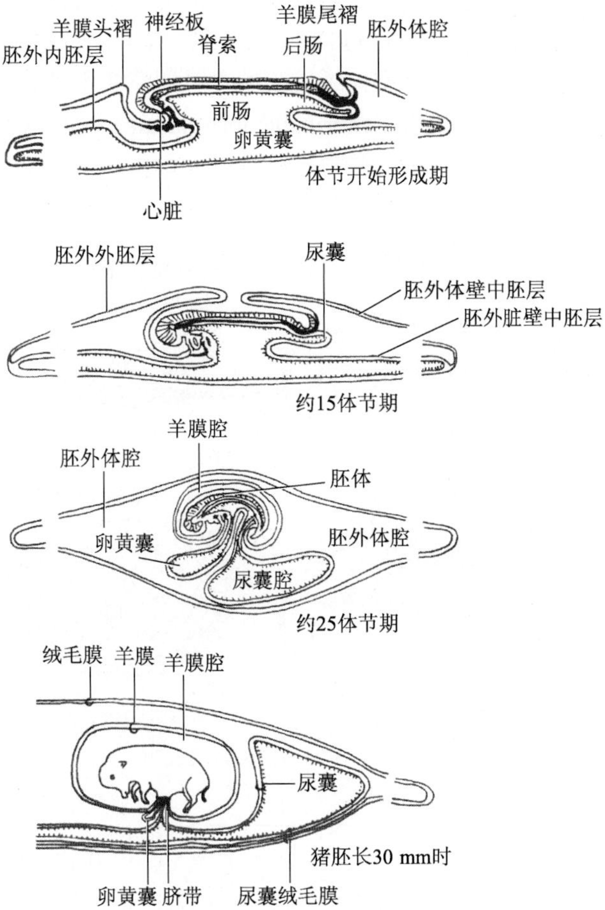

图 22-19 猪胚的胎膜形成

（1）卵黄囊 哺乳动物的卵黄囊也是由胚外内胚层和胚外脏壁中胚层包围形成的。原兽亚纲和后兽亚纲的卵黄囊还相当发达，但在真兽亚纲中则不发达，有的甚至退化。

（2）尿囊 哺乳动物的尿囊和禽类相同，也是从后肠腹侧突出形成的，由内胚层和脏壁中胚层组成。猪和狗的尿囊特别发达。

（3）羊膜 在哺乳动物中，羊膜形成有两种方式：一是褶生羊膜，即和鸡一样，胚外胚体壁自胚体四周向上起褶，最后将胚胎包住，例如猪；另一种是裂生羊膜，即内细胞团细胞分层，形成羊膜腔。裂生的方式又有三种：① 先自内细胞团分出一些滋养层细胞，再从滋养层分出羊膜外胚层；② 从内细胞团边缘直接分出羊膜外胚层；③ 内细胞团和胚外外胚层共同裂开分出一层细胞，形成羊膜外胚层。总之，羊膜由胚外胚体壁构成，羊膜腔内充满羊水。

（4）绒毛膜　胚外体壁中胚层形成以后，附着在滋养外胚层内侧，共同构成绒毛膜（chorion），即相当于鸡胚浆膜。哺乳动物胎膜形成过程如图 22-19 所示。

22.11.2　胎盘与脐带

22.11.2.1　胎盘

胎盘（placenta）是哺乳动物胎儿和母体进行物质交换的特殊结构。由于绒毛膜能分泌促性腺激素、孕激素和其他激素，所以胎盘还是一个重要的内分泌器官。

胎盘由母体部分和胎儿部分所组成。母体部分是子宫内膜，胎儿部分则由各种胎膜构成。根据胎盘组成，可将其大致分为三种类型：绒毛膜胎盘、卵黄囊胎盘和尿囊绒毛膜胎盘。哺乳动物的胎儿胎盘主要指尿囊绒毛膜胎盘（chorioallantoic placenta）。尿囊绒毛膜胎盘根据绒毛膜上绒毛的分布方式、分娩时母体子宫组织受损伤的程度及母体－胎儿组织屏障的特点进行分类（图 22-20，图 22-21）。

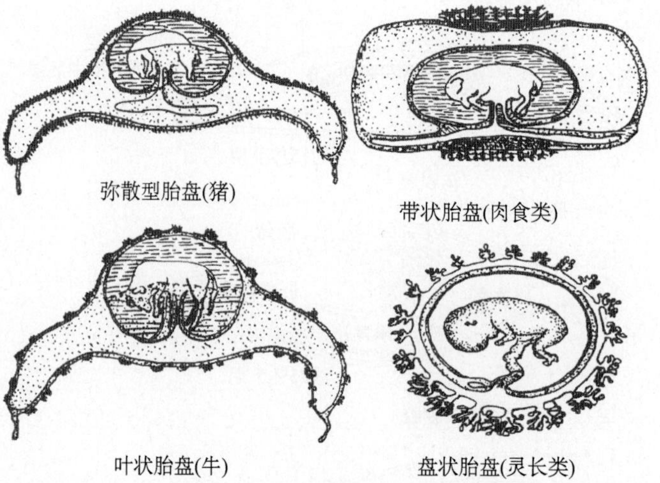

图 22-20　哺乳动物胎盘模式图

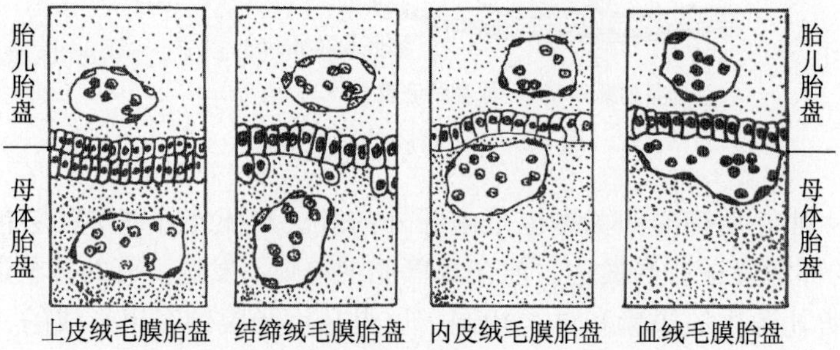

图 22-21　四种类型胎盘屏障组织结构模式图

（1）根据绒毛膜上绒毛的分布方式分类

① 弥散型胎盘（diffuse placenta）　大部分绒毛膜表面均匀分布着绒毛或皱褶，后者与子

宫内膜相应的凹陷部分相嵌合。如猪、马、骆驼等的胎盘。

② 叶状胎盘（cotyledonary placenta） 绒毛膜表面的绒毛成簇分布，称为绒毛叶。绒毛叶又附着在子宫内膜表面的子宫肉阜上，共同形成胎盘块。如羊、牛、鹿等反刍类动物的胎盘。

③ 带状胎盘（zonary placenta） 绒毛集中在胚泡赤道部周围形成带状，与子宫内膜相结合，形成胎盘。如海豹、猫、狗、狐等食肉类动物的胎盘。

④ 盘状胎盘（discoidal placenta） 绒毛集中在绒毛膜的一个盘状区域，与子宫内膜相结合，形成胎盘。如灵长类、啮齿类动物的胎盘。

（2）根据分娩时母体子宫组织受损伤的程度分类

① 非蜕膜型胎盘（nondecidual placenta） 胎膜与相对良好的子宫组织相结合，分离时不造成太大的损伤。弥散型和叶状胎盘属于这一类型。

② 蜕膜型胎盘（decidual placenta） 胎膜与子宫组织结合牢固，子宫内膜基质变得肥大，形成蜕膜，分娩时蜕膜随着胎膜一起脱落。带状胎盘、盘状胎盘属于这一类型。

在盘状胎盘中，胚泡侵入子宫内膜后，由子宫内膜将胚泡包住。包围胚泡的子宫内膜称为包蜕膜；子宫壁深层，亦即胚泡附着在子宫壁形成胎盘的部分，称作基蜕膜；其他没有胚泡植入的子宫内膜称为壁蜕膜。胚泡滋养层外层细胞在侵入子宫壁后融合变为合胞体滋养层，内层细胞不融合，为细胞滋养层。

（3）根据母体 - 胎儿组织屏障的特点进行分类

胎盘的胎儿部分是尿囊加绒毛膜，包括三层组织：血管内皮、间充质和滋养层。母体部分也有三层结构：子宫内膜上皮、结缔组织和血管内皮。因此，胎儿与母体的血液间物质交换必须通过这六层结构，该结构为胎盘屏障。胎儿部分的三层结构在不同动物胎盘中变化不大，但胎盘的母体部分在不同动物却有很大的差别。因此，根据子宫组织的层数，将胎盘分为四类。

① 上皮绒毛膜胎盘（epithelio-chorial placenta） 所有三层子宫组织都存在。如猪和马的胎盘。

② 结缔绒毛膜胎盘（syndesmo-chorial placenta） 子宫内膜上皮细胞层被侵蚀，结缔组织和血管内皮完好。如牛、羊等叶状胎盘。

③ 内皮绒毛膜胎盘 子宫内膜上皮和结缔组织均溶解掉，母体血管内皮与胎儿绒毛膜上皮接触。主要见于食肉动物的胎盘。

④ 血绒毛膜胎盘（hemochorial placenta） 所有三层子宫组织都缺如，胎儿绒毛膜的绒毛直接插入到母体血液中。如灵长类和某些啮齿类的胎盘。

22.11.2.2 脐带

在哺乳动物胚胎发育中，由于羊膜向胚体腹部扩展，致使不发达的卵黄囊和尿囊受其挤压而逐渐缩小，并把它们包围起来，最后彼此合并且伸长，形成一条索状结构，称为脐带（umbilical cord）。

脐带内有卵黄囊柄、尿囊柄、脐动脉、脐静脉及中胚层黏性结缔组织等。脐带是胎儿与母体之间唯一的通道，起着吸取营养、排泄代谢产物的作用。

22.12 胚胎工程简介

胚胎工程（embryo engineering）是近些年来在进行胚胎移植的基础上，逐步发展起来的提高家畜繁殖力，扩大遗传影响的综合性生物工程。胚胎工程具有胚胎显微操纵（embryo micromanipulation）的含义，是通过生物的、物理的、化学的和机械的方法，对胚胎进行显微操纵的一系列研究。目的在于人工干预胚胎的早期发育，改变其生理过程，用以提高动物的繁殖力和改良动物品种。胚胎工程与生殖工程（reproduction engineering）的研究内容密切相关。生殖工程是近年来发展起来的一门新的边缘学科。生殖工程利用现代生殖生理学、免疫学、繁殖学、胚胎学、发育生物学、分子生物学和遗传学的新理论和新技术，使得人为调控家畜繁殖和胚胎发育、提高良种家畜的繁殖率、培育优良种畜成为现实。随着胚胎学等生命科学基础研究的飞速发展，胚胎工程已由胚胎移植繁殖技术发展扩大到新的领域，即胚胎分割、胚胎嵌合、体外受精、无性繁殖（克隆）、性别鉴定、胚胎冷冻等胚胎生物技术。

22.12.1 胚胎分割、胚胎融合与胚胎性别鉴定技术

22.12.1.1 **胚胎分割** 胚胎分割（embryo bisection）是指将哺乳动物的胚胎采用手术或非手术的方法从子宫或输卵管中取出，人为利用机械或化学方法将其分割成 2 个或多个部分，分割后的每个部分在适宜的条件下进行体外培养、移植回受体子宫或输卵管（或不经过培养直接移植），可从 1 枚胚胎获得 2 个或多个基因型和表型一致的后代。

胚胎分割技术经过近 20 年的发展，在理论和技术方法上都已经日趋完善，对畜牧业生产和试验研究有着特殊的作用，尤其是对大型农场动物进行良种繁殖时，可用胚胎分割方式增加胚胎数目及人造同卵双胎和多胎数目，移植后便可获得更多的良种。胚胎分割技术还可用于濒危动物的保护，也可为早期胚胎遗传疾病的检查和性别鉴定等技术提供一种活体组织检查的方法。哺乳动物胚胎冷冻保存技术与胚胎分割技术结合，可以增加胚胎数目和提高产犊率，同时在加速家畜育种改良进程、建立基因库、保护资源等方面都有重要的意义。

哺乳动物的胚胎从二细胞期到囊胚期都可以分割并生出后代。对于胚胎分割的方法，主要是根据胚胎发育阶段不同而异。主要有机械法和化学辅助机械法、Willadsen 分割法、Williams 分割法、T Suzuki 分割法、显微吸管分离法、酶软化透明带显微玻璃针分割法、徒手分割法。

22.12.1.2 **胚胎融合** 胚胎融合（embryo fusion）又称嵌合体制作，就是将两个不同品种或不同种除去透明带胚（裸胚）黏合在一起或者各自一分为二，然后各取一半，融合成新的胚胎，移植给受体，产生具有杂交优势的新后代——嵌合体。胚胎融合技术不仅为动物胚胎发育及遗传控制等研究提供了有效手段，而且业已证实，嵌合体后代可集不同品种或不同种动物的不同基因于一体，完全有可能把母代动物的优良遗传性能集中表现出来，从而形成具有高度杂种优势的杂合体。另外，嵌合体母畜与公畜交配后，能产生具有正常繁殖力的后代。所以胚胎融合不仅可成倍缩短家畜改良的时间，而且为创造新型的家畜品种提供新的技术手段。胚胎融合的主要方法有两种：

（1）*石蜡油挤压法* 在塑料培养皿上做好 20 ~ 30 μL 的联结用培养液小滴，上盖石蜡油。培养液滴中放入要联结的两个品系的裸胚（通常各一个），在显微镜下用细玻璃棒轻轻拨在一起使之联结。联结用的培养液中一般要加联结剂——植物血凝素。室温下放置 15 分钟，使联结完成后，用培养液洗两次，再继续培养或作移植。

（2）*内细胞团囊胚注入法* 即将一个品系的单个卵裂球注入另一品系胚胎的囊胚腔中。

22.12.1.3 **胚胎性别鉴定技术** 胚胎性别控制（sex identification of embryo）是一项显著提高家畜繁殖率的生物技术，对家畜育种、生产和伴性遗传疾病的防治均有重要的意义。目前家

畜性别控制主要采用两条途径，即精子分离和早期胚胎的性别鉴定。虽然使用流式细胞仪已成功分离了 X、Y 精子，但其成本高，分离效率低，暂时还难以在实际生产中推广。而牛早期胚胎的性别鉴定已有几十年的发展历史，随着胚胎移植技术的产业化推广，该方法也日趋发展成熟，特别是 PCR 技术的发明和性别决定基因的发现，早期胚胎性别鉴定成为目前最具实用价值的一项性别控制技术。早期胚胎性别鉴定有多种方法，大致可分为两类：① 以细胞核型分析法为代表的早期生物学方法；② 以 PCR 技术为主的分子生物学方法。

早期生物学方法包括细胞遗传学法、X- 连接酶测定法、免疫学方法（细胞毒性分析法、间接荧光免疫法、囊胚形成抑制法）。

分子生物学方法进行胚胎性别鉴定具有准确、高效、快速、可重复性好等优点，使性别鉴定和性别控制真正进入可操作阶段，目前已被许多研究人员用于家畜的胚胎性别鉴定。当前应用的分子生物学方法主要包括以下几种：核酸探针法、PCR 法、荧光原位杂交（FISH）法和环媒恒温扩增（LAMP）法。

胚胎性别鉴定存在的问题和前景　哺乳动物性别鉴定的研究可以提高预先判定后裔性别的能力，极大地增强育种计划的经济效果，在生产上通过胚胎性别鉴定和胚胎移植，可促进优良家畜的繁殖，加快所需畜产品的生产进程，增加产品质量，以获得巨大的社会经济效益。目前，科学家们已建立了应用 PCR 鉴定各种动物胚胎性别的方法，包括人、牛、小鼠、猪等，这种方法简单、快速、准确、经济，并且已经产生了所需性别的后代。但由于早期胚胎性别鉴定需从胚胎上采取少量细胞，导致性别鉴定的胚胎经冷冻、解冻处理后胚胎存活率受到影响，因而胚胎移植成功率下降。同时，劣质胚胎的性别鉴定成功率更低，这就制约了提供预知性别家畜胚胎的商业化进程，因而发展一种更准确且尽量减少胚胎损伤的性别鉴定方法，是今后努力的方向和目标。随着鉴定技术的不断改进和完善，性别鉴定将会在畜牧业生产中得到大规模应用和推广。

22.12.2　胚胎移植与胚胎冷冻保存

22.12.2.1　**胚胎移植**（embryo transfer）　就是将供体母畜的受精卵或胚胎移植到受体母畜的子宫内，使之正常发育，俗称“借腹怀胎”。经胚胎移植产生的后代从受体得到营养发育成新个体，但其遗传物质则来自它的真正亲代。利用胚胎移植，可以开发遗传特性优良的母畜繁殖潜力，较快地扩大良种畜群，在自然情况下，牛、马等母畜通常一年产 1 胎，一生繁殖后代 16 头左右，猪也不过百头。采用胚胎移植则使优良母畜免去了冗长的妊娠期，胚胎取出后不久即可再次发情、配种和受精，从而能在一定时间内产生较多的后代。1985 年美国利用胚胎移植繁殖了约 5 万头良种牛犊。目前世界上胚胎移植牛年生产量已超过百万头。如果进行超数排卵，可取得更多的胚胎供移植之用。另外，由于胚胎可长期保存和远程运输，还为家畜基因库的建立，品种资源的引进和交换，以及减少疾病传播等提供了更好的条件。胚胎移植的基本方法包括供体超排与授精，受体同期发情处理、采卵、检卵和移植。

（1）*超数排卵*　超数排卵是为了获得更多的胚胎所采取的一种方法。人们模拟体内卵母细胞发育成熟排卵的激素调节模式，通过注射不同的促性腺激素，刺激暂时处于休止状态的卵母细胞进入成熟发育期，成熟后排放于输卵管。由此可以获得比自然排卵时多得多的卵母细胞或胚胎。影响超数排卵的因素有卵巢因素、促性腺激素制剂、动物的年龄与健康状况。

（2）*受体同期发情*　它是利用某些激素人为地控制并调整若干（供、受体）母畜在一定时间内集中发情，对受控制的母畜不经过发情检查即在预定时间内同时受精。同期发情技术主要通过控制黄体调节孕酮水平，使卵泡同时发育，达到同期发情的目的。

同期发情的处理方法主要有：① 孕激素处理人为地造成黄体期，控制发情。投药方式有阴道栓塞、皮下埋植等。② 前列腺素（PG）及其类似物处理，溶解卵巢上的黄体，中断周期黄体发育，使动物同期发情。

（3）胚胎回收（采卵） 从供体收集胚胎的方法主要有手术法和非手术法两种。① 手术法：按外科剖腹术的要求进行术前准备。母牛的手术部位在右肋部或腹下乳房至脐部之间的腹白线处切开。如果受精卵还未移行到子宫角，可采用输卵管冲卵的方法，胚胎进入子宫后采用子宫冲胚法。② 非手术法：可防止外科手术中导致的粘连，非手术法采卵可采用一些特殊的采卵设备，如二路导管的冲卵器。二路式冲卵器由带气囊的导管与单路管组成。导管中一路为气囊充气用，另一路为注入和回收冲卵液用。

（4）检卵 将收集的冲卵液于37℃温箱内静置10～15 min。胚胎沉底后，移去上层液。取底部少量液体移至平皿内，静置后，在体视显微镜下先在低倍（10～20倍）下检查胚胎数量，然后在高倍（50～100倍）下观察胚胎质量。正常发育的胚胎，卵裂球外形整齐，大小一致，分布均匀，外膜完整。

（5）胚胎移植 胚胎移植主要有手术移植和非手术移植。母牛的手术移植，先将受体母牛做好术前准备，在右肋部切口，找到子宫角，再把吸有胚胎的注射器或移卵管刺入子宫角前端，注入胚胎，然后将子宫复位，缝合切口。

22.12.2.2 **胚胎冷冻保存**（embryo cryopreservation） 将动物的早期胚胎采用特殊的保护剂和降温措施进行冷冻，使其在-196℃的液氮中代谢停止，但又不失去升温后恢复代谢的能力，从而能长期保存胚胎的一种生物技术。

哺乳动物胚胎冷冻保存的研究始于20世纪50年代初期，直至1972年，Whittingham等用缓慢冷冻-解冻法冷冻小鼠胚胎，解冻后移植产仔获得成功。目前，国内外在多种动物胚胎冷冻方面已相继获得成功。

在胚胎保存液中添加某些保护剂（如甘油、二甲基亚砜等），可以缓解细胞内外渗透压的变化，使液态胞质形成一种亚玻璃态结构，减少了冰晶对细胞的损伤。在胚胎保存液中添加非渗入性保护剂（如蔗糖、海藻糖和棉子糖等），使细胞脱水，可以减少冷冻过程中细胞内冰晶的形成。胚胎解冻后，可维持细胞外液较高的渗透压，防止水分迅速渗入，减少细胞渗透性休克和细胞破裂的发生，达到有效保护胚胎的目的。应用一些高分子聚合物（如牛血清白蛋白等），具有稳定细胞膜的作用。特别在解冻后，可以减少胞质内各组分的渗出，避免由此引起的机械性膜损伤及细胞裂解，对胚胎细胞起到更好的保护作用。

胚胎冷冻技术大大加速了胚胎移植工作，使胚胎移植技术步入商业化阶段。利用胚胎冷冻技术，可以将优质胚胎保存起来，当需要时将所需的贮存胚胎随时运送到各地进行移植，因此不受时间、地点的限制，促进了畜牧业和其他生物工程技术的发展。

22.12.3 体外受精和胚胎培养

体外受精（*in vitro* fertilization，IVF）是指哺乳动物的精子和卵子在体外人工控制的环境中完成受精过程的技术。由于它与胚胎移植技术（ET）密不可分，又简称为IVF-ET。在生物学中，把体外受精胚胎移植到母体后获得的动物称试管动物（test-tube animal）。这项技术成功于 20 世纪 50 年代，随着畜牧业的飞速发展，现已日趋成熟而成为一项重要而常规的动物繁殖生物技术。目前，家畜体外受精技术经过近 20 年的发展，已取得很大进展，其中牛的 IVF 水平最高，入孵卵母细胞（即进入成熟培养）的卵裂率为 80% ~ 90%，受精后第七天的囊胚发育率为 40% ~ 50%，囊胚超低温冷冻后继续发育率为 80%，移植后的产犊率为 30% ~ 40%。

体外受精技术对动物生殖机理研究、畜牧生产、医学和濒危动物保护等具有重要意义。如用小鼠、大鼠或家兔等作实验材料，体外受精技术可用于研究哺乳动物配子发生、受精和胚胎早期发育机理。在家畜品种改良中，体外受精技术为胚胎生产提供了廉价而高效的手段，对充分利用优良品种资源、缩短家畜繁殖周期、加快品种改良速度等有重要价值。在人类，IVF-ET 技术是治疗某些不孕症和克服性连锁病的重要措施之一。体外受精技术还是哺乳动物胚胎移植、克隆、转基因和性别控制等现代生物技术不可缺少的组成部分。体外受精技术的基本操作程序主要环节包括：

（1）*卵母细胞的采集和成熟培养*　卵母细胞的采集方法通常有三种：超数排卵；从活体卵巢中采集卵母细胞；从屠宰后母畜卵巢上采集卵母细胞。

哺乳动物卵母细胞的体外培养对培养系统有严格的要求。卵母细胞的选择要求卵丘卵母细胞复合体的卵母细胞形态规则、胞质均匀、外层有多层卵丘细胞紧密包围。

卵母细胞的成熟培养：家畜卵母细胞的成熟培养培养液目前普遍采用 TCM199 添加孕牛血清、促性腺激素、雌激素和抗生素成分。

（2）*体外受精*　包括精子的获能处理和受精。精子的获能处理方法主要有培养和化学诱导两种方法，诱导获能的药物常用肝素和钙离子载体。受精培养时间和获能方法有关。在 B2 液中一般为 6 ~ 8 h，而用 TALP 或 S.F 液作受精液时可培养 18 ~ 24 h。精子和卵子常在小滴中共培养，受精时精子密度为（1 ~ 9）$\times 10^6$ 个 /mL，每 10 μL 精液中放入 1 ~ 2 枚卵子，小滴体积一般为 50 ~ 200 μL。

（3）*胚胎培养*　精子和卵子受精后，受精卵需移入发育培养液中继续培养以检查受精状况和受精卵的发育潜力，质量较好的胚胎可移入受体母畜的生殖道内继续发育成熟或进行冷冻保存。提高受精卵发育率的关键因素是选择理想的培养体系。不同发育时期的胚胎对培养液的要求也不同。因而，在进行培养时，要根据动物种类、胚胎发育时期等因素选择适宜的培养液，以获得较好的培养结果。

在家畜中，胚胎培养液分为复杂的和化学成分明确的培养液两大类。复杂培养液中的成分很多，除无机和有机盐外，还添加维生素、氨基酸、核苷酸和嘌呤等营养成分和血清，最常用的有 TCM199、B2 和 F10。用它们培养胚胎时，可以采用体细胞共培养体系，即体细胞与胚胎在微滴中共同培养，利用体细胞生长过程中分泌的有益因子，促进胚胎发育，克服发育阻断。受精卵的培养广泛采用微滴法，胚胎与培养液的比例为一枚胚胎用 3 ~ 10 μL 培养液，一般 5 ~ 10 枚胚胎放在一个小滴中培养以利用胚胎在生长过程中分泌的活性因子，相互促进发育。

22.12.4　显微授精技术

显微授精技术（microinsemination）是体外受精与显微操作技术相结合的一项胚胎工程技术，可使精子越过透明带和卵质膜所形成的生理受精障碍而受精。这就降低了对精子各种指标的要求，使很多在体外不可能进行正常受精的精子能够受精，并可避免多精子受精，也为研究异种间受精提供了有效途径。该技术在动物受精机理研究、治疗男性不育、野生动物遗传资源保存和胚胎工厂化生产等方面有着极为广阔的应用前景。随着胚胎工程的发展，显微授精技术在人、小鼠、兔、马、绵羊、牛、猪和猴均已获得成功。

显微授精技术的方法主要有以下三种：透明带开孔技术（partial zonal dissection，PZD）、卵透明带下注射技术（subzonal injection，SUZI）、卵质内单精子注射技术（intracytoplasmic sperm injection，ICSI）。

PZD 技术对精子数目和形态都有严格要求，并且对多精受精率无法控制，因此使用的较少。ICSI 或 SUZI 是利用显微操作仪将精子（或精子细胞）直接注射到卵胞质内或透明带下（卵周隙）的体外受精技术，成功率比 PZD 高。SUZI 技术的缺点是受精率低，因为只有发生顶体反应的精子才能与卵母细胞膜融合。而 ICSI 技术所用精子不需在体外获能，且对精子形态的选择无严格要求。与 SUZI 及 PZD 比较，ICSI 法的受精率和妊娠率均有明显提高。以 ICSI 法为例简单介绍显微授精过程。

（1）精子的制备。将注射针放到含精子的 PVP（聚乙烯吡咯烷酮培养基）液滴中，挑选形态正常的活精子从尾部吸入注射针。

（2）卵质内单精子注射。用固定针固定第二次减数分裂期卵母细胞，使注射针位于卵母细胞的正中部位，极体位于 12 点钟或 6 点钟位置。注射针于 3 点钟位置垂直穿越透明带及卵膜进入胞质内。

（3）将注射后的卵子在培养皿中冲洗数次，然后转移至新鲜的 Earle's 培养液中继续培养。观察受精卵有无卵裂，选择质量较好的胚胎进行移植。

显微授精要注意以下问题。显微授精会使卵母细胞受到不同程度的损伤，特别是胞质内单精子注射。选择恰当的微注射针尖的内径及斜面的角度，对于降低损伤十分重要。精子注射还可以带来一些生物污染物，操作液过多对受精和胚胎发育造成不利影响。当用注射针刺破透明带和卵膜并回吸部分卵胞质时，有可能破坏细胞骨架的结构，可能引起卵细胞质膜破裂，导致细胞质大量溢出，因此，在进行注射前，通常用细胞松弛素 B 等处理卵母细胞。

22.12.5 转基因动物

转基因动物（transgenic animal）是指通过基因工程技术手段，将外源目的基因导入动物受精卵、早期胚胎，或者间接利用已转基因的胚胎干细胞或体细胞进行动物克隆，使外源目的基因能够稳定地整合于动物的染色体基因组当中，并能够对该基因进行有效表达，甚至可以遗传给其后代的一类动物的总称。

世界上第一只转基因动物诞生于 1982 年，美国学者 Palmiter 等人将带有小鼠 MT 启动子的大鼠生长激素基因导入小鼠受精卵雄性原核当中，得到了 21 只小鼠，其中 7 只带有目的基因，其生长速度比同窝对照组快将近两倍，这些快速生长的转基因小鼠被誉为“超级小鼠”（super mouse）。从此以后，转基因动物的研究普遍地受到了重视，基因工程与胚胎工程结合应用的技术手段也在各国得到了充分的发展，此后相继培育成功了转基因兔、绵羊、猪、鱼、昆虫、牛、鸡、山羊和大鼠等转基因动物。

现代转基因动物主要应用于以下四个方向：动物疾病模型、生物制药、动物生产性状改良以及用于基础生物学的研究。转基因动物具有广阔的应用前景，如：深入研究基因结构与功能的关系、细胞核与细胞质的相互关系，胚胎发育调控以及肿瘤的发生与控制等。在农业方面由于转基因动物技术可以改变饲养动物的生产性能和生产方向，从而给人类带来巨大的经济利益。如今应用最为热门的是转基因动物可作为医用药物的生物反应器，其可以大幅度提高药物的产量并大幅度降低生产成本。

转基因动物的生产步骤主要包括：目的基因的构建、目的基因的转移和目的基因表达的检测三个主要环节。在目前的转基因动物研究和生产中，获得目的基因主要有三种方法：人工合成目的基因的核酸序列、由 mRNA 反转录得到的 cDNA 序列和直接从目的生物细胞中分离的目的基因。现代转基因动物主要采用以下三种方法来进行转基因工作：原核微注射法、反转录病毒载体法和胚胎干细胞或体细胞介导的克隆化基因转移法。

外源基因微注射法（microinjection） 在 Palmiter 利用此法获得快速生长的“超级小鼠”后，此法得以广泛应用，一般是将外源 DNA 通过显微注射入雄性原核中，然后将原核期受精卵移植入受体内继续发育，从而得到转基因个体。

反转录病毒（retrovirus） 作为转基因载体是较为有效的一种转基因方法。其原理是利用反转录病毒的 LTR（长末端重复序列）区域具有转录启动子活性这一特点，将外源目的基因连接到 LTR 下游进行重组后，再使之包装成为病毒颗粒来感染受精卵或采用显微注射的方法注射入囊胚时期胚胎的囊胚腔中，携带外源基因的反转录病毒 DNA 便可按一定概率整合到宿主染色体上。

将目的基因转移入胚胎干细胞 当基因重组之后，将其重新导入囊胚或经筛选后用此干细胞进行克隆生产出转基因个体。现今，采用胚胎干细胞介导法在转基因小鼠上应用得较为成熟，而在大动物上应用起步较晚。Piedrahita 等人在 1988 年从猪胚胎中获得了猪的胚胎干细胞克隆系。在此基础之上，采用胚胎干细胞或体细胞介导的克隆化转基因研究在猪、牛等大家畜上都取得了重大的突破。

除上述几种常用的转基因方法外，为了适应于一些特殊需要也探索其他的方法，如精子载体法、酵母人工染色体介导的基因转移法、畸胎瘤细胞介导法、染色体片段显微注射法等。

除利用克隆方法获得的转基因个体外，一般其他方法将携带有目的外源基因转移到宿主细胞当中后，并不能说明转基因工作已经大功告成。因为，只有目的基因与染色体组发生同源重组（homologous recombination）后，转入的基因才能够稳定地整合在染色体组当中，才能够进行转录和蛋白质表达，并遗传给下一代个体。

转基因动物相关基因表达的检测主要是针对 DNA、RNA 和蛋白质的水平进行。DNA 水平的检测主要采用 PCR 检测方法，其原理明确、操作过程简便、迅速，但是 DNA 检测的结果只能够说明该目的基因的存在，并不能够说明其是否被表达及表达程度的强弱。RNA 水平检验的一般方法为 Northern 杂交技术和反转录 PCR 技术，其能够有效、准确地测定目的基因转录量。而 Western 杂交技术，是对基因表达的终极产物——蛋白质进行定性和定量的测定。以上三个水平的检测能够从不同的角度和要求，对转基因动物的水平进行有效评价。

22.12.6 胚胎干细胞技术

胚胎干细胞（embryonic stem cell，ES）是指从附植前早期胚胎内细胞团（ICM）或附植后胚胎原始生殖细胞（PGC）分离出来的一种具有无限增殖能力和全方向分化能力的干细胞。其生物学特征是：具有早期胚胎细胞相似的形态特征，核型正常，保留了正常二倍体的性质；

具有无限增殖的能力，能够在体外以胚胎细胞所特有的原始未分化方式进行无限生长和繁衍；具有发育的多潜能性，在整个培养过程中都能保持胚胎细胞的关键特性——多潜能性，并可分化成属于内胚层、中胚层、外胚层范畴的各种高度分化的细胞，包括血细胞、内皮细胞、肌细胞及神经细胞；具有种系的传递功能，能够形成包括生殖器在内的嵌合体；具有培养细胞的所有特征，可在体外培养、克隆、冻存及进行遗传操作。

胚胎干细胞技术应用于以下几个方面：首先，作为人体组织分化的体外模型，人胚胎干细胞为在体外再现生命的发生和发展过程提供了科学研究的可能。其次，通过用胚胎干细胞制造的转基因鼠、兔、猪等动物"复制"了多种人类疾病，这对了解某些人类疾病的发病机理、发展演化及指导治疗等作出了贡献。再次，胚胎干细胞的诱导分化也给疾病的治疗提供了全新的医疗手段。利用体细胞克隆技术获得胚胎干细胞，通过不同的控制条件诱导分化为不同的细胞、组织甚至器官，实现自体细胞与器官移植。这不仅安全可靠，而且将实现器官移植的普遍性，并最终攻克癌症、心脏病等目前的不治之症，在医学上具有极高的应用价值。最后，胚胎干细胞可应用于克隆研究，提高克隆成效。

从目前及将来的发展前景来看，ES 细胞（特别是人 ES 细胞）的研究与应用面临的最大挑战并非技术上或理论上的问题，而是社会伦理方面。克隆动物的出世也预示终有一天克隆人也会来到世间，这对人类可能具有极大冲击。但是，由于 ES 细胞在揭示生命的奥秘、攻克各种疑难杂症等方面具有极为诱人的前景。如果能正确引导，在 ES 细胞领域的每一个进步都将对人类的发展做出重大贡献。

22.12.7　动物克隆技术

克隆（clone）的概念为遗传上同一的机体或细胞系的无性生殖。动物克隆指动物已经分化的成体细胞核在卵母细胞胞质环境中能够重演正常精子卵子受精后合子核的程序化过程，无性发育到出生、成熟的过程。

1997 年英国罗斯林研究所 Wilmut 等人利用绵羊乳腺细胞成功克隆了一头绵羊"多莉"，这一成果是生命科学的一个里程碑，在世界上引起巨大反响。随后，世界各国都耗费巨资在这一领域开展研究。到目前为止，小鼠、大鼠、兔、牛、猪、马、山羊和绵羊等很多动物的克隆均获得成功。我国动物克隆技术的研究也和世界接轨，牛、猪、山羊和绵羊等动物克隆也已成功。克隆的结果是产生遗传上完全一致的生物个体。

22.12.7.1　**克隆的方法与步骤**　主要步骤是利用显微操作方法把供体细胞核移植入受体卵母细胞胞质中，经过融合和培养并将重构胚胎移入受体动物体内。

（1）供体细胞的准备　用于克隆或细胞核移植的供体细胞核有两大类，即早期胚胎细胞和体细胞。可用于克隆的体细胞有很多种类，克隆效率也不同，一般来说，分化程度低的细胞，克隆效率较高。Wilmut 认为采用血清饥饿法控制细胞周期，使细胞停留在 G_0 期，可提高体细胞克隆的成功率，对多莉羊的诞生起到关键性的作用。然而，以后的研究发现其他时期的细胞同样能克隆成功。

（2）受体卵母细胞的准备　核移植的受体一般采用去核成熟卵母细胞。研究结果证明，处于分裂期的卵母细胞有利于供体核在重组胚中的重编程。

（3）核移植的操作　去核操作过程中一般采用盲吸法。在去核前对卵母细胞用 DNA 荧光染料（如 Hoechst33342）进行染色处理并在荧光显微镜下操作。去核操作后的卵母细胞就可作为核移植的受体接受核供体移入。核移植按供体移入部位的不同分两类，即带下移植和细胞质内注射。进行了带下核移植操作的胚胎需进行融合处理使供体核进入到受体细胞质中。融合包括化学融合和电融合两类。

（4）重构胚的培养与移植　完成核移植及电融合后的胚胎可在体外培养一段时间，从融合胚到囊胚阶段的胚胎都可适时移入雌性受体。也可以移入同种或异种的输卵管进行体内培养。在某些情况下，一段时间的体外培养甚至到囊胚阶段的体外培养是十分必要的，如牛的重构胚的进一步培养。同时选择合适的培养液和培养条件对重构胚的发育也很重要。

克隆胚胎的移植方法与步骤，同体外受精等技术产生的胚胎移植方法完全相同。胚胎移植的部位有输卵管和子宫角。根据受体动物的不同有手术和非手术移植法，无论选择自然发情或人工诱导发情的受体动物均应注意与供体胚胎的同步化的处理。

22.12.7.2　**动物克隆的意义及应用前景**　动物体细胞克隆技术在农业、生物学和医药学等各个方面具有广泛的应用前景。在畜牧业中，克隆技术可有效增加优良品种的群体数目；克隆技术可获得遗传性状相同的多个后代，从而可提供特殊需求的实验动物；克隆技术对挽救濒危动物来说是一个行之有效的手段。在医药学方面，克隆技术在治疗性克隆、生物制药和疾病模型的建立等方面都有巨大的应用前景。在基础研究方面，克隆技术是核质关系、去分化及重编程研究的实验技术平台；克隆技术与转基因技术相结合生产转基因动物是十分有效的方式，使转基因克隆动物前景更加无量。

22.12.7.3　**动物克隆目前存在的问题**　近年来动物克隆得到了长足的发展，新的克隆动物相继问世，然而克隆动物效率低是目前克隆技术的一大难题，同时胎儿或新生儿死亡率极高，极少数能全程发育的个体也表现为超重、呼吸系统疾病等异常表型。大量研究表明克隆效率可能与移植前胚胎损伤、体外培养的时间过长以及培养液成分、重组胚中供体与受体线粒体的作用以及体细胞核在卵质中去分化和重编程不足以及其他不确定因素有关。因此进一步研究动物克隆机理，完善动物克隆方法，提高克隆效率是十分必要的。

复习思考题

1. 简述受精的条件和意义。
2. 何谓植入？简述植入的时间、过程、条件和正常部位。
3. 简述原条形成对胚胎发生的意义。
4. 简述三胚层的形成与分化。
5. 胎膜包括哪些类型？其结构和功能有哪些？
6. 简述胚胎移植的意义。
7. 简述性别控制在畜牧业生产实践中的意义。
8. 名词解释：获能　受精　卵裂　桑葚胚　胎盘

拓展阅读

中外胚胎学的奠基人

主要参考文献

1. 彭克美．动物组织学及胚胎学彩色图谱 [M]. 北京：中国农业出版社，2021.

2. 陈耀星，崔燕．解剖学与组织胚胎学 [M]. 北京：中国农业出版社，2019.

3. 陈秋生．动物组织学与胚胎学 [M]. 北京：科学出版社，2019.

4. 李继承，曾园山．组织学与胚胎学 [M]. 9 版．北京：人民卫生出版社，2018.

5. 彭克美，王政富．动物组织学及胚胎学实验：彩色版 [M]. 北京：高等教育出版社，2016.

6. 邹仲之，李继承．组织学与胚胎学 [M]. 8 版．北京：人民卫生出版社，2015.

7. 李子义，岳占碰，张学明．动物组织学与胚胎学 [M]. 北京：科学出版社，2014.

8. 杜德克，罗娜．医学组织学图谱：汉英对照 [M]. 北京：人民卫生出版社，2013.

9. 杨倩．动物组织学与胚胎学 [M]. 北京：中国农业大学出版社，2008.

10. 巴查 W，巴查 L. 兽医组织学彩色图谱：第 2 版 [M]. 陈耀星，等译．北京：中国农业大学出版社，2007.

11. 彭克美．畜禽解剖学 [M]. 3 版．北京：高等教育出版社，2016.

12. 雷亚宁．实用组织学与胚胎学 [M]. 杭州：浙江大学出版社，2005.

13. 高英茂．组织学与胚胎学：双语版 [M]. 北京：科学出版社，2005.

14. 刘斌．组织学与胚胎学 [M]. 北京：北京大学医学出版社，2005.

15. 李德雪，林茂勇，张乐萃．动物比较组织学 [M]. 新北：艺轩图书出版社，2004.

16. 成令忠，王一飞，钟翠平．组织学与胚胎学 [M]. 上海：上海科技文献出版社，2003.

17. 李德雪，栾维民，岳占碰．动物组织学与胚胎学 [M]. 长春：吉林人民出版社，2003.

18. 成令忠，钟翠平，蔡文琴．现代组织学 [M]. 上海：上海科学技术文献出版社，2003.

19. 李继承．组织学与胚胎学 [M]. 杭州：浙江大学出版社，2003.

20. 彭克美，张登荣．组织学与胚胎学 [M]. 北京：中国农业出版社，2002.

21. 秦鹏春．哺乳动物胚胎学 [M]. 北京：科学出版社，2001.

22. 沈霞芬．家畜组织学与胚胎学 [M]. 3 版．北京：中国农业出版社，2001.

23. 成令忠．组织学与胚胎学 [M].4 版．北京：人民卫生出版社，2000.

24. 王树迎，王政富．动物组织学与胚胎学 [M]. 北京：中国农业科技出版社，2000.

25. Mescher A. Junqueira’s Basic Histology：Text and Atlas [M]. 14th ed. New York：McGraw-Hill Education，2015.

26. Sadler TW. Langman’s Medical Embryology [M]. 13th ed. Philadelphia：Lippincott Williams and Wilkins，2014.

27. Schoenwolf G，Bley IS，Brauer P, et al. Larsen’s Human Embryology[M]. 5 th ed. New York：Churchill Livingstone，2014.

28. Young B，O’Dowd G，Woodford P. Wheater’s Functional Histology：A Text and Colour Atlas[M]. 6th ed. New York：Churchill Livingstone，2013.

29. Bacha W，Bacha L. Color Atlas of Veterinary Histology [M]. 3rd ed. Chichester：Wiley Blackwell，2012.

30. Gartner LP，Hiant GL. Color Textbook of Histology [M]. 3rd ed. Philadelphia：Saunders Elsevier, 2007.

31. Banks WJ. Applied Veterinary Histology [M]. 3rd ed. Boca Raton：CRC Press，1993.

学习网站：

1. http://bksy.hzau.edu.cn/xsfw/wsxxpt.htm（华中农业大学网上学习平台）
2. https://www.icourse163.org/course/HZAU-1002249007（华中农业大学 MOOC“动物组织胚胎学”）
3. http://www.icourses.cn/coursestatic/course_2570.html（华中科技大学国家级精品资源共享课“组织学与胚胎学”）
4. https://www.icourse163.org/course/CMU-1001978007（中国医科大学 MOOC“组织学与胚胎学”）
5. http://v.dxsbb.com/yiyao/429/（大学生自学网中国医科大学“组织学与胚胎学”视频教程）
6. https://www.icourses.cn/sCourse/course_2520.html（华中农业大学国家级精品资源共享课“动物解剖学及组织胚胎学”）
7. https://www.icourses.cn/sCourse/course_4428.html（中国医科大学国家级精品资源共享课“组织学与胚胎学”）
8. http://www.histology-world.com/（组织学基础知识）
9. http://www.pathguy.com/histo/000.htm（组织学基础知识）
10. http://www.nobelprize.org/（诺贝尔奖及获得者）

索　引

H

J

K

L

M

N

P

Q

R

S

T

W

X

Y

Z